普通高等教育"十一五"规划教材

大气污染控制工程

第二版

郭 静　阮宜纶　主编　　马德刚　副主编

化学工业出版社

·北京·

本书是郭静、阮宜纶主编的高等学校教材《大气污染控制工程》的第二版，较系统地介绍了大气污染控制工程技术的基本知识和防治大气污染的基本原理、各种工程途径、主要设备及部分典型工艺。随着大气污染控制工程的科学发展，本版书中增加了燃料燃烧与大气污染的内容，简要地介绍了清洁煤技术。

本书可供高等学校环境工程专业的学生使用，也可供从事大气污染控制工程设计、科研和管理工程技术人员参考。

图书在版编目(CIP)数据

大气污染控制工程/郭静，阮宜纶主编．—2版．—北京：化学工业出版社，2008.1（2019.9重印）
普通高等教育"十一五"规划教材
ISBN 978-7-122-01725-3

Ⅰ．大… Ⅱ．①郭…②阮… Ⅲ．空气污染控制-高等学校-教材 Ⅳ．X510.6

中国版本图书馆 CIP 数据核字（2007）第 198411 号

责任编辑：王文峡　　　　　　　　　　　文字编辑：刘莉珺
责任校对：陶燕华　　　　　　　　　　　装帧设计：尹琳琳

出版发行：化学工业出版社（北京市东城区青年湖南街 13 号　邮政编码 100011）
印　　装：大厂聚鑫印刷有限责任公司
787mm×1092mm　1/16　印张 16　字数 421 千字　2019 年 9 月北京第 2 版第 7 次印刷

购书咨询：010-64518888　　售后服务：010-64518899
网　　址：http://www.cip.com.cn
凡购买本书，如有缺损质量问题，本社销售中心负责调换。

定　价：42.00 元

第二版前言

本书第一版自 2001 年出版后，由于具有整体结构简明、紧凑，课程内容系统、完整，实用性较强等特点，受到广大读者的喜爱。承蒙众多读者的热情鼓励与支持，在第一版教材的基础上进行了适当的修改与补充，编写了第二版。

本书问世以来，大气污染控制技术与管理水平不断在发展。现在，能源与大气污染已经成为制约各国经济发展的重要因素；大气污染控制技术与管理水平的提高受到全人类的关注；大气污染控制的重点由控制燃煤污染扩展到控制机动车污染；大气污染控制技术已经由末端控制发展为以清洁生产为中心的全过程控制。在修订的过程中，我们力求保持原书结构紧凑的特色，同时充分反映大气污染控制工程的科学发展，增加了燃料燃烧与大气污染的内容，并简要地介绍了清洁煤技术。

本书第二版由郭静、阮宜纶任主编，马德刚任副主编，全书共分 13 章，参加各章编著的人员有郭静（第 1、3、4、5、6、7、8 章），马德刚（第 2、9 章），王晓玲（第 9、10、11 章）和邢国平（第 12、13 章），阮宜纶和马德刚对全书进行了统稿工作。

由于编者水平有限，书中难免存在着缺点和疏漏，欢迎读者批评指正。

编　者

2008 年 1 月于天津大学

Inscription

For me—an German Professor dealing with energy and environment—It's a great honour to write the first sentences in this book.

Energy is beside food and water the most important goods for welfare and economic growth. The resources of energy are limited on long term range as well as the capacity of nature for emissions from energy conversion.

An important task of engineers work is to find the best solutions for an problem under technical and economic limitations. The knowledge about the origin of air pollutants and the ways to reduce it belongs to the basic tools of egnineers to do so. It may be interesting for students to learn it because it is an exciting mixture of knowledge from different sciences: e. g. chemistry, physics, process engineering, civil engineering, electrical engineering and economics.

These book covers all important fields of air pollution control. It starts from the origin of pollutants, their distribution in the atmosphere and it closes with the different technologies to abate the pollutants.

Since a lot of years I have the opportunity to do common research activities on the field of air pollution control with my colleagues and friends at the Tianjin university. I'm always impressed about the high quality level of their lectures and about the education at Chinese universities. The engagement of my friends and that of other Chinese scientists will bring much progress on the way to control air pollution in China.

I would like congratulate Prof. Guo Jing for initiating this book. She with her colleagues has done an excellent work.

I would like to congratulate also all students using this book. They have the big opportunity to learn thinks which make fun to know. The application of your knowledge will help China and the world to get an better environment and more welfare for people. Let's do so. It is also one way to deepen the friendship between peoples.

I wish all readers "Viel Erfolg" (much success).

Prof. Dr. -Ing. H. -J. Wagner
University of Essen

GERMANY
January 2001

第一版前言

大气污染控制工程是高等院校环境工程专业的一门主干专业课。本书是根据全国高等院校环境工程类专业教学委员会制定的教学基本要求，在天津大学1984年首次编写的同名教材的基础上，结合多年教学实践以及读者的意见和要求编写的。

本书系统地阐述了大气污染控制的原理、方法和设计计算问题。选材以成熟的常用技术为主，适当地介绍国内外新技术，力求做到理论联系实际，注意培养学生分析问题和解决问题的能力，其内容适合68~80学时的教学需要。

本书的编写强调了章节之间的前后联系，整体结构简明、紧凑，并保持课程内容的系统性和完整性，具有较强的实用性。

本书在综述大气污染成因，大气污染物产生及其特性，以及中国大气污染特点的基础上，重点介绍了大气污染控制技术原理和工程措施，包括大气扩散作用，颗粒物分离技术、设备计算和设计选型，气态污染物控制工艺与设备，控制系统设计、运行与管理。本书除作为环境工程学科教材外，还可以供从事大气污染控制设备设计、管理人员及环境工程技术人员参考。

本书由天津大学郭静、阮宜纶任主编，参加编著人员有郭静（第1、2、3、4、5、6、7章）、王晓玲（第8、9、10章）和邢国平（第11、12章），全书由阮宜纶统稿。清华大学郝吉明教授对全书进行了审校，付出了辛勤的劳动，并提出了有益的指导性意见。德国埃森大学能源和生态学专家 H-J. 瓦格纳教授给予了大力支持，并为本书热情寄语。美国堪萨斯大学 Dennis. D. 莱恩教授、河北科技大学任爱玲教授、兰州电力修造厂王小强先生给予了关怀和帮助，在此一并致以衷心的感谢。

受水平限制，编写时间紧，书中难免有缺点和错误，欢迎读者批评指正。

编　者
2001 年 4 月于天津大学

目　　录

1 概　论

1.1　大气污染

1.1.1　大气的组成

大气是包围地球的空气层，通常又称之为大气层或大气圈。大气的总质量约为 5.3×10^{15} t，其密度随着高度的增加而迅速减小，通常 98.2% 的空气都集中在 30km 以下的空间。虽然在上千公里的高空中仍有微量的气体存在，但通常都是把从地球表面到 1100～1400km 的气层视为大气圈的厚度。

大气是自然环境的重要组成部分，是人类及一切生物赖以生存的物质。一个成年人一昼夜要呼吸两万多次，吸入的空气量约为 10～12m³，质量约 13～15kg，相当于每天所需食物量的 10 倍、饮水量的 3 倍。人离开空气，5min 就会死亡。但是人类所需要的是新鲜、清洁的空气。为了评价大气质量和研究大气污染现象，首先要了解大气的组成。

自然状况下的大气由混合气体、水汽和悬浮颗粒组成。除去水汽和悬浮颗粒的大气称为干洁空气。

干洁空气的组成在 85km 以下是基本保持不变的，主要成分是氮（N_2）、氧（O_2）和氩（Ar）。按大气层容积计算，氮占 78.08%，氧占 20.95%，氩占 0.93%，三者共占大气总容积的 99.96%。其他气体，如二氧化碳（CO_2）、氖（Ne）、氦（He）、氪（Kr）、氢（H_2）、臭氧（O_3）、氙（Xe）等，仅占 0.04% 左右。干洁空气的组成见表 1-1。

表 1-1　干洁空气的组成

气体成分	体积分数	气体成分	体积分数
氮（N_2）	78.08%	氪（Kr）	1.0×10^{-4}
氧（O_2）	20.95%	氢（H_2）	0.5×10^{-4}
氩（Ar）	0.93%	一氧化二氮（N_2O）	0.5×10^{-4}
二氧化碳（CO_2）	0.03%	氙（Xe）	0.08×10^{-4}
氖（Ne）	1.8×10^{-4}	臭氧（O_3）	0.02×10^{-4}
氦（He）	5.2×10^{-4}	干空气	100

由于气体的流动和动植物的气体代谢作用，从地面到 85km 高度范围内，干洁空气的各气体成分不仅有着比较稳定的容积混合比，而且各种气体的临界温度都很低，它们在自然条件下都呈气体状态，因此干洁空气的物理性质基本稳定，可视为理想气体。干洁空气的平均相对分子质量为 28.966，在标准状态下（273.15K，101325Pa），其密度为 1.293kg/m³。二氧化碳和臭氧是干洁空气中的可变成分，含量虽小，但是对大气的物理状况却有很大的影响。它们能够吸收来自地表的长波辐射，阻止地球热量向空间的散发使大气层变暖。CO_2 主要来源于燃料燃烧和动物呼吸。大气中的 CO_2 含量随时间地点会有所变化，但是由于生态系统的调节作用而很稳定。现在的观察表明，自工业革命以来，因燃料的大量使用和森林植被的严重破坏导致了大气中 CO_2 含量增加。

臭氧是大气中的微量成分之一，10km 以下大气层中含量甚微，在 10～50km 范围的大气层中臭氧浓度较高，在 20～25km 高度处浓度最大。因为臭氧是氧原子和氧分子在 N_2、O_2 参与下生成的，在高层大气中气体分子太稀少，低层大气中光离解的原子氧又太少，所以臭氧集中在 25km 处，形成了平均厚度为 3mm 的臭氧层。它能够吸收掉大部分的太阳紫外辐射，对地球上的生物起着保护作用。臭氧含量随纬度和季节变化。近年来由于超音速飞机在臭氧层高度范围飞行日益增多，人类活动使大量的氮氧化合物和氟氯烃进入臭氧层，使臭氧层遭到破坏。大气中臭氧层出现耗竭会产生紫外辐射效应问题。

大气中的水汽含量随着时间、地区以及气象条件的变化差异很大。例如在潮湿的热带地区，水汽的体积分数可以达到 4%，而在干旱的沙漠地带还不足 0.01%。大气中水汽含量虽然不大，但它却在云、雾、雨、霜、露等各种天气现象的演变中起主要作用。

大气中的悬浮颗粒物是悬浮在大气中的固体、液体颗粒状物质的总称。液体悬浮颗粒是指水汽凝结物，如水滴、云雾和冰晶等。固体颗粒物是形形色色各种各样的，如火山爆发喷出的火山灰，大风刮起的尘土，森林火灾产生的烟尘，陨石流星烧毁产生的宇宙尘埃，海水溅沫蒸发散出的盐粒，以及飘逸的植物花粉、细菌等。由此可见大气中悬浮颗粒物的形状、密度、大小及光、电、磁等物理性质和化学组成因其来源及形成过程的不同而有很大差异。大气中悬浮颗粒的含量、种类、粒径分布和化学性质不断变化。细小的颗粒能够削弱太阳的辐射强度，影响大气的能见度。

1.1.2 大气污染的定义

所谓大气污染，广义地说，是指自然现象和人类活动向大气中排放了过多的烟尘和废气，使大气的组成发生了改变，或介入了新的成分，而达到了有害程度。这些自然现象包括火山活动、森林火灾、海啸、土壤和岩石的风化以及大气圈空气的运动等。一般来说，自然现象所造成的大气污染，自然环境能通过自身的物理、化学和生物机能经过一定的时间后使之自动消除，这就是所谓的地球自净能力和自然生态平衡的自动恢复。通常说的大气污染主要是指人类活动造成的，人类活动既包括了各种生产活动，也包括了如取暖做饭等生活活动。所谓的大气污染就是指由于人类活动或自然过程引起某些物质介入大气中，呈现出足够的浓度，达到了足够的时间，并因此而危害了人体的舒适、健康和福利或危害了环境。这里所说的舒适和健康，是包括了从人体正常的生活环境和生理机能的影响到引起慢性病、急性病以致死亡这样一个广泛的范围；而所谓的福利，则认为是指与人类协调共存的生物、自然资源、财产以及器物等。

根据影响范围，大气污染可分为四类：①局部地区污染，如工厂或单位烟囱排气引起的污染；②地区性污染，如工业区及其附近地区或整个城市大气受到污染；③广域污染，是指跨越行政区划的广大地域的大气污染；④全球性大气污染，某些超越国界、具有全球性影响的大气污染，例如人类活动产生的二氧化碳的含量已由 19 世纪的 0.028% 增加到现在的 0.033%，引起了全球性的气候异常；人类大量使用制冷剂导致臭氧层的破坏，又直接危及人类和动植物，这已是全世界人民共同关心的环境问题。

1.1.3 影响大气污染形成的主要因素

污染物进入大气中，会不会造成污染呢？分析历史上发生的大气污染事件可以知道，大气中有害物质的浓度越高，滞留时间越长，污染就越重，危害也就越大。污染物质在大气中的浓度，首先取决于排放的总量（即源强，单位时间污染物的排放量），除此之外，还同气象条件、地形地貌以及排放源高度等因素有关。

污染物进入大气后，首先会得以稀释扩散。大气在不同的气象条件之下，具有不同的稀释扩散能力。这些气象条件包括风向、风速、湍流、降雨及逆温等。风向决定了污染物质的水平输送方向，一般来说，下风向污染程度比较严重。风速大，污染物迅速随风而下，稀释速度快。大气湍流决定着污染物的扩散程度。降雨雪促进了污染物质的沉降，因此能净化大气。逆温决定了污染物质在气层中滞留状况。在正常情况下，近地面气层的空气温度随高度递减，这样气层处在不稳定状态，上下对流剧烈，促使污染物迅速扩散。如果局部地区气温出现了随高度逆增的情况，那么上层则像一个"罩子"，阻碍了污染物在大气中的扩散，容易在局部地区形成大气污染。

地形、地貌和地物是影响大气运动的环境因素。因为复杂的地形及地面状况，会形成局部地区的热力环流，如山区的山谷风，滨海的海陆风，以及城市的热岛效应等，会使气流产生环流和旋涡，大气中的污染物质容易聚集，从而影响了局部地区的大气污染的形成及危害程度。

为了减轻局部地区污染，目前广泛采用高烟囱排放。高烟囱把污染物送上高空使它们在远离污染源的更广阔的区域中扩散、混合，从而降低了污染物在近地面空气中的浓度。但是这并非减少了污染物的总量，天长日久可能会引起区域性或国际性的大气污染。

大气污染是一个极其复杂的气象、物理和化学的变化过程，在第 2 章中将详细地分析研究影响其形成的主要因素。

1.2 大气污染物及其发生源

1.2.1 大气污染物

大气污染物是指由于人类活动或自然过程排入大气的并对人类或环境产生有害影响的那些物质。大气污染物的种类很多，根据其存在的特征可分为气溶胶状态污染物和气体状态污染物两大类。

（1）气溶胶状态污染物

在大气污染中，气溶胶是指空气中的固体粒子和液体粒子，或固体和液体粒子在气体介质中的悬浮体。按照气溶胶的来源和物理性质，可将其分为以下几种。

① 粉尘（dust） 粉尘是指悬浮于气体介质中的微小固体颗粒，受重力作用能发生沉降，但在某一段时间内能保持悬浮状态。粉尘通常是在固体物质的破碎、研磨、筛分及输送等机械过程，或土壤、岩石风化，火山喷发等自然过程形成的。因此粉尘的种类很多，如黏土粉尘、石英粉尘、滑石粉、煤粉、水泥粉尘以及金属粉尘等，其形状往往是不规则的。粉尘的粒径范围很广，一般为 $1\sim200\mu m$ 左右。

② 烟（fume） 烟一般是指燃料不完全燃烧产生的固体粒子的气溶胶。它是熔融物质挥发后生成的气态物质的冷凝物，在其生成的过程中总是伴有氧化之类的化学反应。烟的特点是粒径很小，一般在 $0.01\sim1\mu m$ 的范围内，烟颗粒能够长期地存在于大气之中。金属的冶炼过程，是烟产生的主要途径之一。例如精炼铅和锌时，在高温熔融状态下，铅和锌能够迅速挥发并氧化生成氧化铅烟和氧化锌烟。在核燃料后处理过程中，会产生氧化钙烟。

③ 飞灰（fly ash） 飞灰是指由燃料燃烧所产生的烟气中分散得非常细微的无机灰分。

④ 黑烟（smoke） 黑烟一般是指燃料燃烧产生的能见气溶胶，是燃料不完全燃烧的碳粒。黑烟颗粒的大小约为 $0.5\mu m$ 左右。

在某些情况下，粉尘、烟、飞灰和黑烟等小固体颗粒气溶胶之间的界限难以确切划分。按照我国的习惯，一般将冶金过程或化学过程形成的固体颗粒气溶胶称为烟尘；将燃料燃烧过程产生的固体颗粒气溶胶称为飞灰和黑烟。

⑤ 雾（fog） 雾是指气体中液滴悬浮体的总称。在气象学中则是指造成能见度小于 1km 的小水滴悬浮体。在工程中，雾一般泛指小液体颗粒悬浮体。液体蒸气的凝结、液体的雾化以及化学反应等过程均可形成雾，如水雾、酸雾、碱雾或油雾等。

在大气污染控制中，根据大气中颗粒物的大小，又将其分为飘尘、降尘和总悬浮微粒。

① 飘尘　飘尘是指大气中粒径小于 $10\mu m$ 的固体微粒。它的粒度小，质量轻，能长期飘浮在大气中，故又称其为浮游粒子或可吸入颗粒物。

② 降尘　降尘是指大气中粒径大于 $10\mu m$ 的固体微粒。在重力的作用下，降尘能够在较短的时间内沉降到地表面上。

③ 总悬浮微粒（TSP）　总悬浮微粒是指大气中粒径小于 $100\mu m$ 的所有固体颗粒。

（2）气体状态污染物

大气中的气体状态污染物又简称为气态污染物，它是以分子状态存在的。气态污染物的种类很多，常见的有五大类，其一为以二氧化硫为主的含硫化合物，如 SO_2、H_2S 等；其二为以一氧化氮和二氧化氮为主的含氮化合物，如 NO、NH_3 等；其三为碳的氧化物，如 CO、CO_2 等；其四为碳氢化合物，如烷烃（C_nH_{2n+2}）、烯烃（C_nH_{2n}）和芳香烃类；其五为卤族化合物，如 HF、HCl 等。

气态污染物，又分为原发性污染物和继发性污染物，即一次污染物和二次污染物。一次污染物系指从污染源直接排放出来的原始污染物质，它们介入大气之后，其物理化学性质均未发生改变，例如燃烧煤时，从烟囱里直接排放出来的烟尘和 SO_2 等。二次污染物系指一次污染物与大气中原有成分之间，或者几种一次污染物之间经过一系列化学或光化学反应而生成的与一次污染物性质不同的新污染物质。如硝酸、硝酸盐等是由一氧化氮氧化后生成的新污染物。在大气污染中，受到普遍重视的二次污染物主要有硫酸烟雾（sulfurous smog）和光化学烟雾（photochemical smog）。

① 硫氧化物　硫氧化物中主要的是 SO_2。SO_2 是目前来源广泛，影响面比较大的一种气态污染物。SO_2 是具有辛辣及刺激性的无色气体，吸入过量的 SO_2 会损害呼吸器官。SO_2 是大气中的主要酸性污染物，在大气中会氧化而形成硫酸烟雾或硫酸盐气溶胶。SO_2 与大气中的烟尘有协同作用，著名的伦敦烟雾事件就是这种协同作用所造成的危害。

SO_2 主要来自含硫化石燃料的燃烧、金属冶炼、火力发电、石油炼制、硫酸生产及硅酸盐制品熔烧等过程。各种燃煤、燃油的工业锅炉和供热锅炉都会排放大量的 SO_2。全世界每年向大气中排放的 SO_2 量约为 1.5 亿吨，其中化石燃料燃烧产生的 SO_2 约占 70% 以上。火力电厂排烟中的 SO_2 浓度虽然较低，但是总排放量却最大。

② 氮氧化物　氮氧化物有 N_2O、NO、NO_2、N_2O_3、N_2O_4 和 N_2O_5，NO_x 是其总代表式。在大气中常见的氮氧化物污染物是 NO 和 NO_2。NO 是无色气体，毒性不太大，但进入大气后，会被氧化成 NO_2，当大气中有 O_3 等强氧化剂存在时，其氧化速度加快。NO_2 是一种红棕色的、具有恶臭刺激性的气体，其毒性约为 NO 的 5 倍。NO_2 会参加大气中的光化学反应，形成光化学烟雾，其毒性更大。

NO_x 主要来自燃料的燃烧，例如各种炉窑。以汽油和柴油为燃料的各种机动车，特别是汽车，排出的废气中，含有大量的 NO_x。美国洛杉矶烟雾就是由数量巨大的汽车废气经太阳光作用而形成的光化学烟雾。

NO_x 的生成途径有两个：一是空气中的氮在高温下被氧化而形成 NO_x，温度愈高、燃烧区氧的浓度愈高，则 NO_x 的生成量也就愈大。据分析，燃煤发电厂排出的废气中，NO_x 含量为 $400\sim24000mg/m^3$；二是燃料中的各种氮化物在燃烧时生成 NO_x。

此外，硝酸生产、炸药制备以及金属表面的处理过程也产生 NO_x。土壤和水体的硝酸盐在微生物的反硝化作用下也可生成 N_2O。但大约 83% 的 NO_x 是由燃料的燃烧而产生的。

③ 碳氧化物　CO 和 CO_2 是各种大气污染物中发生量最大的一类污染物。CO 是一种无色无味无刺激性的气体。吸入人体后，能与血红蛋白结合，损害其输氧能力，使机体缺氧，严重时使人窒息而死。冬季在我国北方煤气中毒事件时有发生，实际上是 CO 中毒。CO 主

要来源是燃料的不完全燃烧过程和汽车尾气。CO 排入大气后，由于大气的扩散稀释作用和氧化作用，一般不会造成危害。但是在城市冬季取暖季节或交通繁忙地区，在不利于尾气扩散时，CO 的浓度则有可能达到危害环境的水平。

CO_2 是无毒的气体，但是局部地区的空气中 CO_2 浓度过高时，会使氧含量相对减小而对人体产生不良影响。地球上 CO_2 逐年增多，能产生"温室效应"，导致全球气候变暖，这已受到世界各国的密切关注。

④ 碳氢化合物　碳氢化合物是由碳、氢两种元素组成的各种有机化合物的总称，包括烷烃、烯烃和芳香烃类等。碳氢化合物主要来自煤和石油的燃烧以及各种机动车辆排出的废气。

大气受到碳氢化合物的污染，能使人的眼、鼻和呼吸道受到刺激，并影响肝、肾和心血管的生理功能。在这类污染物质中，多环芳烃（PAH）如蒽、苯并蒽、萤蒽和苯并芘等，都具有一定的致癌作用，尤其苯并[a]芘更是强致癌剂。大多数多环芳烃是吸附在大气颗粒物上的，冬季因取暖燃煤量大增，烟尘多，附在其上的苯并[a]芘是大气受到 PAH 污染的标志。

碳氢化合物的更大危害还在于它与氮氧化物共同引起的光化学烟雾。由汽车、工厂等污染源排入大气的碳氢化合物和氮氧化物，在阳光照射下，发生一系列的光化学反应，生成了如臭氧、醛类、过氧乙酰硝酸酯（PAN）等二次污染物，其危害性远大于一次污染物。

还有许多复杂的高分子有机化合物，如酚、醛、酮等含氧有机化合物；过氧乙酰硝酸酯（PAN）、过氧硝基丙酰（PPN）、联苯胺、腈等含氮有机化合物；硫醇、噻吩、二硫化碳（CS_2）等含硫有机化合物以及氯乙烷、氯醇、有机农药 DDT（223）、除草剂 TCDD，等等。随着化学工业和石油化工的迅速发展，大气中的有机化合物日益增加，这些有机污染物对人体危害甚大，它们能强烈地刺激眼、鼻、呼吸器官，严重地损害心、肺、肝、肾等内脏，甚至致癌、致畸，并促使遗传因子变异。

⑤ 硫酸烟雾　硫酸烟雾是大气中的 SO_2 等硫氧化物，在有水雾、含有重金属的飘尘或氮氧化物存在时，发生一系列化学或光化学反应而生成的硫酸雾或硫酸盐气溶胶。硫酸烟雾引起的刺激作用和生理反应等危害远比 SO_2 大得多，其对生态环境、金属和建筑材料也都有很大的危害。

⑥ 光化学烟雾　光化学烟雾是在阳光照射下，大气中的氮氧化物、碳氢化合物和氧化剂之间发生一系列光化学反应而生成的蓝色烟雾（有时呈紫色或黄褐色），其主要成分有臭氧、过氧乙酰硝酸酯、高活性自由基（RO_2、HO_2、RCO 等）、醛类、酮类和有机酸类等二次污染物。光化学烟雾形成的机制很复杂，其危害性也比一次污染物更强烈。

1.2.2　大气污染物的发生源

大气污染物的发生源也简称为大气污染源。大气污染物质产生于人类活动或自然过程，因此大气污染源可以概括为两类：人为污染源和自然污染源。在大气污染控制工程中，主要的研究对象是人为污染源。

根据对大气中主要污染物进行分类统计，人为污染源又可以分作 3 类：燃料燃烧、工业生产过程和交通运输。从污染物发生源的移动性来看，前两类统称为"固定源"，而第三类称为"流动源"。另外，在环境监测中又把污染源分为：点源，如某一烟囱；线源，如某一条运输线；面源，如某一个工业区等。

大气污染物的来源及种类因各国、各地区的经济发展与结构、能源利用的情况不同而差异明显，而且随着年代也在变化。我国于 1981 年对烟尘、SO_2、NO_x 和 CO 四种量大面广的污染物的发生量进行了调查统计，结果表明燃料燃烧产生的污染物约占 70%，而工业生产过程和机动车排出的污染物是 20% 和 10% 左右。直接燃烧燃料而产生的污染物中，有

96%是燃煤所致。由此可见，煤的直接燃烧是我国大气污染物的主要来源。根据美国1968年统计的资料来看，与我国的情况有所不同，美国大气污染物的主要来源是交通运输（其中汽车排气占首位），约为大气污染物总量的56%左右。洛杉矶更为突出，700万人口，约有400万辆汽车，每天汽车排放污染物近2万吨，占该市空气污染物总量的70%之多。

我国汽车排污量集中于城市交叉路口，港口码头及铁路沿线，这些地带污染状况是相当严重的。

在各种工业生产过程排入大气的污染物质中，有的是原料，有的是产物，有的则是废气。污染物质的种类、数量及其组成也因生产工艺、原材料、能源及操作管理方法等条件不同而差异显著。工矿区污染源因排放集中，常常造成危害。

燃料燃烧是最大最广泛的大气污染源，不同种类的燃料、燃料的不同组成，以及不同的燃烧方式产生的大气污染物质的量和成分也不同。因为物质的燃烧，不仅是简单的氧化，而且会发生裂解、环化、缩合或聚合等化学反应过程。除了生成 CO_2 和水之外，其他有害物，如 CO、SO_2、NO_x、烟灰、金属及其氧化物、金属盐类、醛、酮及稠环碳氢化合物等，其形成均和燃烧时间、温度等因素有关。表1-2就是几种锅炉因燃烧条件不同，同样烧掉1t煤而产生的主要污染物排放量。CO最为明显，电厂锅炉燃烧条件好，CO生成量小。而燃烧条件差，完全燃烧的程度低的取暖锅炉排出的CO量最大。

表1-2　燃烧1t煤各主要污染物排放量/kg

污染物	电厂锅炉	工业锅炉	取暖锅炉	污染物	电厂锅炉	工业锅炉	取暖锅炉
SO_2	60	60	60	碳氢化合物	0.1	0.5	5
CO	0.23	1.4	22.7	烟尘（一般情况）	11	11	11
NO_2	9	9	3.6	（燃烧较完全时）	3	6	9

改进燃烧方法、集中供热是节约能源、改善大气环境质量的有效途径。

大气污染的发生源及其产生的主要污染物归纳在表1-3中。

在污染源分类中，有人根据一次污染物和二次污染物的特征，将大气污染源分作一级污染源和二级污染源（即继发性污染源），表1-3显示了这种分类方法。

表1-3　大气污染源一览表

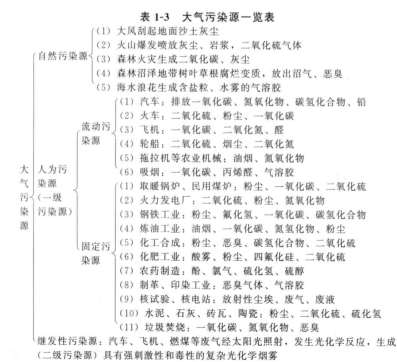

大气污染源
- 自然污染源
  - （1）大风刮起地面沙土灰尘
  - （2）火山爆发喷放灰尘，岩浆，二氧化硫气体
  - （3）森林火灾生成二氧化碳、灰尘
  - （4）森林沼泽地带树叶草根腐烂变质，放出沼气、恶臭
  - （5）海水浪花生成含盐粒、水雾的气溶胶
- 人为污染源（一级污染源）
  - 流动污染源
    - （1）汽车：排放一氧化碳、氮氧化物、碳氢化合物、铅
    - （2）火车：二氧化硫、粉尘、一氧化碳
    - （3）飞机：一氧化碳、二氧化氮、醛
    - （4）轮船：二氧化硫、烟尘、二氧化氮
    - （5）拖拉机等农业机械：油烟、氮氧化物
    - （6）吸烟：一氧化碳、丙烯醛、气溶胶
  - 固定污染源
    - （1）取暖锅炉、民用煤炉：粉尘、一氧化碳、二氧化硫
    - （2）火力发电厂：二氧化硫、粉尘、氮氧化物
    - （3）钢铁工业：粉尘、氟化氢、一氧化碳、碳氢化合物
    - （4）炼油工业：油烟、一氧化碳、氮氢化物、粉尘
    - （5）化工合成：粉尘、恶臭、碳氢化合物、二氧化硫
    - （6）化肥工业：酸雾、粉尘、四氟化硅、二氧化硫
    - （7）农药制造：酚、氯气、硫化氢、硫醇
    - （8）制革、印染工业：恶臭气体、气溶胶
    - （9）核试验、核电站：放射性尘埃、废气、废液
    - （10）水泥、石灰、砖瓦、陶瓷：粉尘、二氧化硫、硫化氢
    - （11）垃圾焚烧：一氧化碳、氮氧化物、恶臭
- 继发性污染源（二级污染源）：汽车、飞机、燃煤等废气经太阳光照射，发生光化学反应，生成具有强刺激性和毒性的复杂光化学烟雾

由表 1-3 可知，大气污染物主要来源于自然过程和人类活动。由自然过程排放污染物所造成的大气污染，多为暂时的和局部的，人类活动排放污染物是造成大气污染的主要根源。研究大气污染问题主要针对人为污染源。

1.3 大气污染概况及综合防治措施

1.3.1 国外大气污染概况

人类活动造成的大气污染问题是和能源的利用及城市规模的扩大分不开的。因此大气污染状况在各个工业发达国家都有一个发生、发展和演变的过程。自从 12 世纪人们开始用煤作燃料之后，排出的煤烟使大气污染日趋严重。到 18 世纪，伴随着蒸汽机的发明和钻探石油的成功，生产力迅速发展，大气污染的状况也随着工业的发展而恶化。

从 18 世纪末到 20 世纪中期，大气污染的主要特征是燃煤引起的所谓"煤烟型"污染，主要污染物是烟尘和 SO_2。20 世纪 50～60 年代，由于工业高速发展，城市林立，汽车数量倍增，石油类的燃料消耗量剧增，大气污染也发展成为"石油"型污染。飘尘、重金属、SO_2、NO_x、CO 和 HC 等污染物普遍存在，多种污染物共同作用造成的危害，已经不再局限于城市和工矿区，形成了广域的复合污染，在此期间发生了令世界瞩目的英国"伦敦烟雾"、美国的"多诺拉烟雾"、日本的"四日市哮喘病"、美国的洛杉矶光化学烟雾等一系列重大的大气污染事件。这些事件造成的危害，不是某一种污染物所为，而是大气中的 SO_2 与飘尘中的重金属反应形成的硫酸盐雾，以及汽车排气引起的光化学烟雾污染的结果。工业发达，使人们享受到前所未有的物质文明。但是过度地消耗地球资源，大量的废弃物，使环境恶化而直接威胁着人体的健康和福利。各国政府与企业不得不高度重视环境污染的治理问题，投入了大量的人力、财力和物力，采取了一系列的治理和预防措施，在 20 世纪 70 年代后期大气污染状况有了不同程度的好转。例如伦敦，自 1952 年烟雾事件后，便没有出现过类似的情景。

但是，由于汽车数量的不断增加，CO、NO_x、HC 和光化学污染仍然很严重。人口的增长和生产活动的增强，强烈地冲击着地球环境，许多自然资源日益减少。全世界每年消耗的矿物燃料，20 世纪初不足 $15 \times 10^8 t$，70 年代增至 $70 \times 10^8 \sim 80 \times 10^8 t$。大量的 SO_2 和 NO_x 进入大气圈形成酸雨，CO_2 浓度持续增高。监测结果表明，自 1958 年以来的 28 年中，大气中 CO_2 的体积分数由 0.0315 增加到 0.0350，而工业革命之前则不超过 0.028。由此产生的温室效应势必影响全球气候，这已成为国际社会普遍关注的全球性大气污染问题。

1.3.2 我国大气污染概况

（1）我国大气污染概况及主要特征

我国是世界上大气污染状况比较严重的国家之一，城市大气污染更为突出。我国大气污染特征为煤烟型。据统计，我国每年排出的粉尘量约为 $2.8 \times 10^7 t$，SO_2 约为 $1.46 \times 10^7 t$。由于烧煤排放的烟尘约为 $2.2 \times 10^7 t$，SO_2 约为 $1.31 \times 10^7 t$，分别占总量的 78.6% 和 89.7%。北方城市，尤其是冬季，污染更严重。根据我国对北方和南方城市每年例行的监测报告可以清楚地看到这一点。例行监测的大气污染物有 SO_2、NO_x、TSP 及降尘量。1982 年的监测结果是：TSP 年日平均浓度，北方和南方城市分别是 $870\mu g/m^3$ 和 $330\mu g/m^3$，冬夏两季差别不大；SO_2 年日平均浓度，北方和南方城市分别是 $106\mu g/m^3$ 和 $82\mu g/m^3$，季节变化明显，北方城市冬夏 SO_2 浓度分别是 $215\mu g/m^3$ 和 $51\mu g/m^3$；1982 年 NO_x 污染处于较低水平。

近年来，我国在城市中通过窑炉改造、改进燃烧技术、安装除尘装置等措施，并进行能源结构调整，取得了一定的成效。表 1-4 列出的 1997 年大气污染统计结果可以看出，与 1982 年相比，TSP 和 SO_2 浓度有下降的趋势。但是我国的大气污染仍以煤烟型为主，并且处于较重的污染水平，北方城市重于南方城市。从表 1-4 中还可以看出，随着国民经济的快速发展和人民生活水平的提高，机动车辆急剧增加，NO_x 污染上升趋势明显。

表 1-4　1997 年大气污染统计结果

大气污染物 项目	二氧化硫 $SO_2/(\mu g/m^3)$	氮氧化物 $NO_x/(\mu g/m^3)$	总悬浮颗粒 $TSP/(\mu g/m^3)$	降尘量均值 $/[t/(km^2 \cdot 月)]$
年均值浓度范围	3~248	4~140	32~741	
全国年均值	66	45	291	15.3
北方城市年均值	72	49	381	
南方城市年均值	60	41	200	
北方				21.48
南方				9.29

注：1. SO_2：52.3% 的北方城市和 37.5% 的南方城市超过国家二级标准（$60\mu g/m^3$）。

2. NO_x：超过国家二级标准（$50\mu g/m^3$）的城市 67 个，占统计城市的 36.2%。

3. TSP：超过国家二级标准（$200\mu g/m^3$）的城市 67 个，占统计城市的 72%。

4. 超标城市系按《环境空气质量标准》（GB 3095—1996）计算。

除了对上述四项例行监测的项目外，很多城市对降水的酸性进行了监测，pH 值低于 5.6 的降水称为酸雨。分析了 1982 年我国 2400 个监测点的降水资料，结果酸雨占 44.5%，遍及 22 个省市，最严重的是重庆地区和贵阳地区，降水 pH 值分别达到了 3.35 和 3.44。1997 年全国降水 pH 值范围是 3.74~7.79。其中 pH 值低于 5.6 的城市为 44 个，约占统计数的 47.8%，而 75% 的南方城市降水 pH 平均值低于 5.6，约 71.7% 的南方城市出现过酸雨。华中、西南酸雨污染严重，并有上升趋势。

（2）我国大气污染的主要原因及控制

大气污染的主要特征是由能源结构决定的。表 1-5 说明了我国一次能源以煤为主，而且在今后的相当长的时期内不会改变。图 1-1 是我国能源消费构成。煤炭的大量直接燃烧是使我国大气污染呈煤烟型特征的主要原因。图 1-2 中的图表显示了随着我国经济的持续增长，能源消耗量还将继续增长。因此要解决我国煤烟型污染问题，除了政府部门加强管理之外，各用煤城市和单位积极采用先进的清洁煤技术具有十分重要的意义。

表 1-5　我国的能源消费结构

年　份	各种能源消费所占比例/%			
	煤	原油	天然气	水电
1984	75.12	17.16	2.34	4.88
1997	74.3	17.4	2.3	6.0
2005	68.7	21.2	2.8	7.3

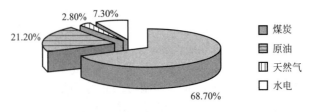

图 1-1　我国的能源消费构成（2005）

清洁煤（Clean Coal）是 20 世纪 80 年代初期美国和加拿大关于解决两国边境酸雨问题时提出的。清洁煤技术（Clean Coal Technology），简称 CCT，是针对燃煤对环境造成污染

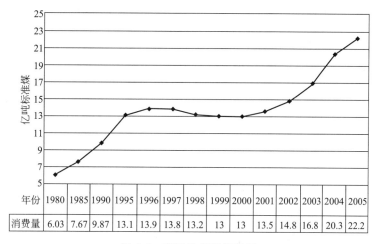

年份	1980	1985	1990	1995	1996	1997	1998	1999	2000	2001	2002	2003	2004	2005
消费量	6.03	7.67	9.87	13.1	13.9	13.8	13.2	13	13	13.5	14.8	16.8	20.3	22.2

图 1-2　我国的能源消费量

的技术对策，是指在煤炭开发和利用中旨在减少污染和提高效率的煤炭加工、燃烧、转化和污染物控制等新技术的总称。当前 CCT 已成为世界各国解决环境污染的主导技术之一。

清洁煤技术一般分成三部分，即燃煤前、燃煤中和燃煤后清洁煤技术。

① 燃煤前清洁煤技术　主要是对原煤进行加工处理，去除其中的灰分、硫分等杂质，或者是改变其物理化学性能，从而提高煤的品质，达到煤炭清洁高效燃烧之目的。燃烧前清洁煤技术主要包括选煤、型煤、气化、液化和水煤浆技术等。

煤的洗选可以减少煤中灰分和硫分等杂质，提高煤的品质，既能减轻运输量，又能减小污染物生成量。洗选煤可采用物理、化学及生物方法脱硫并去除杂质。

型煤是用机械方法制成一定强度和形状的煤制品，并添加适量固硫剂以减少 SO_2 排放量。

煤的气化、液化和煤浆技术将煤转化成气、液态产品，可以实现煤代油，并大大减轻煤直接燃烧造成的 SO_2 及烟尘污染。

② 燃煤中清洁煤技术　燃烧中清洁煤技术是通过改变燃烧工艺，在保持燃烧设施高效率的同时减小污染物排放量，主要包括流化床锅炉、先进的燃烧器、低氮氧化物燃烧技术、热电联产和联合循环发电技术等。

我国燃烧技术落后，煤的利用率低是大气污染严重的重要原因。在输电中，中国、美国和日本的能源利用率分别是 23.9%、30.6% 和 30%。能源利用率低，增大消耗量势必产生更大量的污染物质。

③ 燃煤后清洁煤技术　燃烧后的清洁煤技术主要包括烟气脱硫、除尘和脱氮。我国十分重视燃煤锅炉烟气脱硫除尘技术的研究与应用，催化脱硝发展得也很快，以后的章节中将详细介绍这些技术及工艺设备。

实施清洁煤技术不仅能够减少污染，而且节省资源。为保障我国城市经济的可持续发展，我国政府提倡积极研究、应用清洁煤技术和利用无污染的清洁能源，如太阳辐射能、风力、水力、氢燃料、生物能、潮汐、海浪以及海水温差能等。这些能源在人类利用后，能够再次在自然界中产生或出现，因此亦称为再生能源。由于煤炭、石油、天然气等非再生能源日益减少或濒临枯竭，可再生能源的利用与生产具有越来越重要的意义。

1.3.3　大气污染的综合防治措施

人类对自然环境的冲击造成了环境的严重恶化。随着实践经验的积累和环境科学理论的发展，人们认识到环境总是具有区域性、系统性和整体性，解决环境问题不能只关注污染问题，进行"尾部治理"，而是要从整体出发，对一个特控区域的人口、经济发展、资源和环境的承载能力进行全面的研究，采用防治结合的综合措施，才能有效地控制污染。

大气污染综合防治就是视一个城市或特定区域为一个整体，统一规划能源结构、工业发展、城市布局和交通运输，运用各种防治污染的有效措施，达到整个城市或区域的大气环境质量目标。大气污染综合防治的措施可以概括为以下几点。

(1) 严格的环境管理

环境管理是运用行政、法律、经济、教育和科学技术等措施，把社会经济建设和环境保护结合起来，使环境污染得到有效控制。完整的环境管理体制包括环境立法、环境监测机构和环境保护管理机构三部分。

20 世纪 70 年代以来，许多国家实施环境法，并设立了相应的管理机构。我国制定了《中华人民共和国环境保护法》、《海洋环境保护法》、《水污染防治法》、《森林保护法》、《草原法》和《大气污染防治法》等法律，以及各种环保条例、规定与标准，使我国的环境法日趋完善。同时从中央到地方逐步建立起比较完整的监测系统，为环境的科学管理提供了大量资料。现在我国也建立了由中央到地方的各级环境管理机关，以保证国家各项环境保护法令和条例的执行。

(2) 全面规划、合理布局进行综合防治

大气环境质量受各种各样的自然因素和社会因素影响，必须进行全面环境规划并采取区域性综合防治措施，才能获得长期的效益。

在兴建大型工矿企业、工业区时，首先要对拟建工程的自然环境和社会环境做综合调查，进行环境模拟试验及污染物的扩散计算，摸清该地区的环境容量，作出科学的环境影响评价报告。确定为保护、协调和改善环境应该采取的各种措施。为政府部门确定兴建与否、规模和布局等提供科学的依据。

(3) 控制大气污染的技术措施

从对污染源及污染物的分析中知道，在各种工业生产过程中所产生的污染物，因工艺、流程、原材料、燃烧、操作管理条件和水平等的不同，其种类、数量、组成和特性差别甚大。因此，合理利用能源、改革工艺、改进燃料和进行严格的工艺操作是控制大气污染的有效的技术措施。必须优先采用无污染或少污染的工艺；认真选配合适材料；改进和优选燃烧设备、燃料及燃烧条件，做到既节约能源又减少空气污染物的产生。

建立综合性的工业基地，也是控制大气污染十分有效的技术方案。在综合基地中，各企业紧密联系，相互之间综合利用原料和废弃物，将大量地减少污染物的总排放量。

(4) 控制环境污染的经济政策

① 首先应该保证对环境保护的必要投资，而且随着生产的发展而有所增加，以便使各种环保措施逐步改进。

② 银行发放低息长期贷款，对治理污染予以经济方面的优惠。

③ 严格排污管理、实行排污收费。对污染严重且长期未能治理的企业实行强制停产。我国将排污所得收入回用于污染治理的政策，有益于环境保护。

(5) 绿化造林

绿化造林不仅能够美化环境、调节大气的温度和湿度、保持水土、防风固沙，而且在净化空气、降低噪声方面也有显著的功能。

植物对空气的净化作用是多方面的。绿色植物吸收 CO_2、制造氧气，保持着大自然中 CO_2 与 O_2 的平衡。植物对空气中的粉尘、细菌及各种有害气体都具有阻挡、过滤和吸收的作用，从而减少了空气中各种污染物的含量。

有些植物对污染物极为敏感，极易产生病态反应，例如：紫花苜蓿在 SO_2 浓度为 3.57mg/m³ 时，1h 后就呈现病态，而浓度达到 57.2mg/m³ 时，人才有咳嗽、流泪等症状。

因而这类植物对大气污染又可以起到监测和报警的作用。绿化工作也要统筹规划，以达到事半功倍之效。

（6）高烟囱排放及安装净化装置

目前还不可能做到无污染物排放。采用高烟囱排放，是当前许多国家防止 SO_2 污染的一种有效方法。它可以把大气污染物有组织地排向高空，向更广的范围扩散稀释，充分利用大气的扩散作用和自净能力，以减轻局部地区的大气污染。

安装废气净化装置是消烟除尘、防治污染、保证环境质量的基础。根据烟气中污染物质的种类、可分别采用除尘、吸收、吸附和催化转化等方法进行捕集、处理、回收利用而使空气得以净化。这是实现环境规划等项综合防治措施的前提。因此，各国对研究、制作、安装净化装置都非常重视。

1.4　大气环境质量控制标准

大气污染主要是由于人类的生产、生活活动造成的有害物质在自然界积聚的结果。大气环境质量标准是为了保护人体健康和维护一定的生存环境，对大气中污染物或其他物质的最大容许浓度所作的规定。

大气环境质量标准按用途可分为大气环境质量标准、大气污染物排放标准、大气污染控制技术标准以及大气污染警报标准等。它们之间有着密切的联系，而大气环境质量标准是科学地管理大气环境的基本准则，也是评价大气质量、制定大气污染防治规划和污染物排放标准的依据。在各种标准中，根据其适用的范围又分为国家标准、地方标准和行业标准。

1.4.1　大气环境质量标准

（1）制定标准的原则

大气环境质量标准是为了防治生态破坏、创造清洁适宜的环境、保障人体健康而制定的。因此需要综合研究人体健康和生态环境与大气污染物浓度之间的关系，对其相关性作定量分析，以确定大气环境质量标准规定的污染物及其浓度限值。1963 年世界卫生组织（WHO）通过的空气质量四级水平，已成为多数国家判断空气质量的依据。这四级水平如下。

第一级：在处于或低于所规定的浓度和接触时间内，看不到直接或间接的反应（包括反射性或保护性反应）。

第二级：达到或高于规定的浓度和接触时间时，对人的感觉器官有刺激，对植物有损害，或对环境产生其他有害作用。

第三级：达到或高于规定的浓度和接触时间时，使人的生理功能发生障碍或衰退，引起慢性病，缩短生命。

第四级：达到或高于规定的浓度和接触时间时，敏感者将发生急性中毒或死亡。

确定空气质量级别，还要合理协调实现标准所需的代价与社会经济效益之间的关系。同时还应遵循区域差异性原则，特别是中国地域广阔，经济发展不平衡，更应充分考虑各地区的人群构成、生态系统结构功能等差异性，做到在实施标准时，投入费用最小，而收益最大。

（2）中国的《环境空气质量标准》

《环境空气质量标准》（GB 3095—1996）是根据《中华人民共和国环境保护法》和《中华人民共和国大气污染防治法》，以及国际先进标准而制定的，并于 1996 年 10 月 1 日开始实施，取代了我国 1982 年制定的《大气环境质量标准》（GB 3095—82）。

《环境空气质量标准》（GB 3095—1996），规定了二氧化硫（SO_2）、总悬浮颗粒物（TSP）、可吸入颗粒物（PM_{10}）、氮氧化物（NO_x）、二氧化氮（NO_2）、一氧化碳（CO）、臭氧（O_3）、铅（Pb）、苯并[a]芘（B[a]P）、氟化物（F）等 10 种污染物的浓度限值。该标准将环境空气质量功能区分为三类：一类区为自然保护区和其他需要特殊保护的地区；二类区为城镇规划中确定的居住区，商业交通居民混合区，文化区，一般工业区和农村地区；三类区为特定工业区。环境空气质量标准分为三级，一类区执行一级标准，二类区执行二级标准，三类区执行三级标准。各级标准对 10 种污染物的浓度限值见表 1-6。

表 1-6 各项污染物的浓度限值

污染物名称	取值时间	质量浓度限值			质量浓度单位（标准状态）
		一级标准	二级标准	三级标准	
二氧化硫（SO_2）	年平均 日平均 1h平均	0.02 0.05 0.15	0.06 0.15 0.50	0.10 0.25 0.70	mg/m³（标准状态）
总悬浮颗粒物（TSP）	年平均 日平均	0.08 0.12	0.20 0.30	0.30 0.50	
可吸入颗粒物（PM_{10}）	年平均 日平均	0.04 0.05	0.10 0.15	0.15 0.25	
氮氧化物（NO_x）	年平均 日平均 1h平均	0.05 0.10 0.15	0.05 0.10 0.15	0.10 0.15 0.30	
二氧化氮（NO_2）	年平均 日平均 1h平均	0.04 0.08 0.12	0.04 0.08 0.12	0.08 0.12 0.24	
一氧化碳（CO）	日平均 1h平均	4.00 10.00	4.00 10.00	6.00 20.00	
臭氧（O_3）	1h平均	0.12	0.16	0.20	
铅（Pb）	季平均 年平均		1.50 1.00		μg/m³（标准状态）
苯并[a]芘（B[a]P）	日平均		0.01		
氟化物（F）	日平均 1h平均		7① 20①		
	月平均 植物生长 季平均	1.8② 1.2②		3.0③ 2.0③	μg/(dm²·d) μg/(dm²·d)

① 适用于城市地区；
② 适用于牧业区和以牧业为主的半农牧区，蚕桑区；
③ 适用于农业和林业区。

《环境空气质量标准》是在全国范围内进行环境空气质量评价的准则，因此在标准中对环境空气、污染物项目、取值时间及浓度限值等 14 种术语的定义，以及采样与分析方法和数据统计的有效性都一一作了规定，这表明了我国对大气环境的科学管理日趋完善。

1.4.2 工业企业设计卫生标准

我国于 1979 年重新修订公布了《工业企业设计卫生标准》（TJ 36—79），规定了"居住区大气中的有害物质的最高容许浓度"和"车间空气中有害物质的最高容许浓度"标准。2002年，《工业企业设计卫生标准》经修订后再次由卫生部颁布为两个标准——《工业企业设计卫生标准》（GBZ 1—2002）和《工作场所有害因素职业接触限值》（GBZ 2—2002）。修订后的标准是根据职业性有害物质的理化特性、国内外毒理学及现场劳动卫生学或职业流行病学调查资料，并参考美国、德国、前苏联、日本等国家的职业接触限值及其制定依据而修订和制定的，是作为工业企业设计及预防性和经常性监督、监测使用的卫生标准。GBZ 2—2002 在其表 1 中列出了 329 个有毒物质容许浓度，在其表 2 中规定了工作场所 47 种粉尘容许浓度。

1.4.3 大气污染物排放标准

（1）制定原则

制定大气污染物排放标准的原则是以环境空气质量标准为依据，同时还应综合考虑治理技术的可行性，经济的合理性及地区的差异性，并尽量做到简明易行。制定排放标准的方法，大体上有两种：按最佳适用技术确定法和按污染物在大气中的扩散规律推算法。

最佳适用技术是指现阶段实施效果最好，经济合理的污染物治理技术。按最佳适用技术确定污染物排放标准，就是根据污染现状，最佳治理技术效果，并对已有治理得较好的污染源进行损益分析来确定排放标准。这样确定的排放标准便于实施和管理，但有时不能满足大气环境质量标准，而有时又显得过严。按这种方法制定的标准有浓度标准、林格曼黑度标准及单位产品允许排放量标准等。

按污染物在大气中的扩散规律推算时，以环境空气质量标准为依据，应用大气扩散模式推算出不同烟囱高度污染物的允许排放量或排放浓度，或根据污染物排放量推算出最低排放高度。这样确定的排放标准，由于模式的准确性和可靠性受地理环境、气象条件及污染源密集程度等影响较大，因此对不同的地区就难免出现偏严或偏宽的情况。

（2）工业"三废"排放标准

我国于1973年颁布了《工业"三废"排放试行标准》（GB J4—73），规定了13类有害物质的排放标准。经过20多年的试行，于1996年修改制定了《大气污染物综合排放标准》（GB 16297—1996）。该标准规定了33种在我国有普遍性、代表性和污染危害严重的大气污染物排放标准，它概括了我国原有的废气标准中的13个项目和现有的地方排放标准中几乎所有的项目。因此自1997年1月1日在全国开始实施该标准的同时，原《工业"三废"排放试行标准》（GB J4—73）以及部分行业性国家排放标准（或其废气部分）也予以废止。

《大气污染物综合排放标准》（GB 16297—1996）对33种污染物的规定包括了最高允许排放浓度、最高允许排放速率和无组织监控浓度限值，同时还规定了标准的实施要求。该标准适用于现有污染源大气污染物的排放管理，以及建设项目的环境影响评价、设计、环境保护设施竣工验收和投产后的大气污染物排放管理。

（3）制定地方大气污染物排放标准的技术方法

《制定地方大气污染物排放标准的技术方法》（GB/T 3840—91），是在总结国内外经验的基础上，考虑到我国各地区差异，国民经济发展水平和技术可行性等制定的。基本做法是以大气环境质量标准为控制目标，利用大气污染物扩散模式进行计算，综合当地的各种因素确定排放指标，以及各污染源排放量的限定值。气态污染物分为总量控制区和非总量控制区。总量控制区是当地人民政府根据城镇规划经济发展与环境保护要求而决定对大气污染物实行总量控制的区域。总量控制区外的区域称为非总量控制区，主要是指广大农村以及工业化水平较低的边远荒僻地区。但对大面积酸雨危害地区应尽量设置 SO_2 和 NO_x 排放总量控制区。各地方标准制定原则是从实际情况出发，总量控制区制定主要污染物排放标准可按以下方法进行计算。

① 燃烧产生的气态污染物年排放标准的制定方法 气态污染物系指各种燃烧设备燃烧各种矿物燃料产生的大气污染物。如飘尘、二氧化硫、氮氧化物和一氧化碳等。总量控制区内大气污染物排放总量限值计算式如下

$$Q_{aki} = \frac{A_{ki}S_i}{\sqrt{S}} \tag{1-1}$$

$$Q_{ak} = \sum_{i=1}^{n} Q_{aki} \tag{1-2}$$

$$S = \sum_{i=1}^{n} S_i \tag{1-3}$$

$$A_{ki} = A \cdot C_{ki} \tag{1-4}$$

式中　Q_{ak}——总量控制区某种污染物允许排放总量限值，10^4 t；

Q_{aki}——第 i 功能区某种污染物年允许排放总量限值，10^4 t；

n——功能区总数；

a——总量下标；

i——总量控制区内各功能分区的编号；

k——某种污染物下标；

S_i——第 i 功能区面积，km^2；

S——总量控制区总面积，km^2；

A_{ki}——第 i 功能区某种污染物排放总量控制系数，10^4 t/(a·km)；

C_{ki}——GB 3095—1996 等国家和地方有关大气环境质量标准所规定的与第 i 功能区类别相应的年日平均质量浓度限值，mg/m^3（标准状态）；

A——地理区域性总量控制系数，10^4 t/(a·km)，参照表 1-7 所列数据选取。A_{ki} 可按 GB/T 3840—91 的有关方法求取。

表 1-7　我国各地区总量控制系数 A、低源分担率 α、点源控制系数 P 值

地区序号	省　市　名	A	α	P	
				总量控制区	非总量控制区
1	新疆、西藏、青海	7.0～8.4	0.15	100～150	100～200
2	黑龙江、吉林、辽宁、内蒙古(阴山以北)	5.6～7.0	0.25	120～180	120～240
3	北京、天津、河北、河南、山东	4.2～5.6	0.15	100～180	120～240
4	内蒙古(阴山以南)、山西、陕西(秦岭以北)、宁夏、甘肃(渭河以北)	3.5～4.9	0.20	100～150	100～200
5	上海、广东、广西、湖南、湖北、江苏、浙江、安徽、海南、台湾、福建、江西	3.5～4.9	0.25	50～100	50～150
6	云南、贵州、四川、甘肃(渭河以南)、陕西(秦岭以南)	2.8～4.2	0.15	50～75	50～100
7	静风区(年平均风速小于 1m/s)	1.4～2.8	0.25	40～80	40～90

《制定地方大气污染物排放标准的技术方法》（GB/T 3840—91）中还给出了总量控制区内低架源（<30m 的排气筒或无组织排放源）大气污染物年排放总量限值的计算式，点源污染物排放率值计算式和有关参数的计算。

② 总量控制区二氧化硫排放标准制定方法　二氧化硫排放率超过 14kg/h 时，排气筒高度必须超过 30m。二氧化硫年允许排放总量按式(1-1)～式(1-4)计算，其中 C_{ki} 按 GB 3095 相应的日平均浓度标准限值作实施值，取相应等级的年日平均浓度标准限值目标值。采暖期二氧化硫排放总量限值和低架源二氧化硫排放总量限值分别用式(1-5)和式(1-6)计算。

$$Q_{uai} = \alpha_s \cdot \frac{M}{12} \cdot Q_{ai} \tag{1-5}$$

$$Q_{ubi} = \alpha_b \cdot \frac{M}{12} \cdot Q_{bi} \tag{1-6}$$

式中　Q_{uai}——第 i 功能区采暖期二氧化硫允许排放总量，10^4 t；

α_s——二氧化硫总量季节调整系数，$0.6 < \alpha_s < 1.5$，取 $\alpha_s = 0.6$ 作为目标值；

M——采暖月数；

Q_{ai}——第 i 功能区二氧化硫年允许排放总量，10^4 t；

Q_{ubi}——第 i 功能区采暖期低架源二氧化硫允许排放总量，10^4 t；

α_b——二氧化硫低架源季节调节系数，$0.6 < \alpha_b < 1.5$，取 $\alpha_b = 0.6$ 作为目标值；

Q_{bi}——第 i 功能区二氧化硫低架源年允许排放总量，10^4 t。

氮氧化物，一氧化碳，生产工艺过程中产生的气态污染物的排放标准制定方法，也有明确的公式和方法，不再详细介绍。

③ 烟尘排放标准的制定方法　烟尘系指火电厂烟尘、锅炉烟尘和生产性粉尘等。点源烟尘排放率计算式如下

$$Q_e = P_e \cdot H_e \times 10^{-6}$$

式中　Q_e——烟尘允许排放率，t/h；

P_e——烟尘排放控制系数，t/(h·m²)，按所在行政区及功能区查表 1-8；

H_e——排气筒有效高度，m。

表 1-8　点源烟尘 P_e 值表

地区序号	一类功能区	二类功能区	三类功能区	地区序号	一类功能区	二类功能区	三类功能区
1	5	15～20	25～50	5	2.5	7.5～15	12.5～38
2	6	18～25	30～50	6	2.5	7.5～10	12.5～25
3	6	15～25	30～50	7	2	6～9	10～23
4	5	15～20	25～50				

注：摘自 GB/T 3840—91，地区序号同表 1-7。

除上述大气污染物排放标准外，我国还制定了《锅炉大气污染物排放标准》(GB 13271—2001)，《工业炉窑大气污染物排放标准》(GB 9078—1996)，《火电厂大气污染物排放标准》(GB 13223—2003)，《水泥工业大气污染物排放标准》(GB 4915—2004)。

习　题

1.1　干洁空气中 N_2、O_2、Ar 和 CO_2 等气体组成的质量分数各为多少？

1.2　根据我国的《环境空气质量标准》(GB 3095—1996) 中的二级标准，计算出 SO_2、NO_2 和 CO 三项污染物日平均浓度限值的体积分数。

1.3　成人每次吸入的空气量平均为 500cm³，假如每分钟呼吸 15 次，空气中颗粒物的浓度为 200μg/m³，试计算每小时沉积于肺泡上的颗粒物质量。已知颗粒物在肺泡上的沉积系数为 0.12。

1.4　某工厂位于某城市远郊区的平坦地带，该工厂烟囱有效高度为 50m，如果烟尘排放控制系数 $P_e = 27$t/(m²·h)，求烟尘的允许排放量。若烟尘排放量为 0.08t/h，那么烟囱有效高度的最小值应为多少？

1.5　试分析我国大气污染的特征、主要原因以及采用清洁煤技术的意义。

2 燃烧与大气污染

2.1 燃料及其性质

燃料是指在燃烧过程中，能够释放出热能且可以取得经济效益的物质。燃料主要包括常规燃料（如煤、石油、天然气，它们又称作化石燃料）和非常规燃料（如核燃料等）。燃料性质的不同，其燃烧设备的结构和运行条件也有所差别，同时影响着大气污染物的生成和排放。本书将简要介绍煤、石油、气体燃料等常规能源的物理和化学性质。

2.1.1 煤

煤是棕色至黑色的可燃固体。作为最重要的固体燃料，煤主要是植物分解和变质而形成的。煤的可燃成分主要是由 C、H 及少量的 O、N 和 S 等构成的有机聚合物组成，各类聚合物之间通过不同的碳氢支链连接而形成较大的颗粒。

（1）煤的种类

煤是由古代植物经过复杂的物理和化学反应演变与沉积而成，形成时间很长，且常常需要高温高压条件，这一过程被称作"煤化"过程。根据植物种类与炭化程度不同，可将煤分成泥煤、褐煤、烟煤和无烟煤。

① 泥煤 是煤化时间最短的一类，即是由植物刚刚演变形成的煤。该种类煤质地疏松，因吸水性强而含水率较高，需要进行露天干燥。在化学组成上与其他种类的煤相比，泥煤的氧含量较高，而含碳量和含硫量较低。在使用过程中，泥煤由于含有较高的挥发分而可燃性较好，反应性较强，但机械性能较差，灰分熔点很低。该种类煤在工业上可作为锅炉燃料和气化原料使用，但其工业价值较小，且不适合于远距离运输，因此可作为地方性燃料。

② 褐煤 是泥煤进一步变化后形成的初始煤化物，因能够将热碱水染成褐色而得名。褐煤呈黑色、褐色或泥土色，其结构类似木材。在性质上，褐煤与泥煤相比有很大差异，其密度较大，含碳量较高，氢和氧的含量较低。在使用中，褐煤呈黏结状和带状，含水量较高，极易氧化和自燃。在空气中易受风化、破碎，且热值较低，可作地方性燃料使用。

③ 烟煤 是一种煤化程度较高的煤种，呈黑色，外观有可见条纹。与褐煤相比，其挥发分含量较少，密度较大，含水量较少，含碳量较高，氢和氧的含量较低，抗风化能力较强。烟煤在工业上应用较多，不仅可以作为燃料使用，也是化学工业的主要原料。由于具有黏结性，因而还是炼焦的主要原料。在我国，根据烟煤的黏结性和挥发分含量等性质进一步分成长焰煤、气煤、肥煤、结焦煤、瘦煤等不同种类。其中长焰煤和气煤含有较高挥发分，更容易燃烧和制造煤气使用。结焦煤因具有良好的结焦特性，更适合用于生产冶金焦炭。

④ 无烟煤 是煤中矿化程度最高的一类，外观具有明亮的黑色光泽，密度较大，机械强度较高，含碳量较高，挥发分含量较少，吸水性小，稳定不易自燃，适于长途运输和长期储存。但无烟煤的可燃性较差，不易起火，成焦性也较差。因无烟煤燃烧过程中发热量大，灰分少，含硫量低，且分布广泛，所以是非常重要的一种燃料。

（2）煤的工业分析

煤的工业分析包括测定煤中的水分、灰分、挥发分和固定碳的质量分别占煤样质量的比例，以及煤的发热量、焦渣特性鉴定、灰熔点测定、颗粒度测定等。根据煤的工业分析，可以对煤的种类和加工利用性质进行判断和分析，确定燃烧设备的结构与运行条件等。

① 水分　是指在一定温度条件下所测得的煤中水分的质量分数。根据煤样基准的不同，可以是全水分、收到基水分或空气干燥基水分。全水分是指初始煤样中所具有的全部外部水分和内部水分，收到基水分是指炉前煤样具有的水分，空气干燥基水分是指自然风干后的煤样所具有的水分。

② 灰分　是指煤中可燃物质完全燃烧以及不可燃矿物质发生分解、化合等反应后剩余下来的灰渣，其含量和组成因煤种不同而存在差异，变化范围较大。煤中灰分的存在不仅降低了煤的发热量，还对煤的加工利用、运输以及环境均带来不利影响。其中，高灰分、低熔点的煤很容易结渣，使煤不能充分燃烧，进而对燃烧热效率产生不利影响。

③ 挥发分　将煤在隔绝空气的条件下高温加热（一般可为900℃）7min，分解析出的全部气体和蒸气中，去除水分后，即为挥发分。根据化学成分判断，挥发分是一种饱和与未饱和芳香族碳氢化合物，氧、硫、氮以及其他元素的有机化合物的混合物。挥发分析出后所剩余的固体残余物称为焦炭或半焦。挥发分的多少以及焦炭或半焦的特性都能很好地表征煤是否易于燃烧，是否宜于用作化工和冶金原料，因而也是对煤进行分类的指标。在相同的热值条件下，煤中挥发分含量越高，就越容易点燃，火焰越长，但容易造成炉膛内没有充分的空间、时间使氧气与挥发分充分混合，容易分解出大量碳粒而形成黑烟，污染环境。

④ 固定碳　煤中减去水分、灰分和挥发分后的剩余部分即为固定碳，是煤的主要可燃物质。煤中固定碳的含量反映了煤的炭化程度，随着煤炭化程度的提高，固定碳含量增多，挥发分减少，煤的发热量不断增大。

（3）煤的元素分析

煤的元素分析包括分析煤中碳（C）、氢（H）、氧（O）、氮（N）、硫（S）五种元素的质量占煤样质量的比例。为此，也必须分析煤中水分和灰分的含量。通过元素分析，可以了解煤的炭化程度，计算燃烧所需空气量、发热量和其他热工指标等。因煤所处条件的不同，即采用不同质量基准，元素成分表示方法也不同。通常采用四种方法表示，分别为以炉前煤试样质量为基数的收到基成分、以实验室条件自然风干的煤粉试样质量为基数的空气干燥基成分、以烘箱烘干后失去全部水分的煤粉试样质量为基数的干燥基成分和以不计入水分灰分的煤质量为基数的干燥无灰基成分。

（4）煤的使用特性

① 黏结性　煤的黏结性是指粉碎后的煤在隔绝空气条件下加热到一定温度时，煤的颗粒之间互相黏结形成焦块的性质。一般而言，黏结性好的煤结焦性比较强。煤的黏结性不仅可以判断某种煤是否适于炼焦，而且对煤的气化和燃烧性能也有很大影响。例如，黏结性较强的煤在气化和燃烧时容易结块，严重影响气流的均匀分布。

在实验室条件下用坩埚法测定挥发分后，对所形成的焦块根据外形分为七个等级，称为黏结序数，以此来鉴定煤的黏结性。按照黏结序数及其特征分为：粉状、黏着、弱黏结、不熔融黏结、不膨胀熔融黏结、膨胀熔融黏结和强膨胀熔融黏结七个等级。

② 耐热性　煤的耐热性是指煤在高温燃烧或气化过程中是否易于破碎的性质。耐热性差的煤（主要是无烟煤和褐煤），在燃烧和气化过程中容易裂成碎块或粉状，增加了烟气中的带出物和热损失，增加了煤层的阻力，并容易发生烧穿现象，使气化过程变坏。

③ 反应性和可燃性　煤的反应性是指煤的反应能力，即燃料中碳和二氧化碳及水蒸气进行还原反应的速度。反应性用反应产物中的CO生成量和氧化层最高温度来表示。CO生成量最多，氧化层温度越低，煤的反应性越好。煤的可燃性是指燃料中的碳和氧发生氧化反应的速度，即燃烧速度。煤的炭化程度越高，则反应性和可燃性越差。

④ 灰熔点　灰熔点是煤的重要性质之一，设计燃煤装置时要根据灰熔点的高低来布置

炉膛的受热面。灰熔点用角锥法测定,测定前将灰磨碎、胶结并压制成角锥现状,然后置于还原性或半还原性介质的马弗炉中加热。灰角锥尖端开始变圆和倾斜时的温度称为变形温度 DT,锥尖端弯曲到和底盘接触时的温度称为软化温度 ST,角锥已熔融并沿底盘开始自由流动时的温度称为流动温度 FT。工业上一般以软化温度作为衡量灰熔融性的主要指标:ST<1200℃ 称为易熔性灰,处于 ST 为 1200～1425℃ 之间则称为可熔性灰,ST>1425℃ 则称为难熔性灰。燃煤装置的炉膛出口烟气温度应保证 ST≤－150℃。

2.1.2 石油

（1）石油的特性

石油是液体燃料的主要来源。原油是天然存在的易流动的液体,相对密度在 0.78～1.00 之间。由多种化合物混合而成,主要包括链烷烃、环烷烃和芳香烃等碳氢化合物。这些化合物主要含有元素碳和氢,还有少量的硫、氮和氧等,其含量的多少因产地不同而存在差异。通常原油中还会含有微量金属,也会受到氯、砷、铅等的污染。

原油尽管易燃,但处于安全和经济的考虑,一般将原油加工为各种石油化学产品,即通过蒸馏、裂化和重整等过程生产出各种汽油、溶剂、化学产品和燃料油。燃料油的物性包括相对密度、闪点和黏度等。相对密度是燃料油的一个重要性质,为燃料油的化学组成和发热量提供了一种指示。当氢含量增加时,燃料油的相对密度将减少,发热量增加。闪点是与安全有关的性质,如果在输送或雾化过程中造成燃料油温度升高时,必须采取措施避免油温超过其闪点。黏度随温度的升高而降低,当黏度较大时,雾化产生的液滴较大,因而不易发生较快地汽化,进而导致燃烧不完全。

（2）燃料油的分类

燃料油可以概括分为馏分油和含灰分油。馏分油基本上不含灰分和杂志;含灰分油则含有相当量的灰分,在燃气轮机中使用铅必须作相应处理,但在工业炉窑中使用一般可不作处理。石油经常压分馏可以得到石油气、汽油、挥发油、柴油、煤油等沸点在 350℃ 的石油产品。

① 汽油　是一种质量非常好的燃料油,其燃烧性能好,黏度很低,闪电较低,挥发性好,但润滑性较差。汽油中的辛烷值是汽油抗爆震的重要指标。航空汽油的典型馏程温度为 40～180℃。

② 煤油　与汽油相比,煤油的馏程温度范围较高,密度较大,润滑性较好。另因煤油的蒸气压力低,在高温中因蒸发引起的损失较少,因此在航空燃气轮机中多使用煤油而不是汽油。

③ 柴油　与煤油、轻挥发油相比,柴油的密度较大,适合于柴油发动机的特定要求（主要是十六烷值）。最常用的是 2 号柴油。

④ 重馏分油　常常是炼油厂的副产品,基本上不含灰分,但黏度较高,难以雾化,在输送过程中需要加热。

⑤ 重油　是原油加工后各种残渣油的总称,含有相当数量的灰分（但与煤的灰分相比仍然很少）,密度较大,黏度非常高,在贮运过程中需要加热,但其价格便宜,是工业炉窑的主要液体燃料。

2.1.3 气体燃料

气体燃料是由各种单一气体混合而成,其中主要可燃成分有一氧化碳（CO）、甲烷（CH_4）、氢气（H_2）和其他气态碳氢化合物以及硫化氢（H_2S）等;不可燃的气体成分有二氧化碳（CO_2）、氮气（N_2）以及水蒸气、焦油蒸气和粉尘等。

（1）天然气

天然气一般可分为四种:①从气井开采出来的气田气或称纯天然气;②伴随石油一起开

采出来的石油气，也称石油伴生气；③含石油轻质馏分的凝析气田气；④从井下煤层中抽出的煤矿矿井气。

纯天然气（简称天然气）的组分以 CH_4 为主，还含有少量的 CO_2、H_2S、N_2 和微量的 He、Ne、Ar 等气体。我国四川天然气中 CH_4 含量一般不少于 90%，发热量为 34700～35950kJ/m³。天津大港地区的石油伴生气中 CH_4 含量约为 80%，C_2H_6、C_3H_8、C_4H_{10} 等含量约为 15%，发热量约为 42000 kJ/m³。凝析气田气除含有大量的 CH_4 外，还含有 2%～5% 的 C_5H_{12} 及其以上的碳氢化合物。矿井气的主要组成是 CH_4，其含量随采气方式而变化。天然气既是制作合成氨、炭黑、乙炔等化工产品的原料气，又是优质的燃料气，是理想的城市气源。除可以进行长距离的输送外，还可加压处理称为液化天然气，更有利于运输和贮存。

（2）人工燃气

① 固体燃料干馏煤化　利用焦炉、连续式直立炭化炉（伍德炉）和立箱炉等对煤进行干馏所获得的煤气称为干馏煤气。用干馏方式生产煤气的产量为 300～400m³/t 煤，煤气中 CH_4 和 H_2 的含量较高，发热量一般在 17000kJ/m³ 左右。干馏煤气的生产历史较长，是我国目前城市煤气的重要气源之一。

② 固体燃料汽化煤气　压力汽化煤气、水煤气、发生炉煤气等均属于此类。在 1.5～3.0MPa 压力条件下，以煤作原料，采用纯氧和水蒸气作汽化剂，可获得高压蒸气氧鼓风煤气，也叫高压汽化煤气。其主要成分是 H_2、CH_4、CO，发热量约为 15000kJ/m³。若煤矿产褐煤或长焰煤，可采用鲁奇炉生产压力汽化煤气（一般称为坑口汽化），不需另设压送设备，即可用管道输送至较远的城镇作为城市燃气使用。

水煤气和发生炉煤气的主要成分为 CO、H_2。水煤气发热量为 10400kJ/m³ 左右，发生炉煤气发热量为 5000～6300kJ/m³ 左右。这两种煤气发热量低，并且毒性较大，可以用来加热焦炉和连续或直立炭化炉，以顶替干馏煤气。也可以与干馏煤气、重油蓄热热裂解气掺混，调节燃气量和发热量，作为城市的调度气源。发生炉煤气还可作为工厂和燃气轮机的燃料。

③ 油制气　利用重油制取的城市燃气，既可作为城市煤气基本气源，也可作为城市煤气调度气源。按制取方法不同，可分为蓄热热裂解制气和蓄热催化裂解制气两种。重油蓄热热裂解气以 CH_4、C_2H_4、C_3H_6 和 H_2 为主要成分，产气量约为 500～550m³/t 油。重油蓄热催化裂解气中 H_2 含量最多，其次是 CH_4 和 CO，发热量在 17600～20900kJ/m³ 左右，三筒催化裂解装置的产气量约为 1200～1300m³/t 油。

④ 高炉煤气　是高炉炼铁过程的副产品，主要可燃成分是 CO（约 25%～30%），含有大量的 N_2 和 CO_2（约占 63%～70%），发热量较低。因高炉炼铁燃料的热量约有 60% 转移到高炉煤气中，所以有效回收和利用高炉煤气，对降低炼铁能耗有重要意义。高炉煤气可作为焦炉燃气，与焦炉燃气掺混后也可作为锅炉、加热炉、炼钢平炉的燃气，还可以利用高炉煤气的余压直接发电。

⑤ 转炉煤气　是转炉吹氧炼钢过程产生的炉气，重要成分是 CO，含量一般为 55%～65%，最高可达 70%，发热量为 5600～8400kJ/m³，煤气回收量为 60～80m³/t 钢。转炉煤气可作为混铁炉、热风炉、加热炉及耐火厂和回转窑的燃料，还可作为化工原料使用。

（3）液化石油气

液化石油气是开采和炼制石油过程中作为副产品而获得的一部分碳氢化合物。目前，我国供应的液化石油气主要来自炼油厂的催化裂化装置，其产量约占催化裂化装置处理量的 7%～8%。液化石油气的主要成分是 C_3H_8、C_3H_6、C_4H_{10} 和 C_4H_8。这些碳氢化合物在常温、常压条件下呈气态，气压升高或温度降低是很容易转变为液态，其体积缩小约 250 倍。

气态液化石油气的发热量约为 $92000 \sim 121200 kJ/m^3$。液化石油气中烯烃部分可作为化工原料，烷烃部分可用作燃料。

（4）沼气

各种有机物质，如蛋白质、纤维素、脂肪、淀粉等，在隔绝空气的条件下发酵，并在微生物作用下产生的可燃气体，叫做沼气。发酵的原料可以是粪便、垃圾、杂草、落叶等各种有机物质。沼气的组分中 CH_4 含量约为 60%，CO_2 约为 35%。此外，还有少量的 H_2、CO 等气体，发热量约为 $21700 kJ/m^3$。

2.1.4 非常规燃料

除上述煤、石油、燃气等常规燃料外，所有可燃性物质均在非常规燃料之列。某些较低级的化石燃料，如泥炭、焦油砂、油页岩，也可作为非常规燃料使用。根据来源，非常规燃料可分为如下几种类型：①城市固体废物；②商业和工业固体废物；③农产物和农村废物；④水生植物和水生废物；⑤污泥处理厂废物；⑥可燃性工业和采矿废物；⑦天然存在的含碳和含碳氢的资源；⑧合成燃料。

非常规燃料的重要性在于能够在某些领域代替日益减少的化石燃料的供应，同时也是处理某些废物的有效方式。因此，非常规燃料的开发是建立在复杂的环境因素基础上的，它既能提供能源，又可以处置废物，减轻对环境的压力。但在非常规燃料的燃烧利用过程中常常会产生较常规燃料更严重的空气污染和水体污染，因此需要特别注意。

2.2 燃料的燃烧过程

2.2.1 燃料完全燃烧的条件

根据燃料燃烧的完全程度，可以分为完全燃烧和不完全燃烧。完全燃烧是指燃料中可燃物质都能和氧充分反应，最终生成 CO_2、H_2O、SO_2 等燃烧产物；不完全燃烧是指燃料中部分可燃物质未能和氧充分反应，燃烧产物中存在气态可燃物，如 CO、H_2、CH_4 等，以及炭黑等固态可燃物。产生不完全燃烧的原因有多方面：空气供给不足；高温时燃烧产物发生离解；燃料与空气混合不充分；液体燃料未能很好雾化；固体燃料灰渣中夹炭等。

要使燃料完全燃烧，必须具备如下条件。

① 空气条件。燃料燃烧时必须保证相应空气的足量供应。如果空气供应不足，燃烧则不完全，但如果空气量过大，又容易降低炉内温度，增加排烟损失。因此，一般需要按照燃烧不同阶段供给相应空气量。

② 温度条件。燃料需要达到着火温度才能与氧发生燃烧反应。着火温度是指在有氧存在的条件下可燃物开始燃烧所必须达到的最低温度。各种燃料都具有不同的着火温度。在燃料燃烧过程中，只有放热速率高于向周围的散热速率，才能维持一个较高的温度，使得燃烧过程继续进行。

③ 时间条件。燃料在高温区的停留时间应超过燃料燃烧所需要的时间。在所要求的燃烧反应速度条件下，停留时间将决定于燃烧室的大小和形状。由于反应速度随温度的升高而加快，所以在较高温度下燃烧所需要的时间较短。

④ 燃料与空气的混合条件。燃料和空气的混合程度取决于空气的湍流度。如果混合不充分，将导致不完全燃烧产物的生成。对于气相燃烧，湍流可以加速液体燃料的蒸发，而对于固体燃料燃烧，湍流有助于破坏燃烧产物在燃料颗粒表面形成燃烧阻碍层，进而提高表面反应的氧利用率，加快燃烧的进行。

2.2.2 燃烧所需空气量

燃料燃烧所需要的氧，一般是从空气中获得，由燃料的组成决定。在燃烧计算时，通常需要如下假设：①空气中仅含有氮气和氧气，两者体积比为 $79/21=3.76$；②燃料中的固定态氧可用于燃烧；③空气和烟气均符合理想气体定律，在标准状态下摩尔体积为 $22.4m^3/kmol$。

（1）完全燃烧所需空气量

燃烧计算中首先需要计算理论空气量，即指单位量燃料（固、液体燃料用 1kg，气体燃料用 $1m^3$）完全燃烧所需的最少空气量。

① 固体和液体燃料燃烧所需理论空气量。固体和液体燃料的可燃物质为 C、H、S，燃烧反应方程式为

$$
\left.
\begin{aligned}
&C+O_2 =\!\!=\!\!= CO_2 \\
&H_2+\frac{1}{2}O_2 =\!\!=\!\!= H_2O \\
&S+O_2 =\!\!=\!\!= SO_2
\end{aligned}
\right\}
\tag{2-1}
$$

若燃料收到的基元素分析数据以质量分数 C_{ar}、S_{ar}、O_{ar}、H_{ar} 表示，则 1kg 燃料完全燃烧所需要的理论氧气量（标准状态）为

$$
V_{O_2}^0 = 1.866C_{ar}+5.559H_{ar}+0.700S_{ar}-0.700O_{ar} \quad (m^3/kg)
\tag{2-2}
$$

所需理论空气量（标准状态）为

$$
\begin{aligned}
V_a^0 = \frac{V_{O_2}^0}{0.21} &= 4.76(1.866C_{ar}+5.559H_{ar}+0.700S_{ar}-0.700O_{ar}) \\
&= 8.882C_{ar}+26.46H_{ar}+3.332S_{ar}-3.332O_{ar} \quad (m^3/kg)
\end{aligned}
\tag{2-3}
$$

② 气体燃料燃烧所需理论空气量。气体燃料主要由 H_2、CO、H_2S 和碳氢化合物等组成，燃烧反应方程式为

$$
\left.
\begin{aligned}
&H_2+\frac{1}{2}O_2 =\!\!=\!\!= H_2O \\
&CO+\frac{1}{2}O_2 =\!\!=\!\!= CO_2 \\
&CH_4+2O_2 =\!\!=\!\!= CO_2+2H_2O \\
&C_mH_n+(m+\frac{n}{4})O_2 =\!\!=\!\!= mCO_2+\frac{n}{2}H_2O
\end{aligned}
\right\}
\tag{2-4}
$$

如果气体燃料的组成以体积分数 H_2、CO、CH_4、C_mH_n、H_2S、O_2、N_2 等表示时，$1m^3$（标准状态）气体燃料完全燃烧所需要的理论氧气量（标准状态）为

$$
V_{O_2}^0 = 0.5H_2+0.5CO+2CH_4+\sum(m+\frac{n}{4})C_mH_n+1.5H_2S-O_2 \quad (m^3/m^3)
\tag{2-5}
$$

气体燃料完全燃烧所需要理论空气量（标准状态）为

$$
V_a^0 = \frac{V_{O_2}^0}{0.21} = 4.76\left[0.5H_2+0.5CO+2CH_4+\sum(m+\frac{n}{4})C_mH_n+1.5H_2S-O_2\right] \quad (m^3/m^3)
\tag{2-6}
$$

（2）燃烧所需实际空气量

在设计燃烧装置中，仅仅供给理论空气量不能保证燃料完全燃烧，因此实际供给的空气量 V_a 要比理论空气量 V_a^0 多。通常将比值 $V_a/V_a^0=\alpha$ 称为过量空气系数。因此，为保证燃料燃烧供给的实际空气量为

$$
V_a = \alpha V_a^0
\tag{2-7}
$$

过量空气系数 α 值的大小，与燃料种类、燃烧方式和燃烧装置的结构等因素有关。表 2-1 给出了不同燃料和炉型的过量空气系数。

表 2-1 过量空气系数

燃烧方式	烟煤	无烟煤	重油	煤气
手烧炉	1.3～1.5	1.3～2.0	—	—
链条炉	1.3～1.4	1.3～1.5	—	—
悬燃炉	1.2	1.25	1.15～1.2	1.05～1.1

如果空气中水分的含量较高,为保证精确计算,则应把空气中的水分计算在内,可按下式计算。

$$V_a = \alpha V_a^0 (1 + 1.24 d_a) \tag{2-8}$$

式中,d_a 为空气的含湿量,kg/m^3 干空气。

2.2.3 燃烧产生的烟气量

（1）理论烟气量

理论烟气量是指单位质量（体积）燃料与空气完全燃烧后所产生的最少烟气量（过量空气系数为1）。此时烟气中只含有 CO_2、SO_2、H_2O 三种污染物,以及由空气和燃料带入的氮和水蒸气。因此,对于固体和液体燃料,完全燃烧产生的理论干烟气量（标准状态）为

$$V_{df}^0 = 1.866 C_{ar} + 0.70 S_{ar} + 0.80 N_{ar} + 0.79 V_a^0 \quad (m^3/kg) \tag{2-9}$$

理论湿烟气量为

$$V_f^0 = V_{df}^0 + V_{H_2O} = V_{df}^0 + 11.12 H_{ar} + 1.24 (V_a^0 d_a + M_{ar}) \quad (m^3/kg) \tag{2-10}$$

式中,N_{ar}、M_{ar} 分别为燃料收到基中氮和水分的质量分数。

对于气体燃料,理论干烟气量（标准状态）为

$$V_{df}^0 = CO + CH_4 + \sum m C_m H_n + H_2 S + N_2 + 0.79 V_a^0 \quad (m^3/m^3) \tag{2-11}$$

理论湿烟气量为

$$V_f^0 = CO + H_2 + 3CH_4 + \sum \left(m + \frac{n}{2}\right) C_m H_n + 2H_2 S +$$
$$N_2 + 0.79 V_a^0 + 1.24 (d_g + V_a^0 d_a) \tag{2-12}$$

式中,d_g 为燃气的含湿量,kg/m^3 干燃气。

（2）实际烟气量

当过量空气系数为 α 时,考虑过量空气带入的水蒸气,实际湿烟气量（标准状态）为

$$V_f = V_f^0 + (1 - \alpha)(1 + 1.24 d_a) V_a^0 \quad (m^3/kg \text{ 或 } m^3/m^3) \tag{2-13}$$

实际干烟气量（标准状态）为

$$V_{df} = V_{df}^0 + (\alpha - 1) V_a^0 \quad (m^3/kg \text{ 或 } m^3/m^3) \tag{2-14}$$

2.3 燃料燃烧产生的主要污染物

燃料燃烧过程产生的大气污染物种类较多,主要有固体颗粒物和气态的硫氧化物、氮氧化物、一氧化碳、碳氢化合物等。二氧化碳虽然无毒,但属于温室气体,也应进行控制。

2.3.1 颗粒状污染物

燃烧过程中产生的颗粒污染物主要是燃烧不完全形成的炭黑以及烟尘和飞灰等。

（1）碳粒子的生成

燃烧过程中生成一些主要成分为碳的粒子,通常由气相反应生成积炭,由液态烃燃料高温分解产生的结焦或煤胞。积炭是燃料气体在空气不足时发生热分解而形成的炭黑。不论是气体燃料、液体燃料和固体燃料,在燃烧时都会产生积炭。实践证明,如果让燃料与足量的氧混合,能够防止积炭生成。另外,在所有火焰中,压力越低则积炭生成趋势越小。

石油焦和煤胞的生成机理是：在多数情况下，液态燃料的燃烧尾气不仅含有气相过程形成的积炭，而且也含有由液态烃燃料本身生成的碳粒。燃料油雾滴在被充分氧化之前，与炽热壁面接触，会导致液相裂化，接着发生高温分解，最后出现结焦。由此产生的碳粒叫石油焦，它是一种比积炭更硬的物质。多组分重残油的燃烧试验表明：燃料液滴燃烧的后期，将生成一种称为煤胞的焦粒，并且难以燃烧。煤胞外形为微小空心的球形粒子，其大小与油滴的直径成正比，一般为 $10 \sim 300 \mu m$。

（2）燃煤烟尘的形成

固体燃料燃烧产生的颗粒物通常称为烟尘，它包括黑烟和飞灰两部分。黑烟主要是未燃尽的炭粒，飞灰则主要是燃料所含的不可燃矿物质微粒，是灰分的一部分。飞灰中含有 Hg、As、Se、Pb、Cu、Zn、Cl、Br、S，均属污染元素，有害健康。这些污染物在飞灰中富集了数百至数千倍。Hg、Se、Pb、Cu、Zn 属重金属元素，在原煤中均属痕量元素。

煤粉燃烧时，如果燃烧条件非常理想，煤可以完全燃烧，即其中的碳完全氧化为 CO_2 等气体，余下为灰分。如果燃烧不够理想，甚至很差，煤不但燃烧不好，而且在高温下发生热解。煤热解很易形成多环化合物，这样就会冒黑烟。碳粒燃尽的时间与粒子的初始直径、离子表面温度、氧气浓度等有关。因此，减少燃煤层气中未燃尽碳粒的主要途径应当是改善燃烧条件，包括燃料和空气的混合，合适的燃烧温度，以及碳粒在高温区必要的停留时间。

（3）燃煤尾气中飞灰的产生

燃煤尾气中飞灰的浓度和粒度与煤质、燃烧方式、烟气流速、炉排和炉膛的热负荷、锅炉运行负荷以及锅炉结构等多种因素有关。表 2-2 给出了几种燃烧方式的烟尘占灰分的百分比。

表 2-2　几种燃烧方式的烟尘占灰分比

燃烧方式	烟尘占燃烧灰分的比例/%	燃烧方式	烟尘占燃烧灰分的比例/%
手烧炉	$15 \sim 20$	沸腾炉	$40 \sim 60$
链条炉	$15 \sim 20$	煤粉炉	$75 \sim 85$
抛煤机炉（机械风动）	$24 \sim 40$		

由表 2-2 可以看出燃烧方式不同，排尘浓度可以相差几倍，甚至几十倍，以煤粉炉的烟尘量最大。在理想条件下，是否容易形成黑烟，与煤的种类和质量有很大关系，如烟煤最易形成黑烟。煤质（灰分和水分含量以及颗粒大小）对排尘浓度也有较大影响。一般灰分越高，含水量越少，则排尘浓度就越高。

2.3.2　主要气态污染物

（1）SO_2 的形成

燃料含有一定量的硫元素，分可燃性硫和非可燃性硫两种。可燃性硫主要以元素硫、有机硫和无机硫的形式存在。这些硫在燃烧过程中生成 SO_2 排放到大气中。少量的非可燃性硫，即硫酸盐硫，伴随灰分进入灰渣中。无机硫的主要成分为黄铁矿（FeS_2），又称矿物硫。高硫煤中主要是无机硫。有机硫在煤中分布均匀，低硫煤中的主要硫分是有机硫。

当燃料燃烧时，元素硫和硫化物硫在燃烧时直接生成 SO_2，另有少量的 SO_2 被进一步氧化成 SO_3。而有机硫则先生成形成 H_2S、CS_2 等含硫化合物，进一步被氧化形成 SO_2。主要的化学反应如下。

元素硫燃烧
$$S + O_2 \xrightarrow{\quad} SO_2 \tag{2-15}$$

$$SO_2 + \frac{1}{2}O_2 \xrightarrow{\quad} SO_3 \tag{2-16}$$

硫化物燃烧
$$4FeS_2 + 11O_2 \xrightarrow{\quad} 2Fe_2O_3 + 8SO_2 \tag{2-17}$$

$$SO_2 + \frac{1}{2}O_2 \xrightarrow{\quad} SO_3 \tag{2-18}$$

有机硫的燃烧　　$CH_3CH_2SCH_2CH_3 \longrightarrow H_2S + 2H_2 + 2C + C_2H_4$　　　　　(2-19)

$$2H_2S + 3O_2 = 2SO_2 + 2H_2O \tag{2-20}$$

$$SO_2 + \frac{1}{2}O_2 = SO_3 \tag{2-21}$$

几点说明：

① 只有可燃性硫才参与燃烧，并在燃烧后生成 SO_2 及少量的 SO_3。

② 含硫量 0.5%～5% 的煤，1t 煤中含硫 5～50kg，包括了可燃硫和非可燃硫，可燃性硫只占 80%～90%。

③ 由于可燃性硫中有 1%～5% 转化为 SO_3，则燃煤中的硫转化为 SO_2 的转化率应为 80%～85%。因此，在根据煤的含硫量计算烟气中 SO_2 的浓度时，硫的排放系数一般取 0.85～0.90。含硫量为 1% 的煤，燃烧后烟气中 SO_2 的浓度大致为 $2000mg/m^3$。

④ 非燃烧性的硫以及残留在焦炭中的无机硫与灰分中的碱金属氧化物反应生成硫酸盐，并在灰中固定下来。

（2）NO_x 的形成

人类活动排入大气中的 NO_x，90% 以上来自于燃料燃烧过程。燃烧过程中产生的 NO_x 主要是 NO 和 NO_2，其中 NO 约占 90%，NO_2 约占 5%～10%，其余的有 N_2O 等。燃烧过程中 NO_x 有 3 种不同的生成途径，称为不同的 NO_x，即热力型 NO_x、燃料型 NO_x 和快速型 NO_x。

① 热力型 NO_x　　热力型 NO_x 是在高温燃烧时空气中的 N_2 和 O_2 反应生成的，其产生量与燃烧温度、燃烧气体中氧气的浓度及气体在高温区停留的时间有关。在氧气浓度相同的条件下，NO 的生成速度随燃烧温度的升高而增加。当燃烧温度低于 300℃ 时，只有少量的 NO 生成，而当燃烧温度高于 1500℃ 时，NO 的生成量显著增加。为了减少热力型 NO_x 的生成量，应设法降低燃烧温度，减少过量空气，缩短气体在高温区的停留时间。热力型 NO_x 是燃烧过程中空气中的 N_2 在高温下氧化而生成的氮氧化物，占总的 NO_x 的 20% 左右。降低燃烧温度，会减少其生成量。

② 燃料型 NO_x　　燃料型 NO_x 是燃料中含氮化合物在燃烧过程中氧化而生成的氮氧化物，它占氮氧化物生成量的 60%～80%。燃料型 NO_x 的发生机制目前尚不完全清楚。一般认为，燃料中的氮化合物首先发生热分解形成中间产物，然后再经氧化生成 NO。燃料型 NO_x 主要是 NO，只有 10% 的 NO 在烟道中被氧化成 NO_2。

燃料型 NO_x 生成的最大特点是与燃烧方式、燃烧工况有关。燃料型 NO_x 生成依赖于燃烧温度。如炉排炉燃烧温度比较低（1024～1316℃），燃料中的氮只有 10%～20% 转化成 NO_x，而煤粉炉燃烧温度比较高（1538～1649℃）则有 25%～40% 的燃料氮转化为 NO_x。

③ 快速型 NO_x　　快速型 NO_x 是火焰边缘形成的 NO_x，快速型由于生成量很少，一般不考虑。就煤粉炉而言，快速型 NO_x 小于 5%。

在以上三类 NO_x 生成机理中，快速型 NO_x 不到 5%，当燃烧区温度低于 1350℃ 时几乎没有热力型 NO_x，只有当燃烧温度超过 1600℃ 时，热力型 NO_x 才可能占到 25%～30%。对于常规燃烧设备，NO_x 的燃烧控制主要是通过降低燃料型 NO_x 而实现的。

机动车排放的 NO_x 也是不可忽视的排放源，主要是热力型 NO_x 和燃料型 NO_x。

2.4　主要气态污染物的燃烧控制

2.4.1　燃烧前脱硫

燃烧前脱硫既是在燃烧前对燃料进行脱硫，对于煤而言主要方法是采用洁净煤技术来实现的。洁净煤脱硫技术包括洗煤、煤的转化和型煤固硫技术等。

（1）洗煤技术

洗煤又称选煤，是通过物理或物理化学方法将煤中的含硫矿物和矸石等杂质除去。洗煤方法可以分为物理方法、化学方法和微生物脱硫法。物理方法主要有重力洗选法、浮选法、高梯度磁选法和静电分选法等，化学方法包括氧化脱硫法、选择性絮凝法及化学破碎法。目前广泛采用的选煤方法仍然是重力洗选、浮选法。煤炭经洗选后，可使原煤中的含硫量降低 $40\%\sim90\%$，灰分降低 $50\%\sim80\%$，从而大大提高了燃烧效率，减少污染物排放。

重力洗选即是利用煤与杂质密度不同进行机械分离的方法，浮选主要用于处理粒径小于 0.5mm 的煤粉，利用煤与矸石、含硫矿物的性质不同进行分离。选煤过程的脱硫效果与煤中无机硫的比例及黄铁矿颗粒的大小有关。当煤中有机硫含量较高或黄铁矿分布很细的情况下，无论是重力分选法还是浮选法均达不到环境保护有关标准的要求。

（2）煤炭的转化

煤炭的转化是指将固态的煤转化为气态或液态的燃料，即煤的气化和液化，该过程可以将大部分的硫除去，所以转化过程既是燃料加工过程又是净化过程。

煤的液化是指在一定的条件下使煤转化为有机液体燃料的一种转化工艺。该液化工艺分为间接液化、热解、溶剂萃取和催化液化四类，是目前洁净煤技术的一个重要研究方向。煤的气化是使煤与氧气和水蒸气结合生成可燃性煤气。煤的气化过程包括煤的预处理、气化、清洗和优化四个步骤。预处理包括煤的破碎、筛分及煤粉制团（供固定床气化器）或煤的粉碎（供沸腾床气化器）。经预处理的煤送入气化反应器，与氧气和水蒸气反应生成可燃性煤气，煤气中含有 CO、CO_2、H_2、CH_4 及其他有机物、H_2S 及其他酸性气体、颗粒物和水等，再经过清洗除去其中的粉尘、焦油和酸性气体，使其成为可供燃烧的煤气。为了提高煤气的热值，须对煤气进行优化，将其中的 H_2O 与部分的 CO 转化为 H_2、CO_2 和 CH_4，利用吸收法去除 CO_2，获得高热值煤气。

煤的气化工艺很多，主要有加氢气化、催化气化、热核气化、CO_2 接受体气化等。

（3）型煤固硫技术

型煤是指使用外力将粉煤挤压制成具有一定强度且强度均匀的固体型块。粉煤成型的方法一般分为无胶黏剂成型、胶黏剂成型和热压成型三种。

无胶黏剂成型不需添加任何胶黏剂，只靠外力作用，已广泛用来制取泥煤、褐煤煤球，对于烟煤和无烟煤，使用该法成型困难；胶黏剂成型法要在粉煤中加入一定的胶黏剂，再压制成型；热压成型是在快速加热条件下，将粉煤加热到塑性温度范围内，趁热压制成型。

在制作型煤时若在粉煤中添加石灰、石灰石等廉价的钙系固硫剂，在燃烧过程中，煤中的硫与固硫剂中的钙发生化学反应，从而将煤中的硫固化。型煤固硫技术是控制二氧化硫污染经济有效的途径，但脱硫效率较低。

2.4.2 燃烧中脱硫

在煤燃烧过程中，通过一定方式加入某些固硫剂（如石灰石等），在燃烧中与硫发生反应而生成固态物质，再通过排渣或除尘等方式将其分离出来，进而降低烟气中的硫氧化物含量。常用的有流化床燃烧方式。

煤的流化床燃烧是流化床技术在煤燃烧技术中的应用，是一种比较新的燃烧方式，流化床内由于气流速度很高，使煤粒浮动流化，为固体燃料的燃烧创造良好的条件，流化床层的燃烧温度一般保持在 $850\sim950$℃。在流化床内，固硫剂如石灰石（$CaCO_3$）和白云石（$CaCO_3 \cdot MgCO_3$）等可与煤粉混合一起加入锅炉，也可以单独加入锅炉，流化床的燃烧方式为炉内脱硫提供了理想的环境。主要原因是：床内流化状态使脱硫剂和 SO_2 能充分接触；脱硫剂在炉内停留时间长、利用率高。按照流态的不同，把流化床锅炉可分为鼓泡流化床 [见图 2-1(a)] 和循环流化床 [见图 2-1(b)] 两种。鼓泡流化床锅炉在分布板区有较大的孔

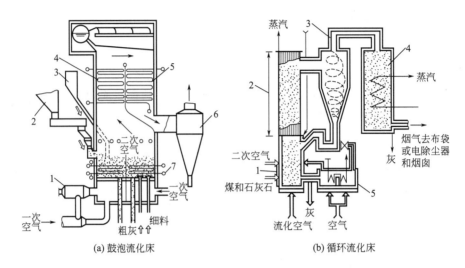

(a) 鼓泡流化床   (b) 循环流化床

1—启动预热空气燃烧器；2—煤斗；3—脱硫剂进
料斗；4—过热管管束；5—对流管束和省煤器；
6—旋风除尘器；7—水平管束

1—密相床层；2—水冷管；3—旋风除尘器；
4—对流式锅炉；5—外部换热器

图 2-1 流化床示意图

隙率和细小气泡，气泡在上升过程中不断反复地发生聚并和分裂，泡径随之增大，在床面处发生破裂。循环流化床锅炉中无明显的气泡，断面孔隙率较大，沿垂直轴向存在颗粒的浓度梯度，但没有明显的床层界面。

循环流化床燃烧是一种较为成熟的流化床燃烧技术。循环流化床是指利用高温除尘器使飞出的物料返回炉膛内循环利用的流化燃烧方式，其主要特点是：不仅可以燃用各种类型的煤，而且可以燃烧木柴和固体废物，还可以实现与液体燃料的混合燃烧；由于流化速度较高，使燃料在系统内不断循环，实现均匀稳定的燃烧；由于采用循环燃烧的方式，燃料在炉内停留时间较长，燃烧效率可高达 99% 以上，锅炉效率 90% 以上；由于石灰石在流化床内反应时间长，使用少量的石灰石（钙硫比小于 1.5）即可使脱硫效率达 90%；燃料制备和给煤系统简单，操作灵活。影响流化床燃烧脱硫效率的主要因素有：流化床结构、燃烧温度、流化速度和脱硫剂用量。

2.4.3 燃烧过程中 NO_x 的控制

燃烧过程控制 NO_x 主要途径是采用低 NO_x 生成燃烧技术。NO_x 的生成量与燃烧温度、过量空气系数以及烟气在高温区内的停留时间等燃烧条件有直接关系，以此为基础发展了一些低 NO_x 生成燃烧技术，如烟气再循环燃烧法、两段式燃烧法和低过量空气系数燃烧法等。

（1）烟气再循环燃烧法

该低 NO_x 燃烧方法是将锅炉排出烟气的一部分和燃烧所需的空气混合后一起被送入炉内。其目的是降低炉内氧气的浓度，以避免局部高温区的形成（见图 2-2），进而降低 NO_x 的生成量。实践证明，当烟气再循环量达 20% 左右时，NO_x 的抑制效率最佳。

（2）两段燃烧法

该低 NO_x 燃烧法是将燃烧所用的空气分两次通入炉内，目的是分别形成富燃料贫氧和富氧低温燃烧状况，有效避免高温、高氧条件下的高 NO_x 燃烧状况。第一次通入总空气量的 80%～95% 左右，使得燃烧在富燃料贫氧条件下进行，形成的低氧燃烧区的火焰温度较低，因而抑制了 NO_x 的生成；第二次通入剩余空气从温度较低的区域送入，过剩氧使第一段剩余的不完全燃烧产物得到完全燃烧，且由于该处烟气温度较低而限制了 NO_x 的生成量。

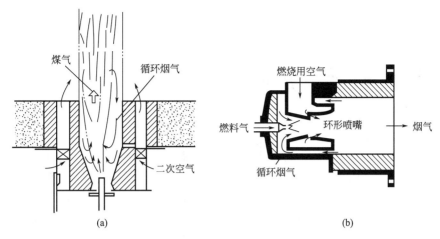

图 2-2 部分烟气循环低 NO_x 燃烧器

（3）低过量空气系数燃烧法

燃烧中 NO_x 排放量随着炉内空气量的增加而增加，如果采用低空气过量系数运行，则可降低 NO_x 排放，而且能够减少锅炉排烟热损失，提高锅炉热效率。

采用此方法控制 NO_x 时必须慎重，在确定空气过量系数时必须同时满足锅炉热效率、燃烧效率及降低 NO_x 等方面的综合要求，过低的空气过量系数将导致 CO、碳氢化合物和炭黑等污染物的生成，以及飞灰中可燃成分的增加，从而使燃烧效率下降。一般最小空气过剩系数的选择依据是炉内氧浓度 3％以上，或 CO 体积分数为 $2×10^{-4}$。

习 题

2.1 煤的元素分析结果如下：

S 0.6％； H 3.7％； C 79.5％； N 0.9％； O 4.7％； 灰分 10.6％

如果该煤在空气过剩 20％条件下完全燃烧，计算烟气中 SO_2 的浓度。

2.2 某锅炉燃用煤气的成分如下：H_2S 0.2％；CO_2 5％；O_2 0.2％；CO 28.5％；H_2 13％；CH_4 0.7％；N_2 52.4％；空气含湿量为 $12g/m^3$ 标准干。过量空气系数 1.2。试求实际需要的空气量和燃烧时产生的设计烟气量。

2.3 干烟道气的组成为：CO_2 11％（体积分数）；O_2 8％（体积分数）；CO 2％（体积分数）；SO_2 $120×10^{-6}$％（体积分数）；颗粒物 $30.0g/m^3$（测定状态），烟道气流量在 700mmHg 和 443K 条件下为 $5663.37m^3/min$，水汽含量 8％（体积分数）。试计算：

（1）过量空气系数；

（2）SO_2 的排放浓度（$\mu g/m^3$）；

（3）在标准状态下干烟道气的体积；

（4）在标准状态下颗粒物的浓度。

3 气象与大气扩散

大气污染的形成及危害程度取决于地区的气象条件。因为污染物进入大气之后，要随风飘动被稀释，在大气湍流的作用下而扩散。因此要研究污染现象，掌握污染物的扩散规律，对大气污染的形成进行有效的防治，就必须要了解大气扩散与气象之间的关系，以及地面条件对局部气象因素的影响。随着环境科学的发展，在大气环境科学中逐渐形成一新的学科分支，即空气污染气象学。它主要研究两个方面的问题，一是各种气象条件对大气污染物的传输与扩散作用；二是空气污染物对天气和气候的影响。本章仅对第一类问题及其有关的厂址选择、烟囱高度的设计等问题进行简要介绍。

3.1 大气的垂直结构

大气的垂直结构是指气温、大气密度及其组成在垂直方向上的分布状况。这里主要研究气温的垂直分布。根据气温在垂直方向的分布状况，可将大气分为五层，即对流层、平流层、中间层、热层和外逸层（图 3-1）。

3.1.1 对流层

对流层是大气的最底层。整个大气有四分之三的质量及几乎全部的水汽集中在该层之中。因此，对流层的空气密度最大，也较潮湿。

由于此层直接毗连地表，下垫层受热不均匀，因此该层空气的主要特点是具有强烈的对流运动，气温随着高度的增加而降低。在一般情况下，每升高 100m，大气的温度平均降低 0.65℃，称之为大气温度的正常递减率，简称气温直减率。由于温度、湿度的水平分布不均匀，空气也出现水平运动，主要的天气现象，如云、雨、雾、雪等均发生在对流层。

对流层顶是对流层与平流层之间的过渡层。其厚度和温度随纬度和季节的不同而变化，且与天气系统的活动有关。一般来说，对流层厚度随纬度增高而降低：热带约 15～17km，温带约 10～12km，两极附近只是 8～9km。对同一地区来说，夏季大于冬季。

对流层又可分成摩擦层和自由大气层。自地面向上延伸 1～2km，这一层叫做摩擦层或大气边界层。大气边界层受地表影响最大，地表面冷热的变化，使气温在昼夜之间有明显的差异。气流由于地面摩擦的影响，风速随高度的增加而增大，而且水汽充足，湍流盛行。因此这一层大气运动直接影响着污染物的输送、扩散和转化。

大气边界层以上称为自由大气，其受地表面影响甚微，可以忽略不计。

3.1.2 平流层

从对流层顶到 50km 左右这一层称为平流层。平流层内空气比较干燥，几乎没有水汽。该层的气温分布是：下层等温，从对流层顶到 22km 左右，气温几乎不随高度变化；而上层的气温随高度迅速增高。平流层的主要特点是空气几乎没有对流运动，铅直混合微弱。在对流层顶以上臭氧量开始增加，至 22～25km 附近臭氧浓度达到极大值，然后减小，到 50km 处臭氧量就极微了，因此，22～25km 处叫做臭氧层。

3.1.3 中间层

从平流层顶到 85km 左右这一层称为中间层。这一层的气温是随高度而下降的，有空气的

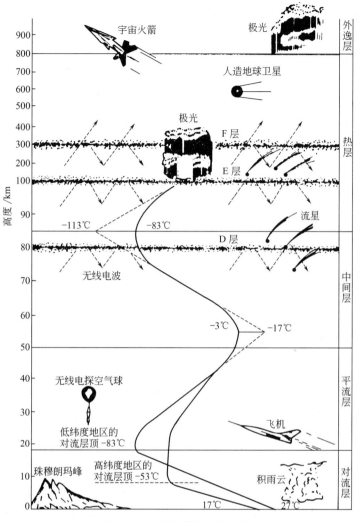

图 3-1　大气垂直方向的分层

水平和垂直运动。中间层顶，温度极小值达 180K，以后温度随高度略有变化，再趋于增加。

3.1.4　热层

热层又称热成层，其范围从中间层顶伸展到 800km 高度。此层气温随高度上升而增高，到热层顶可达 500～2000K，该层的空气呈高度电离状态，因此热层中存在大量的离子和自由电子，故又称之为电离层。

3.1.5　外逸层

外逸层也称外大气层。该层大气极为稀薄，空气粒子运动速度极高，可以摆脱地球引力散逸到太空中去。

对流层和平流层包含了大气质量的 99.9%，剩余的 0.1% 中有 99% 集中在中间层。因此热层及其上层大气仅仅包含了大气总质量的十万分之一。

3.2　主要的气象要素

表示大气状态和物理现象的物理量在气象学中称为气象要素。与大气污染关系密切的气象要素主要有气温、气压、湿度、风、湍流、云、太阳高度角以及能见度等。

3.2.1 气温

气象上讲的气温是指在离地面1.5m高处的百叶箱中观测到的空气温度。气温的单位一般用摄氏温度（℃）表示，理论计算时则用热力学温度（K）来表示。两者间的换算关系是：$T(K) = T(℃) + 273.16$。

3.2.2 气压

气压是指大气压强，即单位面积上所承受的大气柱的质量。气压的单位用帕（Pa）表示。在气象上常用百帕（hPa）来表示，$1hPa = 100Pa$。

根据气压的定义可知，高度越高，压在其上的气柱质量越小，气压也就越低。因此对于任何一个地点来说，气压总是随着高度的增高而降低的。在静止状态下，气压随高度降低的规律可用下式来表示。

$$\frac{dp}{dz} = -\rho g \tag{3-1}$$

式中　p——气压，Pa；

　　　z——高度，m；

　　　ρ——空气的密度，kg/m^3。

3.2.3 湿度

大气的湿度又简称为气湿，用来表示空气中水汽的含量，即空气的潮湿程度。常用的表示方法有：绝对湿度、水蒸气压、相对湿度、饱和度、比湿和露点等。

3.2.4 风

空气的流动就形成风。气象上把水平方向的空气运动称为风。风是有方向和大小的。风向是指风的来向，例如，东风是指风从东方来。风向可用8个方位或16个方位表示，也可用角度表示。如图3-2所示。

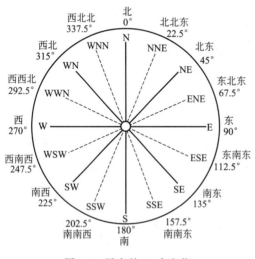

图3-2　风向的16个方位

风速是指单位时间内空气在水平方向移动的距离，用m/s或km/h来表示。通常气象台站所测定的风向、风速都是指一定时间的平均值。风速也可用风力级数（0~12级）来表示。若用P来表示风力，u表示风速，则有

$$u \approx 3.02\sqrt{P^3}(km/h) \tag{3-2}$$

由于地面对风产生摩擦，起阻碍作用，所以风速会随高度升高而增加，100m高处的风速，约为1m高处风速的3倍。

3.2.5 湍流

大气湍流，是指大气不规则的运动。风速时大时小出现脉动，主导风向上下左右出现摆动，就是大气湍流作用的结果。

大气湍流因形成原因不同，可分为两种。

一种是机械湍流，它是由于垂直方向风速分布不均匀以及地面粗糙度造成的；另一种是热力湍流，这主要是因地表面受热不均，或垂直方向气温分布不均匀造成的。

空气在起伏不平的地面上活动时，由于空气有黏性，地面有阻力，在主要气流中会产生大大小小的湍流。湍流的强弱和发展及其结构特征取决于风速的大小、地面粗糙度和近地面的大气温度的垂直梯度。

3.2.6 云

云是由漂浮在空气中的小水滴、小冰晶汇集而成的。云对太阳辐射起反射作用，因此云的形成及其形状和数量不仅反映了天气的变化趋势，同时也反映了大气的运动状况。

云高是指云底距地面的高度。根据云高的不同可分为高云、中云和低云。高云的云高一般在 5000m 之上；中云则在 2500～5000m 之间；而低云又在 2500m 以下。

云的多少是用云量来表示的。云量是指云遮蔽天空的成数。我国规定，将天空分为 10 等分，云遮蔽了几分，云量就是几。例如：阴天时，云量为 10 分；碧空无云时，云量为零。

在气象学中，云量是用总云量和低云量之比的形式表示的。总云量是指所有的云（包括高、中、低云）遮蔽天空的成数；低云量仅仅是指低云遮蔽天空的成数。

国外计算云量是把天空分为 8 分，云遮蔽几分，云量就是几。因此它与我国云量的换算关系为：

$$国外云量 \times 1.25 = 我国云量 \tag{3-3}$$

3.2.7 太阳高度角

太阳辐射能是地面和大气最主要的能量来源，太阳高度角为太阳光线与地平面间的夹角，是影响太阳辐射强弱的最主要的因子之一。如图 3-3，h_0 即为太阳高度角，它随时间而变化。

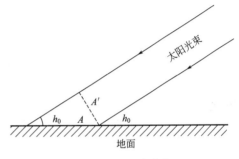

图 3-3　太阳高度角

3.2.8 能见度

能见度是在当时的天气条件下，视力正常的人能够从天空背景中看到或辨认出目标物的最大水平距离，单位是 m 或 km。能见度的大小反映了大气透明或浑浊的程度。能见度的观测一般分为 10 级，见表 3-1。

表 3-1　能见度级数与白日视程

能见度级	白日视程/m	能见度级	白日视程/m
0	50 以下	5	2000～4000
1	50～200	6	4000～10000
2	200～500	7	10000～20000
3	500～1000	8	20000～50000
4	1000～2000	9	50000 以上

3.3　大气稳定度及其分类

大气稳定度是影响大气运动状况的重要因素，它与气温的垂直分布有关。

3.3.1 气温的垂直分布

气温是随着高度变化的。把高度每变化 100m 气温变化的度数叫作气温的垂直递减率，用 γ 来表示，则：

$$\gamma = -\frac{\partial T}{\partial z} \quad (℃/100m) \tag{3-4}$$

式中　T——气温，℃；

　　　z——高度，m。

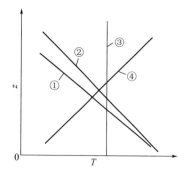

图 3-4　温度层结曲线图

当气温随高度增高而降低时，$\gamma>0$，反之 $\gamma<0$。

气温沿高度的分布，可以在坐标图上用一条曲线表示出来，如图 3-4 所示。这一曲线称为气温沿高度的分布曲线或温度层结曲线，简称温度层结。

图 3-4 表示了近地面大气中温度层结的四种情况：①气温随高度的增加是递减的，称为正常分布，或递减层结，$\gamma=-\partial T/\partial z>0$；②气温的垂直递减率约为1，即 $\gamma=-\partial T/\partial z=1℃/100m$，称为中性层结；③气温随高度增加不发生变化，即 $\gamma=-\partial T/\partial z=0$，称为等温层结；④气温随着高度的增加而升高，称为逆温，这时 $\gamma=-\partial T/\partial z<0$。

3.3.2　干绝热直减率

如果有一小块干空气在大气中做垂直运动，并且不与周围空气发生热量交换，这称作干绝热过程。

当小干气块从地面绝热上升时，它因周围气压的逐渐减小而膨胀，这样部分内能用来反抗外界压力作膨胀功，而使自身温度逐渐降低；反之，当小干气块由高空绝热下降时，在下降过程中，周围空气的压力逐渐增大，外压力对气块做压缩功，使其内能增大导致温度上升。把干空气块在绝热过程中，每上升（或下降）100m 时，温度降低（或升高）的数值称为干空气温度的绝热垂直递减率，简称干绝热直减率，并用 γ_d 表示，其定义式为：

$$\gamma_d=-\frac{dT}{dz} \tag{3-5}$$

负号的意思是表示干气块在绝热上升的过程中，温度随高度而降低。

γ_d 是一个用于比较的理论值，它可以根据热力学的原理计算出来。

小干气块在垂直运动的过程中服从热力学第一定律。即

$$dQ=mc_V \cdot dT+mp\,dV' \tag{3-6}$$

式中　dQ——小气块从外界获得的热量，J；

$\quad\quad m$——空气质量，kg；

$\quad\quad c_V$——空气的定容比热容，J/(kg·K)；

$\quad\quad T$——空气的温度，K；

$\quad\quad p$——空气的压力，Pa；

$\quad\quad V'$——干气块的比容，m^3/kg。

小气块从外界获得的能量 dQ，应等于其内能的增加值 $c_V dT$ 与反抗外力做的功 $p\,dV'$ 之和。因小气块与外界无热交热，所以 $dQ=0$，

又有

$$c_p-c_V=R \tag{3-7}$$

式中　c_p——空气的定压比热容，J/(kg·K)；

$\quad\quad R$——空气的气体常数，J/(kg·K)。

根据热力学第一定律可以导出大气绝热过程方程式为：

$$\frac{dT}{T}=\frac{R}{c_p}\frac{dp}{p} \tag{3-8}$$

因为气压随高度变化的规律可用式(3-1) $\dfrac{dp}{dz}=-\rho g$ 来表示，因此得：

$$dp=-g\rho\,dz \tag{3-9}$$

式中　g——重力加速度，$9.81m/s^2$；

ρ——干空气的密度，kg/m^3；

z——离地面高度，m。

又有理想气体状态方程：

$$pV=RT \tag{3-10}$$

式中　V——空气的比体积，m^3/kg，可以近似地视为密度 ρ 的倒数。因此得下式：

$$p=\frac{RT}{V}=RT\rho \tag{3-11}$$

将式(3-9) 和式(3-11) 代入式(3-8)，则得到

$$\frac{dT}{dz}\approx-\frac{g}{c_p}$$

式中　c_p——干空气的定压比热容，$1004J/(kg \cdot K)$。

因此
$$\gamma_d=-\frac{dT}{dz}\approx\frac{g}{c_p}=0.98K/100m\approx1K/100m \tag{3-12}$$

这表示干空气在作绝热上升（或下降）运动时，每升高（或下降）100m，温度约降低（或升高）1℃。

必须指出 $\gamma_d=-dT/dz$，表示干气块在垂直位移过程中，在绝热条件下温度的变化。它与气温随高度的分布，即气温的垂直递减率 $\gamma=-\partial T/\partial z$ 是完全不同的概念。γ_d 的数值是固定的，而 γ 则是随时间和空间变化的。

在研究大气边界层的温度场时，如果小空气块作垂直运动，外界气压变化很大，当气压变化的影响远远超过气块与周围热交换的影响时，可以认为气块的温度变化主要受气压变化的影响，而不考虑热交换的影响，这可视为一绝热过程。

3.3.3　大气稳定度

所谓的大气稳定度是指大气中任一高度上的一空气块在垂直方向上的相对稳定程度。大气稳定度的含义可这样理解，如果一空气块由于某种原因受到外力的作用，产生了上升或者下降的运动，当外力消除后，可能发生三种情况：①气块逐渐减速并有返回原来高度的趋势，则称此时的大气是稳定的；②气块仍然加速上升或者下降，此时大气则是不稳定的；③气块停留在外力消失时所处的位置，或者作等速运动，这时大气是中性的。

如何来判别大气的稳定度呢？γ_d 是一个用于比较的理论值。可以比较（$\gamma-\gamma_d$）的不同结果来判断大气是否稳定。推导 γ 与 γ_d 的比较关系式。

设想在 z_0 处有一小气块，其温度与周围空气的温度相同，均为 T_0。小气块在外力的作用下，向上移动了一段距离 Δz。小气块到过新的高度之后，其状态参数为 T'、p' 和 ρ'，周围大气的状态参数为 T、p 和 ρ。则单位体积的气块在垂直方向受到的力是：周围空气的浮力 ρg，重力 $-\rho'g$，在两者的作用下产生了向上的加速度 a，则

$$a=\frac{g(\rho-\rho')}{\rho'} \tag{3-13}$$

假定气块在位移的过程中，其压力与周围空气的压力相等，即 $p'=p$，由状态方程可得：

$$\frac{\rho}{\rho'}=\frac{T'}{T} \tag{3-14}$$

代入式(3-13)，则加速度可用温度来表示：

$$a=\frac{g(T'-T)}{T} \tag{3-15}$$

假定气块向上运动的过程满足干绝热条件，则达到新高度后的 $T'=T_0-\gamma_d\Delta z$；而同高度处大气的 $T=T_0-\gamma\Delta z$。那么，式(3-15) 则可写为：

$$a=g\left(\frac{\gamma-\gamma_d}{T}\right)\Delta z \tag{3-16}$$

分析式(3-16)可知：当 $\gamma > \gamma_d$ 时，$a > 0$，气块加速，大气不稳定；当 $\gamma < \gamma_d$ 时，$a < 0$，气块减速，大气稳定；当 $\gamma = \gamma_d$ 时，$a = 0$；大气处于中性状态。

因此，如果知道了某时某地的气温直减率 γ，就可以将它与 γ_d 进行比较，用上面的判据来确定当时该地区的大气稳定度。这也可以直接用温度层结曲线来表示。在 T-z 坐标上，表示气块在绝热条件下升降过程中温度的变化曲线，称为状态曲线。

图3-5是用层结曲线和状态曲线的倾斜度对比来表示 γ 与 γ_d 的相对大小的。这里出现了四种情况，反映了大气的不同的稳定状态。

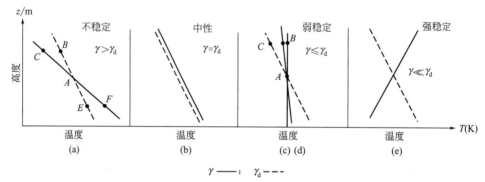

图 3-5 气温的层结曲线与状态曲线

3.3.4 大气稳定度的分类方法

在研究大气污染问题时，大气稳定度是个重要因素，它是确定大气扩散系数的基础。大气稳定度的分类方法很多。

(1) 帕斯奎尔 (Pasquill) 分类

这一方法是根据离地表10m高处的平均风速、太阳辐射强度和云量等常规气象资料，将大气稳定度分为A、B、C、D、E、F六个级别。帕斯奎尔划分大气稳定度级别的标准见表3-2。对表3-2的几点说明如下。

① 稳定度级别中，A为极不稳定，B为不稳定，C为弱不稳定，D为中性，E为弱稳定，F为稳定。

② 稳定度级别A~B表示按A、B级的数据内插。

③ 夜间的定义为日落前1h至日出后1h。

④ 不论何种天空状况，夜间前后1h算作中性，即D级稳定度。

⑤ 仲夏晴天中午为强日照，寒冬晴天中午为弱日照。

⑥ 这种方法，对于开阔的乡村地区还能给出比较可靠的稳定度级别。但是对于城市，则不是太准确。因为城市地区有较大的粗糙度及城市热岛效应的影响。特别是在静风晴朗的夜间，这时乡村地区的大气状态是稳定的。但在城市中，高度相当于城市建筑平均高度数倍

表 3-2 大气稳定度级别

地面风速(距地面 10m处)/(m/s)	白天太阳辐射			阴天的白天或夜间	有云的夜间	
	强	中	弱		薄云遮天或低云 ≥5/10	云量 ≤4/10
<2	A	A~B	B	D		
2~3	A~B	B	C	D	E	F
3~5	B	B~C	C	D	D	E
5~6	C	C~D	D	D	D	D
>6	C	D	D	D	D	D

之内的大气是弱稳定或者是中性的，而在其上部则有一个稳定层。

（2）帕斯奎尔分类方法的改进

用简单的常规的气象资料就可以确定大气稳定度等级，这是帕斯奎尔分类方法的优点。但是也看到，这种方法没有确切地规定太阳的辐射强度，云量的观测也不准确，人为的因素较多，为此特纳尔（Turner）做了改进与补充。

特纳尔提出，在确定大气稳定度等级时，首先根据某时某地的太阳高度角和云量，按表 3-3 确定太阳辐射的等级数，然后再根据太阳的辐射等级和地面 10m 处的风速查表 3-4 来确定稳定度等级。

表 3-3 太阳辐射等级数

云 量 总云量/低云量	夜间	太 阳 高 度 角			
		$h_0<15°$	$15°<h_0<45°$	$15°<h_0<45°$	$15°<h_0<45°$
<4/<4	−2	−2	+1	+2	+3
5～7/<4	−1	−1	+1	+2	+3
>8/<4	−1	−1	0	+1	+1
>7/5～7	0	0	0	0	+1
>8/>8	0	0	0	0	0

表 3-4 大气稳定度级别

地面风速 /(m/s)	太阳辐射等级数					
	+3	+2	+1	0	−1	−2
<1.9	A	A～B	B	D	E	F
2～2.9	A～B	B	C	D	E	F
3～4.9	B	B～C	C	D	D	E
5～5.9	C	C～D	D	D	D	D
>6	C	D	D	D	D	D

某时某地的太阳高度角按下式计算。

$$\sin h_0 = \sin\varphi\sin\delta + \cos\varphi\cos\delta\cos t \tag{3-17}$$

式中　h_0——太阳高度角，度；

　　　　φ——地理纬度，度；

　　　　δ——太阳赤纬，度，可从天文年历查到，其概略值见表 3-5；

　　　　t——时角，以正午为零，下午取正值则上午为负，每小时的时角为 15°。

表 3-5 太阳倾角（赤纬的概略值）

月	旬	太阳倾角/度	月	旬	太阳倾角/度	月	旬	太阳倾角/度
1	上	−22	5	上	+17	9	上	+7
	中	−21		中	+19		中	+3
	下	−19		下	+21		下	−1
2	上	−15	6	上	+22	10	上	−5
	中	−12		中	+23		中	−8
	下	−9		下	+23		下	−12
3	上	−5	7	上	+22	11	上	−15
	中	−2		中	+21		中	−18
	下	+2		下	+19		下	−21
4	上	+6	8	上	+17	12	上	−22
	中	+10		中	+14		中	−23
	下	+13		下	+11		下	−23

按照上述方法，只要有风速、云量和太阳高度角等资料，就可以客观地确定大气稳定度的等级。根据我国国家气象局与气象科学研究院对全国各地风向脉动资料整理推算结果，全国大部分地区的全年平均大气稳定度为帕斯奎尔级别的 D、C～D 及 C 级，近为中性状态。因此我国大气污染物综合排放标准选择中性大气稳定度作为计算的依据。

3.4　大气污染与气象

大气污染的形成和危害与气象条件密切相关，在对一些基本气象要素已经有所了解的基础上来分析大气污染与气象条件的关系。

3.4.1　气象要素对大气污染的影响

与污染有关的气象要素主要有风、大气湍流和大气稳定度等。有时，各气象因素之间互相作用，实际情况较复杂，这里只作一些简单的分析。

（1）风的影响

污染物排入大气之后，会顺风而下，刮东风，烟向西行，这表明风向决定了污染物的移动方向。污染物靠风的输送作用沿下风向地带进行稀释。污染物排放源的下风向地区，大气污染就比较严重，而其上风向，污染程度就轻得多。

另外，还可以发现，当微风吹动时，烟雾缭绕，甚至还会出现烟雾弥漫的情景。而一阵疾风驰过，则会烟消雾散，这表明风速决定着大气污染物的稀释程度。风速的大小和大气稀释扩散能力的大小之间存在着直接对应关系。一般来说，当其他条件一样时，下风向任一点上污染物浓度与风速成反比。风速越大，稀释能力越强，因此大气中污染物的浓度也就越低。

图 3-6 是根据 1980 年 11 月 20 日至 12 月 20 日北京市的地面风速与 SO_2 浓度的观测数据绘制而成的。很明显，随着风速的增大，SO_2 的浓度值迅速减小。

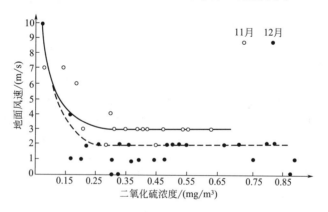

图 3-6　北京市地面风速与 SO_2 浓度的关系

在离地面 100m 左右的近地层中，风速与高度有关系。

风速廓线是指平均风速随高度变化的曲线。描述风速廓线的数学表达式称为风速廓线模式。近地层的风速廓线模式有很多，常用的形式有以下两种。

① 对数律模式　对数律模式用来描述中性层结时近地层的风速廓线，即

$$\bar{u} = \frac{u^*}{K} \ln \frac{z}{z_0} \tag{3-18}$$

式中　$\bar{u}$——高度 z 处的风速，m/s；

u^*——摩擦速度，m/s；

　K——卡门常数，在大气中 $K=0.44$；

　z_0——地面粗糙度，m。

表3-6列出了一些有代表性的地面粗糙度值。实际的 z_0 和 u^* 值，是利用在不同高度上测得的风速值，按式(3-18)而求得的。利用式(3-18)又求得不同高度及凹凸不平的地表的风速值。但应该注意对数律模式适合于中性层结的条件，而在非中性层结情况下应用，会出现较大的误差。

表3-6　有代表性的地面粗糙度

地面类型	z_0/cm	有代表性的 z_0/cm	地面类型	z_0/cm	有代表性的 z_0/cm
光滑、水平地面、海面、沙漠	0.001~0.03	0.02	村落、分散的树林	20~100	30
			分散的大楼(城市)	100~400	100
草原	1~10	3	密集的大楼(大城市)	400	>300
农作物地区	10~30	10			

② 指数律模式　对于非中性层结时的风速廓线，可以用简单指数律模式描述。

$$\bar{u}=\bar{u}_1\left(\frac{z}{z_1}\right)^m \tag{3-19}$$

式中　$\bar{u}_1$——已知高度 z_1 处的平均风速，m/s；

　m——稳定度参数。

参数 m 的变化取决于温度层结和地面粗糙度，尤其是温度层结越不稳定时 m 值越小。在实际应用时，m 值最好实测。当无实测数据时，可按《制定地方大气污染物排放标准的技术方法》选取。200m以下按表3-7选取，200m以上取200m处的风速。

表3-7　不同稳定度下的 m 值

稳定度级别	A	B	C	D	E,F
城市	0.10	0.15	0.20	0.25	0.30
乡村	0.07	0.07	0.10	0.15	0.25

大气污染物在扩散过程中，由地表到所及的各高度上都会受到风的影响，利用风速廓线模式可计算出不同高度上的风速，便于进行大气污染物浓度估计。

(2) 湍流对大气污染物的扩散作用

烟囱里排出的烟流在随风飘动的过程中，会上下左右摆动，体积越来越大，最后消失在大气中，这就是大气湍流扩散的结果。

湍流的扩散作用与风的稀释冲淡作用不同。在风的作用下，烟气进入大气之后，可顺风拉长。而湍流则可使烟气沿着三维空间的方向迅速延展开来，大气中污染物的扩散主要是靠大气湍流的作用来完成的。湍流越强，扩散效应也就越显著。

湍流是由大大小小的尺度不同的涡旋组成的气流。根据涡旋的尺度可分为三类，如图3-7所示。从图3-7中还可以看到，湍流涡旋尺度不同，对烟气扩散的影响也是不同的。①小涡旋，尺寸比烟团小，因为扩散速度慢，烟气沿水平方向几乎成直线前进；②大涡旋，尺寸比烟团大，这时烟团可能被大尺度的湍流夹带，前进路线呈曲线状；③复合尺度湍流，湍流由大小与烟团尺寸相似的涡旋组成，烟团被涡旋迅速撕裂，沿着下风向不断扩大，浓度逐渐稀释。

城市街道上空的污染物，主要是靠小尺度的湍流扩散和稀释。高烟囱排出来的污染物，要靠大尺度的湍流来扩散。

(3) 大气稳定度的影响

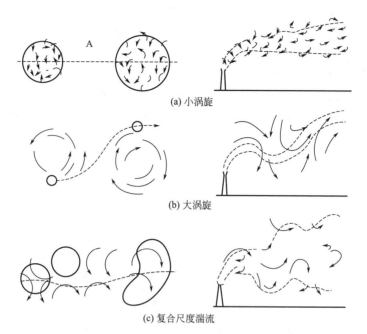

图 3-7　不同大小的湍流对烟气扩散的影响

　　大气稳定度是影响污染物在大气中扩散的极重要因素。当大气处于不稳定状态时，在近地面的大气层中，下部气温比上部气温高，因而下部空气密度小，空气会产生强烈的上下对流，烟流会迅速扩散。大气处于稳定状态时，将出现逆温层。逆温层像一个盖子，阻碍着空气的上下对流。烟囱里排出来的各种污染物质，因为不易扩散而大量地积聚起来。随着时间的延长，局部地区大气污染物的浓度逐渐增大，空气质量恶化，严重时就会形成大气污染事件。

　　烟流在大气中形态的变化，也能够反映出大气稳定度状态。图 3-8 是 5 种不同的温度层结状况下，烟流的典型形状。

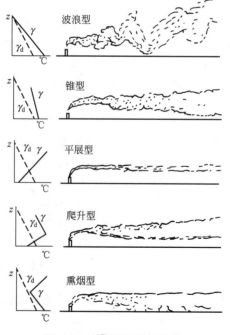

图 3-8　大气稳定度与烟流

① 波浪型　这种烟型曲折呈波浪状。多出现在晴朗的白天，阳光照射强烈，地面急剧加热，使近地面处气温升高。此时大气温度垂直递减率大于干绝热直减率，即 $\gamma - \gamma_d > 0$，大气极不稳定。烟流可能在离烟囱不远的地方与地面接触，但是大气湍流强烈，污染物随着大气运动而很快地扩散，并随着离烟囱距离的增大其浓度迅速降低。

② 锥型　这种烟型如同一个有水平轴的圆锥体。多出现阴天的中午和强风的夜间，此时大气处于中性状态，$\gamma - \gamma_d \approx 0$。烟流沿风向呈锥形扩散，垂直方向扩散较波浪型差。但烟流在离烟囱很远的地方与地面接触，很少会形成污染。

③ 扇型　这种烟流又称为平展型，在垂直方向扩散很小，而呈扇形在水平面上展开。多出现在有弱风晴朗的夜间和早晨。在平坦地区，特别是有积雪时常常发生。此时大气非常稳定，烟囱口处大气出现逆温层，即 $\gamma - \gamma_d < -1$。污染情况随烟源的高度不同而异，烟源很高时，在近距离的地面上不会造成污染。烟源低时，烟流遇到山丘或高大建筑物的阻挡时，会发生下沉，给该地区造成污染。

④ 屋脊型　这种烟流也称为爬升型。它的形成，是因为其下部是稳定的大气，而上部是不稳定的大气。烟流下部平直，上部在不稳定的大气中，沿主导风向进行扩散形成一屋脊状。多出现在日落前后，地面由于有效辐射而失热，低层形成逆温，而高空仍保持递减状态。这种状态持续时间短，若不遇到山丘与高建筑物的阻挡，就不会形成污染。

⑤ 熏烟型　这种烟型又称为漫烟型。它的形成恰好与屋脊型相反。烟流之上有逆温层，而其下方至地面之间的大气层则是不稳定的，因而烟气只能向下扩散，给地面造成威胁。这种烟型多出现在辐射逆温被破坏时。辐射逆温是常见的逆温情况。在晴朗的夜晚，云少风小，地面因强烈的有效辐射而冷却，近地面处的气温下降急剧，上空则逐渐缓慢。这就形成了自地面开始的，逐渐向上发展的逆温，这就是辐射逆温。日出之后，由于地面增温，低层空气被加热，使逆温从地面向上渐渐地破坏，图 3-9 示出了一昼夜间辐射逆温的生消过程。图中（a）为下午时正常的递减层结；（b）为日落前 1h 逆温生成初始；（c）为黎明前逆温达到最强；（d）、（e）则是日出后逆温层自上而下的消失状况。这便导致了不稳定大气自地面向上逐渐发展。当不稳定大气发展到烟流的下边缘时，烟流就强烈向下扩散，而烟流的上边缘仍在逆温中，于是熏烟型烟流就产生了。烟气迅速扩散到地面，造成地面的严重污染，许多烟雾事件就是在这种条件下发生的。

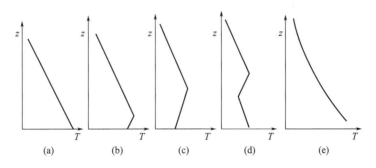

图 3-9　辐射逆温的生消过程

影响烟流形成的因素很多，这里只是从温度层结和大气稳定度的角度进行粗略的分析。但是这 5 种典型烟流可以帮助我们简单地判断大气稳定度状态，并分析大气污染的趋势。

3.4.2　地形、地物对大气污染的影响

（1）地形

就地形而言，地球表面有海洋和陆地，陆地上有平地、丘陵和山地，它们对烟气的扩散都有直接或间接的影响。

当烟流垂直于山脉的走向越过山脊时，在迎风面上会发生下沉作用，如图 3-10 所示，使附近地区遭受污染。如日本的神户和大阪市背靠山地，常因此而形成污染。烟气越过之后，又在背风面下滑，并产生涡流，如图 3-10 所示。这将使排放到高空的污染物，重新带回地面，加重该地区污染的危害。

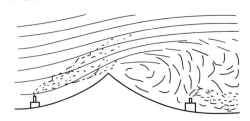

图 3-10 丘陵对烟流运行的影响

地形对于大气污染的影响，还在于局部地区由于地形的热力作用，会改变近地面气温与风的分布规律而形成局地风。如下面介绍的海陆风和山谷风，最终影响到污染物的输送与扩散。

沿海地区出现的海陆风，是由于水陆交界处，地形的热力效应所造成的周期为 24h 的局部环流。海水的热容比陆地大，所以其温度的升降变化较陆地迟缓。白天，在阳光的照射之下，陆地增温较海洋快。这就使得陆地上空的气温比海水上部的气温高，空气密度小而上升，海面上的冷空气就过来补充，于是形成了由海洋吹向陆地的海风。夜间，陆地又比水体降温快，故水面上的气温又高于陆地上的气温，风便从陆地吹向海洋，这时形成的环流称做陆风，如图 3-11 所示。

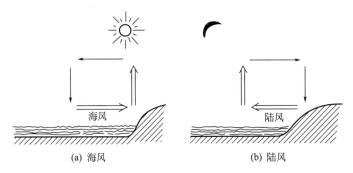

(a) 海风　　　　　　　　　　　(b) 陆风

图 3-11 海风和陆风

从图 3-11 中还可以发现，当陆面出现海风时，高空则是陆风；而当地出现陆风时，高空出现海风，从而形成铅直的闭合环流，即海陆风。

在内陆湖泊、江河的水陆交界处，均会出现类似的闭合环流，但其活动范围较小。

海陆风对沿海地区的大气污染影响很大。如果工厂建在海滨，污染物会在白天随海风进入内地。造成污染。若排放的污染物被卷入环流之内，去而复返，迟迟不能扩散而使该地区的空气污染加重。

图 3-12 所表示的，是地形热力作用引起的另外一种局地风；山风和谷风，通称为山谷风。

在山区经常出现山谷风。白天，太阳首先照射到较高的山坡，山坡温度增高，而使其上部的空气比山谷中部同一高度上的空气温度高、密度小。故山坡上空的空气上升，谷底的冷空气就沿山坡上升来补充，这便是谷风。夜间，情况正好相反，山坡冷却得比较快，山坡上的空气要比山谷中部同一高度上的空气的温度低。因此，冷空气便由山顶顺坡向谷底流动，形成山风。山风出现时，因为冷空气沉于谷底，上部是由山谷中部原来的暖空气下降来补充，所以常伴随有逆温层的出现。大气呈稳定状态，污染物难以扩散稀释。同样如果污染物

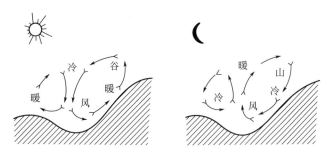

图 3-12 山谷风示意图

卷入环流中，也会长时间地滞留在山谷中，造成严重的大气污染事件。

（2）地物

地物对大气污染的影响也是不容忽视的。城市中有许多高大而密集的建筑物，地面粗糙度大，阻碍了气流的运动，使风速减小，而不利于烟气的扩散。烟囱里排出的烟气在超过这些高大建筑物时，会产生涡旋。结果，建筑物背风一侧的污染物的浓度明显地高于迎风的一侧。如果烟囱低于建筑物，排出来的污染物很容易卷入涡流之中，造成局部地区污染。

如果把城市作为一个整体来看，与乡村比较，对烟气运行扩散来说，"热岛效应"和"城市风"的影响较为突出。

城市的"热岛效应"是由于城市中工业密集，人口集中，大量消耗燃料，城市本身成为一个重要的热源。同时建筑物有较高的热容量，能吸收较多的热量。另外，城市水汽蒸发较少，又减少了热量消耗。据估计，在中纬度城市，由于燃烧而增加的热量为太阳供应边界层热量的两倍。因此城市的温度比乡村高，年平均温差为 $0.5 \sim 1.5 ℃$。这样相对周围温度较低的农村，城市好像一个"热岛"。

"热岛"现象是城市最主要的气象特征之一。它对污染物的影响主要表现在两个方面。一方面，"热岛"效应可以使得城市夜间的辐射逆温减弱或者消失，近地面温度层结呈中性，有时甚至出现不稳定状态，污染物易于扩散。而另一方面，城市温度高，热气流不断上升，形成一个低压区，郊区冷空气向市内侵入，构成环流，如图 3-13 所示，即形成所谓的"城市风"。城市风的形成和大小，与盛行风和城乡间温差关系很大。静风时，城市风非常明显；有和风时，只在城市背风部分出现市风。由于夜晚城乡温差远比白天大，夜间风成涌泉式从乡村吹来，风速可达 2m/s。如果工业区建在城市周围的郊区，工业区排出的大量污染物可能随城市风涌向市中心，市中心污染物的浓度反而比工业区高得多。

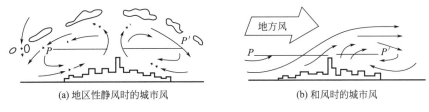

(a) 地区性静风时的城市风　　　　　(b) 和风时的城市风

图 3-13　城市与乡村间环流

城市内建筑物的屋顶和街道受热不均匀，又会形成"街道风"。白天东西向街道，屋顶受热最强，热空气从屋顶上升，街道冷空气随之补充，构成环流。南北向街道中午受热，形成对流。夜间屋顶急剧冷却，冷空气下沉，促使街道内的热空气上升。构成了与白天相反的环流，下沉气流形成涡流。因此，不同走向的街道，同一街道的迎风面和背风面，污染物的浓度都不一样。这种"街道风"对汽车排放出来的污染物影响最为突出。

3.5 烟囱的有效高度

3.5.1 烟囱的有效高度

（1）高架污染源——烟囱

大气污染源有点源、面源和线源之分。若按其排放时间的不同，又可分为瞬时源和连续源。瞬时源多因偶尔事故产生，存在时间短暂，为数也少，连续源则是长时间的存在。正常生产中的工矿企业污染源，都是以连续源的方式排污的，数量大，危害严重。污染源又可根据其排放高度的差别，分为高架源和地面源。高架源是在离开地面一定的高度处排污，而地面源则在近地面处排放污染物。

孤立的高烟囱，昼夜不停地向大气中喷发各种各样的污染物，通常都把它们作为高架连续点源来处理。

烟囱是炉内排烟的最后通路。其任务之一是使炉内自然通风，以维持正常的氧化燃烧。而另一任务则是将烟气排入高空，尽量地减小排烟中污染物质对地面的污染。前者是热工管理上所要考虑的问题，而后者则是环境工作者所关注的。

实践证明，在任何气象条件下，在开阔平坦的地面上，一个高架烟囱所造成的地面污染物浓度，总比源强相同的低烟囱所造成的浓度低。降低的程度依赖于烟囱高度、离源的距离及气象条件。由于高架烟囱已是当前解决地面污染，尤其是难以去除的硫化物的既经济又有效的方法。因此，近几十年来，许多气象和环境工作者致力于研究在各种气象条件下烟囱排烟及烟气扩散规律，其目的是合理地选定烟囱的高度，做到既减少污染又不浪费。

（2）烟囱的有效高度

烟囱里排出的烟气，常常会继续上升，经过一段距离之后会逐渐变平。因此烟气中心的最终高度比烟囱更高，这种现象称为烟气抬升。其原因有二：一是烟气在烟囱内向上运动，具有的动能使它离开烟囱后继续上升，这叫做动力抬升；二是当烟气的温度比周围空气的温度高时，其密度较小，在浮力作用下而上升，这称为浮力抬升或热力抬升。

由于烟气的抬升作用，相当于烟囱的几何高度增加了。因此，烟囱的有效高度等于烟囱的几何高度与烟气的抬升高度之和。若用 H 表示烟囱的有效高度，H_S 表示烟囱的几何高度，ΔH 表示烟气的抬升高度，则：

$$H = H_S + \Delta H \quad \text{(m)} \tag{3-20}$$

抬升高度 ΔH 由动力抬升高度 H_m 和浮力抬升高度 H_t 组成，因此

$$\Delta H = H_m + H_t \quad \text{(m)} \tag{3-21}$$

所以又有

$$H = H_S + (H_m + H_t) \quad \text{(m)} \tag{3-22}$$

烟囱的有效高度又称为有效源高，它是大气污染物扩散计算中的重要参数。污染物着地的最大浓度与有效源高的平方成反比。因此，正确地估算烟囱的有效高度，对大气环境质量控制和烟囱几何高度的设计都具有重要意义。烟囱的几何高度 H_S 一般都是已定的，因此，只要能求得烟气的抬升高度 ΔH，那么烟囱的有效高度 H 也就随之而定了。

3.5.2 烟气抬升高度的计算公式

（1）烟气抬升高度的影响因素

热烟气从烟囱中喷出、上升、逐渐变平，是一个连续的渐变过程，影响因素很多。根据大量的观测和定性分析，有风时热烟流的抬升过程可分为如图 3-14 所示的四个阶段。

① 喷出阶段 这一阶段主要依靠烟气本身的初始动量向上喷射；

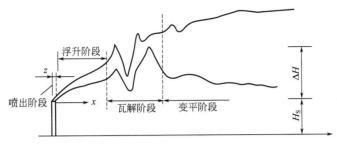

图 3-14 烟气抬升的各个阶段（萨诺迪，1973）

② 浮升阶段 由于烟气和周围空气之间的温差获得浮力而上升；

③ 瓦解阶段 这时烟气与周围的空气混合，大气湍流作用明显地加强，烟气失去了动量与浮力，自身结构破裂瓦解而随风飘动；

④ 变平阶段 在大气湍流作用下，烟云上下左右扩散，体积胀大，沿风向逐渐变平。

影响烟气抬升的因素很多，而烟气所具有的初始动量和浮力是决定其抬升高度的主要因素。初始动量的大小取决于烟流的出口速度和烟囱出口处的内径。浮力的大小主要取决于烟气和周围空气之间的温差，两者之间因组成不同所引起的密度可以忽略不计。

烟气与周围空气的混合速度对抬升高度有重要影响。因为混合越快，烟气本身的初始动量和热量降低得也越快，从而使烟气抬升高度减小。影响混合速度的主要因素是烟囱出口处的平均风速、大气稳定度及大气湍流强度。烟气的喷出速度大，会增高动力抬升高度，但由于促进了空气的混合，反而会减少浮力抬升高度，因此其大小要适当。实践证明，烟气的喷出速度高于出口处附近风速的两倍为好。

地貌复杂、地面粗糙度大，使近地大气湍流强度加大，也不利于烟气抬升。

（2）烟气抬升高度计算公式

对于烟气抬升高度 ΔH，20 世纪 50 年代以来，许多学者在理论研究和实际调查、观测的基础上，总结出各种计算的理论和经验公式。由于影响烟气抬升高度的因素甚多而且复杂，所以至今还没有一个通用的计算公式。下面介绍常用的比较简单的几种。

① 博赞克特（Bosanguet） Ⅰ 式 这是早期发表的一个理论公式（1950 年），直到现在为许多国家特别是日本所采用。它把烟气抬升高度的动力抬升高度 H_m 和浮力抬升高度 H_t 两部分分开来计算，即

$$H_m = \frac{4.77}{1+\dfrac{0.43\bar{u}}{u_s}} \cdot \frac{\sqrt{Q_{V_1} \cdot u_s}}{\bar{u}} \tag{3-23}$$

$$\left.\begin{array}{l} H_t = 6.37g \dfrac{Q_{V_1} \cdot \Delta T}{\bar{u}^3 \cdot T_1}\left(\ln J^2 + \dfrac{2}{J} - 2\right) \\[4mm] J = \dfrac{\bar{u}^2}{\sqrt{Q_{V_1} \cdot u_s}}\left[0.43\sqrt{\dfrac{T_1}{g(\mathrm{d}\theta/\mathrm{d}z)}} - 0.28\dfrac{u_s}{g} \cdot \dfrac{T_1}{\Delta T}\right] + 1 \end{array}\right\} \tag{3-24}$$

式中 $\bar{u}$——烟囱出口处的平均风速，m/s；

u_s——烟囱出口处烟流的喷出速度，m/s；

Q_{V_1}——在温度为 T_1 时的排烟量，m^3/s；

T_1——排烟密度与大气密度相等时的温度，一般认为 T_1 就是大气温度，K；

ΔT——烟气温度与大气温度之差，K；

g——重力加速度，$9.81m/s^2$；

$\mathrm{d}\theta/\mathrm{d}z$——大气位温梯度，℃/m，严格的中性应取 $\mathrm{d}\theta/\mathrm{d}z = 0$，实际计算中均取其为 0.0033℃/m。

博赞克特 I 式表示了烟气所能达到的最大抬升高度，而实际的抬升高度要比理论计算值低，约为 $50\%\sim75\%$，一般取 65% 则比较适宜。这样烟气实算的有效高度为

$$H = H_s + 0.65(H_m + H_t) \tag{3-25}$$

② 霍兰德（Holland）式 该式适用于中性大气状况。

$$\Delta H = \frac{u_s D}{\bar{u}}\left(1.5 + 2.7\frac{T_s - T_a}{T_s}D\right) = \frac{1}{\bar{u}}(1.5u_s D + 9.79\times10^{-6}Q_h) \tag{3-26}$$

式中　u_s——烟气出口流速，m/s；

　　　　D——烟囱出口处的内径，m；

　　　　$\bar{u}$——烟囱出口处的平均风速，m/s；

　　　　Q_h——烟囱的热排放率，kJ/s；

　　　　T_s——烟气出口温度，K；

　　　　T_a——环境大气平均温度，K。

当大气处于稳定或不稳定状态时，应用上式计算 ΔH 值时，就在上式计算的基础上分别减去或加上 $10\%\sim20\%$ 为宜。

用式(3-26)计算的值并非烟气的最大抬升高度，而只是烟囱排放口的下风向为烟囱高度 2～3 倍距离处的值。霍兰德根据美国橡树岭处三个热电厂烟流上升轨迹的照片，回归整理而得到上述中性条件公式。所测的三个烟囱都不太高，分别是 48.5m、54.6m、60.5m。照片上的烟流显示长度未超过 180m（现在要观测 1～2km）。因此只适用于烟囱较低的弱烟源，作为安全的估计是可行的。

③ 布里吉斯（Briggs）式 布里吉斯用因次分析方法结合实测资料提出下列抬升公式，其估算值与实测值比较接近，应用较广。下面是适用于不稳定和中性的大气条件下的计算式，x 是离烟囱水平距离。

当 $Q_h > 20920$kJ/s 时：

$$x < 10H_s \qquad \Delta H = 0.362Q_h^{1/3}\cdot x^{2/3}\cdot\bar{u}^{-1} \tag{3-27}$$

$$x > 10H_s \qquad \Delta H = 1.55Q_h^{1/3}\cdot H_s^{2/5}\cdot\bar{u}^{-1} \tag{3-28}$$

当 $Q_h < 20920$kJ/s 时：

$$x < 3x^* \qquad \Delta H = 0.362Q_h^{1/3}\cdot x^{1/3}\cdot\bar{u}^{-1} \tag{3-29}$$

$$x > 3x^* \qquad \Delta H = 0.332Q_h^{3/5}\cdot H_s^{2/5}\cdot\bar{u}^{-1} \tag{3-30}$$

$$x^* = 0.33Q_h^{2/5}\cdot H_s^{3/5}\cdot\bar{u}^{6/5} \tag{3-31}$$

④ 我国《制定地方大气污染排放标准的技术方法》中推荐的抬升公式

a. 当烟气热排放率 $Q_h \geqslant 2100$kJ/s，且 $\Delta T \geqslant 35$K 时

$$\Delta H = n_0 Q_h^{n_1} H_s^{n_2}/\bar{u} \tag{3-32}$$

$$Q_h = 0.35 P_a Q_V\frac{\Delta T}{T_s} \tag{3-33}$$

式中　　　Q_h——烟气热释放率，kJ/s；

　　　　　Q_V——实际排烟率，m³/s；

　　　　　ΔT——烟气与环境大气的温差，$\Delta T = T_s - T_a$，K；

　　　　　T_s——烟气出口温度，K；

　　　　　T_a——环境大气平均温度，取当地近 5 年平均值，K；

　　　　　H_s——烟囱距地面的几何高度，m；

　　　　　P_a——大气压力 hPa，可取邻近气象台的季或年的平均值；

n_0，n_1，n_2——系数，按表 3-8 选取；

　　　　　$\bar{u}$——烟囱口处平均风速，m/s，按幂指数关系换算到烟囱出口高度的平均风速。

当 $z_2 \leqslant 200\text{m}$ $\qquad\qquad \bar{u} = u_1 \left(\dfrac{z_2}{z_1} \right)^m$ $\qquad\qquad$ (3-34)

当 $z_2 > 200\text{m}$ $\qquad\qquad \bar{u} = u_1 \left(\dfrac{200}{z_1} \right)^m$ $\qquad\qquad$ (3-35)

式中 u_1——附近气象台（站）z_1 高度 5 年平均风速，m/s；

$\qquad z_1$——相应气象台（站）测风仪所在高度，m；

$\qquad z_2$——烟囱出口处高度（与 z_1 有相同高度基准），m；

$\qquad m$——见表 3-7。

表 3-8 系数 n_0，n_1，n_2 值

Q_h/(kJ/s)	地表状况（平原）	n_0	n_1	n_2
$Q_h \geqslant 21000$	农村或城市远郊区	1.427	1/3	2/3
	城区及近郊区	1.303	1/3	2/3
$21000 > Q_h \geqslant 2100$ 且 $\Delta T > 35\text{K}$	农村或城市远郊区	0.332	3/5	2/5
	城区及近郊区	0.292	3/5	2/5

b. 当 $1700\text{kJ/s} < Q_h < 2100\text{kJ/s}$ 时，烟气抬升高度按下式计算

$$\Delta H = \Delta H_1 + (\Delta H_2 - \Delta H_1) \left(\frac{Q_h - 1700}{400} \right) \qquad (3\text{-}36)$$

式中 $\Delta H_1 = 2 \times (1.5 u_s D + 0.01 Q_h)/\bar{u} - 0.048(Q_h - 1700)/\bar{u}$；

$\qquad u_s$——排气筒出口处烟气排出速度，m/s；

$\qquad D$——排气筒出口直径，m；

$\qquad \Delta H_2$——按式（3-32）所计算的抬升高度，m。

c. 当 $Q_h \leqslant 1700\text{kJ/s}$ 或者 $\Delta T < 35\text{K}$，烟气抬升高度按下式计算

$$\Delta H = 2 \times (1.5 u_s \times D + 0.01 Q_h)/\bar{u} \qquad (3\text{-}37)$$

d. 凡地面以上 10m 高处年平均风速 $\bar{u}$ 小于或等于 1.5m/s 的地区使用下式计算抬升高度

$$\Delta H = 5.5 Q_h^{1/4} \times \left(\frac{\mathrm{d} T_a}{\mathrm{d} z} + 0.0098 \right)^{-3/8} \qquad (3\text{-}38)$$

式中 $\dfrac{\mathrm{d} T_a}{\mathrm{d} z}$——排放源高度以上环境温度垂直变化率，K/m。取值不得小于 0.01K/m。

3.6 大气扩散模式及污染物浓度估算方法

大气污染的形成及其危害程度在于有害物质的浓度及其持续时间，大气扩散模式是对污染源在一定条件下，用数学模式的形式给出污染物浓度的时空变化规律。

烟气进入大气后，其扩散程度就取决于大气湍流。研究湍流场中物质扩散的理论体系主要有三种：梯度输送理论、统计理论和相似理论。从不同的原理出发，必然会导出不同形式的数学模式。主要介绍根据湍流扩散的统计理论推导出来的数学模式。

泰勒首先应用统计方法研究湍流扩散问题。假定大气湍流是均匀而平稳的，取原点为污染源、x 轴与平均风向一致，图 3-15 表示由污染源释放出来的粒子的扩散状况。假定从原点放出一个粒子，经过时间 T 之后，粒子离开原点的水平距离为 $x = \bar{u}T$。由于湍流脉动速度的作用，使粒子在 y 方向的位移则是随时间而变化的，可正可负，可大可小。如果从原点放出许多的粒子，而这些粒子位移的集合则趋于一个稳定的统计分布，即：这些粒子在 x

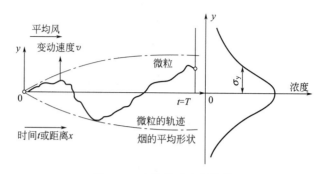

图 3-15 由湍流引起的扩散

轴上的浓度最高，浓度的分布以 x 轴为对称轴，且符合正态分布。

高斯应用了这种理论，对大量的实测资料进行分析，在污染物浓度符合正态分布的前提下，得出了污染物在大气中扩散的实用模式，这就是目前广为应用的高斯模式。

3.6.1 高斯扩散模式

（1）点源扩散的高斯模式

高斯扩散模式适用于均一的大气条件。这里介绍的是点源扩散的高斯模式。排放大量污染物的烟囱、放散管、通风口等虽然大小不一，但只要不是讨论很近距离的污染问题，在实用上都可以近似地把它们视作点源。对于这种理想化的点源，高斯模式的坐标系如图 3-16 所示。

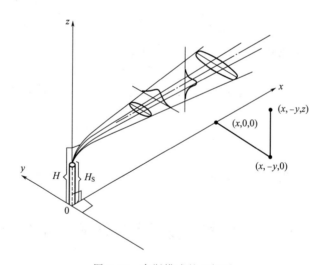

图 3-16 高斯模式的坐标系

一般总是把排放口或高架源在地面上的投影点作为坐标原点；x 轴正向沿平均风向水平延伸；y 轴在水平面上垂直于 x 轴，x 轴左侧为正；z 轴垂直于水平面，向上为正。烟流中心的平均路径沿 x 轴或平行于 x 轴移动。高斯扩散模式有以下五点假定条件：

① 污染物的浓度在 y、z 轴上都是正态高斯分布；

② 在整个的扩散空间中，风速是均匀不变的；

③ 污染源的源强是连续的、均匀的；

④ 地表面充分平坦；

⑤ 在扩散过程中污染物的质量不变，即烟气到达地面全部反射，不发生沉降和化学反应。那么，在下风向任一点（x，y，z）的污染物的浓度公式为：

$$C(x,y,z,H)=\frac{Q}{2\pi\bar{u}\,\sigma_y\sigma_z}\exp\left(-\frac{y^2}{2\sigma_y^2}\right)\left\{\exp\left[-\frac{(z-H)^2}{2\sigma_z^2}\right]+\exp\left[-\frac{(z+H)^2}{2\sigma_z^2}\right]\right\}\quad(3\text{-}39)$$

式中　C——任一点的污染物的浓度，mg/m³ 或 g/m³；

　　　Q——源强，单位时间内污染物排放量，mg/s 或 g/s；

　　　σ_y——侧向扩散系数，污染物在 y 方向分布的标准偏差，是距离 x 的函数，m；

　　　σ_z——竖向扩散系数，污染物在 z 方向分布的标准偏差，是距离 x 的函数，m；

　　　$\bar{u}$——排放口处的平均风速，m/s；

　　　H——有效源高，m；

　　　x——污染源排放点至下风向上任一点的距离，m；

　　　y——烟气的中心轴在直角水平方向上到任一点的距离，m；

　　　z——从地表面到任一点的高度，m。

上式的解析见图 3-17。式(3-39) 中 $\exp\left(-\frac{y^2}{2\sigma_y^2}\right)$ 如图 3-17(a) 中烟气平面图，污染物浓度在中心轴水平断面上的分布，σ_y 是该正态分布图形的标准偏差。在铅直方向上，σ_z 是该向正态分布的标准偏差。根据假定⑤，可以认为地面像平面镜一样，对污染物起全反射作用。因此图 3-17(b) 中烟气剖面图上，任一点 P 的浓度值反映在曲线 b 上，它是扩散和反射回来的两个浓度值的叠加。

按照全反射原理，可以用"像源法"来解释。P 点的浓度可以看成两部分的贡献之和；一部分是假如不存在地面时，在点（0，0，H）的实源在 P 点造成的浓度，即

$$C_{实}=\frac{Q}{2\pi\bar{u}\,\sigma_y\sigma_z}\exp\left(-\frac{y^2}{2\sigma_y^2}\right)\exp\left[-\frac{(z-H)^2}{2\sigma_z^2}\right]$$

以及位于（0，0，$-H$）的像源在 P 点造成的浓度，即

$$C_{虚}=\frac{Q}{2\pi\bar{u}\,\sigma_y\sigma_z}\exp\left(-\frac{y^2}{2\sigma_y^2}\right)\exp\left[-\frac{(z+H)^2}{2\sigma_z^2}\right]$$

$C_{实}+C_{虚}$ 便得到式(3-39)，也就是 P 点的实际浓度。

（2）几种简单的实用模式

① 地面浓度　在式(3-39) 中，令 $z=0$，便得到高架源的地面浓度公式：

$$C(x,y,0,H)=\frac{Q}{\pi\bar{u}\,\sigma_y\sigma_z}\exp\left(-\frac{y^2}{2\sigma_y^2}\right)\exp\left(-\frac{H^2}{2\sigma_z^2}\right)\quad(3\text{-}40)$$

② 地面轴线浓度　也就是 x 轴上的浓度。由式(3-40) 在 $y=0$ 时即可得到：

$$C(x,0,0,H)=\frac{Q}{\pi\bar{u}\,\sigma_y\sigma_z}\exp\left(-\frac{H^2}{2\sigma_z^2}\right)\quad(3\text{-}41)$$

若是地面源，即 $H=0$ 时，则有

$$C(x,0,0,0)=\frac{Q}{\pi\bar{u}\,\sigma_y\sigma_z}\quad(3\text{-}42)$$

③ 地面最大浓度及其出现距离　在实际解决空气污染问题时，最关心的是高架源的地面最大浓度和它离源的距离，现在对 σ_y 和 σ_z 的规律做一些近乎实际的假设，即假设 $\sigma_y/\sigma_z=$ 常数（σ_y 与 σ_z 均为 x 的函数），然后将式(3-41) 对 σ_z 求导并取极值，则可求得：

当

$$\sigma_z\big|_{x=x_{C\max}}=\frac{H}{\sqrt{2}}\quad(3\text{-}43)$$

时，地面浓度达到最大值。

$$C_{\max}(x_{C\max}0,0,H)=\frac{2Q}{\pi e\bar{u}\,H^2}\cdot\frac{\sigma_z}{\sigma_y}\quad(3\text{-}44)$$

式中，$C_{\max}$ 表示地面最大浓度；$x_{C\max}$ 是它离源的距离；$e=2.718$，自然数。

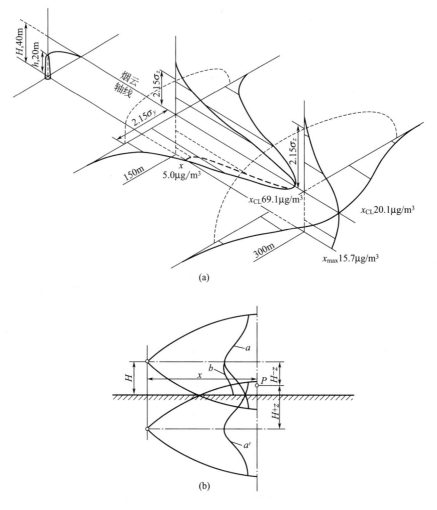

图 3-17 高斯扩散模式示意图

由于 σ_z 是 x 的函数，因此式(3-43)表示了最大浓度与源高的关系。

除了极稳定或极不稳定的大气条件，通常设 $\sigma_y = 2\sigma_z$ 代入式(3-44)有

$$C_{\max} = \frac{Q}{\pi e \bar{u} H^2} \tag{3-45}$$

此式常列入烟囱设计手册，作为估算最大地面浓度时用，多年来和它估算的数值与孤立烟囱（例如电厂烟囱）附近的环境监测数据是比较一致的。

由式(3-45)可以看出：a. 地面上最大浓度与烟囱的有效高度的平方成反比；b. 最大浓度出现的位置，离污染源（烟囱脚）的距离随烟囱高度而变远。

3.6.2 扩散参数 σ_y 和 σ_z 的确定

（1）σ_y 与 σ_z 的变化规律

如前所述，经过简化了的大气扩散模式的估计实际上已归结为风向、风速、浓度分布的正态分布形式的标准偏差，以及烟囱的有效高度和源强等因素，其中各项参数的确定方法已作了介绍，现在来分析标准偏差即扩散参数 σ_y 和 σ_z 的确定方法。

为了能较符合实际地确定这些扩散参数，前人进行了各种理论推导和现场实验追踪或模拟监测，并对连续点源的扩散参数 σ 的性质找到了如下规律：

① 随着扩散距离的加长，σ 增大；

② 大气处于不稳定状态，随着水平和垂直湍流的强烈交换，σ 较大，在距离源相同的下风处，稳定大气状态的 σ 较小；

③ 在上列两种条件都相同时，粗糙地面上的 σ 较大，而平坦地面的 σ 较小。

（2）帕斯奎尔扩散曲线法

这种方法的要点是首先要根据帕斯奎尔划分大气稳定度的方法来确定大气稳定度级别，然后分别从图 3-18 和图 3-19 中查得对应的扩散参数 σ_y 和 σ_z 的值，最后将 σ_y、σ_z 代入式(3-39)～式(3-45) 中，就可以计算出污染源下风向任一点污染物的浓度和最大着地浓度及其离源的距离。

图 3-18 和图 3-19 中的曲线，是帕斯奎尔（Pasquill）和吉福特（Gifford）根据不同稳定度时 σ_y 和 σ_z 随下风向距离 x 变化的观测资料做成的，因此这种方法又称作 P-G 曲线法。

P-G 曲线法应用方便，英国伦敦气象局又在此基础上制成表格，直接地列出了不同稳定度时，一些 σ_y 与 σ_z 的具体数值（见表 3-9）。采用内插法，可以按表 3-9 中的数值求出 20km 以内 σ_y 和 σ_z 值。

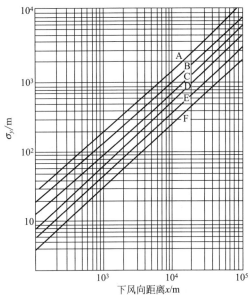

图 3-18　下风向距离和水平扩散参数的关系　　图 3-19　下风向距离和铅直扩散参数的关系

当估算地面最大浓度 C_{max} 和它出现的距离 x_{Cmax} 时，可先按 $\sigma_z = \dfrac{H}{\sqrt{2}}$ 计算出 $\sigma_z \mid x = x_{Cmax}$，按当时的大气稳定度级别由图 3-19 上查出对应的 x 值，此值即为该稳定度下的 x_{Cmax}。然后再从图 3-18 上查出与 x_{Cmax} 对应的 σ_y 值，代入式(3-44) 式即可算出 C_{max} 值，用该方法计算，在 D、C 级稳定度下误差较小，在 E、F 级时误差较大。H 越大，误差越小。

3.6.3　有上部逆温时的扩散

前面介绍的估算污染浓度的方法和模式，都是适用于同一类稳定度气层的扩散计算，同时还需要地形平坦以及风速不太小等条件。实际上常常会遇到一些特殊的气象条件，如上部逆温的扩散、漫烟型的扩散和微风情况下的扩散等，原先的公式已不适用，这里仅介绍有上部逆温时的扩散情况。

表 3-9 帕斯奎尔曲线的 σ_y、σ_z 值/m

稳定度	标准差	距离/km																				
		0.1	0.2	0.3	0.4	0.5	0.6	0.8	1.0	1.2	1.4	1.6	1.8	2.0	3.0	4.0	6.0	8.0	10	12	16	20
A	σ_y	27.0	49.8	71.6	92.1	112	132	170	207	243	278	313										
	σ_z	14.0	29.3	47.4	72.1	105	153	279	456	674	930	1230										
B	σ_y	19.1	35.8	51.6	67.0	81.4	95.8	123	151	178	203	228	253	278	395	508	723					
	σ_z	10.7	20.5	30.2	40.5	51.2	62.8	84.6	109	133	157	181	207	233	363	493	777					
C	σ_y	12.6	23.3	33.5	43.3	53.5	62.8	80.9	99.1	116	133	149	166	182	269	335	474	603	735			
	σ_z	7.44	14.0	20.5	26.5	32.6	38.6	50.7	61.4	73.0	83.7	95.3	107	116	167	219	316	409	498			
D	σ_y	8.37	15.3	21.9	28.8	35.3	40.9	53.5	65.6	76.7	87.9	98.6	109	121	173	221	315	405	488	569	729	884
	σ_z	4.65	8.37	12.1	15.3	18.1	20.9	27.0	32.1	37.2	41.9	47.0	52.1	56.7	79.1	100	140	177	212	244	307	372
E	σ_y	6.05	11.6	16.7	21.4	26.5	31.2	40.0	48.8	57.7	65.6	73.5	82.3	85.6	129	166	237	306	366	427	544	659
	σ_z	3.72	6.05	8.84	10.7	13.0	14.9	18.6	21.4	24.7	27.0	29.3	31.6	33.5	41.9	48.6	60.9	70.7	79.1	87.4	100	111
F	σ_y	4.19	7.91	10.7	14.4	17.7	20.5	26.5	32.6	38.1	43.3	48.8	54.5	60.5	86.5	102	156	207	242	285	365	437
	σ_z	2.33	4.19	5.58	6.98	8.37	9.77	12.1	14.0	15.8	17.2	19.1	20.5	21.9	27.0	31.2	37.7	42.8	46.5	50.2	55.8	60.5

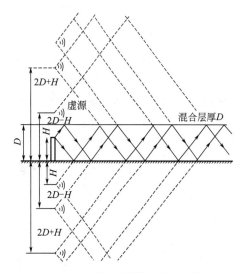

图 3-20 封闭型扩散的多次反射

（1）有上部逆温的扩散

大气边界层常常出现这样的温度分布状况：低层是中性层结或不稳定层结，在离地面几百米到一二千米的高度上存在一个稳定的逆温层，即通常所说的上部逆温，它使污染物的铅直扩散受到抑制。观测表明，逆温层底上下两侧的浓度通常相差 5～10 倍，污染物的扩散实际上被限制在地面和逆温层底之间，上部逆温层底或稳定层底的高度称为混合层厚度。有上部逆温时的扩散是限制在混合层以内的扩散，亦称为"封闭型"扩散（图 3-20）。

（2）扩散模式

为推导这种情况下的扩散模式，我们假设扩散到逆温层中的污染物忽略不计，把逆温层底和地面同样看做起全反射作用的镜面。因此，这种类型的扩散公式仍可利用"像源法"导出，此时污染物处于地面和逆温层底之间，受到两个面的"反射"。就像置于两面镜子之间的物体会形成无数对"像"一样，污染物的浓度是实源和无数对"像源"作用之和，图 3-20 是封闭扩散示意图。

根据反射原理可算出实源和每一对像源的贡献，再求所有浓度之和，即得封闭型扩散公式，设混合层厚度为 D，则：

$$C = \frac{Q}{2\pi \bar{u} \sigma_y \sigma_z} \exp\left(-\frac{y^2}{2\sigma_y^2}\right) \cdot \sum_{-\infty}^{\infty} \left\{ \exp\left[-\frac{(z-H+2nD)^2}{2\sigma_z^2}\right] + \exp\left[-\frac{(z+H+2nD)^2}{2\sigma_z^2}\right] \right\}$$

(3-46)

地面轴线浓度公式则为：

$$C = \frac{Q}{\pi \bar{u} \sigma_y \sigma_z} \sum_{-\infty}^{\infty} \exp\left[-\frac{(H-2nD)^2}{2\sigma_z^2}\right]$$

(3-47)

式中 D——逆温层底高度，m；

n——烟流在两界面之间的反射次数，一般取 3 或 4。

在实际应用中，一般情况下并不采用式(3-46)。而是按简化的经验法则来计算，这个简

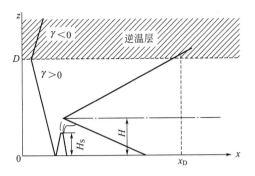

图 3-21　有上部逆温的扩散示意图

化法则的关键是确定 x_D，即烟流在铅直方向扩散时，其边缘刚刚触及到逆温层底的那一点到污染源的水平距离，如图 3-21 所示。由正态分布扩散模式可以计算出，烟云中心线向上高度为 $2.15\sigma_z$ 处的浓度约等于同距离处烟云中心线浓度的 1/10，可视作烟流边缘。这个高度即为：$H+2.15\sigma_z$。所以

$$\sigma_z = \frac{D-H}{2.15} \tag{3-48}$$

由式(3-48) 求得 σ_z 之后，可以查图 3-19 来确定 x_D 的值。

当 $D \gg H$ 时，式(3-48) 可简化为

$$\sigma_z = \frac{D}{2.15} \tag{3-49}$$

确定了 x_D 之后，对于逆温层下混合层中，污染物的浓度可根据下风向距离 x 的不同，分三种情况来进行估算。

① $x \leqslant x_D$ 时　这时烟流的铅直扩散尚未达到逆温层底的高度，故其上部扩散不受逆温层影响，烟云在垂直方向上仍有高斯正态分布。因此，$x < x_D$ 时，仍然可以用一般高架连续点源的扩散模式进行计算。

② $x \geqslant 2x_D$ 时　对于大于 $2x_D$ 的距离，可以认为污染物经过多次反射，在逆温层下的气层中，它在铅直方向，即 z 方向上的浓度分布已经十分均匀了，并不再由于铅直扩散而进一步稀释了。此时，仅在 y 方向上浓度仍为正态分布，由质量连续性可推出 $x \geqslant 2x_D$ 时的浓度计算式：

$$C = \frac{Q}{\sqrt{2\pi}\,\bar{u}\,D\sigma_y} \exp\left(-\frac{y^2}{2\sigma_y^2}\right) \tag{3-50}$$

③ 在 $x_D < x < 2x_D$ 范围内，污染物浓度变化较复杂。一般取 $x = x_D$ 和 $x = 2x_D$ 两点浓度的内插值。

【例 3-1】　试估算某燃烧着的垃圾堆排放 3g/s 的 NO_x，在风速为 7m/s 的阴天夜间，源的正下风向 3km 处的平均浓度。

解：假定该垃圾堆是一个有效抬升高度为零的地面源，根据风速及阴天条件，可由表 3-2 确定此时的大气稳定度为 D。又已知 $x = 3000m$，因此，由图 3-18 和图 3-19 查得：$\sigma_y = 190m$，$\sigma_z = 65m$，在正下风向，所以 $y = 0$，由式(3-42) 求得：

$$C(3000,0,0,0) = \frac{Q}{\pi u \sigma_y \sigma_z} = \frac{3}{\pi \times 7 \times 190 \times 65} = 1.1 \times 10^{-5}\,(\text{g/m}^3)(NO_x)$$

【例 3-2】　某石油精炼厂排放 SO_2，排放口有效高度 $H = 60m$，SO_2 排放量 $Q = 80g/s$，试估算在风速 $\bar{u} = 60m/s$ 的冬季阴天清晨 8 时，距离该厂正下风向 500m 处的地面轴线的浓度。

解：对于阴天的早晨取稳定度为 D 类，在 $x = 500m$ 时，由图 3-18 及图 3-19 分别查得：

$\sigma_y = 36\text{m}$，$\sigma_z = 18.5\text{m}$，代入式(3-41)得：

$$C(x,0,0,H) = \frac{Q}{\pi \bar{u} \sigma_y \sigma_z} \exp\left(-\frac{H^2}{2\sigma_z^2}\right) = \frac{80}{\pi \times 6 \times 36 \times 18.5} \times \exp\left(-\frac{60^2}{2 \times 18.5^2}\right)$$

$$= 0.00637 \times \frac{1}{192.35} = 3.3 \times 10^{-5}(\text{g/m}^3)$$

【例 3-3】 某发电厂每小时烧 10t 煤，煤的含硫率为 3%，燃烧后的 SO_2 由烟囱排出，其有效高度为 $H = 150\text{m}$，在一个晴朗的夏季下午地面上 10m 处风速为 4m/s。据附近气象台站的无线电探空报告，此时该地区上空有锋面逆温，混合层厚度 $D = 1665\text{m}$，试求出现这种上空逆温时，估算出 SO_2 分别在下风向 $x = 0.3\text{km}$、0.5km、1.0km、3.0km、11km、30km 及 100km 处地面轴线浓度。

解：(1)先应确定 SO_2 的排放量，硫的相对分子质量为 32，并与相对分子质量为 32 的氧化合，因而单位质量的硫燃烧后，就产生两个质量的 SO_2，排放量 Q 为：

$$Q = \frac{64}{32} \times \frac{10 \times 1000 \times 1000}{3600} \times 3\% = 167(\text{g/s})$$

(2)求下风向各已知的地面轴线浓度。因为此时有上部逆温层，所以应先确定 x_D，再按相应的公式计算。由式(3-48)可得：

$$\sigma_z = \frac{D-H}{2.15} = \frac{1665-150}{2.15} = 705(\text{m})$$

因已知此时是夏季晴朗的下午日照应当是最强的，由表 3-3 查得太阳辐射等级为 +3，因此 $u = 4\text{m/s}$，可由表 3-2 确定大气稳定度为 B，由上面计算出 $\sigma_z = 705\text{m}$，查图 3-19 得：

$$x_D = 5.5\text{km}, \quad 则 \quad 2x_D = 11\text{km}$$

因为 $x = 0.3\text{km}$、0.5km、1.0km、3.0km 及 5.5km，$x < x_D = 5.5\text{km}$，仍应按式(3-41)来计算，即

$$C(x,0,0,H) = \frac{Q}{\pi \bar{u} \sigma_y \sigma_z} \exp\left(-\frac{H^2}{2\sigma_z^2}\right)$$

而 x 等于或大于 $2x_D(=11\text{km})$ 的 11km、30km 及 100km 点应按式(3-50)计算，即

$$C(x,0,0,H) = \frac{Q}{\sqrt{2\pi} \bar{u} D \sigma_y} \exp\left(-\frac{y^2}{2\sigma_y^2}\right)$$

计算结果分别列于表中。

x /km	u /(m/s)	σ_y /m	σ_z /m	H/σ_z	$\exp\left(-\dfrac{H^2}{2\sigma_z^2}\right)$	C/(g/m³)
0.3	4	52	30	5	3.37×10^{-6}	2.9×10^{-8}
0.5	4	83	51	2.94	1.33×10^{-2}	3.8×10^{-5}
1.0	4	157	110	1.36	0.397	28×10^{-4}
3.0	4	425	365	0.41	0.919	7.1×10^{-5}
5.5	4.5	720	705	0.21	0.978	2.1×10^{-5}

x /km	$\bar{u}$ /(m/s)	σ_y /m	D /m	C /(g/m³)
11	4.5	1300	1665	6.9×10^{-6}
30	4.5	3000	1665	3.0×10^{-6}
100	4.5	8200	1665	1.1×10^{-6}

3.6.4 非点源扩散模式

(1)线源扩散模式

平坦地形上的公路，可以将其视为一无限长线源，它在横风向产生的浓度处处都相等。所以将点源扩散的高斯模式对变量 y 积分，便可获得线源扩散模式。点源没有方向性，计

算点源浓度时，将平均风向取作 x 轴即可，而线源的情况较复杂，必须考虑线源与风向夹角及其长度等问题。

当风向与线源垂直时，连续排放的无限长线源下风向浓度模式为

$$C(x,y,0,H)=\frac{\sqrt{2}Q}{\sqrt{\pi}\bar{u}\,\sigma_z}\exp\left(-\frac{H^2}{2\sigma_z^2}\right) \tag{3-51}$$

当风向与线源不垂直时，如果风向和线源交角为 φ 且 $\varphi>45°$，线源下风向的浓度模式为

$$C(x,y,0,H)=\frac{\sqrt{2}Q}{\sqrt{\pi}\bar{u}\,\sigma_z\sin\varphi}\exp\left(-\frac{H^2}{2\sigma_z^2}\right) \tag{3-52}$$

当 $\varphi<45°$ 时，上式不能应用。

当估算有限长的线源造成的污染物浓度时，必须考虑源末端引起的"边源效应"。随着接受点距线源距离的增加，"边源效应"将在更大的横风向距离上起作用。对于横风向有限线源，取通过所关心的接受点的平均风向为 x 轴。线源的范围是从 y_1 延伸到 y_2 且 $y_1<y_2$，则有限长线源扩散模式为

$$C(x,0,H)=\frac{\sqrt{2}Q}{\sqrt{\pi}\bar{u}\,\sigma_z}\exp\left(-\frac{H^2}{2\sigma_z^2}\right)\int_{p_1}^{p_2}\frac{1}{\sqrt{2\pi}}\exp\left(-\frac{p^2}{2}\right)\mathrm{d}p \tag{3-53}$$

式中，$p_1=\frac{y_1}{\sigma_y}$，$p_2=\frac{y_2}{\sigma_y}$。

（2）面源扩散模式

城市中家庭炉灶和低矮烟囱数量很大，而单个排放量却很小，若按点源处理，计算工作量将十分繁重，这时应将它们当作面源来处理。下面介绍几种比较简便常用的方法。

① 虚拟点源的面源扩散模式（Ⅰ）　由于城市的家庭炉灶和低矮烟囱分布不均匀，所以将城市划分为许多小正方形，每一正方形视为一个面源单元。一般在 0.5～10km 之间。这种方法假定：a. 每一面源单元的污染物排放量集中在该单元的形心上；b. 面源单元形心的上风向距离 x_0 处有一虚拟点源（图 3-22），它在面源单元中心线处产生的烟流宽度（$2y_0=4.30\sigma_{y_0}$）等于面源单元宽度 W；c. 面源单元在下风向造成的浓度可用虚拟点源在下风向造成的同样的浓度所代替。由假定 b. 可得

$$\sigma_{y_0}=\frac{W}{4.3} \tag{3-54}$$

由求出的 σ_{y_0} 和大气稳定度级别，应用 G-P 曲线图或表 3-9 可查出 x_0，再由 (x_0+x) 查出 σ_y，由 (x_0+x) 查出 σ_z 代入点源扩散的高斯模式 [式(3-41)]，便可求出面源下风向的地面浓度

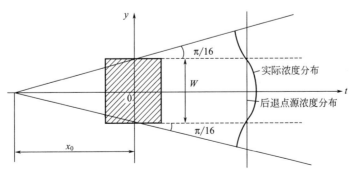

图 3-22　虚拟点源示意图

$$C = \frac{Q}{\pi \bar{u} \sigma_y \sigma_z} \exp\left(-\frac{H^2}{2\sigma_z^2}\right) \tag{3-55}$$

式中　H——面源的平均高度，m。

如果排放源高度相差较大，并且相对较高，也可假定 z 方向上有一虚拟点源，σ_{z_0} 由源的最初垂直分布的标准差给出，由 σ_{z_0} 求出 x_{z_0}，由 $(x + x_{z_0})$ 求出 σ_{z_0}，由 $(x + x_0)$ 求出 σ_y，然后代入式(3-55)中就可求出地面浓度。

② 虚拟点源的面源扩散模式（Ⅱ）　本模式是将面源作为在 y 方向污染物浓度是均匀分布的虚拟点源来处理的。第（a）、（b）点假设仍同模式（a），第（c）点假设是：在 y 方向扩散的污染物全都集中在长为 $\pi(x + x_0)/8$ 的弧上，且均匀分布（图 3-22）。因此，可按式(3-54)求 σ_{y_0} 后，按稳定度级别由 P-G 曲线图查取 x_0，再由 $x + x_0$ 求出 σ_z，即可按下式估算下风方向上任一点污染物的地面浓度。

$$C = \left(\frac{2}{\pi}\right)^{1/2} \frac{Q}{\bar{u} \sigma_z \pi(x + x_0)/8} \exp\left(-\frac{H^2}{2\sigma_z^2}\right) \tag{3-56}$$

3.7　烟囱高度的设计

增加排放高度可以减少地面大气污染物浓度。目前，高烟囱排放仍然是减轻地面污染的一项重要措施，地面浓度与烟囱高度的平方成反比，但烟囱的造价也近似地与烟囱高度的平方成正比，如何选定适当的烟囱高度是工业建设中经常遇到的问题。

确定烟囱高度的主要依据，是要保证该排放源所造成的地面污染物浓度不得超过某个规定值，这个规定值就是国家环境保护部门所规定的各种污染的地面浓度值。

3.7.1　烟囱高度的计算方法

目前应用最为普遍的烟囱高度的计算方法是按正态分布模式导出的简化公式，由于对地面浓度的要求不同，烟囱高度的算法也不同，这里只介绍按地面最大浓度公式计算烟囱的高度。

σ_y/σ_z = 常数时，由地面最大浓度公式，即式(3-44)解出烟囱高度 H_s，即：

$$H_s \geqslant \sqrt{\frac{2Q}{\pi e \bar{u} C_{max}} \cdot \frac{\sigma_z}{\sigma_y}} - \Delta H \quad (\text{m}) \tag{3-57}$$

式中 ΔH 是根据选定的烟气抬升公式所计算出的烟气抬长高度。

按照浓度控制法确定烟囱高度，就是要保证地面最大浓度 C_{max} 不超过某个规定值 C_0，通常取 C_0 等于《环境空气质量标准》规定的浓度限值，若有本底浓度 C_b，则应使 C_{max} 不超过 $C_0 - C_b$，即：$C_{max} < C_0 - C_b$。于是，烟囱高度为

$$H_s \geqslant \sqrt{\frac{2Q}{\pi e \bar{u}(C_0 - C_b)} \cdot \frac{\sigma_z}{\sigma_y}} - \Delta H \quad (\text{m}) \tag{3-58}$$

式中　$\bar{u}$——一般取烟囱出口处的平均风速，m/s；

　　　σ_z/σ_y——一般取 0.5~1.0，（不随距离而变），相当于中性至中等不稳定时的情况，此项比值越大，设计的烟囱就越高。

3.7.2　烟囱设计中的几个问题

① 关于设计中气象参数的取值有两种方法，一种是取多年的平均值，另一种是取某一保证频率的值，而后一种更为经济合理。

σ_z/σ_y 的值一般在 0.5~1.0 之间变化。$H_s > 100\text{m}$ 时，σ_z/σ_y 取 0.5；$H_s < 100\text{m}$ 时，σ_z/σ_y 取 0.6~1.0。

② 有上部逆温时，设计的高烟囱 $H_s < 200m$，必须考虑上部逆温层的影响。观测证明，当有效源高 H 等于混合层高度 D 时，即 $H = D$ 时，最不利。此时地面浓度约为一般情况下的 2～2.5 倍，若按此条件设计，烟囱高度将大大增加。因此，应对混合层高度出现频率做调查，避开烟囱有效高度 H 与出现频率最高或较多的混合层高度 D 相等的情况。

逆温层较低时，烟囱有效高度 $H > D$ 为好。

③ 烟气抬升公式的选择是烟囱设计的重要一环，必须注意烟气抬升公式适用的条件，进行慎重的选择。

④ 烟囱高度不得低于周围建筑物高度的 2 倍，这样可以避免烟流受建筑物背风面涡流区影响，对于排放生产性粉尘的烟囱，其高度从地面算起不得小于 15m，排气口高度应比主厂房最高点高出 3m 以上，烟气出口流速 u_s，应为 20～30m/s，排烟温度也不宜过低。例如，排烟温度若在 100～200℃ 之间，$u = 5m/s$，排烟温度每升高 1℃，抬升高度则增高 1.5m 左右，可见影响之显著。

⑤ 增加排气量。由烟气抬升公式可知，即使是同样的喷出速度 u_s 和烟气温度，如果增大排气量，对动量抬升和浮力抬升均有利。因此分散的烟囱不利于产生较高的抬升高度，若需要在周围设置几个烟囱时，应尽量采用多管集合烟囱，但在集合温度相差较大的烟囱排烟时，要认真考虑。

总之，烟囱设计是一个综合性较强的课题，要考虑多种影响因素，权衡利弊，才能得到较合理的设计方案。

3.8　厂址选择

厂址选择涉及到政治、经济、技术等多方面的问题，本节从防治大气污染的角度，仅考虑气象和地形条件来讨论几个问题。

3.8.1　厂址选择中所需的气象资料

（1）风向和风速

风向和风速的气候资料是多年的平均值，也可以是某月或某季的多年平均值。为了观察方便，风的资料通常都是画成风玫瑰图，即在 8 或 16 个方位上给出风向和风速，并用线的长短表示其大小，然后将终点连接即成。图 3-23 则是同时表示了风向频率和风速的复合玫瑰图。

对于山区来说，因其地形复杂，在不同的高度地区，风速风向变化很大，可以选择不同的测点做局部的风玫瑰图。

因为在静风（$u < 1.0m/s$）及微风（u 为 1～2m/s）时，不利于污染物的扩散，容易造成污染。因此要特别注意，不仅要统计静风频率，还应统计静风的持续时间，绘制出静风持续时间频率图。

（2）大气稳定度

一般气象台没有近地层大气温度层结的详细资料，但是可以根据已有的气象资料，按照帕斯奎尔法对当地的大气稳定度进行分类。并统计出每个稳定级别占的相对频率，作出相应的图表，要特别注意有关逆温情况的统计。

（3）混合层厚度的确定

混合层厚度的大小标志着污染物在铅直方向的扩散范围，是影响污染物铅直扩散的重要参数。

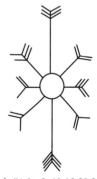

风向/% 0　5　10 15 20 25

风速　每风速羽为0.5m/s

图 3-23　风向频率、风速

复合玫瑰图

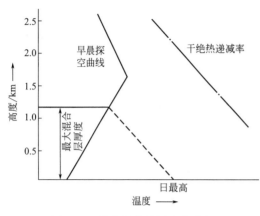

图 3-24　最大混合层厚度的确定

温度层结是昼夜变化的，因此混合层厚度也随时间而变化，一般下午混合层厚度最大，代表了一天之中最大的铅直扩散能力。

混合层厚度在空气污染气象学中，能常以最大混合度来表示的，可以用简单的作图法来确定，在温度层结曲线上，从下午最高地面气温作干绝热线，与早晨温度层结即早晨探空曲线交点的高度，即为午后也就是全天混合层厚度，如图 3-24 所示。由此统计出月、季、年不同混合层厚度出现的频率。

3.8.2　长期平均浓度的计算

前面介绍的正态扩散模式都是在假定风向、风速和稳定度不变的条件下进行计算的，而实际上这些气象参数都是变化的。所以公式中的 $\bar{u}$、σ_y、σ_z 和 H 都随时间而异，利用上述公式计算的结果是一定时间的平均值，所显示的仅为当时的污染状况。如日平均值，则因其分辨能力较强，可显示出污染变化与气象因素的关系，一般情况下月平均值能揭示出季节性的波动，而年平均值可以显示出污染物变化的长期趋势。因此，选择厂址或者进行环境质量评价，要以某点的长期（年、季、月）平均浓度为依据，这时应根据多年的气象统计资料来计算长期平均污染物浓度的模式。

气象部门提供的风向资料是按 16 年方位给出的，每一个方位相当于一个 22.5℃ 的扇形。应按每一个扇形来计算平均污染的浓度。

假设，在同一扇形内各方向的风具有相同的风向频率，则可以进一步的假定：①污染物在该扇形之内的水平方向上，即 y 方向上是均匀分布的；②吹来某一扇形风时，全部的污染物都落在这个扇形里。

根据以上假定，来推导距离源为 x 的弧线 $\overset{\frown}{AB}$ 上任意点的污染物浓度计算模式，如图 3-25，当风向为 OP 时，弧 $\overset{\frown}{AB}$ 上的横风向积分浓度由假设②应等于 $\int_{-\infty}^{+\infty} C(x,y,O)\mathrm{d}y$，即在 x 距离上 y 方向上的全部污染物都集中在弧 $\overset{\frown}{AB}$ 上了，在其以外处浓度均为零，欲求 $\overset{\frown}{AB}$ 上平均地面浓度，由假设①可知，用 $\overset{\frown}{AB}$ 上的横风向积分浓度除以弧长 $\dfrac{2\pi x}{16}$ 即可。这样便得某一扇形内距源 x 处的平均地面浓度为：

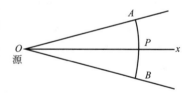

图 3-25　按扇形计算浓度示意图

$$\bar{C} = \frac{1}{\dfrac{2\pi x}{16}} \int_{-\infty}^{+\infty} C(x,y,0)\mathrm{d}y = \frac{1}{\dfrac{2\pi x}{16}} \int_{-\infty}^{+\infty} \frac{Q}{\pi \bar{u}\sigma_y\sigma_z} \exp\left[-\left(\frac{y^2}{2\sigma_y^2} + \frac{H^2}{2\sigma_z^2}\right)\right]\mathrm{d}y$$

$$= \left(\frac{2}{\pi}\right)^{1/2} \frac{Q}{\dfrac{2\pi x}{16}\bar{u}\sigma_z} \exp\left(-\frac{H^2}{2\sigma_z^2}\right) \tag{3-59}$$

如果在所考虑的整个时段内，始终吹 OP 方向的风，用式(3-59)计算弧线上平均地面浓度，若某个方位的风向频率为 f（%），则在整个时段内的平均地面浓度应为：

$$\bar{C} = \left(\frac{2}{\pi}\right)^{1/2} \frac{0.01fQ}{\dfrac{2\pi x}{16}\bar{u}\sigma_z} \exp\left(-\frac{H^2}{2\sigma_z^2}\right) \tag{3-60}$$

由于人为地假定同一扇形中，同一弧线上的地面浓度相等，而不同方位的扇形内的风向频率又不相等，这就导致了扇形边界上浓度的不连续，显然不合理。消除这种不连续性的简单方法是以两相邻扇形中心线的浓度为基准作线性内插，便可以得到较合理的浓度分布。

对于长期平均浓度，应对每个扇形求出不同稳定度 S 的 σ_z 及不同的风速等级 N 的频率加权平均，于是，对于每一个方位 Q 的长期平均浓度为

$$C(x,\theta) = \sum_S \sum_N \left[\left(\frac{2}{\pi}\right)^{\frac{1}{2}} \frac{f(\theta,S,N)Q}{\frac{2\pi x}{16}\bar{u}_N\sigma_{zs}} \exp\left(-\frac{H_N^2}{2\sigma_{zs}}\right) \right] \tag{3-61}$$

式中 $\bar{u}_N$——N 级风的代表风速；

σ_{zs}——表示稳定度属 s 类时的铅直扩散系数；

H_N——风速为 $\bar{u}$ 时的有效源高。

用上述方法之一，可以计算出一个污染源周围各点的污染物浓度的长期平均值，进而画出长期平均浓度的等值线图，它能一目了然地给出该污染源周围的浓度分布，可作为规划设计工作的重要依据。

3.8.3　厂址选择

从保护环境角度出发，理想的建厂位置是污染物本底浓度小，扩散稀释能力强，所排出的烟气、污染物等被输送到城市或居民区的可能性最小的地方，大体上可从以下四个方面来考虑。

（1）本底浓度（C_b）

本底浓度又称作背景浓度，是指该地区已有的污染物浓度水平，它是由当地其他污染源和远地输送来的污染物造成的，选择厂址时首先应当搜集或者观测这方面的数据。显然，现有污染物浓度已经超过允许标准的地方不宜建厂。有时本底浓度虽未超过标准，但加上拟建厂的污染物浓度后将超过标准，而短期内又无法克服的，也不宜建厂，应选择背景浓度小的地区建厂。

（2）对风的考虑

选择厂址时要考虑工厂与环境（尤其是周围居民区）的相对位置和关系，所以首先要考虑风向，最简单的方法是依据风向频率图，其原则如下。

① 污染源相对于居民区等主要污染受体来说，应设在最小频率风向的上侧，使居住区受污染的时间最小。

② 排放量大或废气毒性大的工厂应尽量设在最小频率风向的最上侧。

③ 应尽量减少各工厂的重复污染，不宜把各污染源配置在与最大频率风向一致的直线上。

④ 污染源应位于对农作物和经济作物损害能力最弱的生长季节的主导风向的下侧。

仅按风向频率布局，只能做到居民区接受污染的时间最少，但不能保证受到的污染程度最轻。考虑到风速也是一个影响污染物扩散稀释的重要因素，它与浓度成反比，则污染系数包括了风向和风速两个因素：

$$污染系数 = \frac{风向频率}{平均风速}$$

污染系数综合了风向和风速的作用。某方位的风向频率小，风速大，该方位的污染系数就小，说明其下风向的空气污染就轻。对于污染受体来说，污染源应该设在污染系数最小的方位上侧。表 3-10 是一计算实例，依照各方位的污染系数及其百分率，可以画出污染系数玫瑰图，如图 3-26。从这个例子可以看出，若仅考虑风向频率，工厂应设在东面；但从污染系数玫瑰图看，则应设在西北方，这说明了污染系数是选择厂址的一项重要依据。

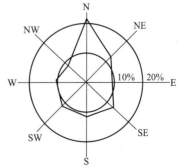

图 3-26　污染系数玫瑰图

表 3-10　风向频率与污染系数

方位	N	NE	E	SE	S	SW	W	NW	计
风向频率/%	14	8	7	12	14	17	15	13	100
平均风速/(m/s)	3	3	3	4	5	6	6	6	
污染系数	4.7	2.7	2.3	3.0	2.8	2.8	2.5	2.1	
相对污染系数/%	21	12	10	13	12	12	11	9	100

选择厂址时，要考虑的另一项风向指标是静风频率及其持续时间，要避免在全年静风频率高或静风持续时间长的地方建厂。

（3）对温度层结的考虑

选厂址时，要搜集当地的温度层结的资料，因为离地面几百米以内的大气温度层结对污染物的扩散稀释过程影响极大，重点要收集近地层逆温的资料，如逆温层厚度、强度、出现频率、持续时间以及逆温层底的高度等项数据，特别要注意逆温伴有静风或微风的情形。

近地面 200～300m 以下的逆温对不同的烟源影响也不同。大多数中小型工厂的烟源不高，不宜建在近地逆温层频率高或持续时间长的地区。若大工厂的高烟囱，其排放口高于近地逆温层顶，污染物难以向下扩散，便产生了屋脊型扩散，对防止污染最为有利。

上部逆温层的影响则相反，它对低矮烟源的扩散无明显的影响。但常常是决定高大烟囱扩散的重要因素。有上部逆温时，不会因烟囱高度进一步增加而使地面浓度明显降低。

除风和稳定度外，其他气象条件也要适当考虑。例如降水会溶解和冲洗空气中的污染物，降水多的地方空气往往较清洁。低云和雾较多的地方容易造成更大的污染。有的地方降雨时，伴有固定的盛行风向，被污染的雨水可能会被风吹向下风方向，在建厂时也应考虑这些问题。

（4）对地形的考虑

山谷较深，走向与盛行风交角为 45°～135° 时，谷内风速经常很小，不利于扩散稀释。

有效源高度不可能超过经常出现静风及微风的高度时，则不宜建厂。

有效源高度不可能超过下坡风厚度及背风坡湍流区的地方，不宜建厂。

谷地四周山坡上有居民区及农田，有效源高不能超过山的高度时，不宜建厂。

四周很高的深谷地区不宜建厂。

烟流虽然能过山头，仍可能形成背风面的污染，不应当将居民点设在背风面的污染区。

在海陆风较稳定的大型水域或与山地交界的地区不宜建厂。必须建厂时，应该使厂区与生活区的连线与海岸平行，以减少陆风造成的污染。

地形对空气污染的影响是非常复杂的，这里给出的几条只是最基本的考虑，对具体情况必须作具体分析。如果在地形复杂的地区选厂，一般应该进行专门的气象观测和现场扩散实验，或者进行风洞模拟实验，以便对当地的扩散稀释条件作出准确的评价，确定出必要的对策或防护措施。

习　题

3.1　下列表中的数据是在铁塔上观测的气温资料，试计算各层大气的气温直减率：$\gamma_{1.5\sim10}$、$\gamma_{10\sim30}$、$\gamma_{30\sim50}$、$\gamma_{1.5\sim30}$、$\gamma_{1.5\sim50}$，并判断各层大气的稳定度。

高度 z/m	1.5	10	30	50
气温 T/K	298	297.8	297.5	297.3

3.2　在气压为 500hPa 处，一干气块的温度为 231K，若气块绝热上升到气压为 400hPa 处，气块的温

度将变为多少?

3.3 某平原地区一气象站,在一晴朗早晨7时,测得离地面10m处的平均风速为4m/s,当时大气稳定度为中性,试计算该地80m高空处的平均风速。

3.4 某电厂的烟囱高度为160m,烟囱口内径为1.5m,烟气排出速度为15m/s,烟气温度为413K,周围环境温度为303K,大气稳定度为D级,烟囱口处的平均风速为4.6m/s,试用《制定地方大气污染物排放标准的技术方法》推荐的抬升公式、霍兰德式、布里吉斯公式和博赞克特式计算烟气的抬升高度值。

3.5 一化工厂烟囱有效源高为65m,SO_2 排放量为80g/s,烟囱出口处平均风速为5m/s,$\sigma_z/\sigma_y = 0.5$,试求下风向500m地面上 SO_2 浓度。

3.6 某电厂烟囱有效高度为180m,SO_2 排放量为162g/s,在冬季早上出现了辐射逆温,逆温层底高度为400m,若混合层内平均风速为4m/s,试计算正下风向1km、2km、3.5km和10km处 SO_2 的地面浓度。

3.7 某锅炉烟囱高60m,排放口直径为1.5m,烟气排出速度为20m/s,烟气温度405K,大气温度为295K,烟囱出口处平均风速为5m/s,SO_2 排放量为100g/s。试计算在大气稳定度为中性时,SO_2 最大着地浓度及出现的位置。

3.8 某烧结厂烧结机的 SO_2 排放量为120g/s,烟气流量为300m³/s,烟气温度405K,大气温度为293K,工厂区 SO_2 的背景浓度为 0.07mg/m³,若 $\sigma_z/\sigma_y = 0.5$ 离地面10m处平均风速为4m/s,$m = 1/4$,试按《环境空气质量标准》(GB 3095—1996)的二级标准来设计烟囱的高度和烟囱口的内径。

4 除尘技术基础

为了深入理解各种除尘机理，能正确选择和应用各种除尘设备，应首先了解粉尘的物理性质和除尘器性能的表示方法，这是气体除尘技术的重要基础。

4.1 粉尘的粒径及其分布

4.1.1 粉尘的粒径

粉尘颗粒的大小不同，不仅其物理化学性质有很大差异，而且对人体和生物也会带来不同的危害，同时对除尘器性能的影响也各有不同。因此粉尘大小是重要的物理性质之一。

通常将粒径分为代表单个颗粒的单一粒径和代表各种不同大小颗粒的平均粒径。它们的单位为微米（μm）。

（1）单一粒径

粉尘颗粒的形状一般都是不规则的，通常也用"粒径"来表示其大小。但是这里所说的粒径，由于测定方法和应用的不同，其定义及表示方法也不同。归纳起来有三种形式：投影径、几何当量径和物理当量径。

① 投影径　投影径是用显微镜观测颗粒时所采用的粒径，如：

a. 定向直径 d_F，是菲雷特（Feret）于 1931 年提出的，故也称菲雷特（Feret）直径，为各颗粒在投影图同一方向上最大投影长度，如图 4-1(a) 所示。

b. 定向面积等分径 d_M，也称为马丁直径，是马丁（Martin）1924 年提出来的。系各颗粒在平面投影图上，按同一方向将颗粒投影面积分割成二等分的直线的长度，如图 4-1(b) 所示。

c. 圆等直径 d_H，系与颗粒投影面积相等的圆的直径，也称黑乌德（Heywood）粒径，如图 4-1(c) 所示。

一般情况下，对于同一颗粒有 $d_F > d_H > d_M$。

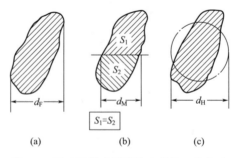

图 4-1　用显微镜观测颗粒直径的三种方法

② 几何当量径　取与颗粒的某一几何量（面积、体积）相同的球形颗粒的直径为其几何当量径，如球等直径 (d_r) 系与被测颗粒体积相等的球的直径。

③ 物理当量径　取与颗粒的某一物理量相同的球形颗粒的直径为颗粒的物理当量径，如：

a. 斯托克斯径（d_{st}）是与被测颗粒的密度相同，终末沉降速度相同的球的直径。当颗粒雷诺数 $Re_p < 1$ 时，按斯托克斯（Stokes）定律得斯托克斯径的定义式：

$$d_{st} = \sqrt{\frac{18\mu v_s}{(\rho_p - \rho) \cdot g}} \quad (m) \tag{4-1}$$

式中 μ——流体的黏度，Pa·s；

ρ_p——颗粒的密度，kg/m³；

ρ——流体的密度，kg/m³；

v_s——颗粒在重力场中于该流体中的终末沉降速度，m/s。

b. 空气动力学直径 d_a，系在空气中与颗粒的终末沉降速度相等的单位密度（$\rho_p = 1g/cm^3$）的球的直径。

斯托克斯直径和空气动力学直径是除尘技术中应用最多的两种直径，原因在于它们与颗粒在流体中的动力学行为密切相关。两者的关系为：

$$d_a = d_{st}(\rho_p - \rho)^{1/2} \tag{4-2}$$

（2）平均粒径

确定一个由粒径大小不同的颗粒组成的颗粒群的平均粒径时，需预先求出各个颗粒的单一粒径，然后加和平均。几种平均粒径的计算方法和应用列于表 4-1 中。表中的 d 表示任一颗粒的单一径粒，n 为相应的颗粒个数。实际工程计算中应根据装置的任务，粉尘的物理化学性质等情况，选择最为恰当的粒径的计算方法。

表 4-1 平均粒径的计算和应用

名　称	计算公式	物理意义	应用范围
算术平均值	$d_1 = \dfrac{\sum nd}{\sum n}$	单一径的算术平均值	蒸发、各种粒径的比较
面积长度平均径	$d_4 = \sum nd^2 / \sum nd$	表面积总和除以直径的总和	吸附
体面积平均径	$d_3 = \dfrac{\sum nd^3}{\sum nd^2}$	全部粒子的体积除以总表面积	传质、粒子充填层的流体阻力，充填材料的强度
质量平均径	$d_5 = \dfrac{\sum nd^4}{\sum nd^3}$	质量等于总质量，个数等于总个数的等粒子粒径	气体输送、燃烧效率、质量、平衡
平均表面积径	$d_r = [\sum nd^2 / \sum n]^{1/2}$	将总面积除以总个数其平方根	吸收
比表面积径	$d = 6(1-\varepsilon)/a$	由比表面积 a 计算的粒径	蒸发、分子扩散
中位径	d_{50}	粒径分布的累积值为 50% 时的粒径	分离、分级装置性能的表示
众径	d_d	粒径分布中频度最高的粒径	

4.1.2 粉尘的粒径分布

粒径分布是指某种粉尘中，不同粒径的颗粒所占的比例，也称粉尘的分散度。粒径分布可以用颗粒的质量分数或个数百分数来表示。前者称为质量分布，后者称为粒数分布。由于质量分布更能反映不同大小的粉尘对人体和除尘设备性能的影响，因此在除尘技术中使用较多。这里重点介绍质量分布的表示方法。

粒径分布的表示方法有列表法、图示法和函数法。下面就以粒径分布的测定数据的整理过程来说明粒径分布的表示方法和相应的意义。

测定某种粉尘的粒径分布，先取尘样，其质量 $m_0 = 4.28g$。再将尘样按粒径大小分成若干组，一般分为 8～20 个组，这里分为 9 组。经测定得到各粒径范围 d_p 至 $d_p + \Delta d_p$ 内的尘粒质量为 9 组。经测定得到各粒径范围 d_p 至 $d_p + \Delta d_p$ 内的尘粒质量为 Δm（g）。Δd_p 称为粒径间隔或粒径宽度，在工业生产中也称为组距。将这一尘样的测定结果及按下述定义计算结果列入表 4-2 中。

表 4-2 粒径分布测定和计算结果

项 目	分 组 号								
	1	2	3	4	5	6	7	8	9
粒径范围 $d_p/\mu m$	6～10	10～14	14～18	18～22	22～26	26～30	30～34	34～38	38～42
间隔宽度 $\Delta d_p/\mu m$	4	4	4	4	4	4	4	4	4
粉尘质量 $\Delta m/g$	0.012	0.098	0.36	0.64	0.86	0.89	0.8	0.46	0.16
频率分布 $g/\%$	0.3	2.3	8.4	15.0	20.1	20.8	18.7	10.7	3.7
频度分布 $f/(\%/\mu m)$	0.07	0.57	2.10	3.75	5.03	5.20	4.68	2.67	0.92
筛上累积分布 $R/\%$	100	99.8	97.5	89.1	74.1	54.0	33.2	14.5	3.8
筛下累积分布 $G/\%$	0	0.2	2.5	10.9	25.9	46.0	66.8	85.5	96.2

图 4-2 是根据表 4-2 中的数据所绘制的。

（1）频率分布 $g(\%)$ 粒径 d_p 至 $d_p + \Delta d_p$ 之间的尘样质量占尘样总质量的百分数，即：

$$g = \frac{\Delta m}{m_0} \times 100\% \tag{4-3}$$

并有 $$\sum g = 100\% \tag{4-4}$$

式中 Δm——粒径为 d_p 至 $d_p + \Delta d_p$ 间隔的尘样质量，kg；

m_0——试样总质量，kg。

根据计算出的 g 值表 4-2，可绘出频率分布直方图，见图 4-2(a)。由计算结果可以看出，g 值的大小与间隔宽度 Δd_p 的取值有关。

（2）频率密度分布 $f(\%/\mu m)$ 简称频度分布，系指单位粒径间隔宽度时的频率分布，即粒径间隔宽度 $\Delta d_p = 1\mu m$ 时尘样质量占尘样总质量的百分数，所以：

$$f = \frac{g}{\Delta d_p} \quad (\%/\mu m) \tag{4-5}$$

同样，根据计算结果可以绘出频度分布的直方图，按照各组粒径间隔的平均粒径值，可以得到一条光滑的频度分布曲线图 4-2(b)。

频率密度分布的微分定义式为

$$f(d_p) = \frac{\mathrm{d}g}{\mathrm{d}d_p}, \ 即 \ f = \frac{\mathrm{d}g}{\mathrm{d}d_p} \tag{4-6}$$

它表示粒径为 d_p 的颗粒质量占尘样总质量的百分数。

（3）筛上累积频率分布 $R(\%)$ 简称筛上累积分布，系指大于某一粒径 d_p 的

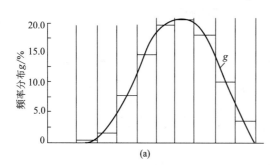

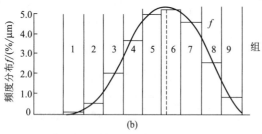

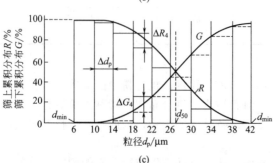

图 4-2 粒径的频率、频度及累积频率分布

全部颗粒质量占尘样总质量的百分数，即：

$$R = \sum_{d_p}^{d_{max}} g = \sum_{d_p}^{d_{max}} \left(\frac{g}{\Delta d_p} \right) \Delta d_p = \sum_{d_p}^{d_{max}} f \cdot \Delta d_p \tag{4-7}$$

或

$$R = \int_{d_p}^{d_{max}} f \cdot \mathrm{d}d_p = \int_{d_p}^{\infty} f \cdot \mathrm{d}d_p \tag{4-8}$$

反之，将小于某一粒径 d_p 的全部颗粒质量占尘样总质量的百分数称为筛下累积频率分布 $G(\%)$，简称筛下累积分布，因此：

$$G = \sum_{0}^{d_p} g = \sum_{0}^{d_p} f \cdot \Delta d_p \quad (\%) \tag{4-9}$$

或

$$G = \int_{0}^{d_p} f \cdot \mathrm{d}d_p \tag{4-10}$$

按照计算所得的 R、G 值，可以分别绘制出筛上累积分布和筛下累积分布的曲线，如图 4-2(c)。

根据累积频率分布的定义可知

$$G + R = \int_{0}^{\infty} f \mathrm{d}d_p = 100\% \tag{4-11}$$

即频度分布 f 曲线下面积为 100%。

筛上累计分布和筛下累计分布相等（$R=G=50\%$）时的粒径为中位径，记作 d_{50}，见图 4-2 中（c）R 与 G 曲线交点处对应的粒径。中位径是除尘技术中常用的一种表示粉尘粒径分布特性的简明方法。而频度分布 f 达到最大值时相对应的粒径称作众径，记作 d_d。

4.1.3　粉尘粒径的分布函数

粉尘的粒径分布用函数形式表示更便于分析。一般来说粉尘的粒径分布是随意的，但它近似地与某一规律相符，可以用函数表示。常用的有正态分布函数、对数分布函数、罗辛-拉姆勒 Rosin-Rammler 分布函数。这里简单地给出常用函数的形式。

（1）正态分布（或 Gauss 分布）

粉尘粒度的正态分布是相对于频度最大的粒径呈对称分布，其函数形式为：

$$f(d_p) = \frac{100}{\sigma \sqrt{2\pi}} \tag{4-12}$$

或

$$R_j = \frac{100}{\sigma \sqrt{2\pi}} \int_{d_p}^{\infty} \exp \left[-\frac{(d_p - \bar{d}_p)^2}{2\sigma^2} \right] \mathrm{d}(d_p) \tag{4-13}$$

式中　$\bar{d}_p$——粒径的算术平均值；

　　　σ——标准偏差，定义为：

$$\sigma^2 = \frac{\sum (d_p - \bar{d}_p)^2}{N-1} \tag{4-14}$$

　　　N——粉尘粒子的个数。

如图 4-3 所示，正态分布的频度分布曲线是关于均值对称的钟形曲线，累积频率分布在正态概率坐标纸上为一直线。由该直线可以求取正态分布的特征数 $\bar{d}_p$ 和 σ。在相应累积分布为 50% 的粒径（中位径 d_{50}）即为算术平均径，也就是 $\bar{d}_p = d_{50}$。而标准偏差 σ 等于累积频率 $R=84.1\%$ 的粒径 $d_{84.1}$ 和中位径 d_{50} 之差，或中位径 d_{50} 和累积频率 $R=15.9\%$ 的粒径 $d_{15.9}$ 之差，即：

$$\sigma = d_{50} - d_{84.1} = d_{15.9} - d_{50} = \frac{1}{2}(d_{15.9} - d_{84.1}) \tag{4-15}$$

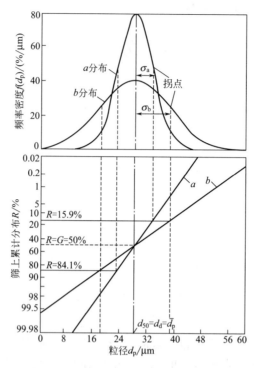

图 4-3 正态分布曲线及特征数的估计

（2）对数正态分布

在正态分布函数中用 $\lg d_p$ 代替 d_p，用 $\lg \bar{d}_g$ 代替 $\bar{d}_p$，即

$$f(d_p) = \frac{100}{\sigma_g \sqrt{2\pi}} \exp\left[-\frac{1}{2}\left(\frac{\lg d_p - \lg \bar{d}_g}{\sigma_g}\right)^2\right] \tag{4-16}$$

$$\sigma_g^2 = \frac{\sum(\lg d_p - \lg \bar{d}_g)^2}{N-1} \tag{4-17}$$

$$(\bar{d}_g)^n = d_1^n 1 \cdot d_2^n 2 \cdots d_n^n n$$

式中　$\bar{d}_g$——粒径的几何平均值；

　　　σ_g——几何标准偏差。

将粒径分布绘于对数正态概率纸上也会得到一直线。利用对数正态概率坐标纸，可以很方便地求得此种分布的特征数 $\bar{d}_g$ 和 σ_g（图 4-4）。$\bar{d}_g = d_{50}$，对于对数正态分布的几何标准偏差则有

$$\sigma_g = \left(\frac{d_{15.9}}{d_{84.1}}\right)^{1/2} \tag{4-18}$$

（3）罗辛-拉姆勒（R-R）分布函数　　尽管对数正态分布函数在解析上比较方便，但是对破碎、研磨、筛分过程中产生的细颗粒以及分布很广的各种粉尘，常有不相吻合的情况。这时可以采用适应范围更广的罗辛-拉姆勒（Rosin-Rammler）分布函数来表示，简称 R-R 分布函数。R-R 分布函数的一种形式为

$$R(d_p) = 100\exp(-\beta d_p^n) \tag{4-19}$$

或

$$R(d_p) = 100 \times 10^{-\beta' d_p^n} \tag{4-20}$$

式中　d_p——粉尘粒径；

　　　$\beta，\beta'$——分布系数，并有 $\beta = \ln 10 \times \beta' = 2.303\beta'$；

　　　n——粒径的分布指数。

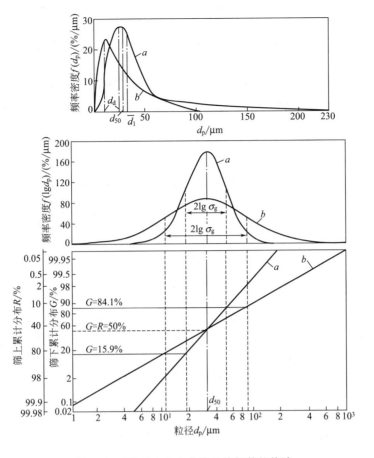

图 4-4　对数正态分布曲线及特征数的估计

对式(4-20)两端取两次对数可得

$$\lg\left(\lg\frac{100}{R}\right)=\lg\beta'+n\lg d_p \tag{4-21}$$

若以 $\lg d_p$ 为横坐标，以 $\lg\left(\lg\dfrac{100}{R}\right)$ 为纵坐标作线图，则可得到一条直线。直线的斜率为指数 n，对纵坐标的截距为 $d_p=1\mu m$ 时的 $\lg\beta'$ 值，即

$$\beta'=\lg\left[\frac{100}{R_{(d_p=1)}}\right] \tag{4-22}$$

若将中位径 d_{50} 代入式(4-19)可求得

$$\beta=\frac{\ln2}{d_{50}^n}=\frac{0.693}{d_{50}^n} \tag{4-23}$$

再将上式代入式(4-19)中，则得到一个常用的 R-R 分布函数表达式

$$R(d_p)=100\exp\left[-0.693\left(\frac{d_p}{d_{50}}\right)^n\right] \tag{4-24}$$

德国国家标准采用 RRS 分布函数，其表达式为

$$R(d_p)=100\exp\left[-\left(\frac{d_p}{d_p'}\right)^n\right] \tag{4-25}$$

式中，d_p' 称为粒径特性数，为筛上累积分布 $R=36.8\%$ 时的粒径。分布指数 n 与前面各式一样，是表示粒子分布范围的特征数，n 值越大，粒径分布范围越窄。粒径特性数 d_p' 与

中位径的关系，由式(4-24) 和式(4-25) 等可得

$$d_{50} = d_\text{p}'(0.693)^{1/n}$$ (4-26)

在 R-R 坐标纸或 RRS 坐标纸上标绘的粒径累积分布曲线皆为直线，并能方便地求出特征数 n、β'、d_{50} 或 d_p'。

对于一种粉尘的粒径分布究竟适合上述哪一种，可以用一种简单有效的方法判断，就是将积累分布定值（R 或 G）同时标在按上述三种分布函数绘制的线图上，即标在正态概率纸、对数正态概率纸和 R-R 分布纸上。当实验值得标点能形成那一条直线时，则此分布就服从那种公式。

4.1.4 粉尘粒径分布的测定方法

测定方法分为四类：显微镜法、筛分法、细孔通过法和沉降法。

（1）显微镜法

常用放大率 450～600 倍的显微镜之下，对尘粒逐个测量，从而取得定向径、定向面积等分径等。在测量时要求整个视野范围内的尘粒数不超过 50～70 个。每次最少测量 200 个以上。为了减轻测量劳动、提高准确率，近年来有人在显微镜外部加一个电视摄像机，进行扫描测定。

（2）筛分法

筛分法是一个常用的方法。它是取 100g 尘样为标准，通过一套筛子进行筛分，按不同孔组上残留率进行计算，找出占总质量的百分数。我国采用泰勒标准筛，最小孔径 40μm（360 目）。筛分法可用手工和振筛机筛分，要求任一种筛分都要达到每分钟通过每只筛子的尘量不超过 0.05g 或筛上尘量的 0.1％为止。

（3）细孔通过法

库尔特（Coulter）计数器是细孔通过法中的一种，它是使尘粒在电解介质中通过孔口，由于电阻的变化而引起的电压波动，其波动值与尘粒的体积成正比。此法测得的是颗粒的球等直径，测定的范围为 0.6～500μm，此种方法需要的试样少（2mg），分析快，只需几十秒钟。

（4）液体沉降法

液体沉降法是根据不同大小颗粒在液体介质中的沉降速度各不相同这一原理而得出的。它是气体除尘实验研究中应用最广泛的方法。

粉尘颗粒在液体（或气体）介质中作等速自然沉降时所达到的最大速度可用斯托克斯公式表示，即

$$v_\text{s} = \frac{d_\text{p}^2(\rho_\text{p} - \rho)g}{18\mu} \quad \text{(m/s)}$$ (4-27)

式中　v_s——尘粒的沉降速度，m/s；

　　　d_p——尘粒的直径，m；

　　　ρ_p——尘粒的真密度，kg/cm³；

　　　μ——液体的黏度，Pa·s；

　　　ρ——液体的密度，kg/cm³。

由于直接测得各种尘粒的沉降速度比较困难，因此用尘粒的沉降高度（m）和沉降时间（s）代换沉降速度，则式(4-27) 可改写为

$$d_\text{p} = \sqrt{\frac{18\mu H}{(\rho_\text{p} - \rho)gt}} \quad \text{或} \quad t = \frac{18\mu H}{(\rho_\text{p} - \rho)gd_\text{p}^2}$$ (4-28)

因此，当液体介质温度一定（即 μ、ρ 一定）则给定沉降高度 H 之后，便可从式(4-28)计算出沉降时间为 t_1、t_2、…、t_n 时的尘粒直径 d_1、d_2、…、d_n，或进行相反计算。这种

粉尘的粒径与沉降时间对应关系，为用沉降法测定粉尘粒径分布提供了理论依据。下面介绍粉尘在液体中的沉降情况。

图 4-5 表示各种不同粒径的粉尘在液体中的沉降情况。状态甲，（$t=0$）表示开始沉降前各种尘粒均匀分散在介质中。经 t_1 时间后，直径等于和大于 d_1 的尘粒全部降至虚线以下（如状态乙），也就是说虚线以上的悬浮液中所含尘粒径皆小于 d_1。同理，经 t_2 时间后粒径 $>d_2$ 的尘粒全部降至虚线之下（如状态丙）。经 t_3 时间后粒径 $>d_3$ 的尘粒全部降至虚线之下（如状态丁）……当设法测出经 t_1、t_2、…、t_n 时间后在虚线以上（或以下）悬浮液中粒径小于（或大于）d_1、d_2、…、d_n 的尘粒的质量 m_1、m_2、…、m_n，则可以计算出各种粒径粉尘的筛下（或筛上）累计分布。

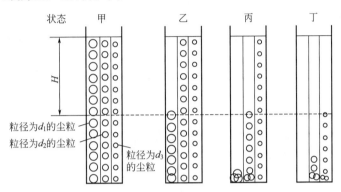

图 4-5　尘粒在液体中的沉降情况

$$G_i = \frac{m_i}{m_0} \times 100\% \ (i=1,2,\cdots,n) \tag{4-29}$$

也可计算出某一粒径范围内粉尘的频数分布

$$g_i = \frac{m_i - m_{i+1}}{m_0} \times 100\% \ (i=1,2,\cdots,n) \tag{4-30}$$

式中，m_0 为原始悬浮液中（$t=0$ 时）所含粉尘质量。

此法具体测定仪器和方法有以下四种：移液管法、比重计法、沉降天平法和毛细管法等。

（5）气体沉降法

是使尘粒在气体介质中进行沉降的测定方法，又分重力沉降法、离心力沉降法和惯性力沉降法。目前常用的是一种离心力沉降式的巴柯分级粒度测定仪。

4.2　粉尘的物理性质

4.2.1　粉尘的密度

单位体积中粉尘的质量称为粉尘的密度 ρ_p，其单位是 kg/m³ 或 g/cm³。

由于粉尘的产生情况不同、实验条件不同，获得的密度值也不同。一般将粉尘的密度分为真密度和堆积密度等不同的概念。

（1）真密度

由于粉尘颗粒表面不平和其内部的空隙，所以尘粒表面及其内部吸附着一定的空气。粉尘的真密度是设法将吸附在尘粒表面及其内部的空气排除后测得的粉尘自身的密度。用 ρ_p 表示。

（2）堆积密度

固体研磨而形成的粉尘，在表面未氧化前，其真密度与母料密度相同。呈堆积状态存在的粉尘，（即粉体），除了每个尘粒吸附有一定空气外，尘粒之间的空隙中也含有空气。将包括粉体粒子间气体空间在内的粉尘密度称为堆积密度。可见，对同一种粉尘来说，其堆积密度值一般要小于真密度值。如煤粉燃烧产生的飞灰粒子，含有熔凝的空气球（煤胞），真堆积密度为 1.07g/cm^3，真密度为 2.2g/cm^3。

若将粉尘之间的空隙体积与包含空隙的粉尘总体之比称为空隙率，用 ε 表示，则粉尘的真密度 ρ_p 与堆积密度 ρ_b 之间存在如下关系

$$\rho_b = (1-\varepsilon)\rho_p \tag{4-31}$$

对于一定种类的粉尘来说，ρ_p 是定值，而 ρ_b 随空隙率 ε 而变化。ε 值与粉尘种类、粒径及充填方式等因素有关。粉尘愈细，吸附的空气愈多，ε 值愈大；充填过程加压或进行震动，ε 值减小。

粉尘的真密度应用于研究尘粒在空气中的运动，而堆积密度则可用于存仓或灰斗容积的计算等。

4.2.2　粉尘的比表面积

单位体积的粉尘具有的总表面积 S_p 称为粉尘的比表面积（cm^2/cm^3）。对于平均粒径为 d_p、空隙率为 ε 的表面光滑球形颗粒，其比表面积定义为

$$S_p = \frac{\pi d_p^2 (1-\varepsilon)}{\frac{\pi d_p^3}{6}} = 6\frac{(1-\varepsilon)}{d_p} \tag{4-32}$$

对于非球形颗粒组成的粉尘，其比表面积定义为

$$S_m = 6\frac{(1-\varepsilon)}{\psi_m d_p} \tag{4-33}$$

式中　ψ_m——颗粒群的形状系数，即 $\psi_m = \dfrac{S_p}{S_m}$，细砂平均 $\psi_m = 0.75$；细煤粉 $\psi_m = 0.73$；烟灰 $\psi_m = 0.55$；纤维尘 $\psi_m = 0.30$。

比表面积常用来表示粉尘的总体的细度，是研究通过粉尘层的流体阻力以及研究化学反应、传质、传热等现象的参数之一。

4.2.3　粉尘的含水量及其润湿性

（1）粉尘的含水量

粉尘中所含水分一般可分为三类：①自由水，附着在表面或包含在凹面及细孔中的水分；②结合水，紧密结合在颗粒内部，用一般干燥方法不易全部去除的水分；③化学结合水，是颗粒的组成部分，如结晶水。

通过干燥过程可以除去自由水分和一部分结合水分，其余部分作为平衡水分残留，其量随干燥条件而变化。

在工程中一般以粉尘中所含水量 $W_w(g)$ 对粉尘总质量（g）之比称为含水率 W（%），即

$$W = \frac{W_w}{W_w + W_d} \times 100\% \tag{4-34}$$

式中　W_d——干粉尘的质量，g。

工业测定的水分，是指总水分与平衡水分之差，测定水分的方法要根据粉尘的种类和测定目的来选择。最基本的方法是将一定量（约100g）的尘样放在105℃的烘箱中干燥后，再进行称量。测定水分的方法还有蒸馏法、化学反应法、电测法等。

（2）粉尘的润湿性

粉尘颗粒能否与液体相互附着或附着难易的性质称为粉尘的润湿性。当尘粒与液滴接触时，如果接触面扩大而相互附着，就是能润湿；若接触面趋于缩小而不能附着，则是不能润湿。依其被润湿的难易程度，可分为亲水粉尘和疏水粉尘。对于 $5\mu m$ 以下特别是 $1\mu m$ 以下的尘粒，即使是亲水的，也很难被水润湿，这是由于细粉的比表面积大，对气体的吸附作用强，表面易形成一层气膜，因此只有在尘粒与水滴之间具有较高的相对运动时，才会被润湿。同时粉尘的润湿性还随压力增加而增加；随温度上升而下降；随液体表面张力减小而增加。各种湿式洗涤器，主要靠粉尘与水的润湿作用来分离粉尘。

值得注意的是，像水泥粉尘、熟石灰及白云石砂等虽是亲水性粉尘，但它们吸水之后即形成不再溶于水的硬垢，一般称粉尘的这种性质为水硬性。水硬性结垢会造成管道及设备堵塞，所以对此类粉尘一般不宜采用湿式洗涤器分离。

4.2.4 粉尘的荷电性及导电性

（1）粉尘的荷电性

粉尘在其产生过程中，由于相互碰撞、摩擦、放射线照射、电晕放电及接触带电体等原因，总会带有一定的电荷。粉尘荷电以后，将改变其物理性质，如凝聚性、附着性等。同时，对人体的危害也有所增加。粉尘的荷电量随着温度的提高，表面积增大及含水量减少而增大。

（2）粉尘的比电阻

粉尘导电性的表示方法和金属导线一样，用电阻率来表示，单位为欧姆·厘米（Ω·cm）。但是粉尘的导电不仅包括粉尘颗粒本体的容积导电，而且还包括颗粒表面因吸附水分等形成的化学膜的表面导电。特别对于电阻率高的粉尘，在低温条件下（$<100℃$），主要是靠表面导电，在高温（$>200℃$）条件下，容积导电占主导地位。因此，粉尘的电阻率与测定时的条件有关。如温度、湿度以及粉尘的松散度和粗细等。总之，粉尘的电阻率仅是一种可以相互比较的粉尘电阻，称为表现电阻，简称比电阻。

4.2.5 粉尘的黏附性

粉尘的黏附性是指粉尘颗粒之间凝聚的可能性或粉尘对器壁黏附堆积的可能性。粉尘颗粒由于凝聚变大，有利于提高除尘器的捕集效率，而从另一方面来说，粉尘对器壁的黏附会造成装置和管道的堵塞或引起故障。

一般认为，黏附现象与作用在颗粒之间的附着力以及与固体壁面之间的作用力有关。实践证明，颗粒细，含水率高及荷电量大的粉尘易于黏附在器壁上，此外，还与粉尘的气流运动状况及壁面粗糙情况有关。所以在除尘系统或气流输送系统中，要根据经验选择适当的气流速度，并尽量把器壁面加工光滑，以减少粉尘的黏附。

4.2.6 粉尘的安息角

粉尘的安息角是指粉尘通过小孔连续地下落到水平板上时，堆积成的锥体母线与水平面的夹角（也叫静止角或堆积角）。安息角是粉状物料所具有的动力特性之一。它与粉尘的种类、粒径、形状和含水量等因素有关。多数粉尘的安息角的平均值在 $35°\sim36°$ 左右，对于同一种粉尘，粒径愈小，安息角愈大，表面愈光滑和愈接近球形的粒子，安息角愈小。含水率愈大，安息角愈大。安息角是设计除尘设备及管道的主要依据（参见图4-6）。

4.2.7 粉尘的爆炸性

有些粉尘（如镁粉、碳化钙粉尘）与水接触后会引起自然爆炸。称这种粉尘为具有爆炸危险性粉尘。对于这种粉尘不能采用湿式除尘方法。另外有些粉尘（如硫矿粉、煤尘等）在空气中达到一定浓度时，在外界的高温、摩擦、震动、碰撞以及放电火花等作用下会引起爆炸，这些粉尘亦称为具有爆炸危险性粉尘。有些粉尘互相接触或混合后引起爆炸，如溴与磷、锌粉与镁粉接触混合便能发生爆炸。

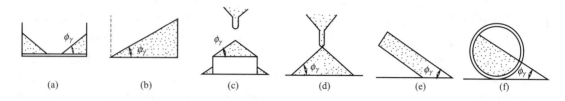

图 4-6　安息角的测定方法

(a)，(b) 排出法；(c)，(d) 注入法；(e)，(f) 倾斜法

这里所说的爆炸是指可燃物的剧烈氧化作用，并在瞬间产生大量的热量和燃烧产物，在空间内造成很高的温度和压力，故称为化学爆炸。可燃物除了指可燃粉尘外，还包括可燃气体和蒸汽。引起爆炸必须具备两个条件：一是由可燃物与空气或氧构成的可燃混合物具有一定的浓度；二是存在能量足够的火源。可燃混合物中可燃物的浓度只有在一定的范围内才能引起爆炸。能够引起爆炸的最高浓度叫爆炸上限，最低浓度叫爆炸下限。在可燃物浓度低于爆炸下限或高于爆炸上限时，均无爆炸危险。粉尘的爆炸上限，由于浓度值过大（如糖粉的爆炸上限浓度为 $13.5 kg/m^3$），在多数场合下都达不到，故无实际意义。粉尘发火所需的最低温度称为发火点，它们都与火源的强度、粉尘的种类、粒径、湿度、通风情况、氧气浓度等因素有关。一般是粉尘愈细，发火点愈低。粉尘的爆炸下限愈小，发火点愈低，爆炸的危险性愈大。

4.3　尘粒在流体中的动力特性

4.3.1　尘粒的沉降速度

假设直径为 d_p 的球形颗粒，在静止的流体中自由降落。其所受的作用力有三个，即重力 F_1，流体对颗粒的浮力 F_2；流体的阻力 F_3，其合力为 $F_合 = F_1 - F_2 - F_3$，而

$$F_1 - F_2 = \frac{\pi}{6} d_p^3 (\rho_p - \rho) g \tag{4-35}$$

式中　ρ——流体的密度，kg/m^3。

颗粒所受阻力可表示为：

$$F_3 = C_D A_p \frac{\rho v^2}{2} \tag{4-36}$$

式中　C_D——流体的阻力系数；

A_p——颗粒在其流动方向上的投影面积，m^2，对于球形颗粒，$A_p = \frac{1}{4} \pi d_p^2$；

v——颗粒对流体的相对速度，m/s。

颗粒在合力 $F_合$ 的作用下，从静止开始做加速下降运动，随着 v 的不断增加，F_3 增大，当 F_3 增大到使合力 $F_合 = 0$ 时，尘粒开始做匀速下降运动。此时尘粒的降落速度达到了最大的恒定值 v_s，称为尘粒的终末沉降速度，简称沉降速度。由式(4-35) 和式(4-36) 可得：

$$v_s = \sqrt{\frac{4 d_p \cdot g}{3 C_D} \cdot \frac{\rho_p - \rho}{\rho}} \quad (m/s) \tag{4-37}$$

上式中所含阻力系数 C_D，在实际中难以应用，需要求出 C_D 的计算式。

尘粒在流体中下降时所受阻力有两类，一种是流体作用于尘粒上的动压引起的阻力，另一种是摩擦引起的阻力，而这两种阻力的大小决定于流体绕过尘粒时的流动状况。也就是说

决定此时流体是层流还是紊流。层流时尘粒主要是克服摩擦阻力。紊流时，尘粒主要是克服动压阻力，即动力阻力。

由实验可知颗粒在流体中运动阻力系数 C_D 是雷诺数，Re 的函数，可近似地表示为：

$$C_D = \frac{K}{Re^\varepsilon} \tag{4-38}$$

式中，系数 K 及指数 ε 值取决于相应的 Re 值，即尘粒周围的流动状态。而

$$Re = \frac{v_s d_p \rho}{\mu} \tag{4-39}$$

式中　μ——流体的黏度，$Pa \cdot s$。

当 $Re < 1$ 时流动处于层流区。$K = 24$，$\varepsilon = 1$，则 C_D 与 Re 呈简单的直线关系。

$$C_D = \frac{24}{Re} \tag{4-40}$$

当 Re 为 $1 \sim 500$ 时，流动处于介流区，$K = 10$，$\varepsilon = 1/2$ 则有

$$C_D = \frac{10}{Re^{1/2}} \tag{4-41}$$

当 Re 为 $500 \sim 2 \times 10^5$ 时，流动处于紊流区，$K = 0.44$，$\varepsilon = 0$，则有：

$$C_D = 0.44 \tag{4-42}$$

将以上三式代入式(4-36)中，可分别求出对应不同的雷诺数 Re 范围内的流体阻力 F_3，再分别代入式(4-37)求出不同 v_s。

当 $Re < 1$ 时，适用于斯托克斯阻力定律范围。

$$F_3 = 3\pi \mu d_p v_s \tag{4-43}$$

则

$$v_s = \frac{d_p^2(\rho_p - \rho)g}{18\mu} \tag{4-44}$$

当 Re 为 $1 \sim 500$ 时，适用奥伦（Allen）阻力定律范围。

$$F_3 = \frac{5\pi}{4}\sqrt{\mu \rho d_p^3 v_s^3} \tag{4-45}$$

则

$$v_s = \left[\frac{4}{255} \cdot \frac{(\rho_p - \rho)^2 g^2}{\mu \rho}\right]^{1/3} \cdot d_p \tag{4-46}$$

当 Re 为 $500 \sim 2 \times 10^5$ 时适用于牛顿定律范围。

$$F_3 = 0.055\pi d^2 \rho v_s^2 \tag{4-47}$$

则

$$v_s = \sqrt{3g \cdot \frac{\rho_p - \rho}{\rho} \cdot d_p} \tag{4-48}$$

4.3.2 尘粒在管道中的运动特性

除尘管道内的粉尘运动不仅与粉尘特性、气体状态和雷诺数有关，而且还与管道截面大小、管壁粗糙度、管网布置等因素有关。讨论管道中尘粒的输送速度问题是为了防止尘粒在管道内沉积，并尽可能减少管壁磨损和能量消耗。

单一粉尘粒子在水平管道中的运动轨迹如图 4-7。随气流运动的尘粒，因重力作用逐渐沉降，并在管底停留瞬间，又在气流作用下沿着管底向前滚动（或滑动）。当气流流过沿管底滚动的尘粒时，由绕流的作用，尘粒上部气流速度增高，压力相对降低，尘粒下部气流速度减低，压力增高，从而使尘粒重新悬浮起来，随着气流运动。当尘粒上升到其上下两面气

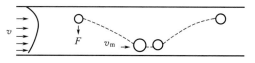

图 4-7　尘粒在水平管道中的运动

流速度接近相同时，便又开始重力沉降，这样周而复始，呈波浪状向前运动。

若尘粒为球形，管道边界层内水平气流速度 v_m 造成的悬浮力 F 可按下式计算。

$$F = K \frac{\pi d_p^2}{4} \cdot \frac{\rho v_m^2}{2} \tag{4-49}$$

式中　v_m——沿尘粒表面流过的气流水平速度，称为边界层速度，m/s；

　　　K——悬浮系数，实验值。

当悬浮力 F 等于尘粒重力 F_1（忽略浮力）时，即

$$K \frac{\pi d_p^2}{4} \cdot \frac{\rho v_m^2}{2} = \frac{\pi}{6} d_p^3 \rho_p g \tag{4-50}$$

尘粒便开始上浮。由此得出使尘粒悬浮所需的气流速度（即边界层速度）

$$v_m = 3.62 \left(\frac{d_p \rho_p}{K \rho} \right)^{1/2} \tag{4-51}$$

对于球形颗粒而言，悬浮系数 K 与垂直流过颗粒时的阻力系数 C_D 大致相同，因此，在紊乱状态下以近似取 $K = 0.44$。这样，在分散介质为常压的空气（$\rho = 1.2 \text{kg/m}^3$）时，上式简便化为：

$$v_m = 5.0 \sqrt{d_p \rho_p} \tag{4-52}$$

由于管道内气流速度分布不均匀，边界层流速远小于管道内的平均速度，所以水平管道内输送粉尘所需的平均气流速度应随粉尘粒径和管道直径不同而异，取边界层流速的 2～3 倍，即

$$v = (2 \sim 3) v_m = (10 \sim 15) \sqrt{d_p \rho_p} \quad (\text{m/s}) \tag{4-53}$$

当粉尘由各种粒径组成时，则应按最大粒径计算边界层速度，并应根据管网结构及布置情况选取比值 v/v_m，然后决定粉尘输送速度。

尘粒在垂直管道中的运动比较简单，只要保证管道内气流速度大于尘粒的沉降速度 v_s 即可。但考虑到管道内气流速度分布的不均匀和能较顺利地输送贴近管壁的尘粒，管内平均气流速度应取沉降速度的 1.3～1.7 倍，即

$$v = (1.3 \sim 1.7) v_s \tag{4-54}$$

倾斜管道中尘粒的输送速度值应介于水平管道和垂直管道的输送速度之间，视管道的倾斜角度而定。当管道的倾斜角大于粉尘的安息角时，粉尘的输送速度要取较大值。

4.4　除尘器的性能

4.4.1　除尘器性能的表示方法

表示除尘器性能的主要指标有除尘器的处理气体量、除尘效率和压力损失。此外，还包括设备的金属或其他材料耗量，占地面积，设备费和运行费，设备的可靠性和耐用年限，以及操作和维护管理的难易等。从大气环境质量控制的角度来看，在这些性能中最为重要的应是除尘系统排出口所含粉尘浓度或排放量。

除尘器处理气体量是代表其处理能力大小的指标。一般用体积流量 Q（m^3/s 或 m^3/h）表示，且为给定量。除尘器的压力损失是代表装置消耗能量大小的技术经济指标，通风机所耗功率与除尘器的压力损失成正比。除尘器的除尘效率是代表其捕集粉尘效果的重要技术指标。选用除尘器时，要根据技术和经济指标，取效率恰当的除尘器。

4.4.2　除尘器的除尘效率

（1）总除尘效率 η

若通过除尘器的气体流量为 $Q(\text{m}^3/\text{s})$、粉尘流量为 $S(\text{g/s})$、含尘浓度为 $C(\text{g/m}^3)$，相

应于除尘器进口、出口和进入灰斗的量用角标 i、o 和 c 表示，则对粉尘流量情况为：

$$S_i = S_c + S_o \tag{4-55}$$

除尘效率计算式中的有关符号如图 4-8 所示。

除尘器的总除尘效率系指同一时间内除尘器捕集的粉尘质量与进入的粉尘质量之百分比，并可表示为

$$\eta = \frac{S_c}{S_i} \times 100\% = \left(1 - \frac{S_o}{S_i}\right) \times 100\% \tag{4-56}$$

因为 $S = CQ$

则

$$\eta = \left(1 - \frac{C_o Q_o}{C_i Q_i}\right) \times 100\% \tag{4-57}$$

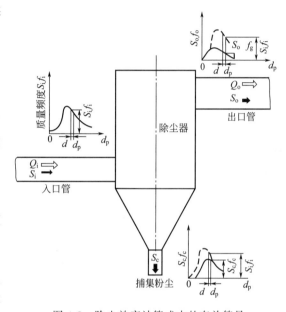

由于气体流量（或体积）与气体状态有关，所以应换算为标准状态（273K，101.325kPa）表示气体流量（或体积），并在相应的符号和单位上加角标："N"，则式(4-57) 变为：

$$\eta = \left(1 - \frac{C_{oN} Q_{oN}}{C_{iN} Q_{iN}}\right) \times 100\% \quad (4-58)$$

若除尘器本体不漏气，既 $Q_{iN} = Q_{oN}$，则上式简化为

$$\eta = \left(1 - \frac{C_{oN}}{C_{iN}}\right) \times 100\% \quad (4-59)$$

当除尘器漏气量大于入口量的 20% 时，应按式(4-58) 计算。

（2）通过率 P

过滤式除尘器，如袋式过滤器和空气过滤器等，除尘效率可达 99% 以上，若表示成 99.9% 或 99.99%，显然不方便，也不明显，因此有时采用通过率 P（%）的

图 4-8 除尘效率计算式中的有关符号

表示方法。它指的是从除尘器出口逸散的粉尘量与进口粉尘之百分比，即

$$P = \frac{S_o}{S_i} \times 100\% = 100\% - \eta \tag{4-60}$$

例如，除尘器的 $\eta = 99.0\%$ 时，$P = 1.0\%$；另一除尘器的 $\eta = 99.9\%$。$P = 0.1\%$；则前台除尘器的通过率为后者的 10 倍。

（3）排出口浓度及排放量

由式(4-58) 得排出口含尘浓度为

$$C_{oN} = C_{iN} \left(\frac{Q_{iN}}{Q_{oN}}\right) \left(1 - \frac{\eta}{100}\right) \quad (\text{g/m}^3 \text{ 标准状态}) \tag{4-61}$$

无漏气时 $Q_{iN} = Q_{oN}$，则式(4-61) 可简化为：

$$C_{oN} = C_{iN} \left(1 - \frac{\eta}{100}\right) \tag{4-62}$$

因此，除尘器出口的粉尘排放量为：

$$S_o = C_{oN} \cdot Q_{oN} \quad (\text{g/s}) \tag{4-63}$$

（4）串联运行时的总除尘效率

在实际除尘系统中，常常把两个或多个（多种）形式的除尘器串联起来使用。如当气体

含尘浓度较高，若用一个除尘器净化时，排出口浓度可能达不到排放要求，或者即使能达到排放要求，因粉尘负荷过大，会引起装置性能不稳定或堵塞。这时应该考虑采用两级或多级除尘器串联使用。

设第一级除尘器效率为 η_1、第二级的除尘效率 η_2、则两级除尘器的总除尘效率为：

$$\eta = \eta_1 + \eta_2(1-\eta_1) = 1-(1-\eta_1)(1-\eta_2) \tag{4-64}$$

同理，n 级除尘器串联后的总除尘效率为

$$\eta = 1-(1-\eta_1)(1-\eta_2)\cdots(1-\eta_n) \tag{4-65}$$

（5）分级除尘效率及其与粒径分布和总除尘效率的关系

① 分级除尘效率（η_d） 上述除尘器效率是指在一定条件下的除尘器对一定特性粉尘的总除尘效率。但是，由于同一装置在同一运行条件之下，对粒径分布不同的粉尘的捕集效率不同。所以，为表示除尘效率与粉尘粒径分布的关系，一般采用分级除尘效率的表示方法。

分级除尘效率（简称分级效率）是指除尘器对某一粒径 d_p 或粒径范围 d_p 至 $d_p+\Delta d_p$ 内粉尘的除尘效率，并以 η_d 表示，则

$$\eta_d = \frac{\Delta S_c}{\Delta S_i} \times 100\% \tag{4-66}$$

式中 ΔS_i——除尘器进口粒径为 d_p（或 d_p 至 $d_p+\Delta d_p$ 范围）的粉尘流量，g/s；

ΔS_c——除尘器捕集的粒径为 d_p（或 d_p 至 $d_p+\Delta d_p$ 范围）的粉尘流量，g/s。

设除尘器入口的粉尘量 S_i(g/s)，粒径频度分布 f_i，捕集粉尘量 S_c(g/s)，频度分布 f_c，由式(4-66) 可得

$$\eta_d = \frac{\Delta S_c}{\Delta S_i} = \frac{S_c f_c}{S_i f_i} \tag{4-67}$$

式中 f_i——除尘器进口粉尘的频度分布；

f_c——除尘器捕集粉尘的粒径频度分布。

因为总除尘效率 $\eta = \dfrac{S_c}{S_i}$，则分级效率可表示成

$$\eta_d = \eta \frac{f_c}{f_i} \tag{4-68}$$

因此，捕集粉尘的频度分布

$$f_c = f_i \frac{\eta_d}{\eta} \tag{4-69}$$

分级效率还可以根据除尘器出口逸散粉尘的频度分布 f_o 和入口的 f_i 计算。对于粒径 d_p 至 $d_p+\Delta d_p$ 范围的粒子群有

$$S_o f_o = (S_i - S_c) f_o = S_i f_i - S_c f_c$$

等式两边同除以 S_i 后有

$$\left(1 - \frac{S_c}{S_i}\right) f_o = f_i - \frac{S_c}{S_i} f_c$$

因为

$$\frac{S_c}{S_i} = \eta$$

则

$$(1-\eta) f_o = f_i - \eta f_c \tag{4-70}$$

再由式(4-69) 代入上式，则得

$$\eta_d = 1-(1-\eta)\frac{f_o}{f_i} \tag{4-71}$$

同样，η_d 还可以由 f_c 和 f_o 计算得到：

$$\eta_d = \frac{\eta}{\eta + (1-\eta)\dfrac{f_o}{f_c}} \tag{4-72}$$

这样，在测出了除尘器的总除尘效率 η，分析出除尘器入口、出口和捕集的粉尘频率分布 f_i、f_o 和 f_c 中的任意两项，即可按下列公式计算出分级效率。

分级效率与除尘器的种类，气流状况及粉尘的密度和粒径有关。对于旋风除尘器和湿式洗涤器的分级效率 η_d 与粒径 d_p 的关系。一般以指数函数形式表示：

$$\eta_d = 1 - e^{-ad_p^m} \tag{4-73}$$

式中右端第二项表示逸散粉尘的比例。系数 a 与指数 m 均由实验确定。a 值愈大，粉尘逸散量愈小，表示装置的分级效率愈高。m 值的范围，对旋风除尘器约为 $0.65 \sim 2.30$，对湿式洗涤器约为 $1.5 \sim 4$。m 值愈大，说明粒径 d_p 对 η_d 的影响愈大。

② 总除尘效率与粒径分布和分级效率的关系

如图 4-9，除尘器入口粉尘流量 S_i(g/s)，捕集粉尘量为 S_c(g/s)，粒径为 d_p 的捕集粉尘的频度分布为 f_c(%/μm)。则除尘器总捕集粉尘量为 $\int_0^\infty S_c f_c \mathrm{d}d_p$，由式(4-56) 总捕集效率 $\eta = \dfrac{S_c}{S_i}$ 及式(4-69) 的 $f_c = f_i \dfrac{\eta_d}{\eta}$ 得：

$$\eta = \frac{\int_0^\infty S_c f_c \mathrm{d}d_p}{S_i} = \int_0^\infty f_i \eta_d \mathrm{d}d_p \tag{4-74}$$

由此，当给出某除尘器的分级效率 η_d 和要净化的粉尘的频度分布 f_i 时，便可按上式计算出能达到的总除尘效率 η_o 这是设计新除尘器时常用的计算方法。实际上，若给出粒径范围 Δd_p 内的粒径频率分布 g 时，由

$$f_i = g_i / \Delta d_p$$

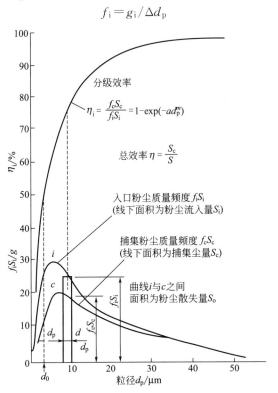

图 4-9 粒径分布总除尘效率的关系式的推导说明

将式(4-74)积分式改成求和的形式则得：

$$\eta = \sum_{d\min}^{d\max} g_i \eta_d \tag{4-75}$$

表 4-3 给出了根据粒径分布和分级效率计算总除尘效率的例子。

表 4-3　由粒径分布和分级效率计算总效率的实例

粉尘粒径范围 $d_p/\mu m$		$0 \sim 5.8$	$5.8 \sim 8.2$	$8.2 \sim 11.7$	$11.7 \sim 16.5$	$16.5 \sim 22.6$	$22.6 \sim 33$	$33 \sim 47$	> 47
入口粉尘频率分布 $g_i/\%$		31	4	7	8	13	19	10	8
分级效率 $\eta_d/\%$		61	85	93	96	98	99	100	100
总效率	$g_i\eta_d$	18.9	3.4	6.5	7.7	12.7	18.8	10.0	8.0
$\eta/\%$	$\eta = \sum g_i \eta_d$					86.0			

4.5　除尘器的分类

从含尘气流中将粉尘分离出来并加以捕集的装置称为除尘装置或除尘器。除尘器是除尘系统中的主要组成部分，其性能如何对全系统的运行效果有很大影响。

按照除尘器分离捕集粉尘的主要机理，可将其分为如下四类。

（1）机械式除尘器，它是利用质量力（重力、惯性力和离心力等）的作用使粉尘与气流分离沉降的装置。它包括重力沉降室、惯性除尘器和旋风除尘器等。

（2）湿式除尘器，亦称湿式洗涤器，它是利用液滴或液膜洗涤含尘气流，使粉尘与气流分离沉降的装置。湿式洗涤器既可用于气体除尘，亦可用于气体吸收。

（3）过滤式除尘器，它是使含尘气流通过织物或多孔的填料层进行过滤分离的装置。它包括袋式除尘器、颗粒层除尘器等。

（4）电除尘器，它是利用高压电场使尘粒荷电，在库仑力作用下使粉尘与气流分离沉降的装置。

以上是按除尘器的主要除尘机理所做的分类。但实际应用的一些除尘器中，常常是一种除尘器同时利用了几种除尘机理。此外，还常常按除尘过程中是否用液体而把除尘器分为干式除尘器和湿式除尘器两大类，根据除尘器效率的高低又分为低效、中效和高效除尘器。电除尘器、袋式除尘器和高能文丘里湿式除尘器，是目前国内外应用较广的三种高效除尘器；重力沉降室和惯性除尘器皆属于低效除尘器。一般只作为多级除尘系统的初级除尘；旋风除尘器和其他湿式除尘器一般属于中效除尘器。

上述各种常用的除尘器，对净化粒径在 $3\mu m$ 以上的粉尘是有效的。而小于 $3\mu m$（特别是 $1 \sim 0.1\mu m$）的微粒，对人体和环境有潜在的影响的微粒子去除效率很差。因此，近年来各国十分重视研究新的微粒控制装置。这些新的装置，除了利用质量力、静电力、过滤洗涤等除尘机理外，还利用了泳力（热泳、扩散泳、光泳）、磁力、声凝聚、冷凝、蒸发、凝聚等机理，或者同一装置中同时利用几种机理。

习　　题

4.1　已知某种粉尘的粒径分别如下表所示：

粒径间隔/μm	$0 \sim 5$	$5 \sim 10$	$10 \sim 15$	$15 \sim 20$	$20 \sim 25$	$25 \sim 30$	$30 \sim 35$	$35 \sim 40$	$40 \sim 45$	$45 \sim 50$	> 50
质量 $\Delta m/g$	2.5	5.0	11	22	36	46	46	36	32	11	7.5

（1）判断该种粉尘粒径分布属于哪一种形态分布。

（2）计算出粉尘的频数分布、频度分布、筛上筛下累积分布，并给出尘粒分布图。

（3）将计算出的累积分布值绘在概率坐标纸上，并确定该种粉尘粒径分布的特征数（平均粒径和标准差）。

4.2 某含尘气体中粉尘的真密度为 $1124kg/m^3$，试计算粒径为 $100\mu m$、$50\mu m$、$20\mu m$、$1\mu m$ 颗粒在空气中的沉降速度各为多少？假定颗粒为球形，气体温度为 273K，压力为 $1.0 \times 10^5 Pa$。

4.3 在某工厂对运行中的除尘器进行测定，测得除尘器进口和出口气流中粉尘的浓度分别是 $3200mg/m^3$ 和 $480mg/m^3$，进、出口粉尘的粒径分布如下表所示：

粉尘粒径/μm		0～5	5～10	10～20	20～40	＞40
质量频数 g/%	进口	20	10	15	20	38
	出口	78	14	7.4	0.6	0

计算该除尘器的分级除尘效率及总除尘效率。

4.4 某燃煤电厂电除尘器进口和出口的烟尘粒径分布测定结果如下，若电除尘器的总除尘效率为 98%，试确定分级效率曲线。

粒径间隔/μm		＜0.6	0.6～0.7	0.7～0.8	0.8～1.0	1～2	2～3	3～4	4～5	5～6	6～8	8～10	10～20	20～30
质量频率/%	进口 g_i	2.0	0.4	0.4	0.7	3.5	6.0	24.0	13.0	2.0	2.0	3.0	11.0	8.0
	出口 g_o	7.0	1.0	2.0	3.0	14.0	16.0	29.0	6.0	2.0	2.0	2.5	8.5	7.0

4.5 有一两级除尘系统，已知系统的流量为 $2.22m^3/s$，工艺设备产生的粉尘量为 $22.2g/s$，各级除尘效率分别为 80% 和 95%，试计算该除尘系统的总除尘效率、粉尘的排放浓度和排放量。

4.6 某工厂的旋风除尘器现场测试结果如下：除尘器进口的气体流量（标准状态）为 $10000m^3/h$，含尘浓度为 $4.2g/m^3$，出口气体流量为 $12000m^3/h$，含尘浓度为 $340mg/m^3$，试计算该除尘器的处理气体流量、漏风率和除尘效率（分别按考虑漏风与不考虑漏风两种情况计算）。

5 机械式除尘

5.1 重力沉降室

5.1.1 重力沉降室的工作原理及捕集效率

重力沉降室是通过重力作用使尘粒从气流中分离的。如图 5-1 所示，含尘气流进入重力沉降室后，由于突然扩大了过流面积，流速便迅速下降，此时气流处于层流状态，其中较大的尘粒在自身重力作用下缓慢向灰斗沉降。

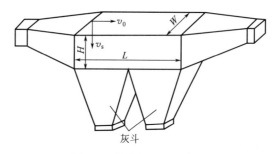

图 5-1　简单的重力沉降室

在沉降室内，尘粒一方面以沉降速度 v_s 下降，另一方面随着气流以气流在沉降室内的流速继续向前运动，如果气流平均流速为 $u(\text{m/s})$，则气流通过沉降室的时间为 $t=L/u(\text{s})$。要使沉降速度为 v_s 的尘粒在重力沉降室内全部沉降下来，必须使气流通过沉降室的时间大于或等于尘粒从顶部沉降到底部灰斗所需的时间 $t'=\dfrac{H}{v_s}$，即

$$\frac{L}{u} \geqslant \frac{H}{v_s} \tag{5-1}$$

式中　L——沉降室长度，m；

　　　u——沉降室内气流运动速度，m/s；

　　　H——沉降室高度，m；

　　　v_s——尘粒的沉降速度，m/s。

室内气流速度 u 应尽可能的小，一般取值范围是 $0.2\sim2\text{m/s}$。这样当沉降高度 H 确定之后，由式(5-1)可求出沉降室的最小长度 L；反之，若 L 已定，可求出最大高度 H，沉降室宽度 W 取决于处理气体流量 $Q(\text{m}^3/\text{s})$。

$$Q=WHu=WHL/t \leqslant WHLv_s/H=WLv_s \tag{5-2}$$

所以　　　　　　　　$H/v_s \leqslant L/u=WHL/Q \tag{5-3}$

式(5-2)说明，沉降室的处理气体量 Q，在理论上仅与沉降室的水平面积（WL）及尘粒的沉降速度 v_s 有关。在 H、L 确定之后，便可由 Q 确定出宽度 W。

在 t 秒钟内，粒径为 d_p 的尘粒（沉降速度为 v_s）的垂直降落高度为 h，即

$$h=v_s t \tag{5-4}$$

显然当 $h \geqslant H$ 时，粒径为 d_p 的尘粒可全部降落至室底，即对 d_p 的分级除尘效率 η_d 达

到 100%；当 $h<H$ 时，粒径为 d_p 的尘粒不能全部捕集，即 $\eta_d<100\%$，粒径 d_p 不同的尘粒具有不同的沉降速度 v_s，因而在 t 秒之内降落的距离 h 也不同。因此用 h/H 表示沉降室对某一粒径粉尘的分级除尘效率，即

$$\eta_d=h/H=v_sL/Hu=v_sLW/Q \tag{5-5}$$

对一定结构的沉降室，可求出对不同粒径粉尘的分级除尘效率或作出分级效率曲线，从而计算出总除尘效率。当沉降室的尺寸和气体速度 u（或流量 Q）确定后，用斯托克斯式(4-44)可求得该沉降室 100% 所能捕集的最小尘粒的粒径 d_{min}

$$d_{min}=\sqrt{\frac{18Hu\mu}{\rho_p gL}}=\sqrt{\frac{18\mu Q}{\rho_p gWL}} \tag{5-6}$$

理论上，$d_p\geqslant d_{min}$ 的尘粒可全部捕集下来，但实际上，由于气流运行状况，浓度分布等影响，沉降效率会有所降低。

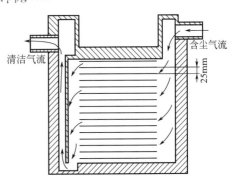

图 5-2 Howard 多层沉降室

分析式(4-6)可知，提高重力沉降室的捕集效率可以采取三种措施：①降低室内气流速度 u；②降低沉降室的高度 H；③增大沉降室长度 L。这些措施在沉降室的工艺设计中是可以实现的。但是 u 过小或 L 过长，都会使沉降室体积庞大。图 5-2 所示的 Howard 多层沉降室，在室内沿水平方向设置了多层隔板，若设置 n 层隔板，其沉降高度就降为 $H/(n+1)$。气流速度要根据粉尘的密度和粒径来确定，一般 u 为 $0.2\sim2.0\text{m/s}$。

5.1.2 重力沉降室的设计计算和应用

设计重力沉降室的主要步骤是：首先根据需要确定该沉降室应能 100% 捕集的最小尘粒的粒径，并根据粉尘的密度计算出该尘粒的沉降速度 v_s；再选取沉降室内气流速度 u，并根据现场情况确定沉降室高度 H（或宽度 W），然后按下列公式计算沉降室的长度 L 和宽度 W（或高度 H）。

$$\text{沉降室长度 } L=\frac{H}{v_s}u \quad(\text{m}) \tag{5-7}$$

$$\text{沉降室宽度 } W=\frac{Q}{3600Hu} \quad(\text{m}) \tag{5-8}$$

式中 Q——沉降室处理的空气量，m^3/h。

沉降室适用于净化密度大，颗粒粗的粉尘，特别是磨损性很强的粉尘。它能有效地捕集 $50\mu\text{m}$ 以上的尘粒，但不宜于捕集 $20\mu\text{m}$ 以下的尘粒。重力沉降室，体积虽大，效率不高，一般仅为 $40\%\sim70\%$。但它具有结构简单，投资少，压力损失小（$50\sim100\text{Pa}$）及维护管理方便等优点，一般作为第一级或预处理设备。

【**例 5-1**】 设计锅炉烟气重力沉降室，已知烟气量 $Q=2800\text{m}^3/\text{h}$，烟气温度 $t_s=150\text{℃}$，烟气真密度 $\rho_p=2100\text{kg/m}^3$，要求能去除 $d_p\geqslant30\mu\text{m}$ 的烟尘。

解：查表得 $t=150\text{℃}$ 时黏性系数 $\mu=2.4\times10^{-5}\text{Pa}\cdot\text{s}$
则

$$v_s=\frac{d_p^2\rho_p g}{18\mu}=\frac{(30\times10^{-6})^2\times2100\times9.8}{18\times2.4\times10^{-5}}=0.0428(\text{m/s})$$

取沉降室内流速 $u=0.25\text{m/s}$，$H=1.5\text{m}$，则

$$L=Hu/v_s=1.5\times\frac{0.25}{0.0428}=8.8(\text{m})$$

由于沉降室过长，可采用三层水平隔板，即四层沉降室，取每层高 $\Delta H = 0.4\text{m}$（总高调整为 1.6m），则此时所需沉降室长度。

$$L = \Delta H u / v_s = 0.4 \times \frac{0.25}{0.0428} = 2.34(\text{m})$$

若取 $L = 2.5\text{m}$，则沉降室宽度为：

$$W = \frac{Q}{3600(n+1)\Delta H u} = \frac{2800}{3600 \times (3+1) \times 0.4 \times 0.25} = 2.0(\text{m})$$

式中 n——隔板层数。

因此沉降室的尺寸为 $L \times W \times H = 2.5\text{m} \times 2.0\text{m} \times 1.6\text{m}$，其能捕集的最小粒径为

$$d_{\min} = \sqrt{\frac{18Q\mu}{\rho_p g W L(n+1)}} = \sqrt{\frac{18 \times (2800/3600) \times (2.4 \times 10^{-5})}{2100 \times 9.8 \times 2.0 \times 2.5 \times (3+1)}}$$
$$= 2.86 \times 10^{-5}\text{m} = 28.6\mu\text{m} \quad \text{（满足要求）}$$

式中的气量由于设三层隔板，所以每层气量应为 $Q/4$，用 q 表示。

所以 $$q = 2800/4 = 700(\text{m}^3/\text{h})$$

5.2 惯性除尘器

惯性除尘器是使含尘气流冲击在挡板上，气流方向发生急剧转变，借助尘粒本身的惯性力作用使其与气流分离的装置。

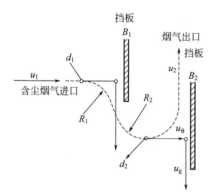

惯性除尘器的工作原理如图 5-3 所示。当含尘气流冲击到挡板 B_1 上时，惯性力大的粗粒（d_1）首先被分离下来，而被气流带走的尘粒（如 d_2，且 $d_2 < d_1$）由于挡板 B_2 使气流方向改变，借助离心力的作用又被分离下来。假设该点气流的旋转半径为 R_2，切线速度为 u_θ，这时尘粒 d_2 的分离速度与 $d_2^3 \times u_0^2 / R_2$ 成正比。可见，这类除尘器不仅依靠惯性力分离粉尘，还利用了离心力和重力的作用。

图 5-3 惯性除尘器的工作机制

惯性除尘器的结构形式各种各样，可分为碰撞式、回转式两类。图 5-4 示出四种形式。其中图 5-4(a) 为单级碰撞式，图 5-4(b) 为多级碰撞式，当含尘气流撞击到挡板上后，尘粒丧失了惯性力，而靠重力沿挡板落下。图 5-4(c)、(d) 都是因气流发生回转，粉尘靠惯性力冲入下部灰斗中。图 5-4(c) 为回转式，图 5-4(d) 为百叶窗式。一般惯性除尘器，气速愈高，气流方向转变角度愈大，转

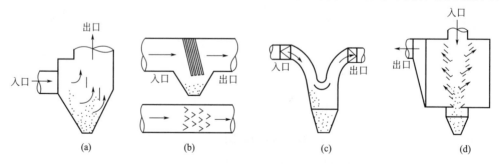

图 5-4 惯性除尘器的结构示例

变次数愈多，净化率愈高，压力损失也愈大。惯性除尘器用于净化密度和粒径较大的金属或矿物粉尘具有较高的除尘效率。对于黏结性和纤维性粉尘，易堵塞，不宜采用。多用于多级除尘的第一级，捕集 $10\sim20\mu m$ 以上的粗尘粒。其压力损失一般为 $100\sim1000Pa$。

5.3　旋风除尘器

旋风除尘器是利用旋转气流的离心力使尘粒从气流中分离的，它通常用于分离粒径大于 $10\mu m$ 的尘粒。普通的旋风除尘器的除尘效率很少大于 90%，因此也常和其他除尘器配合使用。

5.3.1　工作原理

（1）旋风除尘器内气流与尘粒的运动

如图 5-5 所示，普通旋风除尘器是由进气管、筒体、锥体和排出管组成的。含尘气流从切线进口进入除尘器后，沿外壁由上向下作旋转运动，这股向下旋转的气流称为外旋流。外旋流到达锥体底部之后，转而向上旋转，最后经排出管排向体外。这股向上旋转的气流称为内旋流。向下的外旋流和向上的内旋流的旋转方向是相同的。气流作旋转运动时尘粒在离心力的推动下移向外壁，达到外壁的尘粒在气流和重力的共同作用下，沿壁面落入灰斗。

气流从除尘器顶部向下高速旋转时，顶部压力下降。一部分气流会带着细小的尘粒沿外壁旋转向上。到达顶部后，再沿排出管外壁旋转向下，最后到达排出管下端附近，被上升的内旋流带走。随着上旋流将有微量细尘粒被带走。这是设计旋风除尘器结构时应注意的问题。

由于实际气体具有黏性，旋转气流与尘粒之间存在着摩擦损失，所以外旋流不是纯自由涡旋而是所谓准自由涡流。内旋流类同于刚体的转动，称为强制涡旋。

简单地说，外旋流是旋转向下的准自由涡流，同时有向心的径向运动；内旋流是旋转向上的强制涡流，同时有离心的径向运动。为研究方便，通常把内、外旋流的全速度分解成三个速度分量：切向速度、径向速度和轴向速度。

① 切向速度　旋风除尘器内气流的切向速度分布如图 5-6 所示。从图中可以看出，外旋流的切向速度 v_c 是随半径 r 的减小而增加，在内外旋流的交界处 v_c 达到最大值。可以近

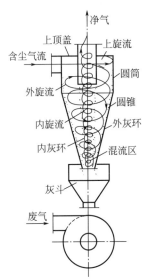

图 5-5　普通旋风除尘器的
结构及内部气流

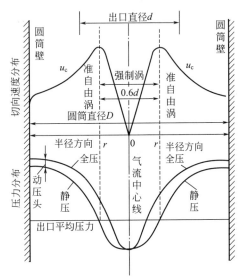

图 5-6　旋风除尘器内气流的
切向速度和压力分布

似地认为：内、外旋流交界面的半径 r_0 为 $0.6\sim0.5(d/2)$，d 为排出管直径。内旋流的切向速度是随 r 的减小而减小的。

旋风除尘器内某一断面上的切向速度分布规律可用下式表示

外旋流：
$$v_c r^n = 常数 \tag{5-9}$$

内旋流：
$$v_c r^{-1} = \omega \tag{5-10}$$

式中　r——距轴心距离；

　　　v_c——切向速度；

　　　n——常数，$n=+1\sim-1$ 通过实验确定；

　　　　　$n=1$ 时为自由涡；

　　　　　n 为 $0.5\sim0.9$ 时为外旋流中的实际流动状态；

　　　　　$n=0$ 时，$v_c=$ 常数，即处于内外旋流交界面上，v_c 到达最大值；

　　　　　$n=-1$ 时为内旋流的强制涡流；

　　　ω——旋转角速度。

② 径向速度　假设内、外旋流的交界面是一个圆柱面，外旋流气流均匀地经过该圆柱面进入内旋流，那就可以近似地认为，气流通过这个圆柱面时的平均速度就是外旋流气流的平均径向速度 v_r

$$v_r = Q/F = Q/2\pi r_0 H' \quad (\text{m/s}) \tag{5-11}$$

式中　Q——旋风除尘器的处理气量，m^3/s；

　　　F——交界圆柱面的表面积，m^2；

　　　r_0——交界圆柱面的半径，m；

　　　H'——出口管底至锥体底部的高度，即交界圆柱面的高度，m。

③ 轴向速度　外旋流外侧的轴向速度向下，内旋流的轴向速度向上，因而在内、外旋流之间必然存在一个轴向速度为零的交界面。在内旋流中，随着气流的逐渐上升，轴向速度不断增大，在排出管底部到达最大值。

（2）压力分布

从图 5-6 可以看出，全压和静压沿径向变化较大，由外壁向轴心逐渐降低轴心部分静压为负值，并且一直延伸至灰斗。气流压力沿径向的这种变化，不是因摩擦而主要是因离心力引起的。

5.3.2　压力损失

旋风除尘器的压力损失，一般认为与气体进口速度的平方成正比，即

$$\Delta p = \zeta \cdot \frac{\rho v_i^2}{2} \tag{5-12}$$

式中　Δp——压力损失，Pa；

　　　v_i——进口气流平均速度，m/s；

　　　ζ——旋风除尘器阻力系数，无量纲。

在缺乏实验数据时用下式估算 ζ。

$$\zeta = \frac{KA\sqrt{D}}{d^2\sqrt{L+H}} \tag{5-13}$$

式中　K——常数，取 $20\sim40$；

　　　A——除尘器进口截面积，m^2；

　　　D——外筒体直径，m；

　　　d——排出管直径，m；

　　　L——外圆筒部分长度，m；

H——锥体长度，m。

另外，当气体温度，湿度和压力变化较大时，将引起气体密度发生较大变化，此时必须对旋风除尘器的压力损失按下式予以修正。

$$\Delta p = \Delta p_N \frac{\rho}{\rho_N} \tag{5-14}$$

或

$$\Delta p = \Delta p_N \frac{T_N p}{T p_N} \tag{5-15}$$

式中 ρ，p，T——气体密度、压力和热力学温度，角码"N"表示标准状况。无角标的量表示实际状况。

5.3.3 除尘效率

(1) 旋风除尘器的临界粒径（分割粒径）

计算旋风除尘器效率的方法多是以分割粒径，即临界粒径这一概念为基础的。临界粒径是指分级效率为50%时的粒径。

在旋风除尘器内，尘粒在径向上受到力 p，p 为尘粒惯性离心力 f_c 和向心运动的气流对尘粒的阻力 f_d 之合力，即 $p = f_c + f_d$，若设尘粒为球形颗粒，其粒径为 d_p，密度为 ρ_p，则有

$$f_c = \frac{\pi d_p^3}{6} \cdot \rho_p \frac{v_c^2}{r} \tag{5-16}$$

式中 d_p——球形颗粒粒径，m；

ρ_p——颗粒的密度，kg/m³；

r——颗粒旋转半径，m。

当 $Re < 1$ 时

$$f_d = 3\pi\mu d_p v_r$$

惯性离心力的方向是向外的，气流的径向运动是向心的，两者方向相反，因此：

$$p = \frac{\pi}{6} d_p^3 \cdot \rho_p \cdot v_c^2 / r - 3\pi\mu d_p v_r \tag{5-17}$$

在内外旋流的交界上，外旋流的切向速度最大。作用在尘粒上的惯性离心力也最大。在交界面上，如果 $f_c > f_d$，尘粒在惯性离心力的推动下移向外壁；如果 $f_c < f_d$，尘粒在向心气流的推动下进入内旋流，最后由排出管排出；如果 $f_c = f_d$，则作用在尘粒上的外力之和等于零，根据理论分析，尘粒应在交界面上不停地旋转。实际上由于各种随机因素的影响，可以认为处在这种状态的尘粒有50%可进入内旋流，另50%可能移向外壁，它的分级除尘效率为50%。此时的粒径即为除尘器的分割粒径，或者称作临界粒径，用 d_{cp} 来表示 d_{cp} 愈小，说明除尘器效率愈高。

当交界面上 $f_c = f_d$ 时，由式(5-17)，得

$$d_{cp} = \left(\frac{18\mu v_r r_0}{\rho_p v_c^2}\right)^{1/2} = \left(\frac{18\mu Q r_0}{\rho_p v_c^2 2\pi r_0 H'}\right)^{1/2} = \left(\frac{9\mu Q}{\pi \rho_p v_c^2 H'}\right)^{1/2} \quad \text{(m)} \tag{5-18}$$

式中 v_c——交界面上气流的切向速度，m/s。

由式(5-18)可以看出 d_{cp} 是随 v_c 和 ρ_p 的增加而变小；而随 v_r 和 r_0 的减小而减小。其中主要作用是切向速度 v_c，进口速度愈大，则切向速度也愈大。

(2) 影响除尘效率的因素

影响旋风除尘器除尘效率的主要因素有以下几个。

① 入口流速 v_i 的影响 由式(5-18)可看出。旋风除尘器的临界粒径 d_{cp} 是随 v_i 的增加而减小。d_{cp} 愈小，除尘效率愈高。但是 v_i 也不能过大，否则旋风除尘器内的气流运动过强，会把有些已分离的尘粒重新扬起带走，除尘效率反而下降。同时由式(5-12)可知，压

力损失 Δp 是与进口速度平方成正比的。v_i 过大，旋风除尘器的阻力会急剧上升。进口气速一般控制在 $12\sim25m/s$ 之间为宜。

② 旋风除尘器尺寸的影响　由式(5-16)不难看出，在同样的切线速度下，筒体直径 D 愈小，尘粒受到的惯性离心力愈大，除尘效率愈高，但若筒体直径 D 过小，以致筒体直径与排出管直径相近时，尘粒容易逃逸，使效率下降。

经研究证明：内、外旋流交界面的直径 d_0 近似于排出管直径 d 的 0.6 倍。内旋流的范围随排出管直径 d 的减小而减小。减小内旋流有利于提高除尘效率，但 d 不能过小，否则阻力太大，一般取筒体直径与排出管直径之比值为 $1.5\sim2.0$。

从直观上看，增加旋风除尘器的筒体高度和锥体高度，似乎增加了气流在除尘器内的旋转圈数，有利于尘粒的分离。实际上由于外涡流有向心的径向运动当外旋流由上而下旋转时，气流会不断流入内旋流，同时筒体与锥体的总高度过大，还会使阻力增加。实践证明，筒体与锥体的总高度一般以不大于 5 倍筒体直径为宜。在锥体部分断面缩小，尘粒到达外壁的距离也逐渐减小，气流切向速度不断增大，这对尘粒的分离都是有利的；相对来说筒体长度对分离的影响不如锥体部分。

③ 除尘器下部的严密性　由图 5-6 可以看出，由外壁向中心，静压是逐渐下降的。即使是旋风除尘器在正压下运行，锥体底部也会处于负压状态。如果除尘器下部不严密，就必定渗入外部空气，会把正在落入灰斗的粉尘重新带起，除尘器效率将显著下降。因此在不漏气的情况下进行正常排灰是旋风除尘器运行中必须重视的问题。收尘量不大的除尘器可在下部设固定灰斗、定时排除。当收尘量较大，要求连续排灰时，可设双翻板式和回转式锁气器，如图 5-7 所示。

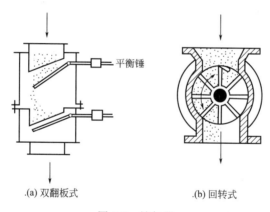

.(a) 双翻板式　　　　　　.(b) 回转式

图 5-7　锁气器

翻板式锁气器是利用翻板上的平衡锤和积灰质量的平衡发生变化时，进行自动卸灰的。它设有两块翻板，轮流启闭，可以避免漏风。回转式锁气器采用外来动力使刮板缓慢旋转。它适用于排灰量较大的除尘器。回转式锁气器能否保持严密，关键在于刮板和外壳之间紧密贴合的程度。

④ 入口含尘浓度增高时，多数情况下除尘效率有所提高。

⑤ 粉尘性质影响也是很重要的，其密度和粒径增大，效率明显提高。而气体温度和黏度增大，效率下降。

5.3.4　结构形式

目前，生产中使用的旋风除尘器类型很多，有 100 多种。常见的有 CLT、CLT/A、CLP/A、CLP/B、CLK、CZT、扩散型等多种形式。其代号是：C 或 X—除尘器；L—离心式；T—筒式；P—旁路式；K—扩散式、A、B 等是产品代号。

（1）CLT 型

它是普通的旋风除尘器，其结构如图 5-5 所示。这种除尘器制造方便，阻力小，但分离效率低。对于 $10\mu m$ 左右的尘粒分离效率一般低于 $60\%\sim70\%$。以前有过广泛的应用，但目前已逐渐被其他高效旋风除尘器代替。

（2）CLT/A 型

它是 CLT 型的改进型，又名 XLT/A 型旋风除尘器，结构特点是具有螺旋下倾顶盖的直接式进口，螺旋下倾角为 15°，筒体和锥体均较长。制作螺旋下倾口角，不但减少入口的阻力损失，而且有助于消除上旋流的带灰问题。其入口速度选用 $12\sim18m/s$，阻力系数 $\zeta=5.5\sim6.5$，适用于干的非纤维粉尘和烟尘等的净化，除尘效率在 $80\%\sim90\%$。

（3）CLP 型

其结构简单、性能好、造价低，对 $5\mu m$ 以上的尘粒有较高的分离效率。其结构如图 5-8。特征是带有半螺旋或整螺旋线型的旁路分离室，使在顶盖形成的粉尘从旁路分离室引至锥体部分，以除掉这部分较细的尘粒。因而提高了分离效率。同时由旁路引出部分气流，使除尘器内下旋流的径向速度和切向速度稍有降低，从而降低了阻力。

（4）扩散式旋风除尘器

扩散式旋风除尘器又称 XLK 型或 CLK 型旋风除尘器。其主要构造特点，是在器体下部安装有倒圆锥和圆锥形反射屏，如图 5-9 所示。在一般旋风除尘器中，有一部分气流与尘粒一起进集尘斗，当气流自下而上流向排出管时，产生内旋流。由于内旋流的吸引作用力，使已经分离的尘粒被上旋气流重新卷起，并随出口气流带走。而在扩散式分离器内，含尘气流沿切线方向进入圆筒体后，由上而下地旋转到达反射屏。此时，已净化的气流大部分形成上旋气流从排出管排出。少部分气流则与因离心力作用已被分离出来的尘粒一起，沿着倒圆

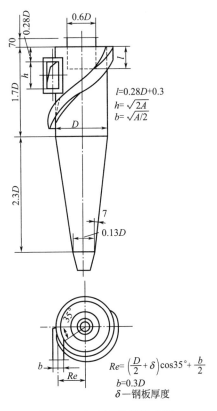

图 5-8　CLP 型旋风除尘器

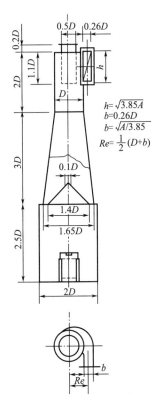

图 5-9　XLK 型旋风除尘器

锥体壁螺旋向下，经反射屏周边的器壁的环隙间进入灰斗，再由反射屏中心小孔向上与上旋气流汇合而排出。已分离的粉尘，沿着反射屏的周边从环隙间落入灰斗。在反射屏上部，即除尘器底部中心部位则无粉尘聚积。由于反射屏的作用，防止了返回气流重新卷起粉尘，因此提高了粉尘效率。

（5）组合式多管旋风除尘器

为了提高除尘效率或增加处理气体量，常常将多个旋风除尘器串联或并联起来使用。串联使用时可以提高净化效率。并联使用可增大气体处理量。

① 串联式旋风除尘器组合　为了净化大小不同的特别是细粉量多的含尘气体，一般多是将除尘效率不同的旋风除尘器串联起来。图 5-10 是同直径不同锥体长度的三级串联式旋风除尘器组。这种方式布置紧凑，阻力损失小。第一级锥体较短，去除粗颗粒粉尘，第二、三级锥体逐次加长，净化较细的粉尘。

串联式旋风除尘器的处理气体量决定于第一级除尘器的处理量；总压力损失等于各除尘器及连接件的压损之和。再乘以 1.1～1.2 的系数。

② 并联式旋风除尘器组合　并联式旋风除尘器组合增加了处理气体量，在处理气体量相同的情况下，以小直径的旋风除尘器代替大直径的旋风除尘器，可以提高净化效率。为了便于组合且均匀分配气量，通常采用同直径的旋风除尘器并联。

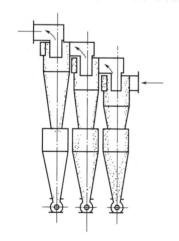

图 5-10　三级串联式旋风除尘器组

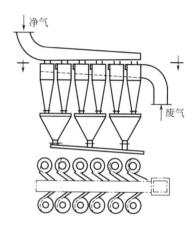

图 5-11　并联式旋风除尘器组

并联式旋风除尘器组合的形式有：四管错列并联旋风除尘器组、立式多管除尘器、直流卧式多管除尘器。与一般旋风除尘器相比，多管除尘器具有效率高、处理量大及金属耗量大等特点，不如一般旋风除尘器制造简单，运行可靠，所以仅在要除尘效率高和处理气体量大时才选用。我国定型生产的有 CLG 型多管除尘器，其筒体直径为 150mm 和 250mm 两种，并有 9、12 和 16 等 16 种规格。

图 5-11 为 12 筒并联式旋风除尘器组，特点是布置紧凑，风量分配均匀，实际应用效果好。并联除尘器的压损为单体压损的 1.1 倍，气体量为各单元气体量之和。

近年来，在小型电厂锅炉（35t/h 以下）烟气除尘中，有使用陶瓷多管除尘器的，省钢材、耐磨和防腐性能好。

5.3.5　设计选型

目前多根据生产数据进行选型。

（1）选型

根据粉尘的性质、分离要求、允许的阻力和制造条件等因素全面分析。一般说粗短型的除尘效率低，阻力小，适用于大风量、低阻力和净化效率低的情况；细长型的除尘效率高，阻力大，操作费用要增加。表 5-1 给出了几种除尘器在阻力相等时的效率、阻力系数、金属消耗量等综合比较，供选型参考。

表 5-1 几种旋风除尘器的比较

项　目	形　式			
	CLT	CLT/A	CLP/A	CLP/B
设备阻力/mmH$_2$O	111	110	110	117
进口气速/(m/s)	19.0	20.8	15.4	18.5
处理风量/(m^3/h)	3110	3130	3110	4300
平均效率/%	79.2	83.2	84.8	84.6
阻力系数 ζ	5.3	6.5	8.0	5.8
质量/kg(按 1000m^3/h 风量计)	42.0	25.1	27.0	33.0
外形尺寸(筒径×全高)/mm	$\phi760\times2360$	$\phi550\times2521$	$\phi540\times2390$	$\phi540\times2460$

注：1. CLP 型 A 和 B 产品的主要区别是：A 为双锥体，B 为单锥体。
　　2. 1mmH$_2$O＝9.8Pa。

（2）确定进口气速

根据使用时允许的压力损失确定进口气速 v_i。假如制造厂已提供在各种操作温度下，进口速度与压力损失的关系，则根据工艺条件的压力损失即可选定气速 v_i，若没有气速与压力损失的数据，则根据允许的压损计算进口气速。由公式(5-12) 可得：

$$v_i = \sqrt{\frac{2\Delta p}{\zeta\rho}} \tag{5-19}$$

若没有提供允许的压力损失数据。一般进口的气速 v_i＝12～25m/s。

（3）确定旋风除尘器的进口面积 A 入口宽度 b 和高度 h

根据处理气体量由下式决定进口截面积 A

$$A = bh = \frac{Q}{3600v_i} \tag{5-20}$$

式中　Q——处理气体量，m^3/h。

（4）确定各部分几何尺寸

由进口截面积 A、确定宽度 b 及高度 h，并定出各部分的几何尺寸，见表 5-2。

表 5-2 几种除尘器和主要尺寸比例

项　目	CLP/A	CLP/B	CLT/A	CLT
入口宽度 b	$\sqrt{A/3}$	$\sqrt{A/2}$	$\sqrt{A/2.5}$	$\sqrt{A/1.75}$
入口高度 h	$\sqrt{3A}$	$\sqrt{2A}$	$\sqrt{2.5A}$	$\sqrt{1.75A}$
筒体直径 D	上 3.85b 下 0.7D	3.33b (b=0.3D)	3.85b	4.9b
排出管直径 d	0.6D	0.6D	0.6D	0.6D
筒体长度 L	上 1.35D 下 1.0D	1.7D	2.26D	1.6D
锥体长度 H	上 0.5D 下 1.00D	2.3D	2.0D	1.3D
排灰口直径 d_1	0.296D	0.43D	0.3D	0.145D

【例 5-2】 已知处理气体量 $Q=5000\text{m}^3/\text{h}$，烟气密度 $\rho=1.2\text{kg/m}^3$，允许压降 $\Delta p=900\text{Pa}$，选用 CLP/B 型，试求出其各部分主要尺寸。

解： 由式(5-19)
$$v_i = \sqrt{\frac{2\Delta p}{\xi\rho}}$$

查表 5-1 取 $\zeta=5.8$，则

$$v_i = \sqrt{\frac{2\times900}{5.8\times1.2}} = 16.08(\text{m/s})$$

进口截面
$$A = \frac{Q}{3600v_i} = \frac{5000}{3600\times16.08} = 0.0864(\text{m}^2)$$

根据表 5-2：

$$h = \sqrt{2A} = \sqrt{2\times0.0864} = 0.416(\text{m})$$
$$b = \sqrt{A/2} = \sqrt{0.0864/2} = 0.208(\text{m})$$

筒体直径 $\quad D = 3.33b = 3.33\times208 = 693(\text{mm})$

取 $D=700\text{mm}$

排出管直径 $\quad d = 0.6D = 0.6\times700 = 420(\text{mm})$

筒体长度 $\quad L = 1.7D = 1.7\times700 = 1190(\text{mm})$

锥体长度 $\quad H = 2.3D = 2.3\times700 = 1610(\text{mm})$

排灰口直径 $\quad d_1 = 0.43D = 0.43\times700 = 301(\text{mm})$

当提供有关除尘器性能表时，则可根据处理的气量和允许压损，选择一个进口速度，即可查得设备的型号，从而决定各部分尺寸。上述例题查表取型号为 CLP/B-7.0 型。

习　题

5.1　某锅炉烟气排放量为 $Q=3000\text{m}^3/\text{h}$，烟气温度 $t=150\text{℃}$，烟尘的真密度 $\rho_p=2150\text{kg/m}^3$。(1) 要求设计一个能全部去除 $d_p=35\mu\text{m}$ 以上的烟尘的重力沉降室，其他参数如下：

① $t=150\text{℃}$ 时，$\mu=2.4\times10^{-5}\text{Pa}\cdot\text{s}$；

② 重力沉降室内流体速度 $v=0.28\text{m/s}$；

③ 沉降室高度 $H=1.5\text{m}$；

④ 气体密度忽略不计。

(2) 如果烟气粉尘试样测定结果如下，计算出所设计的重力沉降室的总除尘效率。粉尘试样总颗粒数为 3210 个。

粒径范围 $d_p/\mu\text{m}$	6~10	10~14	14~20	20~30	30~40	40~50	50~60	60~70	70~80
粒径组距 $\Delta d_p/\mu\text{m}$	4	4	6	10	10	10	10	10	10
平均粒径 $\bar{d}_p/\mu\text{m}$	8	12	17	25	35	45	55	65	75
粒子个数 $n_i/$个	9	74	270	480	645	667	600	345	120

5.2　某链条炉排锅炉烟气量为 $3.5\text{m}^3/\text{s}$，黏度为 $2.5\times10^{-5}\text{Pa}\cdot\text{s}$，烟尘密度为 2400kg/m^3，空气密度为 0.74kg/m^3，若用一台长为 7m，宽为 2.5m 的重力沉降室来净化该烟气，若气流在沉降室流速为 0.3m/s，(1) 请计算出沉降室的分级效率。

粒径间隔 /μm	0~10	10~20	20~30	30~40	40~50	50~60	60~70	70~80	80~90	90~100
平均粒径 /μm	5	15	25	35	45	55	65	75	85	95

（2）若能 100% 去掉平均粒径大于 65μm 的颗粒请设计一个新的沉降室。

5.3 某工厂拟选用一台 CLP/B 型旋风除尘器净化该厂含尘气体，气体温度为 20℃，黏度为 1.81 Pa·s，若含尘气体流量为 3600m³/h，允许压损为 900Pa，若粉尘的密度为 1150kg/m³，试计算这台除尘器的主要尺寸。

5.4 按题 5.3 条件设计的 CLP/B 除尘器，若处理气体量增大到 4500m³/h，此时压力损失将为多少？

6 湿式除尘

6.1 概 述

6.1.1 湿式除尘器的分类

湿式除尘器是使废气与液体（一般为水）密切接触，将污染物从废气中分离出来的装置，又称湿式气体洗涤器。湿式气体洗涤器既能净化废气中的固体颗粒污染物，也能脱除气态污染物（气体吸收），同时还能起到气体的降温作用。湿式除尘器还具有结构简单，造价低和净化效率高等优点，适用于净化非纤维性和不与水发生化学作用的各种粉尘，尤其适宜净化高温、易燃和易爆气体。其缺点是管道设备必须防腐、污水和污泥要进行处理、能使烟气抬升高度减小以及冬季烟囱会产生冷凝水等。

采用湿式除尘器可以有效地除去粒度为 $0.1 \sim 20 \mu m$ 的液滴或固体颗粒，其压力损失在 $250 \sim 1500 Pa$（低能耗）和 $2500 \sim 9000 Pa$（高能耗）之间。

根据净化机理，可将湿式除尘器分为七类：①重力喷雾洗涤器；②旋风式洗涤器；③自激喷雾洗涤器；④泡沫洗涤器；⑤填料床洗涤器；⑥文丘里洗涤器；⑦机械诱导喷雾洗涤器。

以上七类洗涤器的结构形式，性能及操作范围列入表 6-1 中。本章将主要讨论①、②、⑥三种。

表 6-1 湿式气体洗涤器的形式、性能和操作范围

洗涤器	对 $5\mu m$ 尘粒的近似分级效率/%	压力损失/Pa	液气比/(L/m³)
重力喷雾	80(1)	125～500	0.67～268
离心或旋风	87	250～4000	0.27～2.0
自激喷雾	93	500～4000	0.067～0.134
泡沫板式	97	250～2000(2)	0.4～0.67
填料床	99	50～250	1.07～2.67
文丘里	＞99	1250～9000(3)	0.27～1.34(4)
机械诱导喷雾	＞99	400～1000	0.53～0.67

注：1. 很近似文献中供出的数值差别大；
　　2. 文丘里孔板使压力损失提高很多；
　　3. 压力损失为 17.5kPa 的已采用；
　　4. 对文丘里喷射式洗涤器，液气比增大到 6.7L/m³。

6.1.2 湿式除尘器的除尘机理

惯性碰撞和拦截是湿式除尘器捕获尘粒的主要机理。当气流中某一尘粒接近小水滴时，因惯性脱离绕过水滴的气流流线，并继续向前运动而与水滴碰撞，发生了惯性碰撞的捕集作用，这是捕集密度较大的尘粒的主要机理。另一是拦截作用，在此情况下，尘粒随着绕过水滴的流线作用当流线距液滴表面的距离小于尘粒半径时，便发生拦截作用（图 6-1）。

含尘气体在运动过程中如果同液滴相遇，在液滴前 X_d 处气流改变方向，绕过液滴流动，而惯性大的尘粒要继续保持其原有的直线运动，这时尘粒运动主要受两个力支配，即它本身的惯力以及周围空气对它的阻力，而在阻力的作用下，尘粒最终将停止运动，

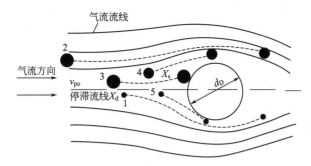

图 6-1　不同粒径的球形颗粒在液滴（捕集体）上捕获示意图

尘粒从脱离流线到惯性运动结束，总共移动的直线距离为 X_s，X_s 通常称为停止距离。假如停止距离 X_s 大于 X_d，尘粒和液滴就发生碰撞。将停止距离 X_s 和液滴直径 d_D 的比值称为碰撞数 N_I，则

$$N_I = \frac{X_s}{d_D} \tag{6-1}$$

尘粒和液滴的碰撞效率，也就是尘粒从气流中被捕集的效率 η 和碰撞数 N_I 有关。

假定尘粒运动符合于斯托克斯定律，可以推导求出 X_s 的表达式。根据尘粒上力的平衡，即尘粒本身的惯性力 F_I 和周围空气对其阻力 F_d 平衡时，则有

$$F_I + F_d = 0 \tag{6-2}$$

或

$$m_p \cdot \frac{\mathrm{d}v_p}{\mathrm{d}t} + 3\pi\mu d_p v_p = 0 \tag{6-3}$$

式中　v_p——尘粒相对于液滴的速度，m/s。

为了简化计算，阻力项中 v_p 可用尘粒在整个运动中的平均速度 v_{pm} 代替；另外假定尘粒为具有密度 ρ_p 的球体，则其质量 $m_p = \frac{\pi}{6} d_p^3 \rho_p$，上式可写为

$$-\mathrm{d}v_p = \frac{18 v_{pm} \mu \mathrm{d}t}{d_p^2 \rho_p} \tag{6-4}$$

将等式两边积分，则

$$\int_{v_{po}}^{0} -\mathrm{d}v_p = \int_o^t \frac{18 v_{pm} \mu}{d_p^2 \rho_p} \mathrm{d}t \tag{6-5}$$

式中　μ——气体的黏度系数，Pa·s。

v_{po} 为尘粒脱离气体流线时的相对速度，一般认为与气速相同，也就是气液相对速度。积分后有

$$v_{po} = \frac{18 v_{pm} \mu t}{d_p^2 \rho_p} \quad \text{或} \quad t = \frac{v_{po} d_p^2 \rho_p}{18 \mu v_{pm}}$$

在 t 时间段内，尘粒移动的距离为

$$X_s = v_{pm} t = v_{pm} \frac{v_{po} d_p^2 \rho_p}{18 \mu v_{pm}} = \frac{v_{po} d_p^2 \rho_p}{18 \mu} \tag{6-6}$$

在多数情况下，v_{po} 也可以表示为气流相对于液滴的速度。

将式（6-6）代入式（6-1）后有

$$N_I = \frac{X_s}{d_D} = \frac{v_{po} d_p^2 \rho_p}{18 \mu d_D} \tag{6-7}$$

此处应当注意的是，有些研究者把碰撞数定义为停止距离 X_s 和除尘器半径之比。碰撞数为无量纲量，计算时要注意各变量的单位。

尘粒的粒度 d_p 和密度 ρ_p 确定之后，碰撞数与相对速度 v_{po} 成正比，与液滴的直径成反比。由式（6-7）可以看出，工艺条件确定之后，要想提高 N_I 数，则必须提高气液的相对速度 v_{po}，并减小液滴直径。目前工程上常用的湿式除尘器，大多数都是围绕这两个因素发展起来的。

从另一方面来说，液滴的直径也不是愈小愈好。直径过小的液滴容易随气流一起运动，减小了气液的相对运动速度。因此对于给定尘粒的除尘效率有一个最佳液滴直径。斯台尔曼德（Statrmand）对尘粒和水滴尺寸对喷雾塔除尘效率的影响进行了研究，其结果如图 6-2 所示。图中表明：对于各种尘粒尺寸的最高除尘效率大部处于水滴直径在 $500\sim1000\mu m$ 的范围之间，而产生水滴直径刚好在 1mm 以下的粗喷嘴能满足这一要求。

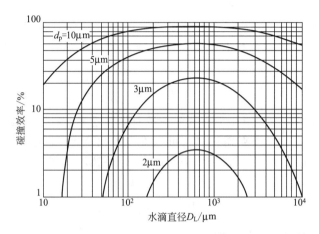

图 6-2　在喷雾塔中的碰撞效率

6.2　重力喷雾洗涤器

重力喷雾洗涤器又称喷雾塔或洗涤塔，是湿式洗涤器中最简单的一种。在塔内，含尘气体通过喷淋液体所形成的液滴空间时，由于尘粒和液滴之间的碰撞、拦截和凝聚等作用，使较大较重的尘粒靠重力作用沉降下来，与洗涤液一起从塔底排走。通常在塔的顶部安装除沫器，既可以除去那些十分小的清水滴，又可去除很小的污水滴，否则它们会被气流夹带出去。

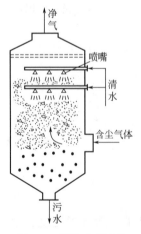

图 6-3　逆流式喷雾塔

按尘粒和水滴流动方式可分为逆流式、并流式和横流式。图 6-3 为逆流式喷雾塔。

通过喷雾室洗涤器的水流速度应与气流速度一并考虑。水速与气速之比大致为 $0.015\sim0.075$。气体入口速度范围一般为 $0.6\sim1.2m/s$。耗水量为 $0.4\sim1.35L/m^3$。一般工艺中液体循环使用，但因为有蒸发，应不断地给予补充。在工厂内应设置沉淀池，循环液体沉淀后复用。

喷雾塔的压力损失较小，一般在 250Pa 以下。对于 $10\mu m$ 尘粒的捕集效率低。因而多用于净化大于 $50\mu m$ 的尘粒。捕集粉尘的最佳液滴直径约为 $800\mu m$，为了防止喷嘴堵塞或腐蚀，应采用喷口较大的喷嘴，喷水压力为 $1.5\times10^6\sim8\times10^6 Pa$。

喷雾塔的特点是结构简单、阻力小、操作方便、稳定，但其设备庞大、除尘效率低，耗液量及占地面积都比较大。

6.3 旋风式洗涤器

旋风式洗涤器与干式旋风除尘器相比，由于附加了水滴的捕集作用，除尘效率明显提高。在旋风式洗涤器中，由于带水现象比较少，则可以采用比喷雾塔中更细的喷雾。气体的螺旋运动所产生的离心力，把水滴甩向外壁，形成壁流而流到底部出口，因而水滴的有效寿命较短，为增强捕集效果，采用较高的入口气流速度，一般为 15～45m/s，并从逆向或横向对螺旋气流喷雾，使气液间相对速度增大，提高惯性碰撞效率，喷雾细，靠拦截的捕集概率增大。水滴愈细，它在气流中保持自身速度和有效捕集能力的时间愈短。从理论上已估算出最佳水滴直径为 $100\mu m$ 左右，如图 6-4，实际采用水滴直径为 $100\sim200\mu m$。

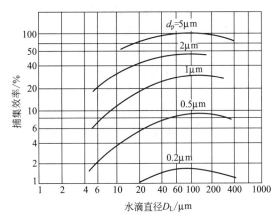

图 6-4 离心力为重力的 100 倍时
单个水滴的碰撞效率

旋风洗涤器适于净化大于 $5\mu m$ 的粉尘。在净化亚微米范围的粉尘时，常将其串联在文丘里洗涤器之后，作为凝聚水滴的脱水器。旋风除尘器也用于吸收某些气态污染物。

旋风除尘器的除尘效率一般可以达 90% 以上，压损为 $0.25\sim1kPa$ 特别适用于气量大和含尘浓度高的烟气除尘。

6.3.1 环形喷液旋风洗涤器

在干式旋风分离器内部以环形方式安装一排喷嘴，就构成一种最简单的旋风式洗涤器。喷雾发生在外旋流处的尘粒上，载有尘粒的液滴在离心力的作用下被甩向旋风洗涤器的内壁上，然后沿内壁而落入器底。在气体出口处要安装除雾器。

6.3.2 旋风水膜除尘器

它的构造是在筒体的上部设置切向喷嘴，如图 6-5，水雾喷向器壁，使内壁形成一层很薄的不断向下流的水膜，含尘气体由筒体下部切向导入旋转上升，靠离心力作用甩向器壁的粉尘被水膜所黏附，沿器壁流向下端排走，净化后的气体由顶部排除。因此净化效率随气体入口速度增加和筒体直径减少而提高，但入口速度过高，压力损失会大大增加，有可能破坏水膜层，从而降低除尘效率。因此入口速度一般控制在 $15\sim22m/s$。筒体高度对净化效率影响也比较大，对于小于 $2\mu m$ 的细粉尘影响更为显著。因此筒体高度应大于筒径的 5 倍。

旋风水膜除尘器不但净化效率比干式旋风除尘器高得多，而且对器壁磨损也较轻，效率一般在 90% 以上，有的可达 95%，气流压力损失为 $500\sim750Pa$。

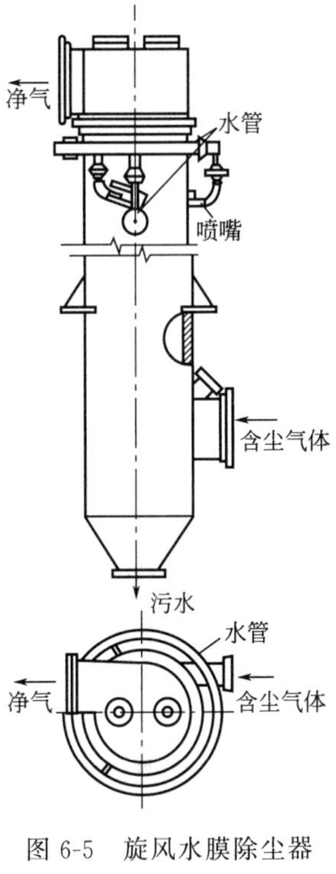

6.3.3 旋筒式水膜除尘器

旋筒式水膜除尘器又称卧式旋风水膜除尘器，其构造如

图 6-5 旋风水膜除尘器

图 6-6 所示，含尘气体由切线式入口导入，沿螺旋形通道作旋转运动，在离心力的作用下粉尘被甩向筒外。当气流以高速冲击到水箱内的水面上时，一方面尘粒因惯性作用落于水中；另一方面气流冲击水面激起的水滴与尘粒碰撞，也将尘粒捕获；其效率一般为 90% 以上，最高可达 98%。

6.3.4 中心喷雾式旋风洗涤器

如图 6-7，含尘气体由圆柱体的下部切向引入，液体通过轴向安装的多头喷嘴喷入，径向喷出的液体与螺旋形气流相遇而黏附粉尘颗粒，加以去除。入口处的导流板可以调节气流入口速度和压力损失。如需进一步控制，则要靠调节中心喷雾管入口处的水压。如果在喷雾段上端有足够的高度时，圆柱体上段就起着除沫的作用。

这种洗涤器的入口风速通常在 15m/s 以上，洗涤器断面风速一般为 1.2~24m/s，压力损失为 500~2000Pa，耗水量为 0.4~1.3L/m³，对于各种大于 5μm 的粉尘净化率可达 95%~98%。这种洗涤器也适于吸收锅炉烟气中 SO₂，当用弱碱溶液洗涤液时，吸收率在 94% 以上。

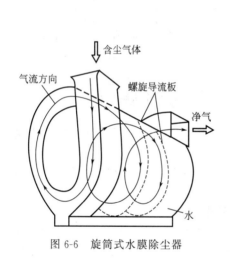

图 6-6　旋筒式水膜除尘器

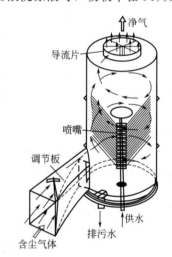

图 6-7　中心喷雾式旋风洗涤器

6.4　文丘里洗涤器

6.4.1 文丘里洗涤器的构造

它是一种高效湿式洗涤器，常用在高温烟气降温和除尘上。如图 6-8 所示，文丘里洗涤器由引水装置（喷雾器）、文氏管（文丘里管）本体及脱水器三部分组成。文氏管本体由渐缩管、喉管和渐扩管组成。含尘气流由风管进入渐缩管之后，流速逐渐增大，气流的压力逐渐变成动能；进入喉管时，流速达到最大值，静压下降到最低值；以后在渐扩管中则进行着相反的过程，流速渐小，压力回升。除尘过程如下：水通过喉管周边均匀分布的若干小孔进入，然后被高速的含尘气流撞击成雾状液滴，气体中尘粒与液滴凝聚成较大颗粒，并随气流进入旋风分离器中与气体分离，因此文丘里洗涤器必须和旋风分离器联合使用。概括起来说，文丘里洗涤器的除尘过程，可分为雾化、凝聚和分离除尘（脱水或除雾）三个阶段，前两个阶段在文丘里管内进行。后一阶段在除雾器内进行。

由式（6-7）可以看出，要提高尘粒与水滴的碰撞效率，喉部的气体速度必须较大，在工程上一般保证此处气速 v_r 为 50~80m/s，而水的喷射速度控制在 6m/s，这是由于水的喷射速度过低时，会被分散成细滴而被气流带走，反之液滴喷射速度过高，则气液的相对速度较低，水则不可能很好地分散成小液滴，可能散落在收缩管壁上，从气流中白白分离出来，这样都将会降低除尘效率。除尘效率还与水、气比有关，一般为 $0.5\sim1\mathrm{L/m^3}$。

文丘里管结构尺寸如图 6-9 所示。文丘里管的进口直径 D_1 由与之相联的管道直径来确定，管道中气体流速 v_1 约为 $16\sim22\mathrm{m/s}$。文丘里管的出口直径按 v_2 为 $18\sim22\mathrm{m/s}$ 来确定。而喉管直径 D_r，按喉管的气速 v_r 来确定。这样文丘里管的进口、出口和喉口处的管径可按下式计算。

$$D=18.8\sqrt{\frac{Q}{v}} \quad (\mathrm{mm}) \qquad (6\text{-}8)$$

式中　Q——气体通过计算管段的实际流量，$\mathrm{m^3/h}$；

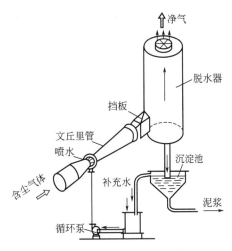

图 6-8　PA 型文丘里洗涤器

　　v——气体通过计算管段的流速，$\mathrm{m/s}$。

渐缩管的中心角 α_1 一般取 $23°\sim25°$，渐扩管的中心角 α_2，取 $6°\sim7°$，当选定两个角之后，便可计算出收缩管长 L_1，和扩散管长 L_2，即

$$L_1=\frac{D_1-D_r}{2}\cdot\cot\frac{\alpha_1}{2} \qquad (6\text{-}9)$$

$$L_2=\frac{D_2-D_r}{2}\cdot\cot\frac{\alpha_2}{2} \qquad (6\text{-}10)$$

喉管长度 L_r 对文丘里管的凝聚效率和阻力皆有影响。实验证明，L_r/D_r 为 $0.8\sim1.5$ 左右为宜，通常取 L_r 为 $200\sim500\mathrm{mm}$。

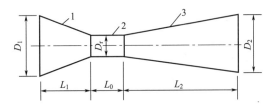

图 6-9　文丘里管结构尺寸

1—渐缩管；2—喉管；3—渐扩管

6.4.2　文丘里管的压力损失

为了计算文丘里洗涤器的压力损失，有些学者提出了一个模式，该模式认为气流的全部能量损失仅用在喉部将液滴加速到气流速度，当然模式是近似的，由此而导出的压力损失表达式为

$$\Delta p=1.03\times10^{-6}\cdot v_r^2\cdot L \qquad (6\text{-}11)$$

式中　Δp——文丘里洗涤器的气体压力损失，$\mathrm{cmH_2O}$❶；

　　v_r——喉部气体速度，$\mathrm{cm/s}$；

　　L——液气体积比，$\mathrm{L/m^3}$。

关于文丘里洗涤器穿透率可按下式来计算，即：

$$p=\exp\left(-6.1\times10^{-9}\rho_L\cdot\rho_p\cdot K_c\cdot d_p^2\cdot f^2\cdot\Delta p/\mu_g^2\right) \qquad (6\text{-}12)$$

式中　Δp——压力损失，$\mathrm{cmH_2O}$；

---

❶ $1\mathrm{cmH_2O}=98\mathrm{Pa}$。

μ_g——气体黏度，10^{-1}Pa·s；

ρ_L——液体密度，g/cm^3；

ρ_p——尘粒密度，g/cm^3；

d_p——尘粒直径，μm；

f——实验系数，一般取 0.1～0.4；

K_c——库宁汉（Ctnninghun）修正系数。

当空气温度 $t=20℃$，$p=101.325$kPa 时。

$$K_c=1+(0.172/d_p) \tag{6-13}$$

由于文丘里洗涤器对细粉尘具有较高的净化效率，且对高温气体的降温也有很好的效果。因此，常用于高温烟气的降温和除尘，如对炼铁高炉、炼钢电炉烟气以及有色冶炼和化工生产中的各种炉窑烟气的净化方面都常使用。文丘里洗涤器具有体积小，构造简单，除尘效率高等优点，其最大缺点是压力损失大。

【例 6-1】 水以液气比（L）为 1.0L/m^3 的速率引入文丘里洗涤器的喉部，气体流速为 122m/s，气体黏度为 2.08×10^{-5}Pa·s，实验系数 f 取为 0.25，尘粒密度为 1.50g/cm^3，若 $d_p=1.0\mu$m，求 Δp 和 P。

解： 由式（6-11）

$$\begin{aligned}
\Delta p &= 1.03\times10^{-6}v_r^2 L \\
&= 1.03\times10^{-6}\times(12200)^2\times1.0 \\
&= 153.3(\text{cmH}_2\text{O})
\end{aligned}$$

由式（6-12）和式（6-13）有：

$$K_c=1+\frac{0.172}{d_p}=1+\frac{0.172}{1}=1.172$$

则

$$P=\exp\left(-\frac{6.1\times10^{-9}\rho_L\rho_g K_c d_p^2 f^2 \Delta p}{\mu_g^2}\right)$$

$$=\exp\left[-\frac{6.1\times10^{-9}\times1\times1.5\times1.172\times1^2\times(0.25)^2\times153.3}{(2.08\times10^{-5})^2}\right]=9.3\%$$

习　题

6.1　根据惯性碰撞捕集粉尘原理，分析文丘里除尘器捕集效率高的原因。

6.2　用文丘里洗涤器净化含尘烟气，若喉管截面面积为 6.2×10^{-4} m^2，喉管气速为 80m/s，液气比为 1.21L/m^3，气体黏度为 1.845×10^{-5}Pa·s，烟尘密度为 1800 kg/m^3，若平均粒径为 1.2μm，$f=0.22$，计算文丘里洗涤器的压力损失和通过率。

6.3　某锅炉排烟量为 250000m^3/h，压力为 1×10^5 Pa，温度为 510K，若用文丘里洗涤器来净化该烟气，要求达到处理要求时压降为 150cmH$_2$O（150×98Pa），试计算文丘里洗涤器的尺寸（文丘里管与旋风除尘器尺寸）。

6.4　用文丘里洗涤器净化含尘气体，气流进入文丘里管的速度为 20m/s，通过喉部的速度为 100m/s，喉管长为 500mm，文丘里管扩散管的中心角为 10°，气体流量为 18000m^3/h，喷液量为 5.4m^3/h，粉尘颗粒的平均直径为 2.0μm，其密度为 1540kg/m^3 时，实验系数 f 取 0.22，若捕集效率为 99.6%，试计算文丘里洗涤器的压损，并绘出文丘里管的设计简图（设气体通过文丘里管时为不可压缩流动）。

7 过滤式除尘

过滤式除尘器是使含尘气流通过滤材或滤层将粉尘分离和捕集的装置。就过滤材料而言，可分为以织物为滤材的表面过滤器和以填料层（玻璃纤维、硅砂、煤粒等）作滤材的内部过滤器。本章将主要介绍以织物为滤材的袋式除尘器，也简要介绍用硅砂等为填料的颗粒层除尘器。

7.1 袋式除尘器的除尘原理

7.1.1 除尘原理

袋式除尘器是将棉、毛或人造纤维等材料加工成织物作为滤料，制成滤袋对含尘气体进行过滤。当含尘气体穿过滤料孔隙时粉尘被阻留下来，清洁气流穿过滤袋之后排出。沉积在滤袋上的粉尘通过机械振动，从滤料表面脱下来，降至在灰斗中。简单的袋式除尘器如图 7-1 所示。

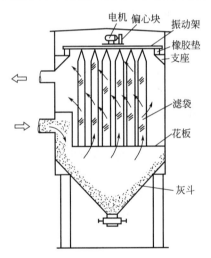

图 7-1　机械清灰袋式除尘器

滤材本身的网孔较大，一般为 $20\sim50\mu m$，即使是表面起绒的滤料，网孔也在 $5\sim10\mu m$ 左右。因此，新用滤袋的除尘效率是不高的，当滤袋使用一段时间后，陆续产生筛滤、碰撞、拦截、扩散、静电和重力沉降等 6 种除尘机理，使得粗尘粒首先被阻留，并在网孔之间产生"架桥"现象，很快在滤布表面形成一层所谓粉尘初层（见图 7-2）。在以后的除尘过程中，初层便成了滤袋的主要过滤层，而滤布只不过起着支撑骨架作用。粉尘初层形成之后，使滤布成为对粗、细粉尘皆有效的过滤材料，过滤效率剧增。对于 $1\mu m$ 以上的尘粒，主要靠惯性碰撞，对于 $1\mu m$ 以下的尘粒，主要靠扩散，总的过滤效率可达 99% 以上。因此，研究在不同条件下各种机制对除尘效率的影响，有助于控制影响袋式除尘器的工作条件，改善袋式除尘器的工作性能。袋式除尘器捕集粉尘的机理见图 7-3。

（1）筛滤作用

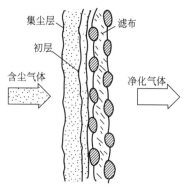

图 7-2　滤布捕集粉尘的过程

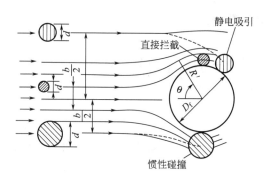

图 7-3　袋式除尘器几种除尘机理示意图

当粉尘粒径大于滤料中纤维间的孔隙或沉积在滤料上的尘粒间孔隙时，粉尘即被阻留下来。对于新的织物滤料，由于纤维间的孔隙远大于粉尘粒径，所以筛滤作用很小。但当滤料表面沉积大量粉尘形成粉尘初层后，筛滤作用显著增大。

（2）惯性碰撞作用

当含尘气流接近滤料纤维时，气流将绕过纤维，而大于 $1\mu m$ 的尘粒由于惯性作用，脱离气流流线前进，撞击到纤维上而被捕集见图 7-3，所有处于粉尘轨迹临界线内的大尘粒均可到达纤维表面而被捕获。这种惯性碰撞的作用随着粉尘粒径和流速的增大而增强。

（3）拦截作用

当含尘气流接近滤料纤维时，较细尘粒随气流一起绕流，若尘粒半径大于尘粒中心到纤维边缘的距离时，尘粒即因与纤维接触而被拦截。

（4）扩散作用

小于 $1\mu m$ 的尘粒，特别是小于 $0.2\mu m$ 的亚微米粒子，在气体分子的撞击下脱离流线，像气体分子一样作布朗运动，如果在运动中和纤维接触，即可从气流中分离出来。这种作用称为扩散作用，它随流速的降低、纤维和粉尘直径的减小而增强。

（5）静电作用

一般粉尘和滤料都可能带有电荷，当两者所带电荷相反时，粉尘易被吸附在滤料上，有利于提高除尘效率，但粉尘却难以清除下来。反之，若两者带有同性电荷，粉尘将受到排斥，导致除尘效率降低，但清灰却比较容易。一般当粉尘粒径小于 $1\mu m$ 且气流速度很低时，静电效应才能显示出来。如果有外加电场，则可强化静电效应，从而提高除尘效率。

（6）重力沉降作用

当缓慢运动的含尘气流进入除尘器后，粒径和密度大的尘粒，可能因重力作用自然沉降下来。

上述捕集机理，通常并非同时有效，而是只有一种或两三种联合起作用。根据粉尘性质、袋式除尘器结构特性及运行条件等实际情况的不同，各种作用的重要性也不相同。随着粉尘在滤袋上的积聚，除尘器效率和阻力（即压力损失）都相应增加。当滤袋两侧的压力差很大时，会导致把已附在滤料层上的细尘粒积压过去，使除尘效率明显下降，同时除尘器阻力过大会使除尘器系统的风量显著下降，以致影响生产系统的排风。因此，除尘器阻力达到一定数值后，要及时进行清灰，而清灰时又不能破坏粉尘初层，以免降低除尘效率。

7.1.2　过滤速度

过滤速度对袋式除尘效率也有较大影响。过滤速度（比负荷）v_F 是指气体通过滤料层的平均速度，单位为 cm/s 或 m/min。它代表了袋式除尘器处理气体的能力，是一个重要技

术经济指标。过滤速度的选择因气体性质和所要求的除尘效率不同而异，一般选用范围为
0.2～6m/min。从经济上考虑，选用速度高，则相应的滤布需要面积小，除尘器体积及占地
面积也将减少，但同时也将带来压力损失和耗电量加大的缺点。

若以 Q 表示通过滤布的气体量（m^3/h），以 A 表示滤布的面积（m^2），则过滤速度可表示为

$$v_F = \frac{Q}{60A} \quad (\text{m/min}) \tag{7-1}$$

工程上常用比负荷 q_F 的概念，它是指 $1m^2$ 滤布，每小时所滤过的气体量，单位为
m^3 气体/（m^2 滤布·h），因此

$$q_F = \frac{Q}{A} \quad [m^3/(m^2 \cdot h)] \tag{7-2}$$

则
$$q_F = 60 v_F \tag{7-3}$$

实践表明：过滤细粉尘时 v_F 取小值（约 0.6～1.0m/min）；过滤粗粉尘 v_F 应取为 2m/min
左右。

7.1.3 压力损失

袋式除尘器的压力损失是重要技术经济指标之一，它一方面决定装置的能量消耗，同时
也决定装置的除尘效率和清灰的间隔时间。

袋式除尘器的压力损失 Δp 是由清洁滤料的压力损失 Δp_0 和过滤层的压力损失 Δp_d 两
者组成的。由于过滤速度 v_F 很小，流动处于层流状态，所以压力损失可以表示为：

$$\Delta p = \Delta p_0 + \Delta p_d = \xi \mu v_F = (\xi_0 + am)\mu v_F \tag{7-4}$$

式中　ξ——总阻力系数，m^{-1}；

ξ_0——清洁滤料的阻力系数，m^{-1}；

μ——气体的黏性系数，$Pa \cdot s$；

v_F——过滤速度，m/s；

α——粉尘层的平均比阻力，m/kg；

m——滤料上的粉尘负荷，kg/m^2。

式(7-4)说明：袋式除尘器的压力损失与过滤速度和气体黏性系数成正比，而与气体密度无
关。这是由于过滤速度小，使气体的动压小到可以忽略的程度，这是其他各类除尘器所不具
备的特征。实际上滤布本身的压损很小，可略而不计，其阻力系数 ξ_0 的数量级为 $10^7 \sim$
$10^8 m^{-1}$，如玻璃丝布为 $1.5 \times 10^7 m^{-1}$，涤纶为 $7.2 \times 10^7 m^{-1}$。被捕集堆积的粉尘层的压力
损失则受滤布特性的影响，粉尘层比阻力 α
约为 $10^{10} \sim 10^{11}$ m/kg，粉尘负荷 m 为
0.1～0.3kg/m^2。α 与 m 和滤布的特性关
系如图 7-4 所示。由图可见，比阻力 α 随
粉尘负荷 m 和滤料特性不同而变化。

假设除尘器进口含尘浓度为 C_i（kg/
m^3），出口处粉尘浓度忽略不计，过滤时
间为 t(s)，则滤布上积存的粉尘负荷为

$$m = C_i v_F t \tag{7-5}$$

将此式代入式(7-4)后，t 秒后粉尘层的压
力损失为

$$\Delta p_d = \alpha \mu v_F^2 C_i t \quad (\text{Pa}) \tag{7-6}$$

一般袋式除尘器的压力损失多控制

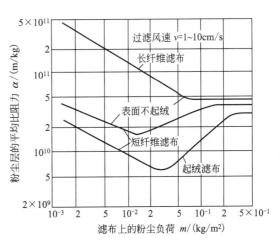

图 7-4　滤布上粉尘层平均比阻力的变化

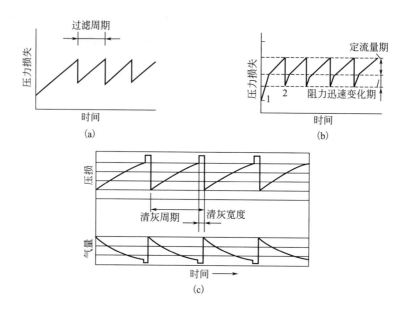

图 7-5 袋式除尘器压力损失与气体流量的变化和时间的关系

在 $800\sim1500\text{Pa}$ 的范围之内，当除尘器的阻力达到预定值时，就要加以清灰。入口浓度 C_i 大时，清灰周期短，即时间间隔短，由于清灰次数多，滤料寿命短。袋式除尘器的压力损失和气体流量随时间的变化情况如图 7-5 所示。从图中可以看出滤袋清灰之后，并不能恢复到初始阻力值 [图 7-5(b) 1 处]，而只能恢复到图 7-5(b) 2 处。其差值称为粉尘层的残留阻力，也就是应保护的粉尘初层的阻力。一般情况下残留阻力约为 $700\sim1000\text{Pa}$ 左右。

【例 7-1】 以袋式过滤器处理常温常压的含尘气体，过渡速度 $v_F=1\text{m/min}$，滤布阻力系数 $\xi_0=2\times10^7\text{m}^{-1}$，除尘层比阻力 $\alpha=5\times10^{10}\text{m/kg}$，堆积粉尘负荷 $m=0.1\text{kg/m}^2$，试求压力损失 $[\mu=1.8\times10^{-5}\text{kg/(m·s)}]$。

解： 由公式(7-4)

$$\Delta p = \Delta p_0 + \Delta p_d = (\xi_0 + \alpha m)\,\mu v_F$$
$$= (2\times10^7 + 5\times10^{10}\times0.1)\times1.8\times10^{-5}\times1\div60$$
$$= 1506\ (\text{Pa})$$

【例 7-2】 用脉冲喷吹袋式除尘器净化常温气体，采用 $\xi_0=4.8\times10^7\text{m}^{-1}$ 的涤纶绒布，过滤风速 $v_F=3.0\text{m/min}$，试估算除尘器压力损失。

解： 取 $m=0.1\text{kg/m}^2$，$\alpha=1.5\times10^{10}\text{m/kg}$，常温下 $\mu=1.81\times10^{-5}\text{kg/(m·s)}$，则：

$$\Delta p = (\xi_0 + \alpha m)\mu v_F$$
$$= (4.8\times10^7 + 1.5\times10^{10}\times0.1)\times1.81\times10^{-5}\times3.0\div60$$
$$= 1401(\text{Pa})$$

【例 7-3】 在上例给定条件下，若 $C_i=7.5\text{g/m}^3$，$\Delta p_d\leqslant1200\text{Pa}$，求所需清灰的最大周期 $T_{\max}$。

解： 由式(7-6)

$$T_{\max} = \frac{\Delta p_d}{\alpha\mu v_F^2 C_i}$$

$$= \frac{1200}{1.5\times10^{10}\times1.81\times10^{-5}\times(3.0/60)^2\times7.5/1000} = 235.7(\text{s}) = 3.9(\text{min})$$

7.2 袋式除尘器的滤料和结构形式

7.2.1 滤料

滤料的性能对袋式除尘器的工作影响极大，选用滤料时必须考虑含尘气体的特性，如粉尘和气体的性质、温度、湿度及粒径等。要求滤料应具有耐磨、耐腐、阻力低、成本低及使用寿命长等优点。滤料的特性除了与纤维本身的性质有关之外，还与滤料的表面结构有很大关系。表面光滑的滤料容尘量小，清灰方便，适用于含尘浓度低，黏性大的粉尘，此时采用的过滤速度不宜太高。表面起毛（有绒）的滤料（如羊毛毡），容尘量大，粉尘能深入滤料内部，可以采用较高的过滤速度，但清灰周期短，应及时清灰。

近年来，由于化学工业的发展，出现了许多耐高温的新型滤料，如芳香族聚酰胺（尼龙和锦纶）可长期用于 200℃ 左右。聚四氟乙烯，聚酯纤维（涤纶）等，这些新型材料的出现，扩大了袋式除尘器的应用领域。几种常用滤料的特性列于表 7-1。

表 7-1 各种纤维的物理化学性能

序号	品名	纤维种类	密度/(kg/m³)	直径/μm	受拉强度/(N/mm²)	伸长度/%	耐腐蚀性能 酸	耐腐蚀性能 碱	耐温性能/℃ 经常	耐温性能/℃ 最高	吸水率/%	湿与干状态下强度比较/%
1	棉	植物短纤维	1.47～1.6	10～20	343～751	5～10	差	良	60～85	100	16～22	110
2	蚕丝	动物长纤维		18	432				80～90	100		
3	羊毛	动物短纤维	1.33	5～15	138～245	19～25	良	差	80～90	100	16～18	85
4	玻璃纤维	矿物纤维（有机硅处理）	2.4～2.7	5～8	981～2943	35	良	良	260	300	0	
5	维尼龙	聚氟乙烯	1.39～1.44				良	良	40～50	65		100
6	尼龙	聚氨酯	1.13～1.15		503～824	10～42	冷-良 热-差	良	75～85	95	0.04	90
7	奥纶	（纯）聚丙烯腈	1.14～1.17		294～638		良	可	125～135	150		90～95
8	奥纶	聚丙烯腈与聚氨酯混合聚合物	1.14～1.17				良	可	110～130	140		90
9	涤纶	聚酯	1.38				良	良	140～160	170		93～97
10	特氟纶	聚四氟乙烯	1.8		324	13	优	优	200～250		0	100
11	麻	植物长纤维		16～50	343				80			

棉毛织物一般适用于无腐蚀性，温度在 80～90℃ 以下的含尘气体净化。尼龙织布最高使用温度为 80℃，它的耐酸性不如毛织物，耐磨性却较好，适合过滤磨损性强的粉尘，像黏土、水泥熟料、石灰石等。奥纶的耐酸性好，耐磨性差，最高使用温度在 130℃ 左右，可用于有色金属冶炼中的含 SO_2 烟气的净化。涤纶的耐热、耐酸性能较好，耐磨性能仅次于尼龙，长期使用温度在 140℃ 左右。涤纶绒布是国内性能较好的一种滤布。针刺呢是国内最新研制成的一种新型滤料，它以涤纶、锦纶为原料织成底布，然后再在底布上针刺短纤维，使表面起绒。这种滤料具有容尘量大，除尘效率高，阻力小，清灰效果好等特点。经过聚硅氧烷树脂处理的玻璃纤维滤料可在 250℃ 下长期使用，它具有化学性质稳定、不吸湿、表面光滑等特点。玻璃纤维较脆，织成滤袋之后不柔软，经不起揉折和摩擦，使用上有一定的局限性。

滤布的编制方法有三种：①平纹，纱线上下交替通过纬线，交织靠得很近，纱线相压较紧，受力时不易发生变形和伸长；②斜纹，纱线不是交替地通过纬线，因此容易发生位移，但弹性较好；③缎纹，织纹平坦，弹性较好，不易粘尘。对它们的选择也应视粉尘的性质和含尘浓度及颗粒而定。

7.2.2　袋式除尘器的结构形式

袋式除尘器的结构形式多种多样，按不同特点可作如下分类。

（1）按滤袋形状

可分为圆筒形或扁形，如图 7-6 所示。圆袋应用较广，直径一般为 120～300mm，最大不超过 600mm，袋长度一般为 2～6m，有的长达 12m 以上。袋长与直径之比，一般取 16～40，其取值与清灰方式有关。对于大中小型袋式除尘器，一般都分成若干室，每室袋数少则 8～15 只，多达 200 只，每台除尘器的室数，少则 3～4 室，多达 16 室以上。扁袋的断面形状有楔形、梯形和矩形等，其特点是单位容积内过滤面积大、占地面积小，布置紧凑。

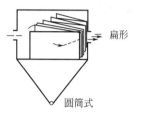

（2）按进气方式

可分为上进气与下进气两种方式（图 7-6）。上进气的特点是粉尘的沉降速度与气速相重叠，粉尘在袋内迁移距离较下进气远，能在滤袋上形成较均匀的粉尘层，过滤性能好。但因配气室设在壳体上部，将使除尘器高度增大，并由于上部增加了一块花板，不仅提高了造价，且不易调整滤袋张力。此外，上进气方式还会使灰斗滞积空气，增加了结露的可能。

采用下进气方式，粗尘粒可直接沉降于灰斗中，只是小于 3μm 的细尘接触滤袋，滤袋磨损少。这种进气方式中只需使用一块花板，滤袋安装与调整容易，降低了清灰效果。与上进气相比，下进气式设计合理，结构简单，造价便宜，因而使用较多。

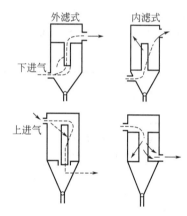

图 7-6　袋式除尘器的结构形式

（3）按过滤方式

分为内滤式和外滤式。内滤式是使含尘气流进入滤袋内部，粉尘被截留于滤袋内表面，净气穿过滤袋逸至袋外。与之相反，采用外滤时，粉尘被截留于滤袋外表面，净气由袋内排走。外滤式的滤袋内部通常设有支架，滤袋易磨损，维修困难。

（4）按清灰方式分

清灰是袋式除尘器运行中十分重要的环节。袋式除尘器的效率、压损、滤速及滤袋寿命等均与清灰方式有关，因此实际中多按清灰方式对袋式除尘器进行分类和命名。通常可分为简易清灰、机械清灰和气流清灰三种。

① 简易清灰　这类袋式除尘器的清灰方式，主要是依靠粉尘自重或风机启、停时滤袋的变形而自行脱落的，也有使用人工定期拍打或手控机构抖动。图 7-7 为一种简易袋式除尘器结构示意。简易式除尘器过滤风速一般取 0.2～0.75m/min，压损约为 600～700Pa，滤尘效率为 99% 左右。简易清灰式袋式除尘器结构简单、投资省，但其体积庞大和操作条件差，故应用较少。

② 机械清灰　这种清灰方式是利用机械传动使滤袋振动，将沉积在滤布上的粉尘抖落入灰斗中。机械清灰大致有三种方式，如图 7-8 所示。其中图（a）是滤袋水平摆动的方式，又可分为上部摆动和腰部摆动两种；图（b）是滤袋沿垂直方向振动的方式，即可采用定期提升滤袋框架的办法，也可利用偏心轮振打框架的方式；图（c）是利用机械转动定期将滤袋扭转一定角度，使沉积于袋上的粉尘层破碎而落入灰斗中。机械振动清灰袋式除尘器的过滤

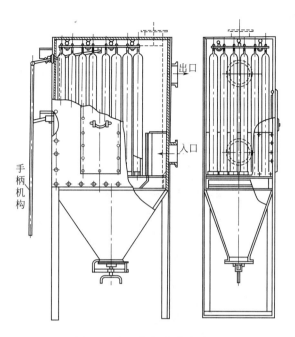

图 7-7　人工振打袋式除尘器

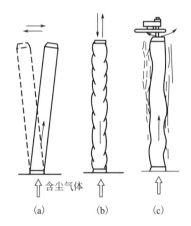

图 7-8　机械清灰的振动方式

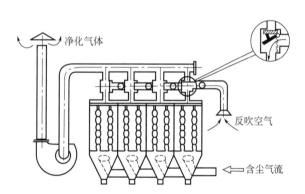

图 7-9　逆（反）气流清灰

风速一般取 $1.0 \sim 2.0 \mathrm{m/min}$，相应压力损失为 $800 \sim 1200 \mathrm{Pa}$。

③ 气流清灰　这种清灰方式是利用反吹空气从相反方向通过滤袋和粉尘层，使粉尘从滤袋上脱落。采用气流清灰时，滤袋内必须有支撑结构，如撑环或网架，避免把滤袋压扁。气流清灰又分为下列几种。

a. 逆气流清灰　如图 7-9，反吹气流均匀通过整个滤袋，反吹空气可以有专用风机或压气机供给，也可以利用除尘器本身的负压从外部吸入吹尘空气，它适用于粉尘黏性小，滤料易磨损的情况。

b. 脉冲喷吹清灰　脉冲喷吹袋式除尘器如图 7-10 所示。其滤尘过程大致为：含尘气体由下锥体引入脉冲喷吹袋式除尘器，粉尘阻留在滤袋外表面上，透过滤袋的净气经文氏管进入上箱体，从出气管排出。清灰过程是：由控制仪表定期控制脉冲阀的开启，使气包中的压缩空气通过脉冲阀经吹气管上的小孔喷出（一次风），通过文氏管诱导数倍于一次风周围的空气吹进滤袋，造成滤袋内瞬时正压，滤料及袋内空间急剧膨胀，加之气流的反向作用，可抖落积附于滤袋外表面上的粉尘层，落入下部灰斗中。这种清灰的方式具有脉冲的特征，一般每 60s 左右喷吹一次，每次喷吹 0.1~0.2s，故称之为脉冲喷吹清扫。其优点是清灰过程中不中断滤袋工作，清灰时间间隔短，过滤风速高，净化效率在 99% 以上，压力损失在 1200~1500Pa 左右，过滤负荷高，滤布的磨损小。其主要缺点是需要 (6~8)×10⁵Pa 的压缩空气作为清灰动力，清灰用的脉冲控制仪复杂，对浓度高、潮湿的含尘气体净化效果较差。

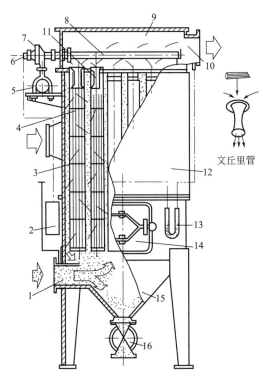

图 7-10　脉冲喷吹袋式除尘器的结构

1—进气口；2—控制仪；3—滤袋；4—滤袋框架；5—气包；6—排气阀；7—脉冲阀；
8—喷吹管；9—净气箱；10—净气出口；11—文氏管；12—除尘箱；
13—U 形压力计；14—检修门；15—灰斗；16—卸尘阀

7.3　袋式除尘器的选型、设计和应用

7.3.1　袋式除尘器的选型与设计

（1）选定除尘器的形式、滤料及清灰方式

首先决定采用的除尘器的形式。例如，对要求处理程度高，厂房面积受限制，投资和设备订货有条件的地方，可以采用脉冲喷吹袋式除尘器；否则采用定期人工拍打的简单袋式除尘器，或其他形式。其次要根据含尘气体的特性，选择合适的滤袋。如气体温度超过 140℃，但低于 260℃时，可选用玻璃丝袋，对纤维性粉尘则选用光滑的滤料，如平绸、尼龙等。对一般工业粉尘，可采用涤纶布、棉绒布。根据除尘器滤料种类，要求的压力损失及气体含尘浓度等，即可初步确定清灰方式和清灰制度。

（2）计算过滤面积

根据废气的含尘浓度、滤料种类及清灰方式等，即可确定过滤风速 v_F（m/min），并算

出总过滤面积 A。

$$A=\frac{Q}{60 v_F} \quad (\text{m}^2) \tag{7-7}$$

式中　Q——除尘器的处理风量，m^3/h；

　　　v_F——过滤风速。选择原则前面已经讲述，现对一般情况归纳如下。

简易清灰　　　　　　　　v_F 为 $0.2\sim0.75\text{m/min}$

机械振动清灰　　　　　　v_F 为 $1.0\sim2.0\text{m/min}$

逆气流反吹清灰　　　　　v_F 为 $2.0\sim3.0\text{m/min}$

脉冲喷吹清灰　　　　　　v_F 为 $2.0\sim4.0\text{m/min}$

（3）除尘器设计

如果选择定型产品，则根据处理风量和总过滤面积 A 即可选定除尘器的型号规格。若需自行设计时，其主要步骤如下。

① 确定滤袋尺寸：直径 d 和高度 L

② 计算每只滤袋面积 a

$$a=\pi dL \quad (\text{m}^2) \tag{7-8}$$

③ 计算滤袋只数 n

$$n=A/a \quad (\text{只}) \tag{7-9}$$

④ 滤袋布置　在滤袋只数多时，根据清灰方式及运行条件（连续式或间歇式）等将滤袋分成若干组，每组内相邻两滤袋之间的净距一般为 $50\sim70\text{mm}$。组与组之间及滤袋与外壳之间的距离，应考虑到检修，换袋等操作空间需要。如对于简易布袋除尘器，考虑到人工清灰等，其间距一般为 $600\sim800\text{mm}$。

⑤ 壳体的设计　包括除尘箱体、排气、进气风管形式、灰斗结构、检修孔及操作平台等。

⑥ 清灰机构的设计和清灰制度的确定。

⑦ 粉尘的输送、回收及综合利用系统的设计，包括回收有用粉料和防止粉尘的再次飞扬。

7.3.2　袋式除尘器的应用

袋式除尘器的除尘效率高，广泛地用于各种工业生产除尘中。它比电除尘器的结构简单、投资少、运行稳定，可以回收有用粉料。它与文丘里洗涤器相比，动力消耗小，回收的干粉尘便于综合利用，不产生泥浆。因此，对于细小而干燥的粉尘，采用袋式除尘器净化是适宜的。

袋式除尘器不适用于含有油雾、凝结水和粉尘黏性大的含尘气体，一般也不耐高温。还要注意，若在袋式除尘器附近有火花，则可能有爆炸的危险。此外，袋式除尘器占地面积较大，更换滤袋和检修不太方便。

7.4　颗粒层除尘器

颗粒层除尘器是干式除尘器的一种，是利用颗粒状物料（如硅石、砾石）作为填料层。其除尘机理与袋式除尘器相似，主要靠惯性、拦截及扩散作用等，使粉尘附着于干颗粒层滤料表面上。因此，过滤效率随颗粒层厚度及在其上面沉积的粉尘层厚度的增加而提高，压力损失也随之增高。

此种除尘器的特点是能适用于温度高、浓度大、粒径小、粉尘的比电阻过低或过高的含尘气体净化。其结构简单、维修方便、效率较高。其简单结构和运行方式如图 7-11 所示。图 7-11(a) 为正常运行状态，含尘气体以低速切向引入旋风筒，此时粗粒被分离下来。然后经中心管 4 进入过滤室，由上而下地通过滤层，使细粉尘被阻留在硅石颗粒表面或颗粒层空隙中。气体通过净气室和打开的切换阀 8 从出口 9 排出。

过滤层厚度一般为 100～200mm，滤料常用表面粗糙的硅石（颗粒为 1.5～5mm），它的耐磨性和耐腐蚀性都很强。

图 7-11(b) 为清灰状况，这时关闭切换阀 8，使单筒和净气口 9 切断，反吹空气按相反方向进入颗粒层，使颗粒层处于流态化状态。与此同时，梳耙 10 旋转搅动颗粒层，这样便将沉积粉尘吹走，同时颗粒层又被梳平。被反吹风带走的粉尘又通过中心管进入旋风筒，由于气流速度突然降低和急转弯，使其中所含大部分粉尘沉降下来。含有少量粉尘的反吹空气由入口管排出，同含尘气体总管汇合在一起，进入其他单筒内净化。

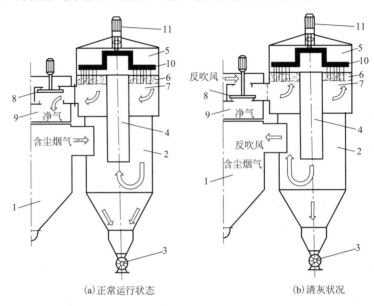

图 7-11　单层耙式颗粒层除尘器

这种过滤器的比负荷一般为 2000～3000m³/(m²·h)，含尘浓度高时采用1500m³/(m²·h)，进口含尘浓度最高可允许到20g/m³，一般在 5g/m³ 以下，除尘效率约为 90%，设备的压力损失约为 1000～2000Pa。承受温度一般在 350℃，短时可耐 450℃，反吹空气量约为处理气体量的 3%～8%。

习　　题

7.1　一台表面积为 1000m² 的袋式除尘器，滤料为涤纶布，其阻力系数 $\xi_0 = 7.2 \times 10^7$ m⁻¹，用该除尘器净化含尘气体，气体流量 $Q = 10$m³/s，粉尘浓度 $C_i = 0.001$kg/m³，粉尘层比阻力 $\alpha = 5 \times 10^{10}$ m/kg，气体黏性系数 $\mu = 2.01 \times 10^{-5}$ Pa·s，如果允许的压力损失 Δp 为 1100Pa，请计算该袋式除尘器的清灰周期是多长？

7.2　某工厂拟用袋式除尘器净化含尘气流，若气量为 6.0m³/s，若用长为 5m，直径为 200mm 的滤袋，分两室，每室 3 排，每排 12 只滤袋，试计算该除尘器的过滤速度和过滤负荷。

7.3　某工厂用涤纶绒布作滤袋的逆气流清灰袋式除尘器处理含尘气体，若含尘气体流量（标准状态）为 12000m³/h，粉尘浓度为 5.6g/m³，烟气性质近似空气，温度为 393K，试确定：（1）过滤速度；（2）过滤负荷；（3）除尘器压损；（4）滤袋面积；（5）滤袋尺寸及只数；（6）清灰制度（袋式除尘器压力损失不超过 1200Pa）。

7.4　某石墨厂拟用袋式除尘器处理含尘气体，气体流量为 5000m³/h，根据车间条件，滤袋直径为 120mm，滤袋长度为 2500mm，分别按逆气流反吹清灰袋式除尘器和脉冲喷吹袋式除尘器计算所需要的滤袋数量。

8 静电除尘

8.1 概　述

静电除尘是利用高压电场产生的静电力，使粉尘从气体中分离，得到净化的方法。与其他除尘方法相比，其根本区别在于实现粉尘与气流分离的力直接作用于粉尘上，这种力是由电场中粉尘荷电引起的库仑力。因此，在实现粉尘与气流分离的过程中，电除尘器可分离的粒度范围为 $0.05\sim200\mu m$，除尘效率为 $80\%\sim99\%$，处理气体的量愈大，经济效果愈明显。

8.1.1　工作原理

电除尘过程首先需要发生大量的供粒子荷电的气体离子。现今的所有工业电除尘器中，都是采用电晕放电的方法实现的。

图 8-1 为一管式电除尘器的示意图，接地的金属圆管叫集尘电极，与高压直流电源相接的细金属线叫放电电极（又称电晕电极）。放电电极置于圆管的中心，靠下端的吊锤拉紧，含尘气体从除尘器下部的进气管进入，净化后的清洁气体从上部排气管排出。放电电极为负极，集尘电极接地为正极。

由于辐射、摩擦等原因，空气中含有少量的自由离子，单靠这些自由离子是不可能使含尘空气中的尘粒充分荷电的。电除尘器内设置了高压电场，在电场作用下空气中的自由离子将向两极移动，外加电压愈高，电场强度愈大，离子的运动速度愈快。由于离子的运动在极间形成了电流。开始时，空气中的自由离子少，电流较小。当电压升高到一定数值后，电晕极附近离子获得了较高的能量和速度，它们撞击空气中性分子时，中性分子会电离成正、负离子，这种现象称为空气电离。空气电离后，由于连锁反应，在极间运动的离子数大大增加，表现为极间电流（电晕电流）急剧增大。当电晕极周围的空气全部电离后，形成了电晕区，此时在电晕极周围可以看见一圈蓝色的光环，这个光环称为电晕放电。如图 8-2 所示。

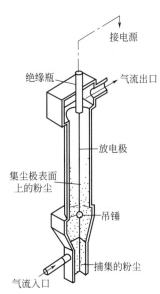

接电源

绝缘瓶　　　　气流出口

放电极

集尘极表面上的粉尘

吊锤

气流入口　　　捕集的粉尘

图 8-1　管式电除尘器示意图

在离电晕极较远的地方，电场强度小，离子的运动速度也较小，那里的空气还没有被电离。如果进一步提高电压，空气电离的范围逐渐扩大，最后导致极间空气全部电离，这种现象为电场击穿，发生火花放电，电路短路，电除尘器停止工作。电除尘器的电晕电流与电压的关系如图 8-3 所示。

为了保证电除尘器的正常运行，电晕的范围一般应局限于电晕区。电晕区以外的空间称为电晕外区。电晕区内的空气电离之后，正离子很快向负极（电晕极）移动，只有负离子才会进入电晕外区，向阳极移动。含尘空气通过电除尘器时，由于电晕区的范围很小，只有少量的尘粒在电晕区通过，获得正电荷，沉积在电晕极上。大多数尘粒在电晕外区通过，获得负电荷，最后沉积在阳极板上。此过程如图 8-2 所示，因此，阳极板称为集尘极。

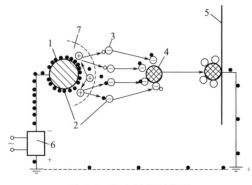

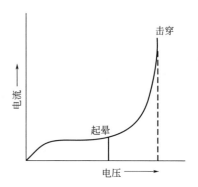

图 8-2　除尘过程示意图　　　　　　　　　图 8-3　电除尘器的电晕电流变化曲线

1—电晕极；2—电子；3—离子；4—粒子；

5—集尘极；6—供电装置；7—电晕区

8.1.2　除尘过程

电除尘器的除尘过程分为四步，如图 8-2 所示。

（1）气体电离

在放电电极与集尘电极之间加上直流的高电压，在电晕极附近形成强电场，并发生电晕放电，电晕区内空气电离，产生大量的负离子和正离子。

（2）粉尘荷电

在放电电极附近的电晕区内，正离子立即被电晕极表面吸引而失去电荷；自由电子和负离子则因受电场力的驱使和扩散作用，向集尘电极移动，于是在两极之间的绝大部分空间内部都存在着自由电子和负离子，含尘气流通过这部分空间时，粉尘与自由电子、负离子碰撞而结合在一起，实现了粉尘荷电。

（3）粉尘沉积

在电场库仑力的作用下，荷电粉尘被驱往集尘电极，经过一定时间后，到达集尘电极表面，放出所带电荷而沉积在表面上，逐渐形成一粉尘薄层。

（4）清灰

当集尘电极表面上粉尘集到一定厚度时，要用机械振打等方法将沉积的粉尘清除，隔一定的时间也需要进行清灰。

为了保证电除尘器在高效率下运行，必须使上述四个过程进行得十分有效。

8.1.3　电除尘器的分类

根据电除尘器的结构特点，有以下几种分类。

（1）按集尘极的形式可分为管式和板式电除尘器。管式电除尘器的集尘极一般为多根并列的金属圆管（或呈六角形），适用于气体量较小的情况。板式电除尘器采用各种断面形状的平行钢板做集尘极，极板间均布电晕线（图 8-4）。

（2）按气流流动方向可分为立式和卧式电除尘器。管式电除尘器都是立式的，板式电除尘器也有采用立式的，在工业废气除尘中，卧式的板式电除尘器应用最广。

（3）按粒子荷电段和分离段的空间布置不同，可分为单区式和双区式电除尘器。静电除尘的四个过程都在同一空间区域完成的叫做单区式电除尘器。而荷电和除尘分设在两个空间区域的称为双区式电除尘器，如图 8-5 所示。目前应用最广的是单区式电除尘器。

（4）按沉降粒子的清除方式可分为干式和湿式电除尘器。湿式电除尘器是用喷雾或溢流水等方式使集尘极表面形成一层水膜，将沉集到极板上的尘粒冲走。用湿式清灰，可避免二次飞扬，但存在腐蚀及污水和污泥的处理问题。一般只是在气体含尘浓度较低，要求除尘效

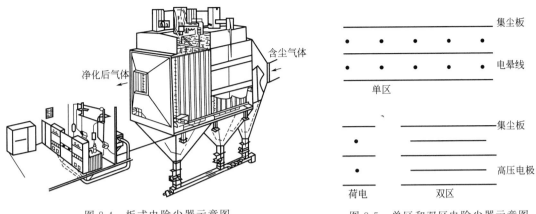

图 8-4　板式电除尘器示意图　　　图 8-5　单区和双区电除尘器示意图

率较高时才采用。干式清灰，便于处置和利用可以回收的干粉尘。但振打清灰时存在二次扬尘等问题。

8.2　粉尘的捕集

8.2.1　粒子的驱进速度

带电尘粒在电场中受到的静电力为

$$F = qE \quad (N) \tag{8-1}$$

式中　q——粉尘的荷电量，C；

　　　E——电场强度，V/m。

尘粒在电场内作横向运动时，要受到空气的阻力，空气阻力为

$$F_d = 3\pi\mu d_p\omega \quad (N) \tag{8-2}$$

式中　ω——尘粒的驱进速度。

当静电力等于空气阻力时，尘粒在横向作等速运动，这时的尘粒运动速度称为驱进速度。驱进速度是荷电粉尘颗粒向集尘极迁移的终末沉降速度，所以

$$\omega = \frac{qE}{3\pi\mu d_p} \tag{8-3}$$

由上式可以看出：尘粒的驱进速度与尘粒的荷电量、电场强度、气体的黏性及粒径有关。其方向与电场方向一致，即垂直于集尘电极的表面。

按式(8-3)计算的驱进速度，只是尘粒的平均驱进速度的近似值，因为电场中各点的电场强度不同，且粉尘的荷电量计算值也是近似的。

8.2.2　捕集效率

电除尘器对粉尘的捕集效率与粉尘的性质、电场强度、气流速度、气体性质及除尘器结构等因素有关。严格地从理论上推导捕集效率方程式是困难的。

德意希（Deutsch）于 1922 年在推导捕集效率方程式的过程中，作了一系列的基本假定，其中主要有：①电除尘器中的气流处于紊流状态，通过除尘器任一横断面的粉尘浓度均匀分布；②进入除尘器的粉尘立刻达到了饱和荷电；③忽略气流和电场分布的不均匀及二次扬尘等的影响。在以上假定的基础上，可进行如下的推导。

如图 8-6 所示，设除尘器内气体的流向为 x，气体和粉尘的流速皆为 v(m/s)，气体的流量为 Q(m³/s)，气体的含尘浓度为 c(g/m³)，流动方向上每单位长度的集尘极板面积为 a

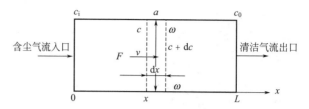

图 8-6　捕集效率方程式推导示意图

(m^2/m)，总集尘极面积为 $A(m^2)$，电场长度为 $L(m)$，流动方向上的横断面积为 $F(m^2)$，粉尘的驱进速度为 $\omega(m/s)$，则在 dt 时间内于 dx 空间捕集的粉尘量为

$$dm = a \cdot (dx) \cdot \omega \cdot c(dt) = -F(dx) \cdot dc \qquad (8-4)$$

式中负号表示浓度沿气流方向递减。

由于 $vdt = dx$，代入上式整理后得

$$\frac{a\omega}{Fv} \cdot dx = \frac{-dc}{c}$$

将其由除尘器入口（含尘浓度为 c_i）到出口（含尘浓度为 c_0），进行积分，并考虑到：$Fv = Q$；$aL = A$，则有

$$\frac{a\omega}{Fv}\int_0^L dx = -\int_{c_i}^{c_0} \frac{dc}{c}$$

$$\frac{A}{Q}\omega = -\ln\frac{c_0}{c_i}, \quad 即：e^{-\frac{A}{Q}\omega} = \frac{c_0}{c_i}$$

于是结合式(4-59)得到理论捕集效率为

$$\eta = 1 - \frac{c_0}{c_i} = 1 - \exp\left(-\frac{A}{Q}\omega\right) \qquad (8-5)$$

这就是德意希（Deutsch）方程式。

对于线板式电除尘器，当电场长度为 L，电晕线与集尘极板的距离为 s，气流速度为 v 时，则理论捕集效率方程式可化为

$$\eta = 1 - \frac{c_0}{c_i} = 1 - \exp\left(-\frac{L}{sv}\omega\right) \qquad (8-6)$$

对于半径为 b 的圆管式电除尘器,则有

$$\eta = 1 - \exp\left(-\frac{2L}{bv}\omega\right) \qquad (8-7)$$

德意希（Deutsch）方程式能够概括地描述捕集效率与集尘极表面积、气体流量和粉尘驱进速度之间的关系,显示了提高电除尘器捕集效率的途径,因而被广泛应用在电除尘的性能分析和设计中。

但是,德意希方程毕竟是根据一些假设的理想条件推导而来的,与实际工艺生产条件有所不同,使得用公式计算的捕集效率要比实际值高得多。为此,实际中往往是根据在一定除尘器结构形式和运行条件下测得的捕集效率值,代入德意希方程式中反算出相应的驱进速度值,称之为有效驱进速度 ω_p。据估算,理论计算的驱进速度值,比实测后又算所得的有效驱进速度大 $2\sim10$ 倍。这样便可用此有效驱进速度来描述除尘的性能,并作为类似的电除尘器设计中确定尺寸的基础。通常将按有效驱进速度表达的捕集效率方程式称为安德逊-德意希方程式,其表达式为

$$\eta = 1 - \exp\left(-\frac{A}{Q}\omega_p\right) \qquad (8-8)$$

在工业用电除尘器中,有效驱进速度大致在 $0.02\sim0.2m/s$ 范围内, 表 8-1 列出了几种不同粉尘的有效驱进速度值。

表 8-1　有效驱进速度/(m/s)

名　称	平均值	范　围	名　称	平均值	范　围
锅炉飞灰	0.13		吹氧平炉	0.08~0.095	
纸浆及造纸	0.075	0.04~0.20	铁矿烧结	12~0.135	
硫酸	0.070	0.065~0.10	氧化锌、氧化铅	0.04	
水泥(湿法)	0.110	0.06~0.085	氧化铝熟料	0.13	
熔炼炉	0.020	0.09~0.12	氧化铝	0.064	
平炉	0.050		石膏	0.195	
冲天炉	0.030		石灰石		0.03~0.055
高炉	0.11	0.06~0.14	焦油		0.08~0.23
氧气转炉		0.08~0.10			

由于驱进速度值随粉尘粒径不同而异，使得捕集效率也随之变化。所以在电除尘器之前设置机械除尘器时，电除尘器的除尘效率和有效驱进速度都有所降低，同时由于电除尘器捕集的粉尘较细，还会使电极清灰困难，故通常不在电除尘前设置机械除尘装置。

【**例 8-1**】　在气体压力为 101.325kPa，温度为 20℃条件下运行的管式电除尘器，圆筒形集尘极直径 $D=0.3$m；管长 $L=2.0$m，气体流量 $Q=0.075$m³/s，若集尘极附近的平均场强 $E_p=100$kV/m，粒径为 1.0μm 的粉尘其荷电量 $q=0.3\times10^{-15}$。试计算该粉尘的驱进速度和捕集效率。

解：(1) 计算尘粒的驱进速度。在给定情况下空气的黏性系数 $\mu=1.82\times10^{-5}$，库宁汉修正系数 $K_c=1.168$，则按式(8-3)有

$$\omega=\frac{qE_pK_c}{3\pi\mu d_p}=\frac{(0.3\times10^{-15})\times10^5\times1.168}{3\pi\times1.82\times10^{-5}\times10^{-6}}=0.204(\text{m/s})$$

(2) 按照德意希方程式(8-5)计算除尘效率

集尘极表面积 $A=\pi DL=\pi\times0.3\times2.0=1.89$m²，则除尘效率：

$$\eta=1-\frac{c_0}{c_i}=1-\exp\left(-\frac{A}{Q}\omega\right)=1-\exp\left(-\frac{1.89}{0.075}\times0.204\right)$$
$$=1-\exp(-5.14)=1-0.006=0.994$$
$$=99.4\%$$

8.2.3　粉尘的比电阻

粉尘的比电阻是评定粉尘导电性能的一个指标。如前所述粉尘的比电阻是面积为 1cm²，厚度为 1cm 粉尘层的电阻。其值可以通过实测按下式计算：

$$R_b=\frac{V}{I}\times\frac{F}{\delta}\quad(\Omega\cdot\text{cm})\tag{8-9}$$

式中　V——通过粉尘的电压降，V；

　　　I——通过粉尘层的电流，A；

　　　F——粉尘式样的横断面积，cm²；

　　　δ——粉尘层的厚度，cm。

尘粒到达集尘极表面后，依靠静电力和黏性附着在集尘极上，形成一定厚度的粉尘层。若粉尘的比电阻小，说明粉尘的导电性能好。实践表明：比电阻 $R_b<10^4\Omega\cdot$cm 的粉尘到达集尘极之后，会立即放出电荷，失去极板对其产生的吸引力，因此容易产生粉尘的二次飞扬。

而粉尘的比电阻 R_b 为 $10^4\sim2\times10^{10}\Omega\cdot$cm 是正常的工作范围。粉尘到达集尘极之后，会以适当的速度放出电荷。对于这种粉尘比电阻范围，是电除尘器运行最理想的区域，捕集效率较高。

比电阻 $R_b>2\times10^{10}\Omega\cdot$cm 的粉尘到达集尘极之后，会迟迟不放出电荷，在极表面形成一个带负电的粉尘层。由于同性相斥，使随后到来的粉尘的驱进速度不断下降，甚至由于比电阻

过大，会产生反电晕现象。这是由于集尘极上的粉尘层出现裂缝时，因粉尘层本身的电阻比较大，电力线会向裂缝集中，使裂缝内的电场强度增高，裂缝内的空气产生电离。同样在空气电离之后，负离子要向阳极板移动，正离子要向负极（电晕极）移动，由于这个电晕的离子运动方向与原来的恰好相反，故称为反电晕。反电晕产生的正离子与极间原有的负离子接触，发生电性中和，而中性离子不再向集尘极移动，因此这时电除尘器的除尘效果会大大降低。

当捕集粉尘的比电阻较高时，为了提高捕集效率，可以考虑采取以下两种方法：①设计或采用比正常情况下更大的除尘器，以适应较低的沉降率或用强振打以及改变电除尘器结构。②对烟气进行调节，降低其比电阻。

烟气的温度和湿度（含湿量）是影响粉尘比电阻的两个重要因素。图 8-7 描绘了在不同温度和含湿量情况下，水泥粉尘和锅炉飞灰的比电阻变化曲线。从图中可以看出，温度较低时，粉尘的比电阻是随温度的升高而增加的。当比电阻增大到某一最大值后，又随温度的增加而下降。这是由于在低温范围内，粉尘的导电主要是沿尘粒表面所吸附的水分和化学膜进行的，称为表面比电阻，此时电子沿尘粒表面的吸附层（如水蒸气或其他吸附层）传递，温度低，尘粒表面吸附的水蒸气多，故表面导电性能好，比电阻低。随着温度的升高，尘粒表面吸附的水蒸气受热蒸发，比电阻逐渐增加，这是由于导电发生主要是通过粉尘本体内部的电子或离子进行的，称之为容积比电阻。

从图 8-7 中还可以看出，在低温范围内粉尘的比电阻是随烟气含湿量的增加而下降的；当温度较高时，（例如 300℃ 以上），烟气的含湿量对比电阻的影响已基本消失。

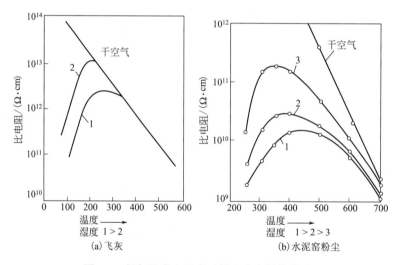

图 8-7　烟气温度和湿度对粉尘比电阻的影响

调节比电阻的另一种方法是通过添加化学调节剂来增大粉尘的表面导电性。常用的添加剂有三氧化硫、氨（NH_3）及水雾等。在冶炼炉、水泥窑及城市垃圾焚烧烟气的除尘中，常用喷雾的方法，以在降温的同时实现增湿。在锅炉烟灰除尘器中，则主要用添加 SO_3 和 NH_3 的方法。例如在锅炉烟气中加入烟气量十万分之一的 SO_3，飞灰的比电阻可由 $6×10^{10}$ $\Omega \cdot cm$ 降至 $3×10^9 \Omega \cdot cm$。

8.3　电除尘器的主要部件及简单结构

电除尘器的形式是多样的，但不论哪种类型的电除尘器都包括以下几个主要部分：电晕电极、集尘电极、两极的清灰装置、气流均匀分布装置。除此之外，还有壳体、保温箱、供电装置及输灰装置等。

8.3.1 电晕电极

电晕电极是电除尘器中使气体产生电晕放电的电极。其简单结构如图 8-8 所示。它主要包括电晕线、电晕框架、悬吊杆和支撑绝缘套管等。

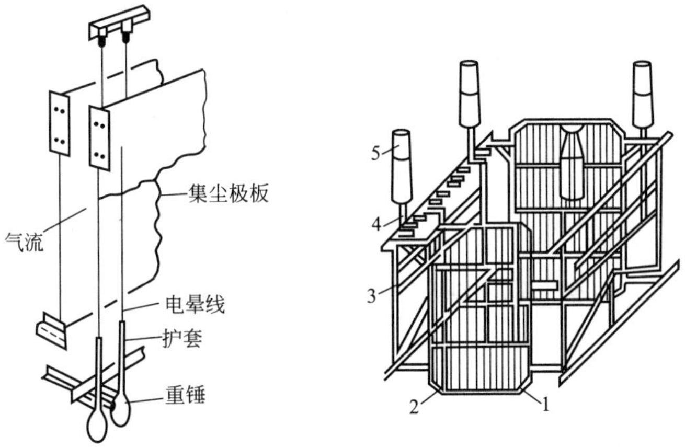

(a)重锤悬吊式　　(b)管框钢线式

图 8-8 电晕电极的两种固定形式

1—电晕框架；2—电晕线；3—电晕框悬吊架；4—悬吊杆；5—绝缘套管

对电晕极的要求是放电性能良好，即起晕电压低，电晕电流大。除此之外，要有一定的机械强度和耐腐蚀性，能维持较准的极距，且容易清灰。

电晕线的形式很多，目前常用的有以下几种，光圆线式、星式及芒刺式如图 8-9 所示。

(1) 光圆线式

光圆线式电晕线的直径愈小，放电强度愈高。但是在实际应用中，为了防止断线，直径不宜过小，通常用 d 为 1.5～2.0mm 的镍铬线制作。

(2) 星式

星形线四面带有尖角，起晕电压低，放电强度高。但由于星形线容易粘灰，因此适用于含尘浓度低的烟气。其材料一般用普通碳钢冷轧制成。因制作容易且耐用，所以得到广泛应用。

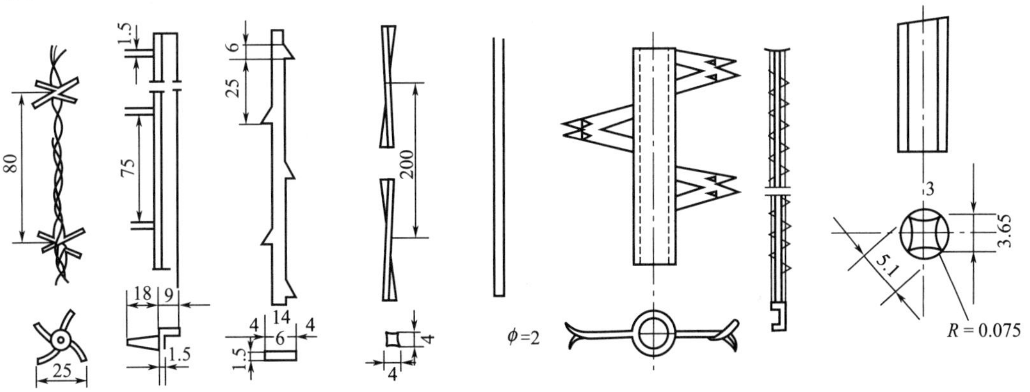

2 根金属丝 ϕ2.5蒺藜丝　芒刺角钢　锯齿线　麻花形线　圆形线　RS形　星形线

图 8-9 电晕线的形式

（3）芒刺式

芒刺式采用点放电代替极线全长放电。试验表明，在同样的工作压力下，芒刺式的电晕电流要比星形线大，有利于捕集高浓度的微小尘粒。芒刺式电晕极的刺尖会产生强烈的离子流，增加除尘器内的电风（由于离子流对气体分子的作用，气体向集尘极的运动称为电风），这对减小电晕闭塞是有利的。

芒刺式电晕极适用于含尘浓度高的烟气。因此，有的电除尘器在第一、二电场采用芒刺式，在第三电场采用光圆线或星形线。芒刺式电晕极尖端应避免积灰，否则将会影响放电。

8.3.2 集尘电极

集尘极的结构对粉尘的二次飞扬及除尘器的金属消耗量有很大影响。一般情况下集尘电极占金属总消耗量的 30%～50%，性能良好的集尘极应符合以下几个基本条件。

① 振打时粉尘的二次飞扬少；

② 单位质量的集尘面积大，即表面要大，质量要轻；

③ 极板高度较大，应有一定的刚性，应不易变形；

④ 振打时易于清灰；

⑤ 清灰方便、造价低。

集尘极的结构形式很多，常用的几种形式见图 8-10，集尘极板的两侧通常设有沟槽或挡板，避免主气流直接冲刷板上的粉尘层，以减少粉尘的二次飞扬。

极板一般用厚度为 1.2～2.0mm 的钢板轧制而成，极板间距为 250～300mm。极板间距小，电场强度高，有利于提高除尘效率，但安装和检修困难。

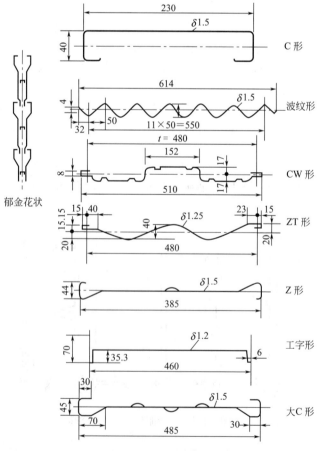

图 8-10　常用的几种集尘极板的形式

集尘极和电晕线的制作和安装质量对电除尘器的性能影响较大。在安装之前，极板、极线必须调直，安装时要严格控制极距，偏差不得大于 5mm。如果个别区域极距偏小，会首先发生击穿现象。

8.3.3 电极清灰装置

（1）湿式电除尘器的清灰

在液体粒子气溶胶捕集器中，如焦油分离器和酸雾捕集器等，沉降到极板上的液滴凝聚成大液滴，靠自重流下而排掉。对于固体粒子捕集器，则用喷雾或溢流水冲洗极板的方法清除掉。湿式清灰的主要优点是二次扬尘少，不存在粉尘比电阻高的问题，空间电荷增强，不会产生反电晕。水滴凝聚在小尘粒上便于捕集。

（2）干式电除尘器的清灰

集尘极板上粉尘沉积较厚时，将导致火花电压低，电晕电极减小，除尘器效率大大下降。因此，不断地将集尘极板上沉积的粉尘清除干净，是维持电除尘器稳定运行的重要条件。

极板的清灰有机械振打、电磁振打及电容振打等方式。目前应用最广的是挠臂锤振打清灰。机械振打清灰的效果，主要决定于振打强度和振打制度（即振打频率）。振打强度的大小决定于锤头质量和挠臂的长度。振打强度用极板面法向产生的加速度表示，单位是用重力加速度 $g(9.8\text{m/s}^2)$ 的倍数表示。一般要求极板上各点的振打强度均匀而且不应小于 50～200g。振打强度也不宜过大，否则二次扬尘增多，结构损害加重。振打制度有连续振打和间歇振打等方式。采用哪种制度合适，要视电除尘器容量、极板安装方式、振打方向、粉尘的黏附性和比电阻及气体温度等具体条件而定。

电晕电极上沉淀粉尘一般较少，但对电晕放电的影响较大。电晕线上结疤，不但使除尘效率降低，甚至能使除尘器完全停止运行。因此一般采用连续振打清灰方式，使电晕极沉积的粉尘很快被振打干净。常用的电晕极振打方式有提升脱钩振打或挠臂锤振打等。

8.3.4 气流分布装置

电除尘器中的气流能否均匀分布对其除尘效率有较大影响。气流分布均匀程度决定于除尘器断面与其进、出口管道断面的比例和形状，同时也受扩散管内设置气流分布装置状况的影响。在占地面积没有特殊限制时，一般水平布置进气管，并通过一段渐扩管与除尘器相连。在气流进入除尘器中的电场之前，应先使其通过 1～3 层气流分布孔板，此时气流分布的均匀程度取决于渐扩管的扩角和分布板的构造，气流分布板形式多为圆孔板和方孔板，也有采用百叶窗式分布板的。

分布板通常采用厚度为 3～3.5mm 的钢板打眼而成，圆孔径 30～50mm，其开孔率应由试验确定。

在新的除尘器正式投入运行之前，必须进行测试、调整、检查气流分布的情况。对气流均匀分布的具体要求是：

① 任何一点的气流不能超过该断面平均气流的 ±40%；

② 在任何一个测定断面上，85% 以上测点的流速与平均流速不得相差 25%。

如果不符合上述要求，必须重新调整，直到满足要求才能投入运行。

8.3.5 电除尘器外壳

电除尘器外壳必须保证密封、不漏气。在处理高温气体时，冷空气的渗入可能使局部烟气温度降至零点温度以下，长时间之后会导致腐蚀甚至破坏。因此，对外壳与进、出口的连接处应特别注意。尤其是在高压或负压下运行时，对外壳的密封性要求就更严格。

电除尘器外壳材料常选用普通钢板、不锈钢板、铅板、混凝土等，具体选材时，应根据处理烟气的性质和操作温度而定。

8.4 电除尘器的选择、设计和应用

8.4.1 电除尘器的选择与设计

根据以上各节的讨论，可以归纳出选择和设计电除尘器时所需的主要参数。

要求的除尘效率（或进、出口浓度）；

气体的组成、流量、温度、湿度和压力；

粉尘的组成、粒径分布、比电阻、密度、黏性及回收价值等。

电除尘器的选择或设计方法如下。

（1）确定有效驱进速度

首先要根据现有的运行和设计经验，确定有效驱进速度 ω_p，依据给定的气体流量 Q（m^3/s）和要求的除尘效率 $\eta(\%)$，按照德意希方程计算出所需的集尘板总面积 $A(m^2)$。

确定驱进速度 ω_p 值取决于很多因素，对于给定的应用场合来说，有可能超出一般的考虑范围。实践表明，在除尘效率已定后，所需的单位集尘极板面积 A/Q，是随着粉尘粒径的减小而增大的，而且对于某一给定的应用场合来说 A/Q 值有一定变化范围，而且也预示出 ω_p 值的变化范围。

在选定 ω_p 时，要考虑以下两个条件。

① 由于电除尘器捕集较大尘粒的粉尘最有效，因此若采用较低的捕集效率就足够时，则可采取较高的 ω_p 值；如捕集较细粉尘时，应采用较小的 ω_p 值。

② 粉尘的比电阻高时，由于允许的电晕电流密度值减小，使电场强度减弱，尘粒的荷电量减少，荷电时间长，因此应选取较小的 ω_p 值。

（2）电除尘器的长高比 (L/H)

电除尘器的长高比直接影响振打时粉尘二次飞扬的多少，一般选择长高比为 $0.5\sim1.5$ 之间，如果要求除尘效率在 99% 以上，则长高比可取 $1.0\sim1.5$。

【例 8-2】 某钢铁厂 $90m^2$ 烧结机尾电除尘器的实测结果如下：电除尘器进口含尘浓度：$c_i=26.8g/m^3$，出口含尘浓度 $c_0=0.133g/m^3$，进口烟气流量 $Q_进=16\times10^4 m^3/h$（$44.4m^3/s$），该除尘器系采用 Z 形极板和星形电晕线，断面面积 $F=40m^2$，集尘极总面积 $A=1982m^2$（二个电场）。试参考以上数据设计另一新建 $130m^2$ 烧结机尾的电除尘器，要求除尘效率 $\eta=99.8\%$，工艺设计给出的总烟气量 $Q_总=25\times10^4$（m^3/h）（即 $70m^3/s$）。

解：根据实测数据计算原电除尘器的除尘效率和有效驱进速度。

由式(8-5) $\eta=1-\dfrac{c_0}{c_i}$ 得

$$\eta=1-\frac{0.133}{26.8}=1-0.005=0.995=99.5\%$$

而单位集尘极板面积为

$$\frac{A}{Q_进}=1982/44.4=44.6$$

将已求得的 η 及 A/Q 代入式(8-8) 求 ω_p。

$$0.995=1-\exp\left[-\frac{A}{Q}\omega_p\right]=1-\exp(-44.6\omega_p)$$

则

$$\omega_p=\frac{(1-0.995)}{-44.6}=0.119(m/s)$$

除尘器的断面风速 v 为

$$v = \frac{Q}{F} = \frac{44.4}{40} = 1.11(\text{m/s})$$

由设计要求的除尘效率 $\eta = 99.8\%$ 和计算后采用的驱进速度 $\omega_p = 0.119$ (m/s)，代入式(8-8)求出 A/Q。

即

$$\frac{A}{Q_{总}} = \frac{-\ln(1-\eta)}{\omega_p} = \frac{-\ln(0.002)}{0.119} = 52.2(\text{s/m})$$

则所需集尘极的总面积为

$$A = 52.2 \times Q_{总} = 52.2 \times 70 = 3654(\text{m}^2)$$

若选取系列产品 SHWB60 时，则集尘板极总面积为 3743m^2，其有效断面积为 63.3m^2，这时的电场风速度为

$$v = \frac{70.0}{63.3} = 1.1(\text{m/s})$$

8.4.2 电除尘器的应用

电除尘器是一种高效除尘器，与其他类型除尘器相比，电除尘器的能耗小，压力损失一般为 $200 \sim 500\text{Pa}$，除尘效率高，最高可达 99.99%，且能分离粒径为 $1\mu\text{m}$ 左右的细粒子。但从经济方面考虑，一般控制除尘效率在 $95\% \sim 99\%$ 的范围内。此外，处理气体量大，可以用于高温、高压的场合，能连续运行，并可完全实现自动化。电除尘器的主要缺点是设备庞大，耗钢多，投资高，要求制造、安装和管理的技术水平较高。

由于电除尘器具有高效、低阻等特点，所以广泛地应用在各种工业部门中，特别是火电厂、冶金、建材、化工及造纸等工业部门，随着工业企业的日益大型化和自动化，对环境质量控制日益严格，电除尘器的应用数量仍不断增长，新型高性能的电除尘器仍在不断地研究、制造并投入使用。

图 8-11　RWD/KFH 型高压静电除尘器

我国在电除尘器的设计、制造、使用和研究方面有了很大发展，积累了不少经验，1972年国内提出了 SHWB 型系列化设计，按除尘器进口有效断面可分为 3、5、10、15、20、30、40、50 和 60m^2 等规格。近几年又有所改进，其除尘效率一般可在 99% 以上。图 8-11为新型的 RWD/KFH 型高压静电除尘器实物外形。

习　　题

8.1　用电除尘器处理含石膏粉尘尾气，含尘气流量为 $150000\text{m}^3/\text{h}$，含尘浓度为 67.2g/m^3，要求净化后气体含尘浓度为 200mg/m^3，试计算电除尘器集尘极面积。

8.2　若用板式电除尘器处理含尘气体，集尘极板的间距为 300mm，若处理气体量为 $6000\text{m}^3/\text{h}$ 时的除尘效率为 95.4%，入口含尘浓度为 9.0g/m^3，试计算：

（1）出口含尘气体浓度；

（2）有效驱进速度；

（3）若处理的气体量增加到 8600m³/h 时的除尘效率。

8.3 一锅炉安装两台电除尘器，每台处理量为 150000m³/h，集尘极面积为 1300m² 除尘效率为 98％。

（1）试计算有效驱进速度。

（2）若关闭一台，只用一台处理全部烟气，该除尘器的除尘效率为多少？

8.4 用一管式电除尘器处理含尘烟气，气体流量为 300m³/h，若管式集尘极的直径为 300mm，烟尘颗粒的有效驱进速度为 12.8cm/s，若保证除尘效率达到 98.6％，那么集尘极管的长度为多少？

8.5 某冶炼厂电炉排气量为 10000 m³/h，该厂拟用电除尘器回收尾气中的氧化锌粉尘，试设计一台电除尘器，使其捕集粉尘的效率为 92％。氧化锌粉尘的有效驱进速度 $\omega_p = 4.0$m/s。

9 吸收法净化气体污染物

9.1 概　　述

气体的吸收是净化废气、控制大气污染的方法之一，是用液体处理气体中的污染物，使其中一种或几种气态物质以扩散方式通过气、液两相界面而溶于液体的过程，因此又称湿式净化。气体吸收的必要条件是污染气体（污染物）在吸收液中有一定的溶解度。吸收过程中所用的液体称为吸收剂（液）或溶剂。被吸收的气体中可溶解的组分称为吸收质或溶质，不能溶解的组分称为惰性气体。

平衡是控制吸收系统操作的重要因素，污染物扩散到吸收液的速率将取决于偏离平衡的程度；而吸收平衡建立的速度则取决于污染物通过惰性气体和吸收剂的扩散速率。

吸收分为物理吸收和化学吸收两类。前者比较简单，可以看成是单纯的物理溶解过程。例如用水吸收氯化氢或二氧化碳等，可称为简单吸收或物理吸收，此时吸收所能达到的限度决定于在吸收进行条件下的气液平衡关系，即气体在液体中的平衡浓度。而吸收进行的速率，则主要取决于污染物从气相转入液相的扩散速度。如果在吸收过程中组分与吸收剂还发生化学反应，这种吸收称为化学吸收。在伴有化学反应吸收中，例如用碱液吸收 CO_2 和 SO_2 或用酸液吸收 NH_3 等，吸收限度须同时决定于气液平衡和液相反应的平衡条件，吸收的速率则也须同时决定于扩散速度和反应速率。一般来说，化学反应的存在能提高吸收速度，并使吸收的程度更趋于完全。不过这两类吸收所依据的基本原理以及所采用的吸收设备大致相同。本章则以介绍不伴有化学反应的物理吸收为主。

气体吸收设备可分为板式塔和填料塔两大类。板式塔内各层塔板之间有溢流管，液体从上层向下层流动，板上设有若干通风孔，气体由此自下层向上层流动，在液层内分散成小气泡，两相接触面积增大，湍流度增强。从理论上讲在每层板上充分接触一次，可达到一次平衡，因此这类设备统称逐级接触设备。填料塔则填充了许多薄壁环形等填料，从塔顶部洒下的吸收液在下流的过程中，沿着填料的各处表面均匀分布，并与自下而上的气流很好接触。此种设备由于气液两相不是逐次地而是连续地接触，因此两相浓度沿填料层连续变化着，从传质理论分析，填料层的任何截面上，两相均未达到平衡，总有一定推动力存在，因此这类设备统称连续接触式设备。由于填料塔具有结构简单、阻力小、加工容易、可用耐腐蚀材料制作、吸收效果好、装置灵活等优点，故在气态污染物的吸收操作中应用较普遍。其构造和性能将在吸收设备中再详细论述。

9.2　吸收的基本原理

吸收过程的实质是物质由气相转入液相的传质过程。可溶组分在气液两相中的浓度距离操作条件下的平衡愈远，则传质的推动力愈大，传质速率也愈快，因此按气液两相的平衡关系和传质速率来分析吸收过程，掌握吸收操作的规律。

9.2.1 气液平衡——亨利定律

（1）气体在液体中的溶解度

在恒定的温度与压强下，使一定量吸收剂与混合气体长时间充分接触后，气液两相最终可达平衡状态，此时吸收速度和解吸速度相等，即吸收质（溶质）在气相和液相中的组成不再变化，这时被吸收气体在溶液面上的分压 p_e（称为平衡分压或饱和分压）与可溶气体在溶液中的浓度 C（即平衡浓度或饱和浓度）是有一定函数关系的，可表示为

$$C = f(p_e) \qquad (9\text{-}1)$$

式中　C——可溶气体在溶液中的浓度，kg/m^3；
　　　p_e——可溶气体在溶液面上的分压，kPa。

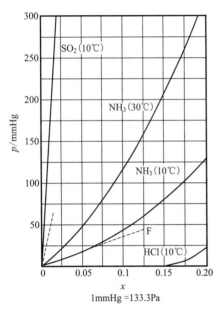

图 9-1　气体在液体中的溶解度

对于一定量的吸收剂在达到吸收平衡时所能溶解吸收质的量称为平衡溶解度。因此平衡溶解度是吸收过程的极限，在相同条件下，平衡分压因被吸收气体不同而差异极大，要想得到一定浓度的溶液，易溶气体所需的分压可以比较低，如果是难溶气体，所需分压也一定比较高。

此外气体的溶解度与温度是有关的，一般地说，温度下降，气体的溶解度增高。

在平衡状态下，平衡溶解度和溶质分压的关系曲线称为气体在液体中的溶解度曲线。图 9-1 给出了几种气体的溶解度曲线。

从图 9-1 中可以看出，在相同温度和分压力下，不同气体的溶解度有很大差别；对于稀溶液在较低压力下 x-p 是通过原点的直线，但在压力偏高时与直线偏差很大，这样在较低压力下我们就可以用"亨利定律"来表示。

（2）亨利定律（相平衡方程式）

对于非理想溶液，当总压不高（譬如不超过 $5 \times 10^5 Pa$）时，在恒定的温度下，稀溶液上方溶质的平衡压力与它在溶液中的摩尔分率成正比，这就是有名的亨利定律，其表达式为

$$p_e = Hx \qquad (9\text{-}2)$$

式中　p_e——溶质气体的平衡分压，kPa；
　　　H——亨利系数，单位与 p_e 取法相同；
　　　x——溶质在溶液中的摩尔分数。

亨利系数 H 是平衡曲线上直线部分的斜率，因此易溶解气体的 H 较小，而难溶解气体的 H 值较大。

当溶液的组成改用单位体积溶液中含溶质的摩尔数 C 表示时，亨利定律可以写成：

$$C = hp_e \qquad (9\text{-}3)$$

式中，h 称为溶解度系数，也称亨利系数，其单位是 $kmol/(kN \cdot m)$；h 可视为吸收气体组分的分压为 101.325kPa 时的溶液浓度，易溶气体的 h 值大，难溶气体的 h 值较小。

如果溶液的组成用摩尔分数 x 表示，平衡气相中气体溶质的分压也换成摩尔分数 y_e 来表示，则亨利定律又可写成：

$$y_e = mx \qquad (9\text{-}4)$$

式中，m 称为相平衡常数，是一个无量纲的量，从式(9-4)不难看出，m 值愈大，溶解

度愈小。

$$y_e = \frac{p_A}{p} \tag{9-5}$$

式中 p_A——溶质气体分压，kPa；

p——混合气体总压，kPa。

在工业吸收问题的计算中，因气体和液体的量都随吸收过程的进行而不断改变，因此也常用摩尔分子比来表示气相和液相组成。X 表示纯溶剂中含有溶质的摩尔分数（％），以 Y 表示不溶气体（惰性气体）中含有溶质气体的摩尔分数（％）。由上述定义可知

$$X = \frac{x}{1-x} = \frac{液相中溶质的摩尔数}{液相中溶剂的摩尔数} \qquad x = \frac{X}{1+X} \tag{9-6}$$

$$Y = \frac{y_e}{1-y_e} = \frac{气相中溶质的摩尔数}{气相中惰性组分的摩尔数} \qquad y_e = \frac{Y}{1+Y} \tag{9-7}$$

将式(9-6) 和式(9-7) 分别代入式(9-4) 中得到

$$\frac{Y}{1+Y} = m\frac{X}{1+X}$$

则

$$Y = \frac{mX}{1+(1-m)X} \tag{9-8}$$

当用清水或极低浓度的溶液为吸收剂时，由于 X 值极小，其值趋近于零，则上式分母趋近于 1，于是

$$Y = mX \tag{9-9}$$

式(9-4) 和式(9-9) 均为相平衡方程式，只是液相浓度和气相压力表示的方法不同而已。

亨利定律是吸收工艺操作的理论基础之一，它说明了根据溶质、溶剂的性质在一定温度和压力下，溶质在两相平衡中的关系，从上述平衡方程式分析，两者为直线关系，且此直线通过原点，其斜率值为 m。

（3）相平衡方程式在吸收操作上的应用

根据相平衡方程式的概述，可以判断气液接触时溶质的传质方向，即溶质是由气相传到液相（被吸收），还是从液相传到气相（被解吸）。

如某混合气体中某组分的摩尔分数为 y，而在溶液中该组分的摩尔分数为 x_1，当两者混合时，首先确定在该温度条件下的 m 值，然后由式(9-4) 求出与 x_1 相平衡的 y_1，即 $y_1 = mx_1$。

如果 $y > y_1$，则该组分将被溶液吸收；而如果 $y < y_1$ 时，则该组分将从溶液中解吸出来，这样就确定了传质的方向。

此外，用相平衡方程式还能确定吸收（或解吸）过程进行的限度，从而能提出合理的工艺设计要求，如图 9-2 所示，为一多级吸收塔。混合气体自塔底进入，从塔顶排出，吸收液则逆向流动进行传质。当进气组成为 y_1，进液组成为 x_0，根据相平衡方程式有：$x_1 = \frac{y_1}{m}$，且 $y_0 = mx_0$，因此可以断定无论塔的效率多高或塔身多长，其所得吸收液中该组分的组成 x_1' 不可能超过 x_1，即

图 9-2 吸收塔示意图

$$x_1' \leqslant x_1 = \frac{y_1}{m}$$

同理，处理后的排气中该组分的组成 y_0' 也不可能低于 y_0，即

$$y_0' \geqslant y_0 = mx_0$$

这样就可依据进气浓度（组成）和进液浓度（组成）利用相平衡方程式计算出最终吸收浓度和最终排放废气的极限浓度。

9.2.2 吸收过程机理——双膜理论

用吸收法处理含有污染物的废气,是使污染物从气体主流中传递到液体主流中去,是气、液两相之间的物质传递,即所谓对流传质。对流传质是一个复杂的物理现象,许多研究者都试图分析影响这一过程的主要因素,忽略一些次要因素,提出一个简化的物理模型,然后进行适当的数学描述,得出传质理论。关于气液两相的物质传递理论,随着工业的进步和发展,目前已有许多学说,诸如"双膜理论"(又称"滞留膜理论")、"溶质渗透理论"和"表面更新理论"等,但在解释吸收过程机理时,目前仍以双膜理论为基础,其应用也最为广泛。

"双膜理论"假定以下条件。

① 在气液两相接触面(界面)附近,分别存在着不发生对流作用的气膜和液膜,被吸收组分必须以分子扩散方式连续通过此两薄膜,因此传质速率主要决定于分子扩散。假定两膜均呈滞流状态,即使气、液两相主体都呈湍流时,仍可认为界面上此两层薄膜是滞流态。

② 滞流膜的厚度随各相主体的流速和湍流状态而变,流速愈大,膜厚度愈薄。但一般认为膜的厚度极小,在膜中和相界面上无溶质的积累,故吸收过程可以看作是固定膜的稳定扩散。

③ 在界面上气、液两相呈平衡态,即液相的界面浓度是和在界面处的气相组成呈平衡的饱和浓度,亦可理解为在相界面上无扩散阻力。

④ 在两相主体中吸收质的浓度均匀不变,仅在薄膜中发生浓度变化,两相薄膜中的浓度差就等于膜外的气液两相的平均浓度差。

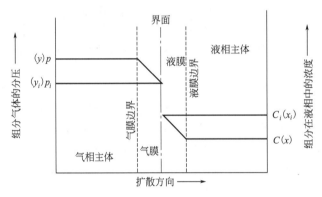

图 9-3 双膜理论模型

根据以上假定,可以认为混合气体中某可溶组分由气相溶入液相的过程首先是靠分子扩散穿过气膜到达界面,由于在此之前界面上气、液两相随时都处于平衡状态,当气体组分穿过气膜到达界面之后,界面上气相分子增加,破坏了平衡状态,于是使一部分分子转入液相,以达到新的平衡,液相分子再靠扩散,由界面到达液层。如此连续进行,直到气液两相完全平衡后,传质停止,此时再继续传质的条件是气相分压增加,或液相中该组分的浓度降低。

通过上述分析可以看出传质的推动力来自可溶组分的分压差和在溶液中该组分的浓度差,而传质阻力主要来自气膜和液膜(参见图9-3),该组分在气相主体中的分压为y,而在界面上的分压为y_i,则传质在气相中的推动力为$y-y_i$;在界面上与y_i相平衡的液相浓度为x_i,而液相主体浓度为x,则传质在液相中的推动力为x_i-x。只要$y>y_i$、$x_i>x$,则传质就不停地按图中矢向所指方向进行。传质过程的阻力来自双膜,膜愈厚、阻力愈大,这与气液相的流速有直接关系。

9.2.3 吸收速率方程

亨利定律只能指出传质方向和限度,并没有解决传质随时间的变化规律,即没有解决速率的问题，下面我们加以讨论。

（1）在气膜中的扩散速率

$$N_A = \frac{Dp_{总}}{R \cdot T \cdot Z_G p_{Bm}}(p - p_i) = k_G(p - p_i) \tag{9-10}$$

（2）在液膜中的扩散速率

$$N_A = \frac{D_L}{Z_L}(C_i - C) = k_L(C_i - C) \tag{9-11}$$

此时：

$$k_G = \frac{DP}{R \cdot T \cdot Z_G p_{Bm}} \tag{9-12}$$

$$k_L = \frac{D_L}{Z_L} \tag{9-13}$$

式中　N_A——单位面积上的吸收（扩散）速度，$kmol/(m^2 \cdot s)$；

　　　$p_{总}$——混合气体总压，kPa；

　p，p_i——气相主体及界面上的组分压力，kPa；

　C，C_i——液相主体及界面上的组分浓度，$kmol/m^3$；

　D，D_L——组分在气相和液相中的扩散系数，m^2/s；

　Z_G，Z_L——气膜和液膜的厚度，m；

　k_G，k_L——气膜和液膜的传质分系数，$kmol/(m^2 \cdot s \cdot kPa)$ 及 m/s；

　　　p_{Bm}——惰性气体在气膜中的平均分压，kPa；

　　　　R——通用气体常数，$8.314kJ/(kmol \cdot K)$；

　　　　T——热力学温度，K。

与气相扩散系数 D 不同，液相扩散系数 D_L 随溶质 A 的浓度不同而变化，D_L 值对于吸收塔的计算是一个重要的参数。一些典型的二元混合物的液相分子扩散系数可在文献上查出。

（3）总传质系数

因为我们曾经假定气液两相在接触面上处于平衡，即在实际界面上无扩散阻力，因此对于溶质从气相传入液相的稳定传质来说，所有从气相主体中扩散到界面上的溶质显然以同样速率从界面上扩散到液相主体中去。即

$$N_A = k_G(p - p_i) = k_L(C_i - C) \tag{9-14}$$

式(9-10)、式(9-11) 和式(9-14) 都很少有实用价值，这是因为要根据这些公式来计算 N_A 都必须知到 k_G 和 k_L 以及相界面上的平衡关系。但如果吸收气体服从亨利定律，则在平衡时根据式(9-3) 有

$$C_i = h p_i$$

且可找到 $C = h p_e$ 及 $C_e = h p$

式中　p_e——与液相主体中组分浓度 C 成平衡的组分分压；

　　　C_e——与气相主体中的组分分压 p 成平衡的溶液浓度；

　　　h——溶解度系数。

将以上三式代入式(9-14) 中消去 p_i 和 C_i 有：

$$N_A = \frac{p - p_e}{\frac{1}{k_G} + \frac{1}{k_L h}} = K_G(p - p_e) \tag{9-15}$$

式中　K_G——以气相分压差表示的气相传质总系数，$kmol/(m^2 \cdot s \cdot kPa)$。

其倒数

$$\frac{1}{K_G} = \frac{1}{k_G} + \frac{1}{k_L h} \tag{9-16}$$

式(9-15) 右边的分子 ($p-p_e$) 代表吸收的推动力，分母的两项之和 $\dfrac{1}{K_G}$ 表示吸收总阻力，其中 $\dfrac{1}{k_G}$ 是气膜阻力，$\dfrac{1}{k_L h}$ 是液膜阻力。

同理可以导出：
$$N_A = \frac{C_e - C}{\dfrac{h}{k_G} + \dfrac{1}{k_L}} = K_L(C_e - C) \tag{9-17}$$

式中　K_L——以液相浓度差表示的液相总传质系数，m/s。

则
$$\frac{1}{K_L} = \frac{h}{k_G} + \frac{1}{k_L} \tag{9-18}$$

两个总传质系数的关系为：$K_G = hK_L$ 或 $\dfrac{K_G}{K_L} = h$。

根据上述关系，可将稳定传质方程式写成：
$$N_A = K_G(p - p_e) = K_L(C_e - C) \tag{9-19}$$

以上公式(9-15) 和式(9-17) 就是吸收速率方程式。当然以传质通量 G（即在 t 时间内组分通过 F 界面的量）来表示传质方程式时，则
$$G = K_G \cdot F \cdot t\,(p - p_e) = K_L \cdot F \cdot t\,(C_e - C) \tag{9-20}$$

由上式可以分析有利于传质过程进行的因素有：

① K 值愈大愈好。温度低，K 值大；流速大、膜薄，K 值大。

② 传质界面愈大越好。对等量吸收液来讲，喷淋的液滴越细，其总传质面积越大，接触得也较好。

③ 接触时间 t 愈长愈好。t 值主要取决于塔的尺寸和气流速度。

④ 推动力愈大愈好。混合气体中可吸收组分的分压大，而吸收液中组分的浓度低，推动力就愈大。

为便于传质过程的计算，在很多情况下，气液两相的组成都用摩尔分数表示，（仍见图 9-3），现以 x 表示液相中溶质的摩尔分数，y 表示气相中溶质的摩尔分数，这样把传质方程式改写成：

气相：
$$N_A = k_y\,(y - y_i) \tag{9-21}$$

液相：
$$N_A = k_x\,(x_i - x) \tag{9-22}$$

式中　k_y——以气相传质推动力为准的气膜传质分系数，$kmol/(m^2 \cdot h)$；

　　　k_x——以液相传质推动力为准的液膜传质分系数，$kmol/(m^2 \cdot h)$。

以 y 为纵坐标，x 为横坐标作图 9-4，平衡曲线 $\overline{QRSE}$，在特定压力和温度下液相和气相相平衡的各点都在此曲线上，在此曲线上方一点 P 代表设备中某个位置上未达平衡的气、液浓度 y 和 x，而在平衡曲线上的一点 R，其气、液界面上的组成为 y_i 和 x_i，即相当于界

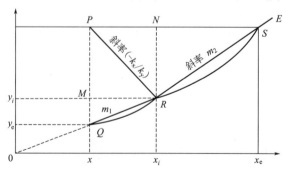

图 9-4　总推动力和各相推动力的关系

面上的平衡，现令与液相组成 x 相平衡的气相组成为 y_e，其值可以根据 x 在平衡线上的值定出，也就是 Q 点所显示的纵坐标值。同理 S 点的横坐标值就是与气相组成 y 相平衡的液相组成 x_e。因为压力与温度一定时，平衡曲线的位置是唯一的。因此 y_e 完全可以反映 x 的大小，它们的单位又相同，二者可以直接相比较，于是（$y-y_e$）代表了两相传质的总推动力，同理（x_e-x）也同样代表了两相传质的总推动力。这样，传质速率方程可以写成：

$$N_A = K_y(y-y_e) \tag{9-23}$$
$$N_A = K_x(x_e-x) \tag{9-24}$$

式中　　K_y——以总推动力 $y-y_e$ 为准的总传质系数，$kmol/(m^2 \cdot h)$；

　　　　K_x——以总推动力 x_e-x 为准的总传质系数，$kmol/(m^2 \cdot h)$。

总传质系数与两相传质系数之间的关系可以根据图 9-4 所示的关系得出。

$$\frac{1}{K_y} = \frac{1}{k_y} + \frac{m_1}{k_x} \tag{9-25}$$

$$\frac{1}{K_x} = \frac{1}{m_2 k_y} + \frac{1}{k_x} \tag{9-26}$$

可以看出传质系数的倒数代表了传质阻力，式中的 m_1 和 m_2 可以理解为使 K_x 和 K_y 的单位取得一致而加入的换算因数。

式(9-25)、式(9-26) 分别与式(9-16) 及式(9-18) 的含义一致，只是气液两相组成所用的单位不同以及将溶解应系数 h 代以相平衡常数 m 而已。

把式(9-21) 与式(9-23) 合并可得

$$\frac{1/K_y}{1/k_y} = \frac{k_y}{K_y} = \frac{y-y_e}{y-y_i} = \frac{\overline{PQ}}{\overline{PM}}$$

上式说明，总阻力与气相阻力之比等于总推动力与气相推动力之比。若气相阻力在总阻力中所占比重较大，则 M 点便很靠近 Q 点，此时图 9-4 中的 R 点也沿平衡线向下移动，在极端情况下，$K_y = k_y$、M、Q、R 三点重合，式(9-25) 中的 m_1 就成为通过 Q 点的切线斜率，此种情况说明溶质气体在溶剂中的溶解度极大，也就是说这是对易溶气体（m_1 极小）的吸收，气相阻力占主导地位，其特点是只要气相分压增加少许，则液相中相应的平衡浓度就会有很大增加，因此是气膜控制。像用水吸收氨气、氯化氢及 SO_2 等，都属于此种类型，如表 9-1 所示。

表 9-1　控制因素举例

气膜控制	液膜控制	双膜控制
水吸收氨(NH_3)	水或弱碱吸收 CO_2	水吸收 SO_2
水吸收 HCl	水吸收 Cl_2	水吸收丙酮
碱液或氨水吸收 SO_2	水吸收 O_2	浓硫酸吸收 NO_2
浓硫酸吸收 SO_2	水吸收 H_2	
弱碱吸收 H_2S		

同样，对于难溶气体，其液相阻力在总阻力中占的比重很大，N 点很靠近 S 点，$K_x = k_x$，在极端情况下 N、R、S 三点重合，式(9-26) 中的 m_2 值很大，说明当气相中的溶质分压即便有了较大的变化，液相的浓度变化也是很小的，此种情况称为液膜控制。像用水吸收氯气、氧气等属于此种类型。对于介于易溶和难溶之间的情况，则气膜与液膜双方的阻力都不容忽略。

当吸收体系为气膜控制时，若要提高吸收总传质系数 K_G（或 K_y），应从加大气相湍动程度入手；当吸收为液膜控制时，若要提高吸收总系数 K_L（或 K_x），应从增大液相湍动程度着手。

9.3 吸收塔的计算

吸收装置的计算主要在于决定其操作容量，即计算所需要的相际接触面积，进而决定塔的尺寸。计算所需要的基本方程式有质量传递式、物料衡算以及相平衡方程式。

9.3.1 物料衡算

在一般吸收操作中，应用逆流原理可以提高溶剂的使用效率，获得最大的分离效果，因此所需的接触面积也最小。另外，在吸收操作中，由于在气、液两相间有物质传递，通过全塔的气液流量都在随时变化。液体因不断吸收可溶组分，其流量不断增大；与此相反，气体流量也不断减少。气液流量作为变量，以它们为基准进行工艺计算是不方便的。然而纯吸收剂和惰性气体这两种载体的流量是不变的，所以在吸收计算中，通常是采用载体流量作为运算的基准，这时气、液浓度就以摩尔分子比来表示。

现令：

G——单位时间通过吸收塔任一截面单位面积的惰性气体的量，kmol/(m^2 · h)；

L——单位时间通过吸收塔任一截面单位面积纯吸收剂的量，kmol/(m^2 · h)；

Y，Y_1，Y_2——分别为在塔的任意截面、塔底和塔顶的气相组成，kmol 吸收质/kmol 惰性气体；

X，X_1，X_2——分别为在塔的任意截面、塔底和塔顶的液相组成，kmol 吸收质/kmol 吸收剂。

这样在一个吸收塔进行逆流操作中见图 9-5 对全塔进行物料衡算有

$$G\ (Y_1-Y_2)\ =L\ (X_1-X_2) \tag{9-27}$$

若就任意截面与塔底之间进行物料衡算有

$$G\ (Y_1-Y)\ =L\ (X_1-X) \tag{9-28}$$

或

$$Y=\frac{L}{G}X+\left(Y_1-\frac{L}{G}X_1\right) \tag{9-29}$$

在 Y-X 图上作式(9-27)的图线为一条直线（如图 9-5 中的操作线），直线斜率为 L/G，截距为 $\left(Y_1-\frac{L}{G}X_1\right)$，直线的两端分别反映了塔底（$Y_1$、$X_1$）和塔顶（$Y_2$、$X_2$）的气液两相组成。此直线上任一点的 Y、X 都对应着吸收塔中某一截面处的气、液相的组成，式(9-29)称为吸收操作线方程式，斜率 L/G 称为液气比，其物理含义是处理单位惰性气体

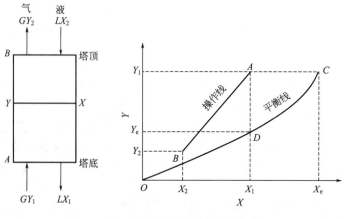

图 9-5 吸收塔的物料衡算

所消耗的纯吸收剂的量。

操作线方程式的作用是说明塔内气液浓度变化情况，更重要的是通过气液情况与平衡关系的对比，确定吸收推动力，进行吸收速率计算，并可确定吸收剂的最小用量，计算出吸收剂的操作用量。

关于操作线与平衡线的关系，要掌握以下三个方面。

① 在 Y-X 图上，吸收操作线必须处于平衡线之上。这是由于吸收过程是可溶组分由气相溶于液相的过程，所以可溶组分在气相中的浓度必定大于其在液相的与气相相平衡的浓度，只有操作线位于平衡线之上，才有上述关系。否则就成为在工业废水处理中的"吹脱"处理，而变成一个解吸过程。

② 操作线与平衡线之间的距离反映了吸收推动力的大小。如前所述，对于操作线上的任一点 A（如图 9-5 右图），截交操作线和平衡线的垂直线段 $\overline{AD}$ 就等于推动力（Y_1-Y_e），而截交此同一点的水平线段 $\overline{AC}$ 就等于推动力（X_e-X_1），这就是说，在任一塔截面上，气相中可溶组分的浓度比与液相平衡浓度相对应气相平衡浓度大的愈多，则吸收推动力愈大。

③ 操作线与平衡线不能相交或相切。假如两者相交，就意味着在塔的某一截面处吸收推动力等于零，因此为达到一定的浓度变化，需要两相的接触时间为无限长，因而需要的填料层高度为无限大，这种操作情况是不可能实现的。

9.3.2 最佳液气比的确定

对于一定的液气体系，当温度、压力一定时，平衡关系全部确定，也就是说平衡线在 Y-X 图上的位置是确定的（如图 9-5 右图中的 OC 曲线），而操作线的位置则是由操作条件来决定的。在设计计算之前，气相进塔浓度 Y_1 是已知的，气相出塔浓度 Y_2 是防止大气污染的标准所要求的，作为已知，液相进塔浓度 X_2 以及惰性气体流量 G，都是工艺生产所提出的基本设计参数，也属已知条件，因此只有吸收剂喷淋量 L 及液相出塔浓度 X_1 是待计算的。根据物料衡算，L 与 X_1 之中只有一个是独立的未知量，通常在计算中先确定 L 值，则 X_1 值便随之而定。对于已知气体流量 G，要确定吸收剂流量 L，就先要确定操作线斜率 L/G，即液气比。

液气比的确定，须满足下列三个原则。

① 操作液气比必须大于最小液气比，参见图 9-5。由于 Y_2、X_2 已知，则操作线下端点的位置便已确定。当 G 值已知时，随着 L 值的减少，操作线的斜率（L/G）便随之减小，而且此时操作线愈靠近平衡线。当 L 值小到使操作线与平衡线初次相交或相切时，如图 9-5 中的 $\overline{BC}$ 线，吸收推动力降为零，表示取得的吸收效果要用无限多的相接触面积或无限长的塔高，这是一种达不到的极限情况，这时的 L 值便是吸收剂流量的最小值（L_{min}），在此条件下的液气比（L/G）$_{min}$ 称为最小液气比。毫无疑问，要实现净化工艺的要求，实际吸收剂的用量 $L>L_{min}$ 或者 (L/G)>(L/G)$_{min}$。具体的做法是：根据 Y_1 从平衡线上读出 X_e 后，即可利用下式，算出最小液气比，即

$$(L/G)_{min}=\frac{Y_1-Y_2}{X_e-X_2} \tag{9-30}$$

或者

$$L_{min}=\frac{Y_1-Y_2}{X_e-X_2}G \tag{9-31}$$

② 就填料塔而言操作液体的喷淋密度［即每平方米的塔截面上每小时的喷淋量，$m^3/(m^2 \cdot h)$］应大于为充分润湿填料所必需的最小喷淋密度，一般为 $3\sim4 m^3/(m^2 \cdot h)$，此时设备的阻力较小。

③ 操作液气比的选定应尽可能从设备投资和操作费用两方面权衡考虑，以达到最经济的要求。例如选择较大的喷淋量，操作线的斜率便增大，传质推动力增加，有利于吸收操

作，可减少设备的尺寸和投资，但另一方面由于吸收剂用量增加了，动力消耗增加，而且出塔溶液的浓度 X_1 降低了，这对需要回收吸收剂的操作来说，增加了溶液再生的困难，增加了操作费用。总之，在设备投资和操作费用之间是矛盾的。因此要取得最好的综合经济效果，便存在着 L/G 最佳值的问题。

要选用一个合适的 L/G，首先要求最小吸收剂用量 L_{min}，然后确定吸收剂操作用量。根据实际经验，取

$$L=(1.1\sim2.0)L_{min} \tag{9-32}$$

通过上述分析，可以利用操作线图，结合考虑洗涤液用量，来确定吸收液最终浓度和吸收器尺寸等参数，从而能选择最佳操作条件。

9.3.3 填料塔塔径和阻力的计算

（1）填料塔内的流体力学特性

填料塔内气液两种流体逆向流动时具有一定的特性，即假定给液量保持不变，在逆流情况下，气体的流速达到一定值时，就发生所谓液体的泛滥现象，此时液体停止下降，且开始随同上逸的气体被吹出塔外，此时气体的流速称为"泛点"。若在对数坐标上标出压强降 Δp

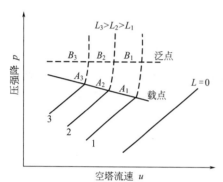

图 9-6 填料塔的流体力学特性（双对数坐标）

对气体空塔速度 u 的关系，并以不同的液体喷淋量（L）作为第三参数，可以画出如图 9-6 所示的各种不同的曲线。当喷淋量 $L=0$，即所谓干塔情况，所得关系为一条直线，其斜率为 1.8～2.0，即 $\Delta p=u^{1.8\sim2.0}$，这时阻力与气速的关系如同气体以高度湍流状态流过空管道时的情况。当有液体喷淋时，所得的关系就不再是一条直线，而是由三条线段组成的一条曲线。当气速达到 A 点时，液体向下游动受逆向气流的牵制开始明显起来，表现在填料上的滞留液量剧增，气流通过截面不断减小，因此从 A 点之后，压强降随空塔气速有较大的增加，图 9-6 中曲线斜率不断加大，A 点称为"载点"。当气速增加到 B 点时，压强降几乎直线上升，表示塔内发生了气泛，称之为"泛点"，此时气体托住液滴，逐渐使液滴形成连续相，气体反变成分散相，吸收操作无法正常进行。

填料塔只能在泛点之下操作。有的学者认为开始拦液之点（载点）为吸收填料塔的最大可允许的操作情况。而实际最经济的操作速度，最好相当于载点速度的 80% 左右或泛点速度的 50%～70%。

（2）液泛速度（v_f）

通过上面分析，不难了解在决定吸收塔的操作情况或塔径的设计上，都必须首先确定可允许的最大气流速度，即在泛点时的空塔气速。从实验数据看出，泛点时的空塔气速 v_f 与流体物性、液气流量比、填料充填方式和填料特性等因素有关。实验结果一般用通用关联图的形式把有关因素关联起来。当前工程设计中最常用的通用关联图如图 9-7 所示。

图中各符号的含义如下。

L'，G'——分别为液体和气体的质量速度；

ρ_G，ρ_L——分别为气体和液体的密度，kg/m³；

v_f——气体的空塔泛点速度，m/s；

φ——水的密度和液体的密度之比；

Φ——填料特性值（填料因子可查手册），m²/m³；

μ_e——液体的黏度，mPa·s；

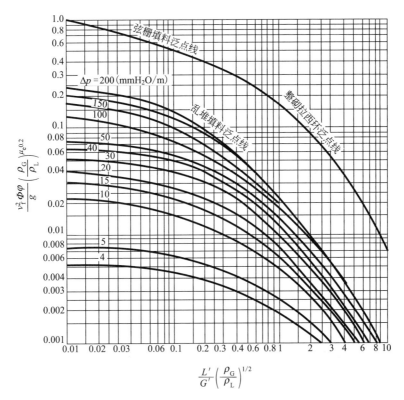

图 9-7 填料塔液泛速度通用关联图 （1mmH$_2$O＝9.8Pa）

g——重力加速度，m/s^2。

泛点气速的计算步骤如下。

① 首先根据操作条件计算出 $\dfrac{L'}{G'}\sqrt{\dfrac{\rho_G}{\rho_L}}$ （均为已知）；

② 再由相应的泛点线查出对应的纵坐标值，即 $\dfrac{v_f^2 \cdot \varphi \cdot \Phi}{g}\left(\dfrac{\rho_G}{\rho_L}\right) \cdot \mu_e^{0.2}$ 的值；

③ 再将已知的 φ、Φ、ρ_G、ρ_L 及 μ_e 等值代入上式求出泛点速度值 v_f；

④ 实际选用的操作流速 v，可由泛点流速 v_f 乘一个合适的系数，即 $v=(0.5\sim0.8)v_f$。

（3）塔径和阻力计算

① 填料吸收塔塔径 D_T 可按下列公式计算。

$$Q_v = \frac{\pi}{4}D_T^2 \cdot v$$

所以

$$D_T = \sqrt{\frac{4Q_v}{\pi v}}$$

式中　　Q_v——气体的处理量，m^3/h；

　　　　D_T——塔径，m；

　　　　v——计算选定的空塔流速，m/h。

② 压强降的计算

a. 计算出纵坐标 $\dfrac{v^2 \cdot \varphi \cdot \Phi}{g} \cdot \dfrac{\rho_G}{\rho_L} \cdot \mu_e^{0.2}$ 的值；

b. 由上述纵坐标值及横坐标 $\dfrac{L'}{G'}\left(\dfrac{\rho_G}{\rho_L}\right)^{1/2}$ 值对应在图 9-7 中找出对应的压强降 Δp 值（用

内插法）即得。

【例 9-1】 某矿石焙烧炉排出炉气冷却至 20℃后，送入填料吸收塔中用水洗涤，去除其中的 SO_2。已知操作压力为 101.325kPa，炉气的体积流量为 2000m³/h，炉气的混合相对分子质量为 32.16，洗涤水耗量为 $L' = 45200$kg/h，吸收塔选用填料为：①25mm×25mm×2.5mm 乱堆瓷拉西环；②50mm 瓷矩鞍填料，若取空塔流速为液泛流速的 70%，试分别求出所需的塔径及每米填料的压强降。

解：（1）分别确定两种填料的液泛气速及塔径。

① 求炉气的密度 ρ_G

因为 $p = 1$atm $= 10330$kg/m²；$R = 0.08206 \dfrac{L \cdot atm}{mol \cdot K} = 848 \dfrac{L \cdot kg/m^2}{mol \cdot K}$；$T = 273 + 20 = 293$K；$M = 32.16$

所以 $\rho_G = \dfrac{pM}{RT} = \dfrac{10330 \times 32.16}{848 \times 293} = 1.337$（kg/m³）

② 求炉气的质量速度 G'

$$G' = Q_v \rho_G = 2000\text{m}^3/\text{h} \times 1.337\text{kg/m}^3 = 2674\text{（kg/h）}$$

③ 液体的密度 $\rho_L = 1000$kg/m³

④ $\dfrac{L'}{G'} \sqrt{\dfrac{\rho_G}{\rho_L}} = \dfrac{45200}{2674} \times \sqrt{\dfrac{1.337}{1000}} = 0.62$

⑤ 在图 9-7 中，从横坐标为 0.62 查得对应的纵坐标为 0.04（注意：查乱堆填料的泛点线），即

$$\dfrac{v_f^2 \cdot \varphi \cdot \Phi}{g} \cdot \dfrac{\rho_G}{\rho_L} \cdot \mu_e^{0.2} = 0.04$$

则

$$v_f = \sqrt{0.04 \dfrac{g}{\varphi \Phi} \cdot \dfrac{\rho_L}{\rho_G} \cdot \dfrac{1}{\mu_e^{0.2}}}$$

因为吸收剂为水，故 $\varphi = 1$；20℃时水的黏度 $\mu_e = 1$

⑥ 求泛点气速、操作气速及塔的截面

a. 选用 25mm 乱堆瓷拉西环，则 $\Phi = 450$（m²/m³）。

液泛速度： $v_f = \sqrt{0.04 \times \dfrac{9.81}{450 \times 1} \times \dfrac{1000}{1.337} \times \dfrac{1}{1^{0.2}}} = 0.81$（m/s）

操作气速： $v_f \times 70\% = 0.81 \times 0.7 = 0.567$（m/s）

塔径： $D_T = \sqrt{\dfrac{4}{\pi} \times \dfrac{Q_v}{3600 \times v}} = \sqrt{\dfrac{4}{\pi} \times \dfrac{2000}{3600 \times 0.567}} = 1.12$（m）

塔截面积： $A = \dfrac{\pi}{4} D_T^2 = \dfrac{\pi}{4} \times (1.12)^2 = 0.99$（m²）

b. 选用 50mm 瓷矩鞍，则 $\Phi = 130$m²/m³

液泛气速： $v_f = \sqrt{0.04 \times \dfrac{9.81}{130 \times 1} \times \dfrac{1000}{1.337} \times \dfrac{1}{1^{0.2}}} = 1.503$（m/s）

操作气速： $v = v_f \times 0.7 = 1.503 \times 0.7 = 1.052$（m/s）

塔径： $D_T = \sqrt{\dfrac{\pi}{4} \times \dfrac{2000}{3600 \times 1.052}} = 0.82$（m）

塔径与填料尺寸之比：820/50 = 16.4 > 10，故选用 50mm 瓷矩鞍是允许的。

塔的截面积：$A = \dfrac{\pi}{4} D_T^2 = \dfrac{\pi}{4} \times (0.82)^2 = 0.53$（m²）

（2）求每米填料的压强降 Δp

① 25mm 瓷拉西环填料层

纵坐标：$\dfrac{v^2\varphi\varPhi}{g}\cdot\dfrac{\rho_G}{\rho_L}\cdot\mu_e^{0.2}=\dfrac{(0.567)^2\times1\times450\times1.337}{9.81\times1000}\times(1)^{0.2}=0.02$

横坐标：$\dfrac{L'}{G'}\cdot\sqrt{\dfrac{\rho_G}{\rho_L}}=0.62$

在图 9-7 中根据纵、横坐标值定出塔的工作点。其位置在 30mmH$_2$O/m 及 50mmH$_2$O/m（1mmH$_2$O=9.8Pa）两条等压线之间，用插值法求得压降为 40mmH$_2$O/m。

② 50mm 瓷矩鞍填料层

纵坐标：$\dfrac{v^2\varphi\varPhi}{g}\cdot\dfrac{\rho_G}{\rho_L}\cdot\mu_e^{0.2}=\dfrac{(1.052)^2\times1\times130\times1.337}{9.81\times1000}\times(1)^{0.2}=0.0196$

横坐标：0.62

在图 9-7 中，根据纵、横坐标定出塔的工作点，其位置在 $\Delta p=35$mmH$_2$O/m 处。

（3）填料层高度的计算

对于低浓度的气体混合物和低浓度的液体而言，例如用吸收法净化污染气体，由于组分在气相和液相中的浓度都比较低，则其气相中的分压 p 可假定与摩尔分子比 y 成正比；其在液相中的浓度 C 亦可假定与 x 成正比，即 $Y=y=\dfrac{p}{P}$；$X=x$。在此情况下，可以认为塔内的气体流率为常数（即混合气体的流量与惰性气体的流量是相等的）。这样就使填料层高度的计算大为简化。

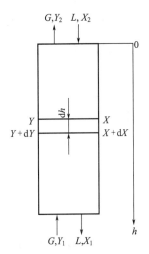

图 9-8　填料塔内浓度变化

填料塔是逆流连续式的吸收设备，气、液两相的流率与浓度都沿填料层高度连续变化，因此可以从填料层的一个微分段来分析。

如图 9-8，从上而下计算。当填料高度变化 dh 时，气体的浓度由 $Y\rightarrow Y+$dY，同时液体浓度由 $X\rightarrow X+$dX，设塔的内截面为 S，如前所述，低浓度气体的吸收，可假定通过塔的任何截面的气体量 GS 不变，故在此微分段内，单位时间从气相传入液相的溶质的量为 GSdY，或为 LSdX。假设单位体积填料层所提供的有效气液接触面积为 a，则微分段内总的有效接触面积为：aSdh。

当传质速率为 N_A 时，则单位时间从气相传入液相的溶质量为 $N_A Sa$dh，而 $N_A=K_Y$ $(Y-Y_e)$［由式（9-23）］，则

$$GS\mathrm{d}Y=N_A Sa\mathrm{d}h=K_Y(Y-Y_e)Sa\mathrm{d}h \qquad (9\text{-}33)$$

式中 G 为常数。假设 K_Y 和 a 亦为常数，则分别列出变数后，再从塔顶到塔底积分，可得填料层高的计算式如下：

$$h=\int_0^h\mathrm{d}h=\frac{G}{K_Ya}\int_{Y_2}^{Y_1}\frac{\mathrm{d}Y}{Y-Y_e} \qquad (9\text{-}34)$$

值得注意的是，在实际操作中并非全部填料表面都被液体润湿，而在已润湿表面上有液体停滞时，也不能完全有效地参与传质过程，所以 a 值总是要小于干填料面积，而且 a 的大小不仅与填料的几何特性有关，而且与气液两相的流速及物理特性有关，因此在实验中直接测出 a 值是困难的。为此在实验中常常把 a 值和传质系数 K_Y 结合成一个系数加以测定，反映出的是塔的单位填充体积传质情况，于是把两者的乘积 K_Ya 称之为体积传质系数［单位：kmol/（m^3·h）］，在上式积分时，假定体积传质系数为常数，不随塔高变化。

式(9-34) 表明:填料层高度 h 是 $\dfrac{G}{K_Y a}$ 和 $\displaystyle\int_{Y_2}^{Y_1} \dfrac{\mathrm{d}Y}{Y-Y_e}$ 两个量的乘积,其中 $\dfrac{G}{K_Y a}$ 的单位与高度相同,称为气相总传质单元高度,而 $\displaystyle\int_{Y_2}^{Y_1} \dfrac{\mathrm{d}Y}{Y-Y_e}$ 是一个无量纲量,称为总传质单元数。令

$$\frac{G}{K_Y a}=H_{OG}\,;\quad \int_{Y_2}^{Y_1} \frac{\mathrm{d}Y}{Y-Y_e}=N_{OG}\,,\quad 则$$

$$h=H_{OG}N_{OG} \tag{9-35}$$

气相总传质单元高度和总传质系数 K_Y 是相联系的,因为

$$\frac{1}{K_Y}=\frac{1}{k_Y}+\frac{m}{k_X} \tag{9-36}$$

则有

$$\frac{G}{K_Y a}=\frac{G}{k_Y a}+\frac{Gm}{k_X a} \tag{9-37}$$

由式(9-37) 可见:总传质单元高度与相应的体积传质系数的倒数成正比,后者相当于传质阻力,对于一定物质的吸收,若气、液流动情况相同时,传质单元高度取决于填料的性能,填料的性能好,则每个传质单元的高度就小。同样,当填料的类型和规格相同时,总传质单元高度就取决于气、液流动情况。例如 $K_Y a$ 大体上与 $G^{0.8}$ 成正比,显然 $\dfrac{G}{K_Y a}$ 就与 $G^{0.2}$ 成正比。所以从整个吸收塔来看,即使 G 变化很大,$K_Y a$ 变化也很大时,对传质单元高度的影响是很小的,即填料一定时,其变化范围不大。常用填料的 H_{OG} 值大都在 $0.5\sim1.5\mathrm{m}$ 之间。

关于总传质单元数 N_{OG} 的物理意义可作如下分析,以气相总传质单元数 $\displaystyle\int_{Y_2}^{Y_1} \dfrac{\mathrm{d}Y}{Y-Y_e}$ 为例,

积分符号中的分子 $\mathrm{d}Y$ 为气相浓度变化值,分母 $Y-Y_e$ 为吸收推动力,故 $\displaystyle\int_{Y_2}^{Y_1} \dfrac{\mathrm{d}Y}{Y-Y_e}$ 是取决于吸收过程中浓度变化与推动力大小的一个数值,表示要达到一定吸收效果的难易程度。若吸收分离所要求的浓度变化愈大,平均推动力愈小,则气相总传质单元数就愈大,表示达到所要求的吸收效果较难。反之,则表示容易达到所要求的吸收效果。

同理

$$h=\frac{L}{K_X a}\int_{X_2}^{X_1} \frac{\mathrm{d}X}{X_e-X} \tag{9-38}$$

令

$$\frac{L}{K_X a}=H_{OL} \quad (称为液相总传质单元高度) \tag{9-39}$$

$$\int_{X_2}^{X_1} \frac{\mathrm{d}X}{X_e-X}=N_{OL} \quad (称为液相总传质单元数) \tag{9-40}$$

则

$$h=H_{OL}N_{OL} \tag{9-41}$$

常用填料的 H_G 和 H_L 值列于表 9-2 中。

如果不知道气相总传质系数 K_Y 时,可以根据表 9-2 按下列途径算出 H_{OG}。

即

$$H_{OG}=H_G+\lambda H_L \tag{9-42}$$

式中　H_G——气相传质单元高度,m;

H_L——液相传质单元高度,m;

λ——系数,为 p-c 坐标图中的平衡线斜率与操作线斜率之比。λ 值可由下式算出。

$$\lambda=\frac{Q_v}{L''}\cdot\frac{\rho_A}{H'P} \tag{9-43}$$

表 9-2　几种常用填料的特性参数

填料名称	填料规格	比表面积 /(m²/m³)	气相传质单元高度 H_G/m	液相传质单元高度 H_L/m	填料因子 φ
陶瓷拉西环 （乱堆）	15×15×2	330	0.1	0.47	1020
	25×25×2.5	190	0.23	0.47	450
	40×40×4.5	126	0.35	0.55	350
	50×50×4.5	93	0.51	0.61	205
陶瓷矩鞍 填料	6	993			2400
	13	630			870
	20	338			480
	25	258			320
	38	197			170
	50	120			130

式中　Q_v——气相的体积流率，m³/(m²·h)；

　　　L''——液相的喷淋密度，m³/(m²·h)；

　　　ρ_A——被吸收组分的密度，kg/m³；

　　　H'——溶解度系数（$C=H'p_e$），kg/(m³·atm[❶])；

　　　P——系统总压力，atm。

通过以上分析可以看出求填料层高度 h 的关键问题在于如何求算总传质单元数 N_{OG}

（或 N_{OL}），即求算积分值 $\int_{Y_2}^{Y_1} \dfrac{\mathrm{d}Y}{Y-Y_e}$ 或 $\int_{X_2}^{X_1} \dfrac{\mathrm{d}X}{X_e-X}$。其繁简程度随平衡曲线的形状而异，

现分别加以讨论。

① 平衡线为直线

a. 对数平均推动力法　对于低浓度气体的吸收，操作线接近于直线，若在操作浓度范围内，平衡关系符合亨利定律，则平衡线亦为直线，见图 9-9。

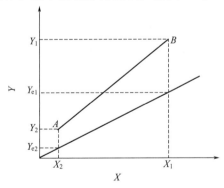

图 9-9　平均推动力图解法

设在操作线上任一点与平衡线的差值为 ΔY，则在 B 点（浓端）$\Delta Y_1 = Y_1 - Y_{e1}$，在 A 点（稀端）$\Delta Y_2 = Y_2 - Y_{e2}$，因 ΔY 与 Y 为直线关系，因此

$$\frac{\mathrm{d}(\Delta Y)}{\mathrm{d}Y} = \frac{(\Delta Y)_1 - (\Delta Y)_2}{Y_1 - Y_2} \tag{9-44}$$

则总传质单元数

---

❶ 1atm＝101325Pa。

$$N_{OG} = \int_{Y_2}^{Y_1} \frac{dY}{Y - Y_e} = \int_{Y_2}^{Y_1} \frac{dY}{\Delta Y} = \int_{Y_2}^{Y_1} \frac{dY}{d(\Delta Y)} \cdot \frac{d(\Delta Y)}{\Delta Y}$$

将式(9-44)代入后有

$$N_{OG} = \frac{Y_1 - Y_2}{(\Delta Y)_1 - (\Delta Y)_2} \int_{Y_2}^{Y_1} \frac{d(\Delta Y)}{\Delta Y} = \frac{Y_1 - Y_2}{(\Delta Y)_1 - (\Delta Y)_2} \ln \frac{(\Delta Y)_1}{(\Delta Y)_2}$$

$$= \frac{Y_1 - Y_2}{\dfrac{(\Delta Y)_1 - (\Delta Y)_2}{\ln \dfrac{(\Delta Y)_1}{(\Delta Y)_2}}} = \frac{Y_1 - Y_2}{(\Delta Y)_{lm}} \tag{9-45}$$

其中

$$(\Delta Y)_{lm} = \frac{(\Delta Y)_1 - (\Delta Y)_2}{\ln \dfrac{(\Delta Y)_1}{(\Delta Y)_2}} \tag{9-46}$$

将积分结果代入式(9-34)有

$$h = \frac{G(Y_1 - Y_2)}{K_Y a (Y - Y_e)_{lm}} \tag{9-47}$$

同理，以液相浓度表示的公式可写成

$$h = \frac{L(X_1 - X_2)}{K_X a (X_e - X)_{lm}} \tag{9-48}$$

式中

$$(X_e - X)_{lm} = (\Delta X)_{lm} = \frac{(\Delta X)_1 - (\Delta X)_2}{\ln \dfrac{(\Delta X)_1}{(\Delta X)_2}} \tag{9-49}$$

以上两式表明：填料层高度是以单位塔面积为准的吸收速度与体积传质系数和平均推动力乘积的比值，而全塔的平均推动力等于浓端（塔底）与稀端（塔顶）的推动力的对数平均值。

b. 吸收因数法　由于平衡线为直线，即平衡关系符合亨利定律，就可以用 $Y_e = mX$ 即式(9-4)代入式(9-34)进行积分，求出分析解来。现在由塔内任一截面与塔顶稀端之间作物料衡算，引出一般操作线方程为

$$G(Y - Y_2) = L(X - X_2)$$

将此式与 $Y_e = mX$ 结合后有

$$Y_e = m\left[\frac{G}{L}(Y - Y_2) + X_2\right]$$

于是

$$N_{OG} = \int_{Y_2}^{Y_1} \frac{dY}{Y - Y_e} = \int_{Y_2}^{Y_1} \frac{dY}{Y - m\left[\dfrac{G}{L}(Y - Y_2) + X_2\right]}$$

$$= \int_{Y_2}^{Y_1} \frac{dY}{\left(1 - \dfrac{mG}{L}\right)Y + \dfrac{mG}{L}Y_2 - mX_2}$$

$$= \frac{1}{1 - \dfrac{mG}{L}} \ln \frac{\left(1 - \dfrac{mG}{L}\right)Y_1 + \dfrac{mG}{L}Y_2 - mX_2}{\left(1 - \dfrac{mG}{L}\right)Y_2 + \dfrac{mG}{L}Y_2 - mX_2}$$

将上式对数项中的分子进行配方，即在其中加入 $\left(\dfrac{m^2G}{L}X_2-\dfrac{m^2G}{L}X_2\right)$，并令 $\dfrac{mG}{L}=\dfrac{1}{A}$，加以整理之后可得

$$N_{OG}=\dfrac{1}{1-\dfrac{1}{A}}\ln\left[\left(1-\dfrac{1}{A}\right)\left(\dfrac{Y_1-mX_2}{Y_2-mX_2}\right)+\dfrac{1}{A}\right] \tag{9-50}$$

为了便于计算，在半对数坐标纸上以 $\dfrac{1}{A}=\dfrac{mG}{L}$ 为参数，按式(9-49)的关系对传质单元数 N_{OG} 与 $\dfrac{Y_1-mX_2}{Y_2-mX_2}$ 进行标绘，可得图 9-10 所示的一组曲线。

式中 $\dfrac{mG}{L}$ 称为"解吸因数"，是平衡线斜率 m 与操作线斜率 $\dfrac{L}{G}$ 的比值，无量纲量。

由式(9-50)可以看出，N_{OG} 的数值取决于 $\dfrac{mG}{L}$ 与 $\dfrac{Y_1-mX_2}{Y_2-mX_2}$ 这两个因素。当 $\dfrac{mG}{L}$ 值一定时，N_{OG} 与 $\dfrac{Y_1-mX_2}{Y_2-mX_2}$ 值之间有一一对应的关系。利用此图可由已知的 G、Y_1、Y_2、L、X_2 及 m 值方便地查得 N_{OG} 的数值。

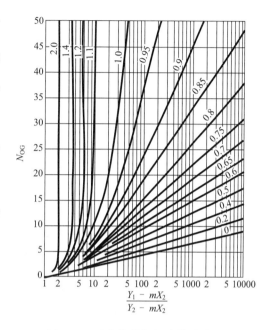

图 9-10　吸收塔的气相总传质单元数（以 mG/L 为参变数）

在图 9-10 中，横坐标 $\dfrac{Y_1-mX_2}{Y_2-mX_2}$ 值的大小反映溶质吸收率的高低。在气、液相进口浓度一定的情况下，若要求吸收率愈高，则 Y_2 值愈小，$\dfrac{Y_1-mX_2}{Y_2-mX_2}$ 的数值愈大，对应于同一 $\dfrac{mG}{L}$ 值的 N_{OG} 值也愈大。

参数 $\dfrac{mG}{L}$ 反映吸收推动力的大小，在气、液进口浓度及溶质吸收率已知的情况下，横坐标 $\dfrac{Y_1-mX_2}{Y_2-mX_2}$ 的值便已确定。此时增大 $\dfrac{mG}{L}$ 值就意味着减小液气比。其结果是溶液出口浓度提高，而塔内吸收推动力变小，所以 N_{OG} 值增大。反之，若参数 $\dfrac{mG}{L}$ 值减小，则 N_{OG} 值变小。

为了从混合气体中分离出溶质组分 A 而进行的吸收过程，要获得最高的吸收率，必然力求使出塔气体与进塔液体趋近平衡，这就必须采用较大的液体量，使操作线斜率大于平衡线斜率$\left(\text{即}\dfrac{mG}{L}<1\right)$才有可能。反之，若要获得最浓的吸收液，必然力求使出塔液体与进塔气体趋近平衡，这就必须采用小的液体量，使操作线斜率小于平衡线斜率$\left(\text{即}\dfrac{mG}{L}>1\right)$才有可能。在空气污染的控制中多着眼于提高污染物的吸收率，所以 $\dfrac{mG}{L}$ 值常小于 1。有时还采用液体循环的操作方式，这就加大了液气比，能有效地降低 $\dfrac{mG}{L}$ 值，但这样会丧失逆流操作

的优越性，比较经济的数值是 $\frac{mG}{L} = 0.7 \sim 0.8$。

应用图 9-10 估算总的传质单元数比较方便，但须指出，只有在 $\frac{Y_1 - mX_2}{Y_2 - mX_2} > 20$ 及 $\frac{mG}{L} \leqslant$ 0.75 的范围内使用该图时，读数才较准确。

② 平衡线不为直线时，用图解积分法求分析解　平衡线不为直线时，平衡线不服从亨利定律。此时即使操作线为直线，表示吸收推动力的两线间的变化也是不规则的，于是全塔的平均推动力就不能用稀端与浓端推动力的对数平均值来代替。Y_e 与 X 的关系既然不能用简单的数学式来表达，则用数学方法直接积分求 N_{OG} 也就困难，这时一般均采用图解积分法。

其方法是：先在直角坐标内绘出平衡线和操作线，如图 9-11 所示。

在 Y_1 和 Y_2 之间选定若干个 Y 值，当然愈多愈准确，并逐一在图上读出相应的 Y_e 值，计算出各个对应的 $Y - Y_e$ 值，然后逐点标绘出 $\frac{1}{Y - Y_e}$ 对 Y 的曲线，其图形如图 9-12 所示，曲线下到横坐标的 Y_1 至 Y_2 范围内的曲边面积即为所求的积分值，$N_{OG} = \int_{Y_2}^{Y_1} \frac{dY}{Y - Y_e}$ 在计算面积时可用分段近似求小面积后再加和的方法。

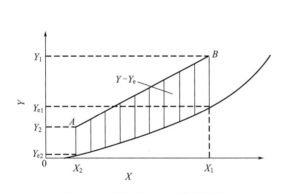

图 9-11　平衡线不为直线的图形

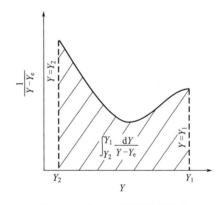

图 9-12　求 N_{OG} 的图解积分法

【**例 9-2**】空气和氨的混合物在直径为 0.8m 的填料塔中，用水吸收其中所含氨的 99.5%，每小时所送入的混合气体量为 1400kg，混合气体的总压力为 101.3Pa，其中氨的分压为 1.333Pa，所用的气液比为最小值的 1.4 倍，操作温度（20℃）下的平衡关系为 $Y_e = 0.75X$，总体积吸收系数 $K_Ya = 0.088 \text{kmol}/(\text{m}^3 \cdot \text{s})$，求每小时的溶剂水用量与所需的填料层高度。

解：（1）求溶剂用量

由于混合气体中氨的含量很少，因此混合气体的相对分子质量可近似地取为空气相对分子质量，即为 29kg/kmol，故

气体流率
$$\frac{Q}{M} = \frac{1400}{29} = 48.3 (\text{kmol/h})$$

塔的截面积为
$$F = \frac{\pi}{4} D_T^2 = \frac{\pi}{4} (0.8)^2 = 0.5 (\text{m}^2)$$

通过塔截面的气体流量为
$$G = \frac{48.3}{F} = \frac{48.3}{0.50 \times 3600} = 0.027 [\text{kmol}/(\text{m}^2 \cdot \text{s})]$$

塔底的气相组成为

$$Y_1 = y_1 = \frac{p}{P} = \frac{1.333}{101.3} = 0.0132$$

吸收速率为

$$N_A = G y_1 \times 99.5\% = (0.027) \times 0.0132 \times 0.995 = 3.55 \times 10^{-4} [\text{kmol}/(\text{m}^2 \cdot \text{s})]$$

塔顶的气相组成为

$$Y_2 = y_2 = \frac{y_1 \times (1-0.995)}{(1-0.0132) + (0.0132) \times (1-0.995)} = 6.7 \times 10^{-5}$$

由于混合气体量与惰性气体量几乎相等，因此 y_2 也可以用下式计算，即：

$$y_2 = y_1 \times (1-0.995) = 0.0132 \times 0.005 = 6.6 \times 10^{-5}$$

$$X_2 = x_2 = 0$$

由于气液两相浓度都较低，平衡关系符合亨利定律，（因为 $x_1 = y_1/m$）因此，

$$\left(\frac{L}{G}\right)_{\min} = \frac{y_1 - y_2}{y_1/m - x_2} = \frac{0.0132 - 6.7 \times 10^{-5}}{0.0132 \div 0.75 - 0} = 0.746$$

于是

$$\frac{L}{G} = 1.4 \left(\frac{L}{G}\right)_{\min} = 1.4 \times 0.746 = 1.045$$

则

$$L = 1.045 \times G = 1.045 \times 0.027 = 0.0282 [\text{kmol}/(\text{m}^2 \cdot \text{s})]$$

溶剂用量 $= 1.045 \times 48.3 = 50.4$ （kmol/h）

（2）求填料层高度

① 用平均推动力法

$$(x_1 - x_2) L = (y_1 - y_2) G$$

$$x_1 = \frac{(y_1 - y_2) G}{L} + x_2 = \frac{1}{1.045}(0.0132 - 6.7 \times 10^{-5}) + 0 = 0.0126$$

$$y_{e1} = m x_1 = 0.75 \times 0.0126 = 0.0095$$

$$y_{e2} = 0 \quad (\text{因为 } x_2 = 0)$$

$$\Delta y_1 = y_1 - y_{e1} = 0.0132 - 0.0095 = 0.0037$$

$$\Delta y_2 = y_2 - y_{e2} = 6.7 \times 10^{-5} - 0 = 6.7 \times 10^{-5}$$

所以

$$(\Delta y)_{lm} = \frac{\Delta y_1 - \Delta y_2}{\ln \dfrac{\Delta y_1}{\Delta y_2}} = \frac{0.0037 - 0.000067}{\ln \dfrac{0.0037}{0.000067}} = 0.00091$$

所以

$$h = \frac{G}{K_Y a} \frac{(y_1 - y_2)}{(\Delta y)_{lm}} = \frac{0.027 \times (0.0132 - 0.000067)}{0.088 \times 0.00091} = 4.43 (\text{m})$$

② 用吸收因数法求

$$\frac{1}{A} = \frac{mG}{L} = \frac{0.75}{1.045} = 0.718$$

$$\frac{y_1 - m x_2}{y_2 - m x_2} = \frac{0.0132}{0.000067} = 197$$

由上两式结果查图 8-10 得 $N_{OG} = 14.5$

传质单元高度：

$$H_{OG} = \frac{G}{K_Y a} = \frac{0.027}{0.088} = 0.307 (\text{m})$$

于是所需填料层高度为：$h = H_{OG} N_{OG} = 0.307 \times 14.5 = 4.45 (\text{m})$

9.4 化学吸收

伴有化学反应的吸收称为化学吸收。工业吸收操作中多数是化学吸收，在空气污染控制中化学吸收的应用尤其普遍。例如用碱液吸收 CO_2、SO_2、H_2S 或用各种酸的溶液吸收 NH_3 等。

在化学吸收中由于吸收质在液相中与反应组分发生化学反应，降低了液相中纯吸收质的含量，增加了吸收过程的推动力，同时吸收系数相应增加，气、液有效接触面积增大，从而提高了吸收速率；另一方面，由于溶液表面上被吸收组分的平衡分压大为下降，就增大了吸收剂吸收气体的能力，使出塔气体中吸收质含量进一步降低，达到使气体进一步净化的目的，因此在对气态污染物净化中常采用化学吸收。

化学吸收的机理远较物理吸收复杂，从理论上讲大体可分为五个连续步骤。

① 溶质 A 从气流主体通过气膜到达界面的扩散；

② 溶质 A 在液膜中的扩散；

③ 溶剂中反应组分 B 在液膜中的扩散；

④ 组分 A 和 B 在反应区（带）的化学反应；

⑤ 反应产物从反应区（带）到液相主体的扩散。

以上每个步骤都可能对吸收速度起决定性作用，当扩散速度远远大于化学反应速率时，实际的反应速率就取决于后者，叫做动力学控制，缓慢反应就属于这种情况。反之，如果化学反应速率远远大于某一步扩散速率，例如气膜或液膜的传质阻力很大时，过程的速度完全决定于该步的传质速度，叫做扩散控制，极快反应就属于此种情况。如果二者的速度具有同等的数量级，则过程的速率同时由二者决定，普通速率的化学反应就属于这种情况。

在物理吸收过程中，根据双膜理论，吸收速率决定于吸收质在气膜与液膜中的扩散速率，而吸收极限取决于吸收条件下的气液平衡关系。但在化学吸收过程中吸收速率除与扩散速率有关外，并且与化学反应的速率有关，而吸收极限则同时取决于气、液相的平衡关系和液相中的化学反应平衡。

目前对于伴有化学反应的吸收理论及化学吸收设备的设计计算问题的研究工作还远不能适应工作之需要。设计参数常常要通过小型到中型试验来取得，而初步了解有关化学吸收的现有理论，对于选择吸收设备及强化操作等都是必要的。

9.4.1 传质控制时的浓度分布和传质速度

研究化学吸收中，发现如用 NaOH、Na_2CO_3 等强碱液吸收 SO_2 和 HF 等酸性气体，或者用 H_2SO_4 吸收 NH_3 等碱性气体时，反应极快且是不可逆的，在此情况下传质阻力远远大于化学反应的阻力，此过程为传质控制。

设极快不可逆反应 $A+bB \longrightarrow rR$。式中 A 为气相中被吸收的组分，B 为液相中与 A 发生反应的组分，R 为反应产物，而 b 和 r 为相应的计量系数。此类吸收可分为下列三种情况，如图 9-13 所示。

（1）从扩散开始直到稳定，扩散至相界面处组分 B 的量低于与从气相主体扩散至相界面处的组分 A 相反应所需要的量，则在界面上不会存在组分 B，而组分 A 的量却是过剩的，它必然通过界面向液膜内扩散，以便与继续扩散过来的 B 反应，这就形成反应带向后移动，当移动至某一位置达到 $N_B=bN_A$（即此处 A、B 两组分均无剩余）时，反应带不再移动，达到稳定，此处的 C_A 和 C_B 均为零，见图 9-13(a)。此时反应带 RR 处于液膜之中，离界面 PP 为 z_1，离液膜界面 LL 为 z_2。由于反应为极快反应，过程为传质控制，所以传质速度也

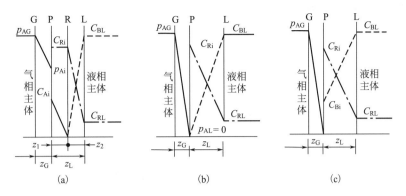

图 9-13 进行极快不可逆反应时液相的浓度分布

(a) $C_{BL} < C_{KP}$；(b) $C_{BL} = C_{KP}$；(c) $C_{BL} > C_{KP}$

A—溶质组分 B—吸收剂活性组分 R—反应产物

G—气相主体与气膜界面；P—气液相界面；L—液相主体与液膜的界面；R—反应面

就是反应速度，它等于组分 A 通过气膜的扩散速度，又等于通过液膜中厚度为 z_1 部分的扩散速度。若在反应表面 ds 上，组分 A 的摩尔流量变化为 dN_A，则有

$$N_A = -\frac{dN_A}{ds} = k_{AG}(p_{AG} - p_{Ai}) = \frac{D_{AL}}{z_1}(C_{Ai} - 0) \tag{9-51}$$

同理组分 B 通过液膜中厚度为 z_2 部分的扩散速度为

$$N_B = \frac{D_{BL}}{z_2}(C_{BL} - 0) \tag{9-52}$$

式中，C_{Ai} 和 C_{BL} 分别为组分 A 在相界面处的浓度（kmol/m³）和组分 B 在液相主体中的浓度（kmol/m³），其余符号意义同前。当过程达到稳定状态后 $N_B = bN_A$，而 $z_L = z_1 + z_2 = D_{AL}/k_{AL}$ 为组分 A 在液相的传质系数。由式(9-51) 和式(9-52) 分别解出 z_1 和 z_2，并将 N_B 代换成 N_A 的函数，整理后得到

$$N_A = k_{AL} \cdot C_{Ai} + \frac{1}{b}\frac{D_{BL}}{D_{AL}} k_{AL} \cdot C_{BL} \tag{9-53}$$

设相界面气液成平衡，即 $C_{Ai} = H'_A p_{Ai}$，由式(9-51) 解出 p_{Ai} 代入亨利定律式，再将求得的 C_{Ai} 值代入式(9-53)，化简后得

$$N_A = \frac{p_{AG} + \dfrac{1}{H'_A b} \cdot \dfrac{D_{BL}}{D_{AL}} C_{BL}}{\dfrac{1}{k_{AG}} + \dfrac{1}{H'_A \cdot k_{AL}}} = K_G \left(p_{AG} + \frac{1}{H'_A \cdot b} \cdot \frac{D_{BL}}{D_{AL}} C_{BL} \right) \tag{9-54}$$

此公式即为反应带处于液膜内时的传质速度方程。式中右边分子为吸收推动力，分母为总传质系数 K_G 的倒数，即传质过程的阻力，其情况与物理吸收相似。分析一下公式可知，对于一定的气液系统，气相组分 A 的分压以及液相组分的浓度越高，传质速度越快。

由式(9-53) 和式(9-51) 可求得 p_{Ai}

$$p_{Ai} = \frac{k_{AG} \cdot p_{AG} - \dfrac{1}{b}\dfrac{D_{BL}}{D_{AL}} k_{AL} \cdot C_{BL}}{H'_A k_{AL} + k_{AG}} \tag{9-55}$$

应当指出公式(9-51) 只适用于 $p_{Ai} > 0$，即相界面处有多余组分 A 的情况，当 $p_{Ai} = 0$ 此时存在

$$C_{BL} < \frac{bk_{AG}}{k_{AL}} \cdot \frac{D_{AL}}{D_{BL}} \cdot p_{AG} = C_{KP} \tag{9-56}$$

此为式(9-54) 的必要条件，称 C_{KP} 为组分 B 的临界浓度，若组分 B 超过此浓度则反应带向左移动至相界面，情况变化，式(9-54) 则不适用了。

若忽略气相阻力，取 $k_{AG}=\infty$，$p_{AG}=p_{Ai}$，则式(9-54) 可简化为

$$N_A = H'_A \cdot k_{AL}\left(p_{AG}+\frac{1}{b}\cdot\frac{D_{BL}}{D_{AL}}\cdot\frac{C_{BL}}{H'_A}\right)$$

$$= k_{AL}C_{Ai}\left(1+\frac{1}{b}\cdot\frac{D_{BL}}{D_{AL}}\cdot\frac{C_{BL}}{C_{Ai}}\right)$$

$$= \beta \cdot k_{AL} \cdot C_{Ai} \tag{9-57}$$

式中

$$\beta = \left(1+\frac{D_{BL}\cdot C_{BL}}{b D_{AL}\cdot C_{Ai}}\right)=\frac{化学吸收速率}{物理吸收速率}$$

式(9-57) 说明与物理吸收时的最大速度 $N_A=k_{AL}\cdot C_{Ai}$ 相比，伴有极快反应的吸收速率较之大了 β 倍，因此称 β 为极快反应的 "增大因子"，$\beta \gg 1$。

(2) 若传质过程从开始直到稳定时，在单位时间内和单位反应表面上，从液相主体中扩散到相界面组分 B 的量如果恰好等于气相主体中扩散来的组分 A 相反应所需要的量，此种情况反应带就固定在相界面 P 上见图 9-13(b)。由于在相界面处 A 和 B 的量正好满足化学计算关系，即 $N_A:N_B=1:b$，因此相界面上 $C_{Ai}=C_{Bi}=0$，则 $p_{Ai}=0$；此时 $C_{BL}=C_{KP}$。由式(9-55) 和式(9-56) 可知：此时的条件是 $C_{BL}=C_{KP}$，即 C_{BL} 等于组分 B 的临界浓度。B 组分浓度 $C_{Bi}=0$，说明组分 A 在液膜中的阻力消失，过程转为气膜控制。其宏观反应速度方程由式(9-51) 得到

$$N_A = k_{AG}\cdot p_{AG} \tag{9-58}$$

即当液相组分 B 的浓度达临界值 C_{KP} 时，宏观上吸收速度与液相中组分 B 的浓度无关，只取决于气相中组分 A 的分压 p_{AG}。

(3) 若扩散到相界面处组分 B 的量远远超过与从气体扩散组分 A 相反应所需要的量，即界面处 B 是过剩的，此时反应带仍与相界面重合，但是 $C_{Ai}=0$，而 $C_{Bi}>0$ 见图 9-13(c)，因此 $p_{Ai}=0$，此时 $C_{BL}>C_{KP}$。由式(9-54) 可知，此种情况下 $p_{Ai}<0$。但实际上 p_{Ai} 显然不可能为负值，其最小值为零，出现负值只是意味着相界面有过剩的 B 组分而已。对于此种情况式(9-58) 仍然是适用的。

通过以上三种情况的分析可以认为：对于快速不可逆反应，其过程为传质控制，化学反应的阻力可以忽略不计，因而与反应动力学方程式的形式无关；对于 $C_{BL}<C_{KP}$ 的情况，过程由气膜和液膜双方决定，按式(9-54) 计算；对于 $C_{BL}\geqslant C_{KP}$ 这两种情况，过程只受气膜传质控制，其处理方法与纯物理吸收一样，即按式(9-58) 计算。

9.4.2 动力学控制时吸收传质的分析

(1) 液相中伴有极慢化学反应的情况

当吸收质 A 穿过气液界面被吸收剂吸收时，吸收质 A 和吸收剂中的组分 B 之间的化学反应极慢，在液膜中作用掉的吸收质的数量极少，大部分反应是吸收质 A 扩散通过液膜到达液相主体之后进行的。而在液相主体中，由于发生化学反应，吸收质 A 的浓度 C_A 很低，因此吸收速率可近似地表示为

$$N_A = k'_L C_{Ai} \tag{9-59}$$

式中　k'_L——液相化学吸收分系数；

　　C_{Ai}——吸收质 A 在界面上的浓度。

由于化学反应进行缓慢，可以认为吸收系数 k'_L 不因化学反应的存在而显著变化（增加），此类吸收过程仍可按物理吸收过程进行计算，不过液相中吸收质的浓度由于参加化学反应生成新的物质而减至很小，使吸收推动力较物理吸收大。

（2）液相中伴有中速化学反应的情况

当吸收过程中化学反应以中速进行时，反应不是在一条狭窄的反应带中进行，而是吸收质 A 通过液膜的整个过程中完成的（见图 9-14）。这种情况下的化学吸收速率，既取决于吸收质 A 和反应组分 B 的扩散速率，又取决于两者的化学反应速率，而且通常化学反应速率的影响更大一些。这种过程吸收速率的计算是比较复杂的，虽然已有一些文献对此进行了分析和推导，但由于局限性大，不能解决实际问题，目前还只能依赖于实测数据。

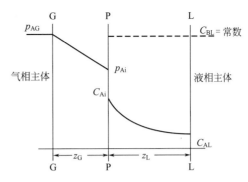

图 9-14　伴有中速化学反应的吸收示意图

【例 9-3】　某含氨的混合气体流量 Q 为 60kmol/h，其中氨的分压为 0.06atm（绝对），要求出口处分压降至 0.01atm，用硫酸含量为 0.6atm/m³ 的吸收剂进行吸收净化，要求出口硫酸浓度为 0.45kmol/m³，假设 $k_{AG} = 0.37$kmol/(m²·h·atm)，工作总压力为 1atm（绝对），逆流吸收处理，试计算回收氨的吸收塔。［设 $k_{AL} = 0.004$m²/h，溶解度系数 $h = 75$kmol/(m²·atm)］（1atm＝101.325kPa）。

解：此吸收过程系伴有极快不可逆反应的吸收净化，其反应式为

$$2NH_3 + H_2SO_4 \longrightarrow (NH_4)_2SO_4$$

由反应式可知，反应计算系数 $a = 2$；$b = 1$，$\dfrac{b}{a} = 0.5$，根据式(9-56)有（假定 $D_{AL} = D_{BL}$）

$$C_{KP} = \frac{b}{a} \frac{k_{AG} \cdot D_{AL}}{k_{AL} D_{BL}} \cdot p_{AG} = 0.5 \times \frac{0.37}{0.004} \times 1 \times p_{AG} = 46.3 p_{AG}$$

则吸收塔气体入口（下部）的反应组分

$$C_{BL}^{下} = 46.3 \times p_{AG入} = 46.3 \times 0.06 = 2.78 \,(\text{kmol/m}^3)$$

此值大于吸收剂出口含硫酸浓度（0.45kmol/m³）。

在吸收塔气体出口（上部）处：

$C_{BL}^{上} 46.3 \times p_{AG出} = 46.3 \times 0.01 = 0.463$（kmol/m³），此值小于吸收剂入口含硫酸的浓度（0.6kmol/m³）。

为了计算方便，可将吸收塔分为上下两段进行。在下段中吸收剂的浓度低于 C_{BL}'，而在上段中又高于 C_{BL}。根据物料衡算，氨的吸收量为

$$W_1 = Q(p_{AG入} - p_{AG出}) = 60 \times (0.06 - 0.01) = 3\,(\text{kmol/h})$$

吸收剂用量：

$$W_2 = W_1 \times \frac{b}{a} \frac{1}{C_{B入} - C_{B出}} = 3 \times 0.5 \times \frac{1}{0.6 - 0.45} = 10.0\,(\text{m}^3/\text{h})$$

两段界面位置可近似地由下段的物料衡算求出。设段界面上氨的分压为 p_{AG}'，则在两段界面上有：

$$Q(p_{AG} - p_{AG}') = 2W_2(C_{KP} - C_{B出})$$

$$60 \times (0.06 - p_{AG}') = 2 \times 10.0(46.3 p_{AG}' - 0.45)$$

由上式求得 $p_{AG}' = 0.0128$atm

则段面上反应物 B 的浓度：

$$C_{BL}' = 46.3 p_{AG}' = 46.3 \times 0.0128 = 0.59\,(\text{kmol/m}^3)$$

（1）对于下段

令
$$r = \frac{a}{bh} \cdot \frac{D_{BL}}{D_{AL}} = \frac{2}{h} \times 1 = \frac{2}{75} = 0.0267$$

由式（9-53）后一项可求出吸收塔下部推动力

$$p'_{AG} + r\,C_{BL} = 0.06 + 0.0267 \times 0.45 = 0.0721 (\text{atm})$$

下段的上部推动力

$$p'_{AG} + r\,C'_{BL} = 0.0128 + 0.0267 \times 0.59 = 0.0286 (\text{atm})$$

推动力的平均值为：$\dfrac{0.072 + 0.0286}{2} = 0.0503 (\text{atm})$，而吸收总系数：

$$K_G = \frac{1}{\dfrac{1}{k_G} + \dfrac{1}{hk_L}} = \frac{1}{\dfrac{1}{0.37} + \dfrac{1}{75 \times 0.004}} = \frac{1}{2.702 + 3.333}$$
$$= 0.166\ [\text{kmol}/(\text{m}^2 \cdot \text{h} \cdot \text{atm})]$$

则传质速率

$$N_{A\text{下}} = K_G(p_{AG} + rC'_{BL}) = 0.166 \times 0.0503 = 0.0084[\text{kmol}/(\text{m}^2 \cdot \text{h} \cdot \text{atm})]$$

（2）对于上段，其下部推动力为 $p'_{AG} = 0.0128\text{atm}$，其上部推动力为 $p_{AG\text{出}} = 0.01\text{atm}$，其平均推动力为 0.0114atm，按式（9-58）

$$N_{A\text{上}} = k_G \cdot p_{AG} = 0.37 \times 0.0114 = 0.00422[\text{kmol}/(\text{m}^2 \cdot \text{h})]$$

求被吸收氨气的量

下段　　　$Q(0.06 - 0.0128) = 60 \times 0.0472 = 2.832 (\text{kmol/h})$

上段　　　$Q(0.0128 - 0.01) = 60 \times 0.0028 = 0.168 (\text{kmol/h})$

上段 + 下段　　$2.832 + 0.168 = 3 (\text{kmol/h})$

（与 W_1 相符），因此所需要的相际自由接触面积为：

下段
$$F_1 = \frac{2.832}{N_{A\text{下}}} = \frac{2.832}{0.0084} = 337 (\text{m}^2)$$

上段：
$$F_1 = \frac{0.168}{N_{A\text{上}}} = \frac{0.168}{0.00422} = 40 (\text{m}^2)$$

全塔相际自由接触面积为：

$$F = F_1 + F_2 = 337 + 40 = 377 (\text{m}^2)$$

以下计算选择填料、计算塔高和阻力，其方法前面已举例，此处略。

9.5　吸收设备

液体吸收过程是在塔器内进行的。为了强化吸收过程，降低设备的投资和运行费用，要求吸收设备应满足以下基本要求。

① 气液之间应有较大的接触面积和一定的接触时间；

② 气液之间扰动强烈、吸收阻力低、吸收效率高；

③ 气流通过时的压力损失小，操作稳定；

④ 结构简单，制作维修方便，造价低廉；

⑤ 应具有相应的抗腐蚀和防堵塞能力。

常用的吸收装置有填料塔、湍流塔、板式塔、喷洒塔和文丘里吸收器等。下面着重介绍填料塔、湍流塔和板式塔。

9.5.1　填料塔

填料塔的形式很多，有立式、卧式、并流、逆流、单层、多层等。其简单构造如图 9-15 所示。主要包括塔体、塔填料和塔内件三大部分。

在支承板上放置填料，这样便增大了气液接触面积，气相自塔底进入，由塔顶排出，液相反向流动，即为逆流操作。逆流操作，平均推动力大，吸收剂利用率高，分离程度高，完成一定分离任务所需传质面积小，工业上经常采用。

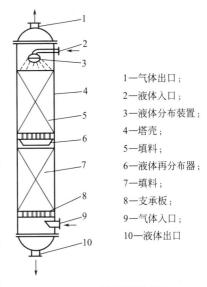

1—气体出口；
2—液体入口；
3—液体分布装置；
4—塔壳；
5—填料；
6—液体再分布器；
7—填料；
8—支承板；
9—气体入口；
10—液体出口

填料的种类很多。工业填料塔所用的填料，可分为实体填料和网体填料两大类。实体填料有拉西环、鲍尔环、鞍形、波纹填料。塔填料的选择是填料塔设计重要的环节之一。一般要求塔填料具有较大的通量，较低的压降，较高的传质效率和强度，同时操作弹性大，性能稳定，能满足物系的腐蚀性、污堵性、热敏性等特殊要求，便于塔的拆装、检修，并且价格要低廉。为此填料应具有较大的比表面积，较高的空隙率，结构要敞开，死角空隙小，液体的再分布性能好，填料的类型、尺寸、材质要选择适当。有关填料的结构和特性数据，可在有关设计资料中查出。

图 9-15 填料塔示意图

在逆流操作系统中，用泵将吸收塔排出的一部分液体经冷却后与补充的新鲜吸收剂一同送回塔内，即为部分再循环操作，主要用于：当吸收剂用量较小，为提高塔的液体喷淋密度以充分润湿填料；为控制塔内温升，需取出一部分热量时。

吸收部分再循环操作较逆流操作的平均吸收推动力要低，需设循环用泵，消耗额外的动力。若吸收过程中处理的液量很大，如果用通常的流程，则液体在塔内的喷淋密度过大，操作气速势必很小（否则易引起塔的液泛），塔的生产能力很低。实际生产中可采用气相作串联而液相作并联的混合流程。

若吸收过程中处理的液量不大而气相流量很大时，可用液相作串联而气相作并联的混合流程。

若设计的填料层高度过大，或由于所处理物料等原因需经常清理填料，为便于维修，可把填料层分装在几个串联的塔内，每个吸收塔通过的吸收剂和气体量都相同，即为多塔串联系统；此种系统因塔内需留较大空间，输液、喷淋、支承板等辅助装置增加，使设备投资加大。其示意流程如图 9-16。总之，在实际应用中应根据生产任务，工艺特点，结合各种流程的优缺点选择适宜的流程布置。

为了避免操作时出现干填料状况，一般要求液体喷淋密度在 $10m^3/(h \cdot m^2)$ 以上，并

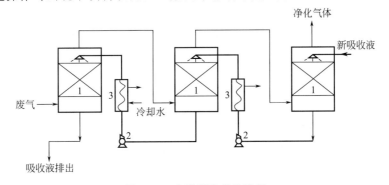

图 9-16 串联逆流吸收流程
1—吸收塔；2—泵；3—冷却器

力求喷淋均匀。为了克服吸收液大量沿塔壁流失（即所谓"塔壁效应"），要求塔径与填料尺寸比值不小于 10 倍，要求单层的填料层高度在 3～5m 之下，否则要分层或分塔安装。

填料塔的空塔气速一般为 0.3～1.5m/s，压降通常为 15～16mmH$_2$O/m（1mmH$_2$O = 9.8Pa）填料。液、气比为 0.5～20kg/kg（溶解度很小的气体除外）。

填料塔的优点是结构简单、气液接触效果好，压降较小，缺点是有悬浮颗粒时，填料容易堵塞、清理工作量大、填料损失大。

9.5.2 湍流塔

近年来，为了强化传质和传热过程，已将流化床技术应用于填料塔中，发展为湍流塔。其特点是加大气速使塔内的填料处于运动状态，塔内设有开孔率较大的筛板，筛板上放置一定数量的轻质小球，气流通过筛板时，小球随之湍动旋转，相互碰撞，吸收剂自上而下喷淋润湿小球表面，进行吸收，由于气、液、固三相接触，小球表面的液膜不断更新，增大了吸收推动力，提高了吸收效率。

球料一般以聚乙烯或聚丙烯制作，具有较好的耐磨、耐温、耐腐性能。

湍球塔的空塔气速一般为 2～6m/s，保证小球湍动。小球之间不断碰撞摩擦，表面经常自动清刷，不会造成堵塞，通常每段塔的阻力约为 40～120mmH$_2$O。

湍流塔的特点是风速高，处理能力大，体积小，吸收效率高；缺点是由于小球的湍动，在每一段内有一定程度的返混，所以只适用于传质单元数（段数）不多的过程。例如不可逆化学吸收和温差较恒定的降温过程。另外塑料小球不能承受高温、寿命短，需经常更换。

9.5.3 筛板塔

板式塔广泛用于气体吸收、除尘、降温、干燥等操作。塔内装有若干层塔板，液体靠重力自塔顶流向塔底，并在塔板上保持住一定的液层，气体以鼓泡或喷射形式穿过板上液层，在塔板上气液相互接触进行传质、传热。在气体净化中筛板塔应用较多。

筛板塔内设有多层筛板，气体亦从下而上经筛孔进入筛板上的液层，通过气体的鼓泡进行吸收，因此也常称谓"鼓泡塔"。为了使筛板上液层厚度保持均匀，提高吸收效率，筛板上设有溢流堰，以保持筛板上液层厚度，一般为 30mm。

操作中必须保持适当的气液比例，才能正常稳定，气量过大，则气流穿过筛孔后猛烈将液体推开，以连续相迅速通过塔板液层，形成气体短路，并发生严重的雾沫夹带现象，压降增大；气量过小或液流量过大，会引起液体从筛孔泄漏，吸收效率降低。

筛孔孔径一般为 3～8mm，对于含悬浮物的液体，可采用 13～25mm。筛孔按正三角形排列；孔心距为孔径的 2.5～4 倍。开孔率为 5%～15%，空塔气速 10～25m/s，过孔气速约 4.5～12.8m/s。液体流量按空塔塔截面计算约为 1.5～3.8m^3/(h·m^2)，每层塔板的压降约为 80～200mmH$_2$O。

9.6 吸收气体污染物的工艺配置

9.6.1 吸收剂的选择

吸收剂性能的优劣，是决定吸收操作效果的关键之一，选择吸收剂时就应着重考虑以下几方面。

① 溶解度要大，以提高吸收速度并减少吸收剂的需用量；

② 选择性要好，对溶质组分以外其他组分的溶解度要很低或基本不吸收；

③ 挥发度要低，以减少吸收和再生过程中吸收剂的挥发损失；

④ 操作温度下吸收剂应具有较低的黏度，且不易产生泡沫，以实现吸收塔内良好的气

流接触状况；

⑤ 对设备腐蚀性小或无腐蚀性，尽可能无毒；

⑥ 要考虑到价廉、易得、化学稳定性好，便于再生、不易燃烧等经济和安全因素。

水是常用的吸收剂。常用于净化煤气中的 CO_2 和废气中的 SO_2、HF、SiF_4 以及去除 NH_3 和 HCl 等。上述物质在水中的溶解度大，并随气相分压而增加，随吸收温度的降低而增大。因而理想的操作条件是在加压和低温下吸收，降压和升温下解吸。用水作吸收剂，价廉易得，流程、设备简单，但其缺点是净化效率低，设备庞大，动力消耗大。

碱金属钠、钾或碱土金属钙、镁等的溶液，也是很有效的吸收剂。它们能与气态污染物 SO_2、HCl、HF、NO_x 等发生化学反应，因而吸收能力大大增加、净化效率高、液气比低。例如用水或碱液净化气体中的 H_2S 时，理论值可以推算出：

H_2S 在 $pH=9$ 的碱液中的溶解度为 $pH=7$ 的水的 50 倍；

H_2S 在 $pH=10$ 的碱溶液中的溶解度为 $pH=7$ 的水的 500 倍。

由此可见酸性气体在碱性溶液中的溶解度比在水中要大得多，且碱性愈强、溶解度愈大。但化学吸收流程较长、设备较多、操作也较复杂、吸收剂价格较贵，同时由于吸收能力强吸收剂不易再生，因此在选择时，要从几方面加以权衡。

9.6.2 吸收工艺流程中的配置

（1）富液的处理

吸收后的富液应合理处理，将其排放（丢弃）时，其中污染物质转入水体会造成二次污染，因而富液的处理常是吸收法的组成部分。

一般对于净化 SO_2 的富液，常用再生浓缩的办法将 SO_2 制取硫酸，或转成亚硫酸钠副产品，其工艺流程是不同的。

（2）除尘

某些废气含有气态污染物之外，常含有一定的烟尘，因此在吸收之前应设置专门高效除尘器（如静电除尘器）。在吸收的同时去除烟尘最为理想，然而由于去污除尘的机理及工艺条件不同，很难实现，为此常在吸收塔之前放置洗涤塔，既冷却了高温烟气，又起到除尘作用。还有的将两者分层合为一体，下段为预洗段，上段为吸收段，效果也不错。

（3）烟气的预冷却

由于生产过程的不同，废气温度差异很大，如锅炉燃烧排出的烟气通常温度在 $423\sim458K$ 左右，而吸收操作则要求在较低的温度下进行。因此要求废气在吸收之前需预先冷却。常用的烟气冷却方法有三种：①在低温省煤器中直接冷却，此法回收余热不大，而换热器体积大，冷凝酸性水有腐蚀性；②直接增湿冷却，即直接向管道中喷水降温，此方法简单，但要考虑水对管壁的冲击、腐蚀及沉积物阻塞问题；③采用预洗涤塔除尘增湿降温，这是目前广泛应用的方法。不论采用哪种方法，均要具体分析。一般要把高温烟气降至 $333K$ 左右，再进行吸收为宜。

（4）结垢和堵塞

结垢和堵塞常成为某些吸收装置能否长期正常运行的关键。这就要求首先搞清楚结垢的原因和机理，然后从工艺设计和设备结构上有针对性地解决。当然操作控制也是很重要的。从工艺操作上可以控制溶液或料浆中水分的蒸发量，控制溶液的 pH 值，控制溶液中易结晶物质不要过饱和，严格除尘，在设备结构上可选择不易结垢和阻塞的吸收器等。

（5）除雾

由于任何湿式洗涤系统均有产生"雾"的问题。雾不仅是水分，而且还是一种溶有气态污染物的盐溶液，排入大气也将是一种污染。雾中液滴的直径多在 $10\sim60\mu m$ 之间，因此工艺上要对吸收设备提出除雾的要求。

（6）气体的再加热

在吸收装置的尾部常设置燃烧炉。在炉内燃烧天然气或重油，产生 1273～1373K 的高温燃烧气，使之与净化后的气体混合。这种方法措施简单，且混入净化气的燃烧气量少，排放的净化烟气被加热到 379～403K，同时提高了烟气抬升高度，有利于减少废气对环境的污染。

9.7 烟气脱硫

含硫的矿物燃料燃烧后产生的二氧化硫随烟气排出，若其中二氧化硫含量达到 3.5％以上，便可采用一般接触法制硫酸的流程进行反应，既可以控制二氧化硫对大气的污染，又可回收硫黄。这里着重讨论的是低浓度（含量在 3.5％以下）二氧化硫的控制和回收技术，即所谓烟道脱硫 HGD（Hue Gas Desulfurization）流程。

烟道气脱硫流程按所用处理烟道气的介质是固态还是液态可以分为干法和湿法两类。干法是用固态的粉状或粒状吸收剂、吸附剂或催化剂来脱除废气中的二氧化硫。湿法是用液体吸收剂来洗涤烟气以吸收废气中的二氧化硫。目前在实际中广泛使用的是湿法。因为二氧化硫是酸性气体，几乎所有的湿法流程都是用一种碱性溶液或泥浆与烟气中的二氧化硫中和。根据中和所得的产物是否回收利用，湿法流程又分为抛弃法和再生法两种，所谓抛弃法是用碱或碱金属氧化物与二氧化硫起反应，产生硫酸盐或亚硫酸盐而作为废料抛弃。再生法是碱与二氧化硫反应，其产物通常是硫或硫酸，而碱液循环使用，只需补充少量损失的碱。

再生法可以综合利用硫资源，避免产生固体废物。但再生法的费用普遍比抛弃法高，现在西方国家和日本大多数还是采用抛弃法，但存在固体废物的堆放问题。

湿法处理二氧化硫烟道气的流程有 100 余种之多，但常用的只是 10 来种，其中以石灰-石灰石法、双碱法、稀硫酸吸收法、氨吸收法、亚硫酸钠法、氧化镁法、柠檬酸钠法应用最普遍。下面着重介绍石灰-石灰石法、双碱法。

9.7.1 石灰或石灰石湿式洗涤法

（1）反应原理与工艺流程

利用石灰或石灰石浆液作为洗涤液，净化废气中的二氧化硫，由于吸收剂成本低廉易得，这种方法应用很广泛。在美国电厂的烟气脱硫装置按容量计 90％以上是用此法。

石灰或石灰石洗涤过程由三部分组成：二氧化硫吸收；固液分离；固体处理。

石灰或石灰石湿式洗涤法流程如图 9-17 所示。

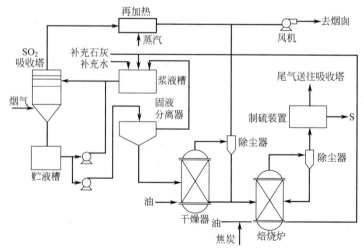

图 9-17　石灰-石灰石湿式洗涤法流程

为了减轻二氧化硫吸收器的负荷，先将烟道气除尘然后送入吸收器与吸收液作用，发生的主要反应如下。

$$Ca(OH)_2 + SO_2 \longrightarrow CaSO_3 \cdot \frac{1}{2}H_2O + \frac{1}{2}H_2O$$

$$CaCO_3 + SO_2 + \frac{1}{2}H_2O \longrightarrow CaSO_3 \cdot \frac{1}{2}H_2O + CO_2$$

$$CaSO_3 \cdot \frac{1}{2}H_2O + SO_2 + \frac{1}{2}H_2O \longrightarrow Ca(HSO_3)_2$$

由于废气中一般含有氧，所以还会发生如下反应：

$$2CaSO_3 \cdot \frac{1}{2}H_2O + O_2 + 3H_2O \longrightarrow 2CaSO_4 \cdot 2H_2O$$

石灰或石灰石法的主要缺点是容易结垢堵塞设备，为了解决这个问题一些文献介绍了许多有效办法。最有效的办法是采用添加剂。添加剂有多种，目前工业上采用的添加剂有：氯化钙、镁离子、己二酸、氨等。添加剂不仅可以抑制结垢和堵塞现象，而且还有提高吸收效率的作用。

洗涤器的类型很多，用于烟道气脱硫的通常有：文丘里洗涤器、填料塔、喷淋塔、筛板塔、塔板式洗涤器、移动床吸收剂。

各种洗涤器的脱硫效率、能量消耗和操作可靠性是不同的。烟气在洗涤器中与石灰或石灰石浆密切接触，SO_2 被吸收并发生上述化学反应。在吸收过程中，气液比是一个很重要的因素，它的变动范围主要决定于洗涤器形式、烟气中 SO_2 的浓度和所要求的脱硫效率。

影响石灰或石灰石洗涤过程效率的工艺条件，主要决定于浆液的 pH 值、流体力学状态、吸收液体的温度、石灰石的粒度等。

（2）影响吸收反应的因素

① 浆液的 pH 值 有些固体物质在水溶液中的溶解度与 pH 值关系密切，如表 9-3 所示。亚硫酸钙在 pH 值较高时溶解度小，当 pH 值低时溶解度大；而硫酸钙的溶解度随 pH 值的变化则比较小。当石灰或石灰石浆液的 pH 值低时，溶液中存在较多的亚硫酸钙，又由于在石灰石颗粒表面形成一层液膜，其中溶解的 $CaCO_3$ 使液膜的 pH 值上升，这就造成亚硫酸钙沉在 $CaCO_3$ 颗粒表面形成一层外壳，使 $CaCO_3$ 表面钝化，抑制其与 SO_2 进行化学反应，同时还造成结垢后堵塞。因此，一般应当控制浆液的 pH 值在 6 左右。新浆液的 pH 值一般在 8～9 之间，而与含硫的废气接触后，pH 值迅速下降到 7 以下，当 pH 值降到 6 时下降速度减慢。从对 SO_2 吸收的角度来说，较低的 pH 值也可操作，但存在腐蚀和活性表面钝化问题。至于上面提到的 $CaCO_3$ 颗粒表面的液膜钝化问题可以从强化传质（增加涡流搅拌作用）来加以解决。

表 9-3 在 50℃ 不同 pH 值时 $CaCO_3 \cdot \frac{1}{2}H_2O$ 和 $CaSO_4 \cdot 2H_2O$ 的溶解度

pH 值	浓度/$\times 10^{-6}$			pH 值	浓度/$\times 10^{-6}$		
	Ca^{2+}	SO_3^{2-}	SO_4^{2-}		Ca^{2+}	SO_3^{2-}	SO_4^{2-}
7.0	675	23	1320	4.0	1120	1873	1072
6.0	680	51	1340	3.5	1763	4198	980
5.0	731	303	1260	3.0	3135	9375	918
4.5	841	785	1179	2.5	5773	21999	873

② 流体力学状态 在 SO_2 吸收洗涤器内是气-液-固体非均相体系，其中的反应顺序如下。

a. $CaCO_3$ 进入溶液，并在颗粒周围形成饱和的液膜；

b. 溶解的 $CaCO_3$ 与 H_2SO_4 反应，产生 $CaSO_3$ 沉淀，消耗掉 H_2SO_4；

c. $CaCO_3$ 再像步骤 a. 那样进行反应。

上述反应的连续进行，决定于 SO_2 和 Ca^{2+} 连续不断地溶解，这就需要洗涤器有比较大的持液量。

进入洗涤器的液、气介质的比对于上述气-液传递过程是一个重要的参数。一般说来，液气比大则 SO_2 的吸收效率高。然而液气比大则气流在洗涤器内的压降损失大、液体输送量大、动能消耗大。经验表明，当液气比大于 $5.3L/m^3$ 时，SO_2 的脱除效率平均为 87%，液气比小于 $5.3L/m^3$ 时，脱硫效率低于 78%。

③ 吸收液体的温度 一般说来，温度低有利于吸收过程的进行。在低温下 SO_2 的平衡分压低有利于其吸收。洗涤器的温度决定于几个因素，但最主要的是气体进口温度。如图 9-18 所示，气体进口温度高则脱硫率下降。

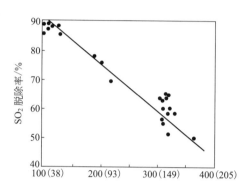

图 9-18 在小型连续洗涤试验中进口气体温度对 SO_2 脱除的影响

④ 石灰石的粒度 采用石灰石作吸收剂时，颗粒大小对脱硫效率及石灰石的利用率均有影响。粒度小，表面积大，与 SO_2 起反应的效率高，石灰石的利用率大，但粒度太小，则石灰石的粉碎过程所耗的电能太大。实践中石灰石的粒度是 $200\sim300$ 目。

9.7.2 双碱法

吸收 SO_2 的双碱法又称钠碱法，是采用钠化合物（氢氧化钠、碳酸钠或亚硫酸钠）和石灰或石灰石来处理烟道气。首先使用钠化合物溶液吸收 SO_2。吸收了 SO_2 的溶液与石灰或石灰石进行反应，生成亚硫酸钙或硫酸钙沉淀。再生后的氢氧化钠溶液返回洗涤器或吸收塔重新使用。此法的特点是吸收塔或洗涤器内用的是钠化合物作吸收剂形成溶于水的溶液。

含 SO_2 的烟道气进入洗涤器后发生的反应为

$$Na_2SO_3 + SO_2 + H_2O \longrightarrow 2NaHSO_3$$

洗涤液内含有再生返回的氢氧化钠，及补充的碳酸钠发生吸收反应生成亚硫酸钠。

$$2NaOH + SO_2 \longrightarrow Na_2SO_3 + H_2O$$
$$Na_2CO_3 + SO_2 \longrightarrow Na_2SO_3 + CO_2 \uparrow$$

由于烟气中含有氧气，因此会与洗涤液中一部分 Na_2SO_3 发生反应，生成 Na_2SO_4。

$$2Na_2SO_3 + O_2 \longrightarrow 2Na_2SO_4$$

离开洗涤器或吸收塔的溶液在一个开口的容器中进行沉淀和再生，若用石灰浆料再生其反应为

$$2NaHSO_3 + Ca(OH)_2 \longrightarrow Na_2SO_3 + CaSO_3 \cdot \frac{1}{2}H_2O \downarrow + \frac{3}{2}H_2O$$

$$Na_2SO_3 + Ca(OH)_2 + \frac{1}{2}H_2O \longrightarrow 2NaOH + CaSO_3 \cdot \frac{1}{2}H_2O \downarrow$$

若用石灰石再生，其反应为

$$2NaHSO_3 + CaCO_3 \longrightarrow Na_2SO_3 + CaSO_3 \cdot \frac{1}{2}H_2O \downarrow + CO_2 \uparrow + \frac{1}{2}H_2O$$

此法的缺点是吸收过程生成的硫酸钠不易除去，为了除去它，依照下面的反应：

$$Na_2SO_4 + Ca(OH)_2 + 2H_2O \Longrightarrow 2NaOH + CaSO_4 \cdot 2H_2O$$

保持系统中 OH^- 浓度在 $0.14mol/L$，同时 SO_4^{2-} 浓度要保持在足够高的水平。

也可以向系统中加入硫酸使硫酸钠转变为石膏，其反应为：

$$Na_2SO_4 + 2CaSO_3 \cdot \frac{1}{2}H_2O + H_2SO_4 + H_2O \longrightarrow 2CaSO_4 \cdot 2H_2O + 2NaHSO_4$$

因为加入硫酸后，系统的 pH 值下降，使亚硫酸钙转化为亚硫酸氢钙而溶解于溶液中，使溶液中 Ca^{2+} 浓度超过石膏的溶解度，从而使石膏沉淀出来。对抛弃法而言，向系统中加入贵重的硫酸产生石膏是不经济的。

9.7.3 旋转喷雾干燥法烟气脱硫

该工艺属半干法，基本原理是在脱硫塔中由高速旋转的雾化装置将石灰浆液雾化成微小液滴，在干燥的过程中通过与热烟气接触完成对 SO_2 的吸收。

如图 9-19 所示，旋转喷雾干燥法烟气脱硫工艺系统的主体装置是一个圆柱形下带锥体的喷雾塔（脱硫塔或干燥塔），喷雾塔的圆柱部分有两种结构类型：圆柱高径比约为 0.8 的美国装置和圆柱高径比约为 2.7 的日本装置。在塔内装有旋转喷雾轮，工作时以 $7000\sim 10000r/min$ 的高速度旋转，将浆液雾化成大约 $100\mu m$ 的雾滴，以增大与烟气的接触面积，提高反应速率，从而提高脱硫效率。附属设施有：消石灰浆液制备系统、静电或布袋式除尘器、脱硫渣再循环系统等。在常见的脱硫系统中，锅炉烟气一般直接进入旋转喷雾干燥塔，但有些脱硫工艺中在烟气进入干燥塔之前先经过预除尘处理。

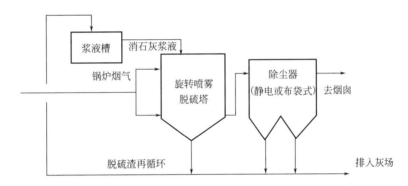

图 9-19　旋转喷雾干燥法烟气脱硫工艺流程示意图

该系统的具体工作过程是：热烟气进入脱硫塔（烟气量大时，可采用多台干燥塔并联），在塔内高度分散的石灰浆液滴与热烟气接触，液滴在完成脱硫的同时，被热烟气干燥成细小的固体颗粒，较大的颗粒可由塔底排出，而细小的颗粒将随烟气离开，进入除尘器后被分离出来。干净烟气经烟囱排放。

为了提高吸收剂利用率，常常将部分脱硫渣进行再循环，即与新的消石灰一起制浆，再进入脱硫塔进行脱硫反应。实践表明，加入脱硫渣的浆液往往会有更高的脱硫效率。脱硫渣可与新石灰的比例达到 10：1 甚至 15：1。

9.7.4 炉内喷钙尾部增湿脱硫（LIFAC）技术

该工艺属干法工艺，由芬兰 Tampella 公司和 IVO 公司联合开发，其原理是在炉内喷钙脱硫技术的基础上，在尾部烟道加装了增湿活化器。在活化器中，喷入的水雾与烟气中的未反应的氧化钙颗粒发生反应，生成活性更高的氢氧化钙，以完成对 SO_2 进一步吸收，总脱硫率可达 $70\%\sim80\%$。目前，对该装置作了改进，采用活化器中吸收剂再循环技术，可使脱硫率接近 90%。LIFAC 技术的工艺流程如图 9-20 所示。

LIFAC 技术使用石灰石粉末作脱硫剂，为生成多孔、比表面积大、反应活性高的 CaO，石灰石粉的喷入位置是温度在 $950\sim1050℃$ 的温度区。炉内反应过程如下。

$$CaCO_3 \longrightarrow CaO + CO_2$$

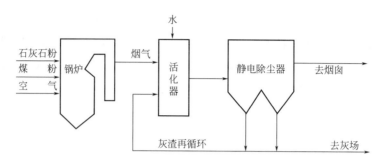

图 9-20 炉内喷钙尾部增湿脱硫（LIFAC）工艺流程示意图

$$CaO + SO_2 \longrightarrow CaSO_3$$

$$CaO + SO_2 + \frac{1}{2}O_2 \longrightarrow CaSO_4$$

在炉内 CaO 与 SO_2 的反应并不彻底，当 $Ca:S=2$ 时，该处脱硫率只达到 30% 左右。为了达到较高的脱硫率，含 SO_2 的烟气携带着大量未反应的 CaO 进入尾部增湿活化反应器。在活化器中，高度雾化的水（雾滴约 $50\mu m$ 左右）被喷入烟气将其增湿，使得烟气中的 CaO 与水反应，生成反应活性更高的 $Ca(OH)_2$，再与烟气中的 SO_2 反应，总的脱硫率可达到 70%～80%。

$$CaO + H_2O \longrightarrow Ca(OH)_2$$

$$Ca(OH)_2 + SO_2 \longrightarrow CaSO_3 + H_2O$$

$$Ca(OH)_2 + SO_2 + \frac{1}{2}O_2 \longrightarrow CaSO_4 + H_2O$$

LIFAC 工艺适用于燃用中、低硫煤锅炉的烟气脱硫，与湿法烟气脱硫相比具有投资少、占地面积小、运行费用低等特点，特别适用于旧锅炉改造。该法的主要缺点是脱硫率较低，钙硫比较高，吸收剂利用率偏低。

9.7.5 电子束法烟气脱硫（EBA）技术

电子束法脱硫技术最早由日本荏原制作所于 1971 年开始研究，到了 20 世纪 80 年代逐步工业化。1995 年开始，我国国家电力总公司与荏原制作所合作，在成都电厂建成一套完整的处理烟气量为 $30.0 \times 10^4 m^3$（标准）/h 的电子束脱硫装置。该装置于 1997 年完成并进行试验。试验结果表明，脱硫率可达 86.8%，脱硝率达 17.6%。

电子束法脱硫技术是利用电子加速器产生的等离子体氧化烟气中的 SO_2 和 NO_x，同时与喷入的水和氨反应，生成硫酸铵和硝酸铵，同时达到脱硫、脱氮的目的。

如图 9-21 所示，锅炉烟气首先经过第一级除尘后进入冷却塔，被喷淋水降温后进入脱硫反应器。烟气中的 SO_2 和 NO_x 经过反应器之后经第二级除尘器收集下来，变成了可用的化肥——硫酸铵和硝酸铵。

电子束脱硫技术的优点是反应速率快，适应性强，在一个装置内可同时进行脱硫、脱氮，且产生的副产品可作为肥料使用，实现了废物资源化。该工艺缺点是控制系统复杂，能

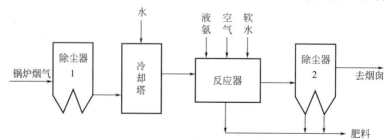

图 9-21 电子束法烟气脱硫（EBA）工艺流程示意图

耗较高。

9.7.6 海水烟气脱硫技术

海水的 pH 值一般在 8.2～8.3，利用海水固有的碱度吸收中和烟气中的 SO_2，即是海水烟气脱硫技术。

图 9-22 中所示的是挪威 ABB 公司的海水脱硫系统的工艺流程。该流程包括除尘器、气-气换热器、吸收塔、海水恢复系统。

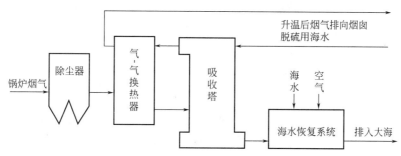

图 9-22　海水脱硫工艺流程示意图

如图 9-22 所示，锅炉烟气经过严格的除尘之后进入气-气换热器进行降温，然后进入吸收塔。在吸收塔内，烟气与海水逆流（或顺流）接触，利用海水固有的碱度将烟气中的 SO_2 脱除。脱除了 SO_2 的低温烟气进入气-气换热器，在吸收了高温烟气的热量而升温后，由烟囱排出。

经过吸收塔脱硫使用后的海水 pH 值和溶解氧（DO）会降低，而温度和 COD 会有所升高，如果直接排入大海，将对海洋造成污染。为消除这些污染，流程中设置了一套海水恢复系统，其核心是一个大型曝气池。在这个大型曝气池中将经过脱硫后的海水（占 5%）与新鲜海水（占 95%）混合，然后向曝气池鼓入大量的空气，一方面消耗 COD，另一方面使海水中的溶解氧得到恢复。经过海水恢复系统以后，海水的温度、pH 值、COD 和溶解氧都恢复到正常水平，然后再排回大海。海水脱硫的主要产物是一些硫酸盐，由于海洋中大量存在这些物质，因此增加一些脱硫产物对海洋基本不会造成影响。

海水脱硫技术具有投资省、运行费用低等优点，但存在占地面积大、系统腐蚀严重等问题。

9.7.7 烟气循环流化床脱硫技术

烟气循环流化床工艺以循环流化床为原理，通过物料在反应塔内的内循环和高倍率的外循环形成粉体浓度很高的烟气流化床，从而强化了脱硫吸收剂与烟气中 SO_2、SO_3、HCl、HF 等气体的传热传质性能，将运行温度降到接近露点，并延长了脱硫剂与烟气的接触时间，提高了吸收剂的利用率和脱硫效率。在钙硫比为 1.1～1.5 的情况下，系统脱硫效率可达 90%以上的理想状态，是一种性价比较好的烟气脱硫工艺。

烟气循环流化床脱硫技术技术成熟可靠，投资、运行费用仅为湿法工艺的 50%～60%，是一种较适合我国国情的脱硫工艺。该工艺具有脱硫效率高、投资低、占地面积小的特点，既适用于新建机组的脱硫工程，也适用于现有在役锅炉机组的脱硫改造工程，可用于我国大量燃用中低硫煤的中小型燃煤机组。

根据吸收剂的制备和送入反应器的方式不同，烟气循环流化床脱硫分为两种工艺：其一是将石灰粉和水通过喷嘴分别送入流化床反应器，其二是将石灰粉制成浆液，通过喷嘴直接送入流化床反应器。目前应用比较广泛的是前一种。图 9-23 表示的是将石灰粉和水通过喷嘴分别送入流化床反应器的系统。

如图 9-23 所示，循环流化床吸收反应器是烟气脱硫系统的主体设备，底部装有布风板，

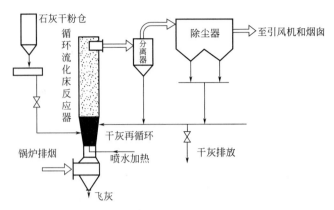

图 9-23 烟气循环流化床脱硫工艺流程示意图

在反应器下部密相区有石灰粉喷嘴、加湿水喷嘴、返料口等，反应器上部为过渡段和稀相区。反应器出口为旋风分离器，分离器下部为返料管和返料装置，用来将除尘器分离的粉体送回流化床反应器，以实现物料循环使用。由空气预热器出口排出的锅炉烟气从循环流化床底部经布风板进入反应器，并维持吸收剂的流化状态。新鲜石灰经底部喷嘴进入反应器，与流化床中的固体物料迅速混合。在流化床的固体颗粒循环通道内，烟气与物料迅速混合，并利用其优越的传热传质条件发生如下化学反应。

表 9-4　烟气脱硫工艺的综合评价

项目 ＼ FGD	湿式石灰石-石膏法	简易石灰石-石膏法	旋转喷雾法	LIFAC 法	海水脱硫	电子束脱硫
适应煤种含硫/%	＞1.5	＞1.5	1～2	＜2	＜2	＜5
脱硫效率/%	＞90	＞80	70～80	60～85	＞90	80
Ca/S	1.01～1.02	1.01～1.02	1.5～2.0	2.0～3.0	—	—
占电厂总投资比/%	15～20	8～10	10～15	7 左右	7～8	
电耗占总发电量比例/%	1.5～2	1	1	＜0.5		
设备占地面积	大	较小	较大	小	大	较大
结垢、堵塞	有	有	有	有	无	无
灰渣状态	湿	湿	干	干	—	干
运行费用	高	较高	较高	较低	较低	较高（但副产物为氮肥）
烟气再热	需再热	需再热	不需再热	不需再热	需再热	不需再热
脱硫副产品	脱硫渣为 $CaSO_4$ 及少量烟尘，送灰场堆放或制成石膏板作建材	脱硫渣为 $CaSO_4$ 及少量烟尘，送灰场堆放或制成石膏板作建材	脱硫渣为 $CaSO_4$、$CaSO_3$、$Ca(OH)_2$ 和尘的混合物，送灰场堆放，目前尚不能利用	脱硫渣为 $CaSO_4$、$CaSO_3$、CaO 的混合物，送灰场堆放，目前尚不能利用	无	脱硫副产品为 $(NH_4)_2SO_4$ 和 NH_4NO_3 可直接作化肥
推广应用前景	燃用高中硫煤锅炉，当地有石灰石	燃用高中硫煤锅炉，当地有石灰石	燃用中、低硫煤锅炉	燃用中、低硫煤锅炉	燃用中、低硫煤锅炉	燃用高、中、低硫煤锅炉
技术成熟程度	国内通过引用已商业化	国内已引进并进行中试	国内已引进	国内已进行工业示范	国内已进行工业示范	国内已引进
钙利用率/%	＞90	＞90	40～50	35～40	—	—

$$Ca(OH)_2 + SO_2 \longrightarrow CaSO_3 \cdot \frac{1}{2}H_2O$$

$$CaSO_3 + \frac{1}{2}O_2 \longrightarrow CaSO_4$$

在进行脱硫反应的同时,还可以脱除其他有害气体。

$$Ca(OH)_2 + 2HCl \longrightarrow CaCl_2 + 2H_2O$$

$$Ca(OH)_2 + 2HF \longrightarrow CaF_2 + 2H_2O$$

如果采用兼有脱氮功能的吸收剂,则还可以在同一循环流化床内完成联合脱硫脱氮的过程。

不同烟气脱硫工艺的综合评价见表 9-4。

习　　题

9.1　某混合气体中含 2%(体积)CO_2,其余为空气,气体温度为 30℃,总压强为 506.6kPa,从手册中查得 30℃时 CO_2 在水中的亨利系数 $H = 1.88 \times 10^5\,kPa$,试求:溶解度系数 h,$kmol/(m^3 \cdot kPa)$。

9.2　在逆流操作的吸收塔中,于 101.3kPa、25℃下用清水吸收混合气体中的 H_2S,将其浓度由 2% 降至 0.1%(体积),该系统符合亨利定律,亨利系数 $H = 5.52 \times 10^4\,kPa$,若取吸收剂用量为理论最小用量的 1.2 倍,试计算操作液气比 L/G 及出口液相组成 x_1,又若压强改为 1013kPa,其他条件不变化,此时 L/G 及 x_1 变化吗?

9.3　一吸收塔于常压下操作,用清水吸收焦炉气中的氨。焦炉气处理量(标准状态)为 5000m^3/h,氨的浓度为 10g/m^3,要求氨的回收率不低于 99%。水的用量为最小用量的 1.5 倍,焦炉气入塔温度为 30℃,空塔气速为 1.1m/s。操作条件下的平衡关系为 $y^* = 1.2x$,气相总体积吸收系数为 $K_{ya} = 0.0611\,kmol/(m^3 \cdot s)$。试分别用对数平均推动力法及数学分析法求气相总传质单元数,再求所需的填料层高度。

9.4　在吸收塔中用清水吸收混合气中的 SO_2,气体流量为(标准状态)5000m^3/h,其中 SO_2 占 10%,要求 SO_2 的回收率为 95%。气体与水逆流接触,在塔的操作条件下,SO_2 在两相间的平衡关系为 $y^* = 26.7x$,试求:若取用水量为最小用量的 1.5 倍时,用水量应为多少?

9.5　在某填料塔中进行气体吸收操作。过程中溶质组分在气液两相中含量都很低,平衡关系可用 $y^* = mx$ 表示。已知进塔吸收剂中不含溶质组分,其用量为理论最小用量的 1.4 倍。试求溶质组分吸收率为 99% 时的气相总传质单元数。

9.6　某工厂废气流量 $Q = 1000\,m^3/h$,含 SO_2 为 9%,其余为空气,在 $t = 20℃$、$p = 1atm$（101325Pa）下,用水作吸收剂进行净化,此时气相传质总系数 $k_y = 50.7\,kg/(m^2 \cdot h)$,要求 SO_2 去除率为 98%,试设计一个用 $40 \times 40 \times 4.5$ 拉西环(乱堆)为填料的吸收塔,试分别求水的用量 L、出塔吸收液浓度 x_1、操作气速 $v_气$、塔径 D_r、压降 Δp 及填料层高 h。

10 催化转化法净化气态污染物

工业生产中的化学反应速度快，才能较快地得到大量的产品。为了提高反应速率，可以通过提高温度和反应物的浓度来实现，但经常受到技术上、材料上的限制。实践证明，使用催化剂是提高反应速度和控制反应方向的最有效的办法。催化转化法是利用催化剂的催化作用将废气中的有害物质转化成各种无害化合物，或者转化成比原来的状态更容易被去除的化合物而加以净化的方法。前者催化转化操作完成了全部净化过程；而后者则还需要附加吸收或吸附等工序，才能实现全部净化过程。为减少大气污染物排放，催化剂的这种优势受到了普遍重视，并已取得显著成效。本章主要介绍催化作用的基本概念、用于环境工程方面的催化剂和催化转化工艺及其工作特点以及对催化剂的具体要求。

10.1 催化作用的基础概念

能够改变化学反应速率和方向而本身又不参与反应的物质叫催化剂（或称触媒），有催化剂参加的化学反应称为催化反应。

在进行催化反应的过程中，催化剂可以提高（正催化）或降低（负催化）反应的速率，或者使反应沿着特定的方向进行。

例如，在无催化剂的条件下物质 A 和物质 B 按如下方式进行化学反应。

$$A+B \longrightarrow AB$$

当加入催化剂 K 之后，反应过程发生了变化，即

$$A+K \longrightarrow AK \tag{10-1}$$

$$AK+B \longrightarrow AB+K \tag{10-2}$$

可以看出由于反应中加入催化剂，反应第一步生成了中间产物 AK，而中间产物 AK 是不稳定的，它产生之后又立即参加了第二阶段的反应，完成了全过程之后，K 并没有发生化学的或量的变化。

在某种情况下，反应所获得的加速作用是由于在反应过程中所生成的中间产物的催化作用，这种反应称之为自动催化反应。

人们通常把催化过程按催化剂与反应物、反应产物所处的状态分为多相催化和均相催化。在催化过程中包括均相催化反应和非均相催化反应，均相催化反应是指催化剂和反应物质都处于同一种物相中的催化过程，最常见的为液相催化反应体系；而非均相催化反应中，催化剂和反应物质不处于同一物相中，多相催化最多见的体系是气固相催化体系。在气体催化转化净化过程中，在大多数情况下是应用正催化剂，而催化剂又多为固体物质，因此多属于非均相催化反应。

在非均相催化反应中，催化剂和反应物在相界面上的接触是头等重要的，这种接触是由反应物吸附在催化剂表面上完成的，其结果是增加了反应物的浓度。另外吸附发生在催化剂表面上的吸引能力特别高的局部地区，称此地区为"活性中心"。因此催化剂的活性与单位催化剂面积上活性中心的数目以及有效的总面积有关。从表面效应的观点出发，就不难理解

许多吸附剂（如硅胶和活性炭）也都具有明显的催化活性。

非均相反应总是在固体催化剂表面上进行。催化剂通常是多孔、大比表面的。非均相催化反应通过下列七个连续步骤完成。

① 反应物从流体主体向固体催化剂外表面扩散；

② 反应物从外表面向内表面扩散，到达可进行吸附/反应的活性中心；

③ 反应物在催化剂上吸附；

④ 吸附物在催化剂表面上进行反应；

⑤ 产物从催化剂表面上脱附；

⑥ 产物从催化剂内表面扩散到催化剂外表面；

⑦ 产物从催化剂外表面向气流主体扩散。

在这七个步骤中，通常把反应物的吸附及其在表面上的反应和产物的脱附通称为表面催化过程。而将反应物和产物在气流主体及孔内的扩散分别称为外扩散和内扩散过程，统称扩散过程。表面催化过程仅与反应物和生成物浓度、催化剂的本征活性及反应温度有关，又称为化学动力学过程，是化学过程。而扩散过程是物理过程。

在上述各步中，若存在最慢的一步，则称该步为控制步骤，其他各步认为进行得很快，均接近于平衡，整个反应的反应速率等于该步的反应速率。由于控制步骤是有条件的，改变反应条件，可改变控制步骤。低温下常受化学反应速率控制，高温下则受扩散控制。因此根据控制步骤的概念，可将反应分为处于化学动力学控制区和扩散控制区。后者又可分为外扩散控制区和内扩散控制区。

10.2 催化剂的制备和使用

催化剂可以是一种物质，或几种物质组成的体系，也可以是组成结构非常复杂的体系。催化剂存在的状态可以是气体、液体或固体，其中固体催化剂在工业和气体净化中应用得最广泛。固体催化剂的组成包括活性组分、助催化剂和载体。活性组分也称主剂，即主催化剂。它是催化剂起催化作用的主要组分。助催化剂简称助剂，也称促进剂。它是催化剂占量较少的物质，虽然它本身常无催化活性（即使有也很小），但加入后可大大提高主催化剂的活性、选择性和寿命。由于它自身常无活性，因此，助催化剂的加入量有一最佳值，过少则显示不出活性，过多则活性反而下降。载体是担载活性组分和助催化剂的组分。

绝大多数气体净化过程中所用的催化剂为金属盐类或金属，通常担载在具有巨大表面积的惰性载体上。当然有的催化剂也可不必依附于载体。典型的载体为氧化铝、铁矾土、石棉、陶土、活性炭和金属丝等。有时为了改善其强度，可预制成所需要的形状和微孔结构，还可加入成型剂和造孔物质。使用载体可以节约催化剂，并且能使其分散度或有效表面积增大，从而提高了活性。

催化剂在使用过程中，由于各种因素，例如温度、压力、气氛等的影响，或多或少地都要发生某种物理或化学变化。例如催化剂的熔结、粉化和结晶构造上的变化等，因而也都会降低催化剂的使用期限。

寿命是指催化剂自投入运行至更换所经历的时间，其中也包括由于中毒、积炭等暂时失去活性，经再生处理后，重新投入运行的时间。虽然在理论上，催化剂只参与反应的中间过程，不进入产品中，是不被消耗的，寿命应是无限的，但由于受到外界条件的影响，它的表面和体相结构都会缓慢地变化，有的甚至很快变化，而失去活性。一般来说，在产品成本中，催化剂的费用，并不占很大比重，但更换催化剂而失去的运行时间却不可忽视。

活性是指在给定的温度、压力和反应物流速（或空间速度）下反应物的转化率，或是催化剂对反应物的转化能力。催化剂的活性是衡量催化剂效能大小的标准，根据使用目的不同，催化活性的表示方法也不一样。活性的表示方法大致可分为两类，一类是工业上用来衡量催化剂生产能力大小的；另一类是实验室用来筛选催化活性物质或进行理论研究的。

工业催化剂的活性，通常是以单位体积（或重量）催化剂在一定条件下在单位时间内所得到的产品数量来表示。

$$A = \frac{W}{\tau W_R}$$ (10-3)

式中　A——催化剂的活性，$kg/(h \cdot g)$；

　　　W——产品质量，kg；

　　　W_R'——催化剂质量，g；

　　　τ——反应时间，h。

上面所指的一定条件，是指在一定浓度、压力、温度和空速条件下进行反应。因此，很明显，此种表示催化剂活性的方法是有条件的、相对的和不严格的。

在实验室里，多用所谓催化剂的比活性 $A_比$ 来作为寻找催化剂的活性组分及其化学配比的重要依据。定义式为

$$A_比 = \frac{A}{S_比}$$ (10-4)

式中　$A_比$——催化剂的比活性，$kg/(h \cdot m^2)$；

　　　$S_比$——催化剂的比表面，m^2/g；

　　　A——总活性。

催化剂的活性取决于以下几个方面：主要组分的化学组成和结构；表面积；细孔的大小和数目；次要组分和杂质的分量和分布。

由于具有上述要求性质的理想天然物质很少，因此一般都由人工制造。在人工制造催化剂的过程中，有时尽管使用的原料成分和数量完全一样，但由于制备方法的不同或制备的操作条件略有不同，使制出的催化剂的活性有较大差异。因此，研究催化剂的制造方法和控制生产条件，在生产催化剂的工业中具有相当重要的实际意义。

当化学反应在理论上可能有几个方向时，通常一种催化剂在一定的条件下，只对其中的一个反应方向起加速作用。例如，以乙醇为原料，用不同的催化剂在不同的温度条件下能得到不同的产物。

$$C_2H_5OH（乙醇）\begin{cases} \xrightarrow[Cu]{200 \sim 250℃} 2CH_3CHO + H_2 （乙醛）\\ \xrightarrow[Al_2O_3 \text{ 或 } ThO_2]{350 \sim 360℃} C_2H_4 + H_2O （乙烯）\\ \xrightarrow[H_3PO_4]{140℃} \frac{1}{2}(C_2H_5)_2O + \frac{1}{2}H_2O （乙醚）\\ \xrightarrow[ZnO Cr_2O_3]{400 \sim 500℃} \frac{2}{3}CH_2=CHCH=CH_2 + H_2O （丁二烯）\end{cases}$$

这种专门对某一种化学反应起加速作用的性能，称之为催化剂的选择性。催化剂的这种选择作用在化学工业上具有特别重要的意义，使人类可以依此合成各种各样的产品。尤其是对反应平衡常数比较小的，热力学上不很有利的反应，更需选择合适的催化剂，才能有效获得所需产物。

例如，C_2H_4 在 250℃ 下可有三个氧化反应：

$$CH_2\!=\!CH_2+\frac{1}{2}O_2 \longrightarrow \begin{array}{c} CH_2\!-\!CH_2 \\ \diagdown \quad \diagup \\ O \end{array} \qquad K_{p1}=1.6\times10^5 \qquad (10\text{-}5)$$

$$CH_2\!=\!CH_2+\frac{1}{2}O_2 \longrightarrow CH_3CHO \qquad K_{p2}=6.3\times10^{18} \qquad (10\text{-}6)$$

$$CH_2\!=\!CH_2+3O_2 \longrightarrow 2CO_2+2H_2O \qquad K_{p3}=6.3\times10^{120} \qquad (10\text{-}7)$$

从热力学上看，反应式(10-7)的平衡常数最大，最易进行，反应式(10-6)次之；反应式(10-5)最难进行。在工业上，应用负载 Ag 催化剂可选择性地加速反应式(10-5)，得环氧乙烷。若用 Pd 催化剂则可选择性地加速反应式(10-6)，得乙醛。

催化剂的制备包含以下几个步骤：基本原料的选择；杂质的去除；把提纯后的物质转变为所需要的化合物，使这些化合物成型为微粒、颗粒或薄膜，或把它们沉积在载体上；将成型后的小块或薄膜用气体或蒸汽在特定条件下处理（称之为活化）。

由催化剂生产厂提供的产品虽叫催化剂，实质上还只是一个坯料，不具有活性。在装入反应器后，还必须先进行活化。有的即使已由生产厂作了预活化处理，但为便于储存、运输、装卸等，对预活化的产品也需进行催化处理。在正式转入正常运行前，同样需要再活化。当然，其所需要的活化时间短得多。

催化剂有两种主要类型：①含有金属元素的催化剂（如铂、银、铝、铁、铜等）；②以化合物为主要活性组分的催化剂（如氧化物和硫化物）。

金属催化剂可以具有简单的形状（线形、箔片），也可以沉积在非多孔性和（或）高度多孔性的载体上，也可形成胶质的悬浮体。而绝大多数气体净化过程中所用的催化剂为金属或金属的盐类。

实验指出，催化剂表面仅在厚度为 $20\sim30$nm 处真正起作用。因此工业上常把催化剂负载于一些具有大面积的惰性物质表面，即载体上，这类物质在使用之前常要经过酸洗或碱洗、水洗及煅烧等处理，以除去杂质并使其在催化剂使用温度下能具有稳定的性质。载体的作用大体可归纳为以下四点。

① 节省催化剂。常用的催化剂比较昂贵，以载体为骨架，可大量节约贵重金属，从而降低金属催化剂的价格。

② 加大催化剂的分散度。即一定量的催化剂可获得较大的表面积，提高了催化剂的活性。

③ 使催化剂在分解或还原过程中，没有明显的体积收缩。

④ 增大了催化剂的机械强度，适于工业上固定床反应器的应用，并能防止高温下催化活性组元的熔结现象，以延长催化剂的寿命。

在催化剂制备过程中一般根据以下几条原则来选择催化剂的载体：

① 考虑载体组元可能具有催化活性；

② 考虑载体的多孔性和表面积的大小，一般来说催化剂载体表面积愈大，活性也愈好；

③ 考虑载体的导热性能，一般来说，催化剂载体导热性能良好才能使反应器截面温度均匀，能维持良好的操作条件，而局部过热会导致反应产率大大下降。因此常用铝片作为载体；

④ 考虑载体的机械强度，在固定床反应器中一定要保证在操作条件下催化剂不会因上层重力作用而粉碎，否则会大大增加气流阻力；而用于流动床的催化剂则一定要有高度的耐磨性能，否则会因磨损而被气流带出，引起巨大损耗和管道堵塞；

⑤ 考虑载体在反应条件下的化学稳定性，在反应条件下，不允许载体产生变形、分解或与通过的原料（气体）发生化合等现象；

⑥ 要根据具体反应条件选择催化剂载体颗粒大小。

催化剂的中毒现象，是指由于微量外来物质的存在而使催化剂的活性和选择性大大降低。这些外来的微量物质称为催化剂毒物，它们常常来自原料或由生产过程中混入，或来自其他污染。

人们在研制催化剂时，总是希望它既具有足够的活性、选择性和热稳定性，同时又具有强的广泛的抗毒性能，但实际上制得的催化剂，对一些杂质仍很敏感。为了避免催化剂的中毒，在一个新型催化剂投入工业生产之前，给出的催化剂性能中，通常都要列出毒物名称及其在原料中的最高允许含量，要求严格地降低至百万分之几，甚至十亿分之几。

在工业生产中对一偶然中毒的催化剂，通常可以用氢气、空气或水蒸气吹洗再生。

最后应指出，催化剂确能促进化学反应的速度，有的甚至可以使通常条件下实际上不能进行的反应加速到瞬时即可完成。例如，将纯净的氧和氢的混合体在9℃时，生成0.15%的水要长达1060亿年，但当在这种混合气体中加入少量的催化剂——铂石棉，反应即以爆炸的速度进行，瞬时就能完成。虽然选择适当催化剂对特定的化学反应具有巨大的推动力，但催化剂既不能使那些在化学热力学上不可能发生的反应发生，也不可能改变原来反应所能达到的平衡，而只能改变化学反应达到平衡的速度，这就是说催化剂的存在毫不影响反应体系自由能（化学位）的改变，因而也不会影响化学平衡常数 K_p。

这个结论的重要性在于指出了不要为那些在热力学上不可能实现的反应去寻找高效催化剂而白白浪费人力、物力。

10.3　环境工程中使用的催化剂

由于环境工程的特点，对催化剂又有不同的特殊要求，具体有如下。

① 要求处理后有害物质的含量降到 ppm 级甚至 ppb 级。即要求催化剂具有极高的去除效率。

② 要求处理的气体或液体量极大，即要求催化剂除了有高的活性外，还具有能承受流体冲刷和压力降作用的强度。

③ 被处理的气体或液体中，通常含有粉尘、重金属、含氮及含硫化合物、硫酸雾、卤化物、O_2、CO、CO_2 等，因此要求催化剂应具有较高的抗毒性，高化学稳定性和好的选择性。

④ 要求使用催化剂的处理设备结构简单，占地少，经处理后的催化剂可恢复使用性能，不产生二次污染。

根据大气污染控制中利用催化反应的过程和结果不同，催化转化法可分为催化氧化法和催化还原法。

10.3.1　催化氧化法

在催化剂的作用下，废气中的有害物质能被氧化为无害物质或更易处理的其他物质的方法叫催化氧化法。例如一氧化氮在水中几乎不被吸收，而二氧化氮则易被水吸收。因此为提高氮氧化物被水吸收的效率，使用活性炭催化剂将 NO 氧化成 NO_2，然后在通入吸收塔用水吸收就是一例。

再如，冶金和电力工业排出大量含 SO_2 气体，其浓度较低，不能直接制酸，故多采用湿式活性炭吸附二氧化硫的方法进行处理。活性炭在吸附 SO_2 时，在有水蒸气和氧的情况下，表面发生催化氧化作用，使 SO_2 转化为硫酸。

$$SO_2+\frac{1}{2}O_2+H_2O \xrightarrow{\text{催化剂}} H_2SO_4$$

在有色金属冶炼工业所产生的尾气中，含 SO_2 浓度较高，在净化控制中常以催化剂将废气中 SO_2 氧化成 SO_3，然后以水吸收制成硫酸等。

10.3.2 催化还原法

在某些催化剂参加的反应中，可利用甲烷、氨、氢等还原性气体处理废气中的有害物质。例如对于含氮氧化物的废气在催化剂作用之下，可应用上述还原性气体还原为氮气，其反应举例如下。

以甲烷为还原剂时，分三级反应。

$$CH_4+2NO_2 \xrightarrow{\text{催化剂}} N_2+CO_2+2H_2O$$

$$CH_4+2O_2 \xrightarrow{\text{催化剂}} CO_2+2H_2O$$

在氧基本耗完之后，再与 NO 反应，即

$$CH_4+4NO \xrightarrow{\text{催化剂}} 2N_2+CO_2+2H_2O$$

其催化剂为以铝为载体的铂催化剂、磁性载体的铂催化剂、铜镍催化剂、铜铬催化剂以及钼的硫化物等。

在以氨气为还原剂，以硅胶为载体的氧化铜-氧化铬催化剂的作用下，可将氮氧化物还原为氮气，其反应如下。

$$8NH_3+6NO_2 \xrightarrow{\text{催化剂}} 7N_2+12H_2O$$

$$4NH_3+6NO \xrightarrow{\text{催化剂}} 5N_2+6H_2O$$

上述两个催化反应在氨与氮氧化物比例为 1.5 : 1 时可很快完成。

从废气中去除氮氧化物 NO_x；燃料燃烧废气中的脱硫；恶臭物质的净化；汽车排出尾气的净化等的应用较为广泛。

10.4 催化还原法净化废气中的氮氧化物

10.4.1 氮氧化物的来源

大气中的氮氧化物（NO_x）主要是一氧化氮（NO）和二氧化氮（NO_2），此外还有一氧化二氮（N_2O）、三氧化二氮（N_2O_3）、四氧化二氮（N_2O_4）和五氧化二氮（N_2O_5），总起来以 NO_x 表示，其中污染大气的主要是 NO 和 NO_2。NO_x 来自天然形成和人为排放，但是，由于人为排放的 NO_x 浓度高，排放地点集中，造成的危害较大。人类活动产生的氮氧化物主要来源于煤、重油、汽油等的高温燃烧过程，例如各种锅炉、机动车和柴油机排气、金属冶炼过程、各种焙烧炉和燃烧炉以及硝酸生产、各种工业生产中的硝化过程等。由于燃料燃烧条件不同，其含量可以有很大的差别，一般在固定燃烧源的排气中含 NO_x 的浓度在 $200\sim500cm^3/m^3$，而硝酸厂的尾气中一般含 NO_x 的浓度为 $2000\sim5000cm^3/m^3$。此外，一些化工过程例如硝酸、硝基苯、硝基炸药、硝基染料、塔式硫酸、氨气、合成纤维、乙二酸等生产过程，金属与非金属表面的硝酸处理过程，催化剂制造以及金属高温焊接等均产生一定数量的 NO_x 排入大气。

据统计，由于人类的活动每年所产生的氮氧化物约占大气中 NO_x 总额的 1/2，又多集中于城市或工业区等人口稠密地区，其严重危害越来越为人们所认识，对于控制和治理方法国内外也有了较大发展。

10.4.2 氮氧化物的主要净化方法

国内外为减少氮氧化物的排放和污染，通常采用改进工艺和设备，改进燃烧、净化处理及高烟囱排放等方法。其中净化处理的方法可根据发生源、排气组成和含量等不同而分别采用催化还原法、液体吸收法和吸附法三大类，而每一类方法中又因使用的原料或材料的不同，又分为若干种方法，其中主要方法列于表 10-1 中。

表 10-1 来自各种污染源的 NO_x 净化法

净化方法		反 应	备 注
非选择性还原法		$2NO_2+4H_2 \xrightarrow[400\sim500℃]{Pt} N_2+4H_2O$ $2NO_2+CH_4 \xrightarrow[400\sim500℃]{Pt} N_2+CO_2+2H_2O$	国外许多硝酸装置采用，NO_x 为 $0.3\%\sim0.5\%$
选择性催化还原法	硫化氢法	$SO_2+2H_2S \xrightarrow[120\sim150℃]{} 3S+2H_2O$ $NO+H_2S \xrightarrow[120\sim150℃]{} S+\frac{1}{2}N_2+H_2O$	可与 SO_2 同时除去
	氨法	$6NO+4NH_3 \xrightarrow[150\sim250℃]{Pt} 5N_2+6H_2O$ $6NO_2+8NH_3 \longrightarrow 7N_2+12H_2O$	可与 NH_3 同时除去
	氯氨法	$2NO+Cl_2 \longrightarrow 2NOCl$ $2NOCl+4NH_3 \longrightarrow 2NH_4Cl+2N_2+2H_2O$	
	一氧化碳法	$CO+NO \xrightarrow[538℃]{} \frac{1}{2}N_2+CO_2$ $2CO+SO_2 \xrightarrow[538℃]{} S+2CO_2$ $NO_2+CO \longrightarrow NO+CO_2$	铜/氧化铝催化剂，可与 SO_2 同时除去
吸收法	碱法	$2MOH+N_2O_3 \longrightarrow 2MNO_2+H_2O$ $2MOH+2NO_2 \longrightarrow MNO_2+MNO_3+H_2O$ $(M:Na^+,K^+,NH_4^+,Ca^{2+},\cdots)$	
	熔融盐法	$M_2CO_3+2NO_2 \longrightarrow MNO_2+MNO_3+CO_2$ $4MOH+6NO \longrightarrow N_2+4MNO_2+2H_2O$ $(M:Li^+,Na^+,K^+,\cdots)$	可与 SO_2 同时除去
	硫酸法	$SO_2+NO_2+H_2O \longrightarrow H_2SO_4+NO$ $NO+NO_2+2H_2SO_4 \longrightarrow 2NOHSO_4+H_2O$ $2NOHSO_4+H_2O \longrightarrow 2H_2SO_4+NO+NO_2$ $2NO_2+H_2O \longrightarrow 2HNO_3+NO$ $NO+\frac{1}{2}O_2 \longrightarrow NO_2$	可与 SO_2 同时除去
	氢氧化镁法	$Mg(OH)_2SO_2 \longrightarrow MgSO_3+H_2O$ $Mg(OH)_2NO+NO_2 \longrightarrow Mg(NO_2)_2+H_2O$	可与 SO_2 同时除去
吸附法		用分子筛、硅胶、活性炭、离子交换树脂吸附	

（1）催化还原法是在催化剂作用下，利用还原剂将氮氧化物还原为无害的氮气。这种方法对氮氧化物的消除效率很高，设备紧凑，操作平衡，且能回收热能，其缺点是投资和运转费用较高，且需消耗氨和燃料气，氮氧化物被还原成无用的氮气而释放。国外采用此法较多。我国四川化工厂、北京东风化工厂、兰州化肥厂和大庆化肥厂也采用了此法。

（2）液体吸收法是用水或其他溶液吸收尾气中的氮氧化物。这种方法工艺简单，可以根据具体情况选择吸收液，能够以硝酸盐等形式回收氮氧化物中的氮，进行综合利用，缺点是吸收效率不够高，尤其对含有一氧化氮较多的气体效果更差。由于此法简单易行、投资少、设备简单，目前在我国的金属表面处理行业中应用广泛。

（3）吸附法是用吸附剂对尾气中的氮氧化物进行吸附，然后在一定条件下使被吸附的氮氧化物脱附回收，同时吸附剂再生。这种方法对氮氧化物的脱除率很高，并且能回收利用。但由于吸附容量较小，需要的吸附剂量大，因而设备庞大，一次性投资很高，运转中动力消耗也较大，因此目前国外已研究成功用分子筛作吸附剂净化含 NO_x 气体的装置，它可将 NO_x 浓度由 $500 \sim 3000 cm^3/m^3$ 降到 $50 cm^3/m^3$，用吸附法从尾气中回收的硝酸量可达工厂生产量的 2.5%，比较经济。我国已进行了此方法半工业试验。

本节着重讲述催化还原法。

用催化还原法净化气体中的氮氧化物，可根据还原剂是否和废气中的氧气发生反应分为非选择性催化还原法和选择性催化还原法。

10.4.3 非选择性催化还原法

（1）反应原理

含氮氧化物的废气，在一定温度和催化剂的作用下，与还原剂发生反应，将其中的二氧化氮和一氧化氮还原为氮气，同时还原剂与废气中的氧气反应生成水或二氧化碳，还原剂可用氢、甲烷、一氧化碳和低碳氢化合物，通常使用的还原剂多为包含以上组分的混合气体，例如：合成氨释放气、焦炉气、天然气、炼油厂尾气和气化石脑油等，一般将这些气体通称为燃料气。

还原过程中发生的主要反应是：

$$\begin{cases} H_2 + NO_2 \xrightarrow[400 \sim 500℃]{Pt} H_2O + NO \\ 2H_2 + O_2 \longrightarrow 2H_2O \\ 2H_2 + 2NO \longrightarrow 2H_2O + N_2 \end{cases}$$

$$\begin{cases} CH_4 + 4NO_2 \xrightarrow[400 \sim 500℃]{Pt} 4NO + CO_2 + 2H_2O \\ CH_4 + 2O_2 \longrightarrow CO_2 + 2H_2O \\ CH_4 + 4NO \longrightarrow CO_2 + 2N_2 + 2H_2O \end{cases}$$

$$\begin{cases} CO + NO_2 \longrightarrow CO_2 + NO \\ 2CO + O_2 \longrightarrow 2CO_2 \\ 2CO + 2NO \longrightarrow 2CO_2 + N_2 \end{cases}$$

以上三组反应的第一步都是将有色的 NO_2 还原为无色的 NO，一般都称为"脱色流程"或"脱色反应"，同时伴随着燃烧，将产生大量的热。当燃料充足时，可以将其中的氧全部燃烧掉，这一步反应速度很快。第三步反应，即 NO 被完全还原，这才是"消除流程"或"消除反应"。在这三组反应中的第一、二步又总是比第三步反应速率要快，第三步反应总是在前两步反应完全后才能进行。

实际上，还原反应并不像上面所列的反应那么简单，在催化剂上也少量地发生以下副反应，例如用氢为原料时，氢与氧化氮反应能生成氨。

$$2NO + 5H_2 \longrightarrow 2NH_3 + 2H_2O$$
$$2NO_2 + 7H_2 \longrightarrow 2NH_3 + 4H_2O$$

当以甲烷为燃料时，甲烷与氧化氮反应也生成氨。

$$5CH_4 + 8NO + 2H_2O \longrightarrow 5CO_2 + 8NH_3$$
$$7CH_4 + 8NO_2 \longrightarrow 7CO_2 + 8NH_3 + 2H_2O$$

（2）催化剂

非选择性催化还原法所用的催化剂，基本上是用铂与钯，通常以约 0.5% 的含量载在载体上，载体多用氧化铝，亦有将铂或钯镀在镍基合金上，制成网状再构成空心圆柱置于反应器中。

不同金属含量的铂（Pt）、钯（Pd）催化剂具有不同的活性，以氧化铝为载体，经试验

证明铂含量 $0.1\%\sim0.6\%$ 的几种不同催化剂中，催化剂的还原性随金属含量的增加而增加，反应温度在 $500℃$ 以下时，金属含量不同，催化剂的活性差别很大；金属含量增加到 0.4%，温度达到 $500℃$ 以上时，催化剂的活性差别很小。

钯与铂比较，在 $500℃$ 以前铂的活性比钯要好，在 $500℃$ 以后，钯的活性超过铂。另外钯作催化剂时，作为还原剂的燃料气起燃温度低。在国际市场上，钯较铂便宜，所以在国外多用钯作催化剂，但钯的缺点是对磁比较敏感，高温时易氧化。国内钯的来源较少，因此多用铂为催化剂。

催化剂的载体一般用氧化铝——氧化硅型或氧化铝——氧化镁型。可制成球状、柱状和蜂窝状结构。其中球状载体加工方便，磨损小，阻力更小，是常用的形状，其耐高温温度为 $815℃$。蜂窝状载体有效面积大，阻力小，可以允许更大的空间速度，因此又逐渐引起人们的使用兴趣。为了进一步提高载体的耐热酸性，可在载体氧化铝表面上镀一层二氧化钍（ThO_2）或二氧化锆（ZrO_2）。

在非选择性催化还原法净化氮氧化物的过程中，影响净化效率的因素有以下几点。

① 在净化过程中保持催化剂的活性，减少磨损，防止催化剂中毒和结炭，因此要求气流稳定；采取措施预先除去燃料中的硫、砷等有害杂质。

② 空间速度应适当。空间速度是指每单位体积催化剂在单位时间内所处理的气体量，即

$$v_空 = \frac{V}{V_C} \quad (h^{-1}) \tag{10-8}$$

式中　V——单位时间内通过催化剂床的气体量，m^3/h；

　　　V_C——催化剂的装填体积，m^3。

空间速度 $v_空$ 也是衡量催化剂活性指标之一，对于相等体积的催化剂而言，空间速度高时，气体处理量大，催化剂相对用量减少，但空间速度过高时，与催化剂接触时间过短，反应不完全，转化率很低，脱除效果差。国内以铂、钯作催化剂在 $500\sim800℃$ 温度下，多采用 $v_空$ 为 $4\times10^4\sim4\times10^5 h^{-1}$，处理后的气体含 NO_x 在 $200\times10^{-6} g/m^3$ 以下。

③ 选择适当的预热温度和反应温度。

采用不同的燃烧气为还原剂时，其起燃温度不同，因而要求预热温度也不同。下面列出几种主要燃料气的起燃温度：氢气（$140℃$）、CO（$140℃$）、甲烷（$450℃$）、丙烷（$400℃$）、丁烷（$380℃$）、煤油（$360℃$）。当还原剂达不到要求的预热温度时，还原反应则不易进行。反应温度一般控制在 $550\sim800℃$ 之间脱除效率最好，温度过低反应不完全；温度过高（例如超过 $815℃$）催化剂载体容易被破坏。

上述所谓起燃温度，就是在一定条件下，为保持反应的正常进行所需的最低温度。对于给定的催化剂而言，其反应温度除了和起燃温度有关外，还和尾气中的氧含量有关。当起燃温度高、尾气中氧含量大时，反应温度就高；反之，反应温度就低。反应温度的经验计算式为

$$T = aT_1 + b\varphi(O_2) \quad (℃) \tag{10-9}$$

式中　T——反应温度，$℃$；

　　　T_1——起燃温度，$℃$；

　　$\varphi(O_2)$——尾气中氧气的体积分数，$\%$；

　　　a——起燃系数，$1.05\sim1.10$；

　　　b——温升系数，为燃掉 1% 的氧气使反应温度升高值（$b_{CH_4}=130$；$b_{H_2}=160$）。

④ 还原剂用量必须适量。

根据化学反应式，每 $1mol$ 氢可还原 $1/2mol$ 的二氧化氮，可还原 $1mol$ 的一氧化氮，可将 $1/2mol$ 的氧燃烧掉，因此从理论上讲，还原剂的用量是可以计算的。生产或实验中实际

加入还原剂的量与理论计算量之比称为燃烧比。实践证明：燃烧比控制在 $110\%\sim120\%$ 最为有效。还原剂量不足可严重影响 NO_x 的净化效果，但还原剂量过大，不仅原料消耗增加，还会引起催化剂表面积炭。

（3）催化还原法工艺流程及其选择

非选择性催化还原法脱除氮氧化物的流程分为一段反应和两段反应两种流程，其示意图如图 10-1 所示。

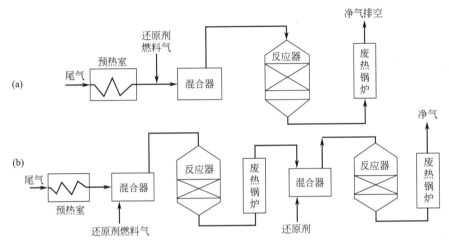

图 10-1 非选择性催化还原法流程示意图

两段流程的燃烧气分两次加入系统之中，设置两组反应器和两组废热锅炉。当然两段流程中也有不设置第二组废热锅炉而将第二段反应器出来的气体直接引入动力回收装置的，但此时要求涡轮机等动力装置的材料能耐受较高的温度，否则只能在动力回收装置之前加设废热锅炉以冷却从第二阶段反应器出来的气体温度，因此，在处理工艺选型时，必须考虑反应中由于氧的燃烧要放出大量的热，这是非选择性催化燃烧法的特征之一。

选择一段流程或两段流程主要取决于所用的还原剂的组分和所处理的尾气中的氧含量，如前所述反应温度可由式(10-9) 计算。

例如：设尾气中氧含量为 3%，采用一段流程，用氢气作为还原剂时，则

$$T=aT_1+b\varphi\,(O_2)=1.05\times140+160\times3=627(℃)$$

在相同条件下使用甲烷为还原剂时：

$$T=aT_1+b\varphi\,(O_2)=1.05\times450+130\times3=863(℃)$$

但如前所述，球形氧化铝载体所能承受的最高温度为 815℃，否则将烧坏催化剂，所以以甲烷为还原剂，当尾气中含氧量超过 3% 时，不允许用一段流程。即在第一段反应器中先烧掉一部分氧，并完成把二氧化氮转变为一氧化氮的脱色反应，经废热锅炉将热量回收，冷却后再与另一部分燃烧气进入第二段反应器，在这些段内将氧烧完，并进行脱除反应。

由于两段反应所需要的设备多，操作较复杂，催化剂用量又大，所以从还原剂选择和反应器设计方面要加以研究，力争在可能条件下选用一段流程。这就要求选择合适的还原剂以降低起燃温度，并设法提高催化剂的耐高温性能。

催化还原反应装置系根据欲处理的气体组成而有不同的设计。图 10-2 为用氢作燃料气催化还原硝酸尾气中 NO_x 的一段反应流程。

流程中来自硝酸工厂的尾气先用 NaOH 溶液吸收（洗涤），洗涤后的尾气在热交换器内加热到催化还原反应所需要的温度，送入催化反应器，反应器出口气体又回热交换器降温后再送入水洗塔，洗去某些反应生成的杂质，水洗后的气体基本上只含氢、氮，送至液化器中

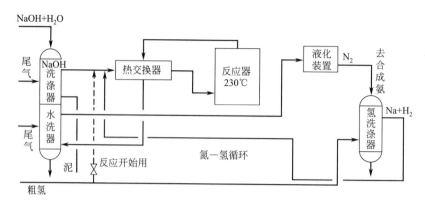

图 10-2 用氢作燃料气催化还原脱硝流程

液化，可作为合成氨的原料。据资料介绍，上述闭合流程可以不用烟囱，氮氧化物可脱除到 $10cm^3/m^3$ 以下。

由于上述非选择性催化还原 NO_x 时，必须同时烧掉尾气中存在的大量的氧，致使催化剂层温度急剧升高，给工艺上带来许多困难。因此可采用选择性催化还原法。

10.4.4 选择性催化还原法

（1）反应原理

选择性催化还原法通常用氨（NH_3）作为还原剂，由于氨在铂催化剂或非重金属催化剂上，在较低温度下，只是与尾气中的 NO_x（包括 NO_2 和 NO）进行反应，并将它们还原，而不与氧发生反应，即反应中不需同时烧去大量的氧，因而催化床与出口气体温度较低，从而避免了非选择性催化还原法的一些技术问题。

在用选择性催化还原法处理氮氧化物气体时主要发生以下反应。

$$4NH_3+6NO \longrightarrow 5N_2+6H_2O+1806784.1J$$
$$8NH_3+6NO_2 \longrightarrow 7N_2+12H_2O+2730839.9J$$
或
$$8NH_3+4NO_2+4NO \longrightarrow 8N_2+12H_2O$$

在实际反应中可以存在如下反应。

$$6NH_3+8NO_2 \longrightarrow 7N_2O+9H_2O+1594126.6J$$
$$2NH_3+6NO \longrightarrow 5N_2O+3H_2O+947083.5J$$

在反应条件改变时，由于氧的存在，则可能发生以下副反应。

$$4NH_3+5O_2 \longrightarrow 4NO+6H_2O+905806J$$
$$4NH_3+3O_2 \longrightarrow 2N_2+6H_2O+1264993.4J$$
$$2NH_3 \longrightarrow N_2+3H_2+91792.8J$$
$$4NH_3+4O_2 \longrightarrow 2N_2O+6H_2O+1101898.1J$$

在催化反应时，氧化氮被还原的程度取决于上述诸反应间的关系，即取决所用的催化剂，反应温度以及气体空速。温度过高氨氧化可进一步进行，甚至生成一些氧化氮，温度偏低会生成一些硝酸铵与亚硝酸铵粉尘或白色烟雾，并可能会堵塞管道，甚至引起爆炸，因此选择性催化还原流程要求的温度范围比非选择性催化还原要严格得多。

一般来说，发生氨的分解反应和氨被氧化为一氧化氮的反应都要在 350℃ 以上才能进行，到 450℃ 以上才激烈起来，温度再高，氨还能被氧化成二氧化氮，而在 350℃ 以下所发生的副反应只是与氧生成 N_2 和水的反应。这样我们在工艺中把反应温度控制在 400℃ 以下，就只有主反应能够进行。再选择合适的催化剂，使主反应速度大大超过副反应的速率，以利于氮氧化物的脱除。

（2）催化剂

选择性催化还原法的催化剂，可以用贵金属催化剂，也可以用非贵金属催化剂。

贵金属催化剂多采用铂。含 0.2％和 0.5％铂的催化剂的活性实验结果如图 10-3 所示，由图中可以看出：含铂 0.5％的催化剂有很高的活性，但温度超过 240℃时，氮氧化物的转化率就开始下降，这是由于氨又氧化成了新的一氧化氮所致。图中还可以看出，用含 0.2％铂的催化活性也较好，但是温度适应范围更窄。

以氨为还原剂来还原 NO_x 的过程较易进行。因此非贵金属中的铜、铁、钒、铬、锰等也都有较好的活性。我国研制的 8209 型和 75-014 型铜铬催化剂经多年的运行实践考验，具有很高的活性和化学稳定性，后者还有相当好的机械性能。国内一些科研单位（如大连化学物理研究所等）经过研究得出以下结论。

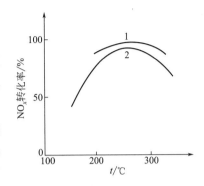

图 10-3　反应温度对转化率的影响
1—0.5％Pt；2—0.2Pt

① 含有 23％～30％氧化铜催化剂有良好的活性。在 $18000h^{-1}$ 的空间速度下，反应温度在 250～280℃时，NO_x 转化率可达 97％，尾气中残留 NO_x 浓度在 $100cm^3/m^3$ 以下。

② 亚铬酸铜（$CuCrO_2$）以 Al_2O_3 为载体的催化剂有很高的活性。含 10％亚铬酸铜的催化剂在 230～260℃ 范围内，NO_x 的转化率可达 99％以上，尾气中残留量在 $20cm^3/m^3$ 左右。当反应温度升到 385℃时，NO_x 的转化率仍可达到 93％，操作温度比用铂催化剂宽很多。

③ 含 20％氧化铁和 2％氧化亚铬的铁属催化剂也有较好的活性，空间速度为 $17000h^{-1}$，温度为 257℃ 时，NO_x 的转化率可达 96.8％，尾气中残留量在 $100cm^3/m^3$ 以下。

④ 铁铬催化剂、熔铁催化剂、磷钼铋催化剂用于 NO_x 的选择性还原时活性不好。

（3）工艺流程和主要工艺条件

氨催化还原法的一般流程为：含氮氧化物的尾气经除尘、脱硫、干燥后，进行预热，然后和经过净化的氨以一定比例在混合器内混合；一定温度的混合气体进入装有催化剂的反应器，在选定的温度下进行还原反应；反应后的气体经分离器除去催化剂粉尘，经膨胀器回收动力以后放空。

我国的 8209 型催化剂即 $CuCrO_2$（Al_2O_3 为载体），其组分为 CuO 5.5％，CrO 4.5％，在硝酸工厂 NO_x 尾气净化中已成功地运行多年。

某厂的硝酸车间，生产能力为 24000t/a(100％HNO_3)，尾气量为 $12400m^3/h$ 时，尾气成分：NO_x 0.216％（0.2％～0.4％），N_2 94.73％，H_2O 1.554％，尾气处理的氨选择性催化还原净化 NO_x，其流程装置如图 10-4 所示。

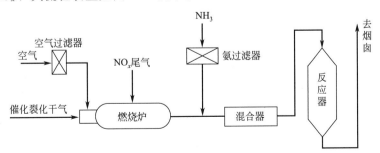

图 10-4　氨选择性催化还原 NO_x 流程示意图

流程的工艺条件：

反应器入口温度 220～260℃；

加热炉温度≤1200℃；

设计空速：16200h^{-1}；

实际空速：15000～20000h^{-1}；

氨过量 20%～40%[NH$_3$/NO$_x$ 摩尔比＝1:(1.4～1.8)]。

燃料气为精炼催化裂化干气，因原料来源不同等原因，组成变化较大，主要成分大致如下：

H$_2$：10.9%～40.5%；N$_2$：14.4%～21.5%；CH$_4$：13.8%～19.2%；C$_2$H$_6$ 和 C$_2$H$_4$：8.3%～15.8%；C$_2$H$_2$：0.18%～8.6%；C$_3$H$_6$：0.78%～24.8%；C$_4$H$_8$：3.1%～12.5%；还原剂：NH$_3$：99.8%；催化剂：8209 型 ϕ5mm 球形；催化剂床层高 300mm（床层阻力 600～800mmH$_2$O，1mmH$_2$O＝9.8Pa）；氮氧化物的净化率在正常情况下为 80%～90%。

（4）反应器

用于催化还原的反应器一般采用固定床绝热反应器，其大小可根据处理气体量、空速和催化剂状况进行设计计算。一般做成圆筒形，用锥底或半圆底，反应器上部和下部均留出一定空间，中部为催化剂床层，催化剂可做一层堆放。亦可分为两至三层堆放。图 10-5 所示为一种反应器的示意图，在反应器的栅板上，装一层不锈钢网，其上再铺一层厚度为 20～30mm 的石英砂。石英砂上面装填计算所需的催化剂，催化剂上面再铺一层 20mm 的石英砂，石英砂可保护催化剂免受气流的直接冲击，延长其寿命，减少催化剂碎片被气流带出。

（5）影响催化脱除反应的因素

① 催化剂　不同的催化剂其活性不同，因而反应温度和脱除效果也不同，如表 10-2 所示。

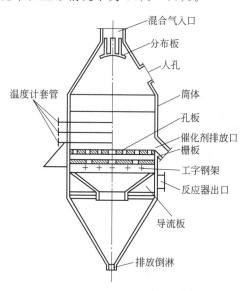

图 10-5　选择性催化还原法反应器

表 10-2　氨催化还原法工艺条件实例

厂名 项目	胜利化工厂	大庆化肥厂	四川化肥厂
尾气来源	硝化废气	硝酸尾气	硝酸尾气
气量/(m^3/h)	1400～1500	＜4800	＜6500
尾气中 NO$_x$ 含量	0.5%～1.0%	0.15%～0.25%	0.45%～0.8%
催化剂	8209 铜铬	1226 铂重整	75～0.14 铜铬
反应器入口温度/℃		220～230	200
反应温度/℃	250～300	220～270	250～330
最高允许温度/℃	350	300	350
入口压力		1.8～2.2kgf/cm^2	580～1250mmH$_2$O
出口压力		1.4～1.8kgf/cm^2	170～350mmH$_2$O
空间速度/h^{-1}	2300～2500	8000～12000	5000～7000
NH$_3$/NO$_3$/mol	1.5	1.4～1.6	1.0～1.2
净化后 NO$_x$ 含量/(cm^3/m^3)	＜100	400～600	＜500
NO$_x$ 转化率/%	＞98	70 左右	＞90

② 反应温度　采用铜铬催化剂在 350℃ 以下时，随着反应温度的升高，氮氧化物的转化率增大，超过 350℃ 后温度再升高时，副反应会增加，这时一部分氨转变成一氧化氮，如图 10-6 所示，反而使转化率下降。

用铂作催化剂时，温度控制在 225～255℃ 为好。温度再升高，就会有发生 NO 的副反应；而温度低于 220℃ 后，尾气中将出现较多的氨，说明还原反应进行得很不彻底，在此情况下可能生成大量的硝酸铵（NH_4NO_3）和有爆炸危险的亚硝酸铵（NH_4NO_2），严重时会使管道堵塞。

③ 空速的影响　和非选择性催化还原法一样，空间速度也应根据实验确定，不可过大、也不能过小。空速过大时，气体与催化剂接触时间短，反应不充分；空速过小时，催化剂和净化设备的能力不能充分利用。

④ 还原剂用量　还原剂的加入量对脱除反应影响很大。当摩尔比 NH_3/NO_x 值小于 1 时，反应不完全，转化率很低。当 NH_3/NO_x 值增大时，转化率也随之上升，比值到达 1.4 之后，再增大时，对转化率已无明显影响，此时由于不参加反应的氨量增加，同样会造成大气污染，同时增加了氨耗。还原剂用量对转化率的影响如图 10-7 所示。可以看出：当 NH_3/NO_x 比值在 1.4 左右有一个转折点。考虑到尾气中的氧气还要消耗少量的氨，因此在实际生产中将上述比值选为 1.4～1.5。

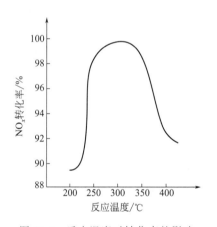

图 10-6　反应温度对转化率的影响

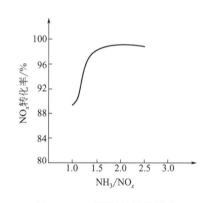

图 10-7　还原剂用量的影响

尾气中氧的含量以及氮氧化物的浓度对转化率没有明显的影响。

值得注意的是：在选用选择性催化还原法消除 NO_x 时，一般在烟道气中含有大量粉尘，会覆盖催化剂的表面，增大压强降，降低催化剂活性，而且烟道气中的 SO_2 等气体会使催化剂中毒。因此必须严格采取前处理措施。

10.5　汽车尾气的催化还原

随着城市交通的发展，汽车尾气所造成的大气污染，已引起重视。控制和消除汽车尾气的污染刻不容缓。

10.5.1　净化原理及方法

汽车及其他机动车排气中通常含氮氧化物 1000～2000cm³/m³；含 CO 约占 5%，同时还含有未燃烧的碳氢化合物（烃类）在 1000cm³/m³ 以上。CO 和烃类是燃烧不完全所产生的，NO_x 则是汽缸中的高温条件造成的。解决此类污染问题，一方面是改进内燃机的结构和燃烧，使燃料在最有利的条件下燃烧，以减少有害物质的排放；另一方面是用催化剂将排气中的有害物质除去。

若单从发动机的设计和制造上解决好燃料充分燃烧的问题，势必增加 NO_x 排放量。日本有人研究启用能起催化燃料作用的材料做发动机的汽缸和活塞组件，使燃料在较低温度下完全燃烧，同时减少 CH、CO 和 NO_x 的排放量。由于燃料燃烧的条件随汽车的行驶状态在很大的范围内变化，一般地说，最终都离不开对尾气的净化。

在催化剂的作用下，利用汽车排气中含有的 CO 为还原剂，可将氮氧化物还原为氮气，同时一氧化碳被氧化成二氧化碳。其反应如下：

$$NO_2 + CO \xrightarrow{\text{催化剂}} NO + CO_2$$

$$NO + CO \xrightarrow{\text{催化剂}} \frac{1}{2}N_2 + CO_2$$

另一方面，还没有氧化完全的一氧化碳和烃类，可以在催化剂的作用下，与新鲜空气继续起氧化作用，生成二氧化碳和水。

10.5.2 催化剂

汽车尾气净化的关键是选择合适的催化剂。由于汽车内燃机的特殊工作条件和状况，对催化剂要求是相当严格的。例如：

① 催化剂的性能必须适于在内燃机旁安装，要求催化反应器结构简单、质量轻、体积小等；

② 催化剂的性能必须适应于气体流量、组成和温度的经常的、大幅度的变化；

③ 催化剂必须有足够的机械强度，以防由于汽车行驶的振动和温度的急剧变化而破碎，致使催化剂的活性降低和堵塞管路；

④ 催化剂的活性在高温（800～1000℃）和在低温（150～200℃）下都比较高，用量要小，便于安装；

⑤ 催化剂必须具有合适的孔隙结构和颗粒结构，以使尾气流过的阻力最小；

⑥ 催化剂在除去尾气中的烃类和一氧化碳时，也能除去氧化氮。

上述六个条件有不少是互相制约的，这是由于汽车排气中的各种烃类和一氧化碳可以用催化完全燃烧变成无害的二氧化碳和水的方法除去，而氧化氮则只能用催化还原或分解的方法变为氮和氧的方法加以除去。因此在排气中存在着未反应的氧的情况下，这三类有害物质的去除，是属于两类不同的反应，通常都是用两种催化剂分别在不同的反应条件下进行处理。

使氮氧化物还原的催化剂与非选择性还原法相同，为贵金属催化剂与金属氧化物催化剂两类。两者相比，贵金属催化剂活性要好得多。

使烃类和一氧化碳完全氧化的催化剂有很多种，其中以钯催化剂的活性最好，其余的如 $Pt\text{-}Al_2O_3$、$MnO_2\text{-}Co_3O_4$、$MnO_2\text{-}Fe_2O_3$、$CuCr_2O_4$ 的活性也较好。

实际使用的催化剂通常是多组分的，如美国的一种牌号为 Aero-Ban 的催化剂其组成和性质如表 10-3 所示。

表 10-3 Aero-Ban 牌汽车尾气净化催化剂的组成和性质

V_2O_5	4%～7%	比表面/(m^2/g)	146
CuO	3%～7%	孔体积/(cm^2/g)	0.72
Pd	0.01%～0.015%	堆积密度/(g/mL)	0.65
SiO_2	5%	颗粒直径/mm	1.5
Al_2O_3	平衡	颗粒长/mm	2.8

上述催化剂曾进行实车试验,用 6 种不同发动机燃烧(其中另有一种不含烷基铅),10 辆不同汽车,各行驶 12000mile(1mile=1.609km)。实验结果的平均值表明,排气中烃类含量从开始时的 118×10^{-6} 到行车终了为 358×10^{-6};CO 从 0.5% 增加到 1.3%,并且燃料中含铅量越高,催化剂由于中毒而活性下降也越快。这种催化剂不能脱除氮氧化物。

美国福特汽车公司使用的牌号为 PTX 的催化剂是 $0.15\%Pt-Al_2O_3$,将催化剂载在蜂窝状结构的陶瓷质基体上。用贵金属包覆的陶瓷制蜂窝状载体上有许多优点,它比较结实、耐振、强度大、耐热性好和气流阻力小,有实用价值。我国一些研究单位也多以此为课题,加以研制,但这种载体也有明显的缺点,这是由于它的比表面积小(约 $0.1m^2/g$),制成的催化剂活性低。近几年日本人用 CuNi 系催化剂,比表面积 $0.33m^2/g$,平均孔径为 $20\mu m$,空速为 $150000h^{-1}$,在温度高于 700℃ 时,可去除 90% 以上的与水共存的 NO_x,而不生成氨。在 600℃ 可净化汽车排气中 NO_2 的 98% 同时能净化相当数量的 CO 和烃类,也可用于加铅汽油燃烧排气的处理。

20 世纪 90 年代以来,由于全球环境污染问题,对由机动车排放的尾气,提出了一系列新的净化要求。在这方面最引人注目的主要是三效催化剂。三效催化剂是指将烃类、一氧化碳和 NO_x 同时进行氧化和还原的催化剂。

三效催化剂是在粒状或蜂窝状载体上涂覆载有活性组分的氧化铝而成(图 10-8),活性组分则大都由 Pt、Pd 和 Rh 组合并添加作为贮氧组分的氧化铈所组成。

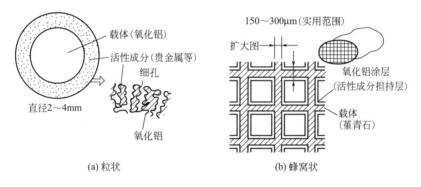

图 10-8 净化汽车尾气的催化剂

在贵金属 Pt、Pd 和 Rh 中,Rh 对 NO_x 的还原性能最高,而 Pt 和 Pd 则对 HC 的氧化活性好,(图 10-9)在三效催化剂中一般均采用 Pt/Rh 或 Pd/Rh 组合,和单组分贵金属相比较,对 NO_x 净化活性,Pd 和 Rh 性质比较接近,因此有可能开发出单独使用 Pd 的三效催化剂。

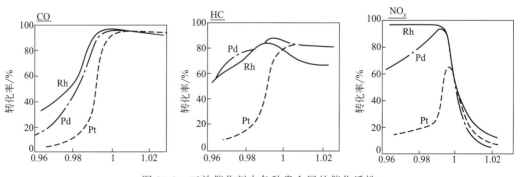

图 10-9 三效催化剂中各种贵金属的催化活性

Pt, Pd:1.0g/L;Rh:0.2g/L

400℃,空速=122000h^{-1}

然而，Pd 和 Pt/Rh 相比，存在着对还原气氛中 NO_x 的净化效率低、在高温下耐久性差的问题，所以开发 Pd-三效催化剂需要改进提高对 NO_x 的净化活性和耐热性的方法。

在与 HC 共有的还原气氛下，Pd 催化剂对净化 NO_x 的活性不及 Pt/Rh 催化剂好，比较多的工作集中在 Pd-催化剂中添加助催化剂，添加一些碱土和稀土金属氧化物特别是 Ba 和 La，可以明显提高催化剂的净化活性。如图 10-10 所示，在还原气氛下的有无助催化剂 Ba 时 C_3H_6-O_2 的反应活性明显不同，在无 Ba 的情况下，Pd-催化剂的活性随 C_3H_6-O_2 浓度的增加而下降，而添加 Ba 的 Pd-催化剂，反应速度则和 C_3H_6-O_2 浓度变化无关，保持一定值。通常 Pd-催化剂在还原气氛下活性常常下降的主要原因是由于 HC 中毒的关系，添加 Ba 和 La 后中毒就可以得到抑制。另外，添加 Ba 或 La 的 Pd-催化剂，对 NO_x 的吸附量也明显增加，在氧化性气体（NO，O_2）中，NO 反应的选择性显著增大，可明显改进净化 NO_x 的活性。

有关提高 Pd-催化剂的耐热性问题，主要要抑制贵金属晶粒因受热而增大的作用。曾对载担 Pd 的载体氧化铝和助催化剂氧化铈的耐热性作过系统研究。结果表明在氧化铝中添加 La 和在氧化铈中添加 Zr 都有很好的效果。

经过上述方法改良后的三效催化剂，在使用中的耐久性如图 10-11 所示，在相当苛刻的加热条件下和 Pt/Ph 催化剂相比可见已成功地制得了净化 NO_x 活性的催化性。

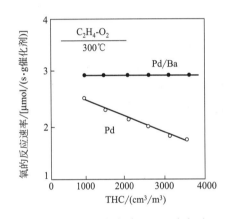

图 10-10 还原气氛中 C_3H_5 浓度对 C_3H_6-O_2 反应活性的影响

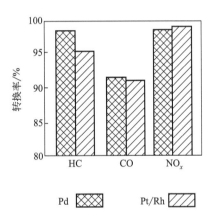

图 10-11 改良 Pd-催化剂的耐久性能
耐久条件：引擎台架 800℃/200h

10.5.3 转化器与净化流程

用于汽车排气的转化器和一般的固定床反应器原理相同，但由于是在特殊条件下使用，因此在设计上应实现结构简单、重量轻、体积小的要求，图 10-12 为一段转化器的示意图。引入二次空气的目的是为了使一氧化碳和烃类燃烧得更完全。

前已述及，汽车排气中的三类有害物质中，碳氢化合物和一氧化碳须用完全燃烧的方法除去，而氮氧化物则需要用还原方法除去，这样，欲同时去除二者，一般就需要采用两段转化的方法。由于排气中含有还原性气体，因此碳氢化合物和一氧化碳可首先进行反应，然后再进行完全燃烧反应，这就是两段串联流程，如图 10-13 所示。第一段转化器，以还原氮氧化物为主，称为还原段转化器。第二段转化器用以氧化一氧化碳和烃类，称为氧化段转化器。如图 10-13，由发动机 1 排出的气体送至第一段转化器 4，在催化剂存在下，排气中的氮氧化物被一氧化碳还原；由自动调节阀 2 供应新鲜空气，以调节转化器 4 的温度，从转化器 4 出来的气体送至第二段转化器 5，由空气泵 3 供给足够的空气，使一氧化碳和烃类完全氧化燃烧，为了减少氧化氮的生成，流程中使一部分净化后的气体循环进入汽车发动机。这种流程实际上是用部分燃料作 NO_x 的还原剂，因而增加了燃料消耗。两种催化剂床层的串联加大了发动机的背压而影响其性能。此外，NO_x 转化器要靠 CO 和 CH 的氧化反应来升温启动，而这种氧化-还原的交替会损害还原 NO_x 催化剂的寿命。这些问题推动了三效催化剂及其单层床方案的研究。目前在汽车尾气催化燃烧方面，我国已研制成几类性能优异的催化剂，如整体蜂窝陶瓷催化剂和基体状催化剂。相应的氧化型汽车尾气净化器亦已问世，此外，借鉴国外贵金属三效催化剂研制的经验，我国成功地研制了非贵金属三效催化剂。

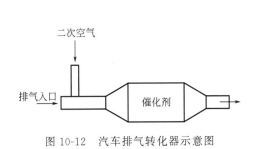

图 10-12　汽车排气转化器示意图

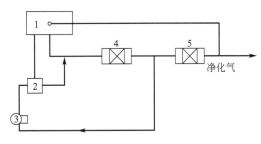

图 10-13　两段串联的汽车排气净化流程
1—发动机；2—自动调节阀；3—空气泵；
4—还原转化器；5—氧化段转化器

10.6　催化燃烧法脱臭

发生恶臭的物质甚多，在已知的约 200 万种有机化合物中就有近 40 万种是有臭味的物质。其主要的是：有机硫化物、氮化物、烃类、有机溶剂、醛类和脂肪酸类。它们多产生于化工厂、石油加工厂、鱼肉加工厂、制药厂、食品加工厂、制革厂及污水处理厂等。

这些发臭物质对人的嗅觉值通常都是很低的，例如：硫化氢为 $0.005\sim0.01cm^3/m^3$；氨为 $0.07\sim1.7cm^3/m^3$；苯为 $0.04\sim1.5cm^3/m^3$；丙烯醛为 $1\sim2cm^3/m^3$；甲基硫醇为 $0.0001\sim0.1cm^3/m^3$。对于这种甚低浓度臭气的处理，采用一般方法达不到目的，因此多采用催化燃烧法。

催化燃烧法与直接燃烧法和吸附法比较有许多优点，理论上，各种有机物都可以在高温（800℃以上）下完全氧化为 CO_2、水和其他组分的氧化物。这就是通常所说的直接燃烧法。由于污染气体中有机组分含量低，而风量却很大，这不仅需要额外添加燃料，而且要在高温下处理，故不常用。吸附法虽然装置比较简单，容易操作，但由于吸附容量的限制，需要大量吸附剂，吸附和再生要进行切换。因此设备庞大、费用高。催化燃烧法是在催化剂作用下，用空气将有害物质转化为无害物质，可以在 $150\sim350℃$ 的低温下操作，不产生二次污染。故此，国外正在大力研究催化脱臭装置和脱臭催化剂，并进入实用阶段。

由于恶臭气体的种类很多，反应能力也不一样，所以为达到不同的目的，在一个流程中可以有一台、两台以至三台催化反应器串联工作，每台反应器中填装不同的催化剂。

图 10-14 为三台反应器串联的脱臭流程，用于处理含有硫化氢、有机硫和碳水化合物等臭气，三台反应器分别装填不同的催化剂，在反应器Ⅰ中硫化氢与催化剂接触而被除去，脱去硫化氢的气体进入热交换器 3，预热到 $100\sim150℃$，再将气体送入预热器 4，在此将气体加热到 $250\sim300℃$，然后送入反应器Ⅱ，脱除有机硫；脱除有机硫后的气体，还含有碳水化合物和含氮化合物，这些臭味物质在反应器Ⅲ中除去，从反应器Ⅲ中出来的气体已经达到完全脱臭的目的，回收热能之后，排入大气，不会再造成污染。

在上述流程中，只要选择好适当的催化剂，可用于某些炼油厂、农药厂、食品厂等排出的臭气处理。

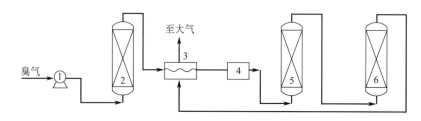

图 10-14　催化燃烧脱臭流程

1—鼓风机；2—反应器Ⅰ；3—热交换器；4—预热器；5—反应器Ⅱ；6—反应器Ⅲ

处理臭气的催化剂按活性组分有以氧化铝为载体的贵金属 Pt 和 Pd，以及氧化铜和 Co_3O_4、MnO_2、NiO 和 V_2O_5 等为主的氧化物催化剂；按形状分，有无定形颗粒状、球形颗粒状、整体蜂窝状、网状、丝蓬状和透气板等多种催化剂。据报道，载有 $0.2\%Pt$ 的氧化铝催化剂，在空速为 $20000\sim40000h^{-1}$ 和 $500℃$ 以下，可将大多数有机化合物脱臭净化到 $1cm^3/m^3$ 以下。

10.7　高浓度二氧化硫烟气的催化转化

在对人类危害最大的大气污染物中，硫的氧化物，特别是二氧化硫气体的数量最大，影响面很广。目前国内外控制二氧化硫气体污染的办法很多，例如改革工艺流程，高烟囱扩散稀释，燃料脱硫及烟气脱硫等。

由于烟气中硫分是以二氧化硫的形式存在，因此烟气脱硫技术比重油脱硫简单，而且烟气脱硫既能消除大气污染，还能回收硫（或制硫酸，或得石膏等），故此烟气脱硫技术是目前研究得最多而且比较实用的技术。

根据烟气中二氧化硫含量不同，可分为高浓度二氧化硫烟气和低浓度二氧化硫烟气两种。一般二氧化硫含量在 2% 以上的称为高浓度烟气，主要来自有色金属冶炼过程和火力发电厂；二氧化硫含量在 2% 以下的称为低浓度烟气，它主要来自燃料燃烧过程。

高浓度二氧化硫烟气一般采用净化后回收制酸。下面仅就冶炼工业烟气制酸加以介绍。

10.7.1　冶炼烟气制酸的生产过程

冶炼烟气制酸一般采用接触催化氧化法。有色金属（铜、铁、锌等）的冶炼炉产生的烟气中，不仅含有二氧化硫和三氧化硫，而且还含有极细的氧化物粉尘，如铅、锌、锑、砷、镉的氧化物以及氟化氢、一氧化碳、二氧化碳等杂质，这都给制酸生产带来一定困难，因此在制酸前必须将它们去除，即先进行烟气净化。

在接触法制酸中，烟气首先进入净化系统进行净化处理，将所含杂质脱除到规定的指标。若采用湿法净化处理烟气，则烟气被水蒸气饱和，还必须进行干燥处理，干燥后的烟气进入催化转化系统。在转化系统中，烟气在催化剂的作用下将其中所含二氧化硫转化为三氧化硫。然后含有三氧化硫的烟气进入成酸系统，三氧化硫被吸收（或冷凝）就制得了硫酸。因此冶炼烟气接触法制酸的生产过程可分为净化、转化和吸收（或冷凝）成酸三个工序，后两个工序与硫酸工厂制酸工艺相似。

烟气的净化工序主要为清除粉尘、SO_3、HF 等，它们的存在会腐蚀设备和管道，严重的会发生催化剂的中毒、粉化和结块，以致失去催化作用。

烟气净化方法可分为稀酸洗流程、水洗流程、热浓酸洗流程和干法净化流程等。其中除干法净化外，一般都是利用液体（水、稀酸或热浓酸）洗涤或喷淋，将杂质吸收去除，再经电除雾器除雾后去干燥塔。而干法净化流程是由电除尘器和布袋除尘器两级串联组成的，它具有流程短、投资省、不产生污水的优点，但它不适用含砷含氟高的烟气制硫酸。

10.7.2 二氧化硫的催化转化

SO_2 的催化转化可分为催化还原和催化氧化两类。催化还原法由于催化剂中毒和二次污染问题较难解决，目前尚未达到实用阶段。下面介绍气相催化氧化法。

由净化工序送来的含二氧化硫烟气进入催化转化系统之后，在一定温度下，通过催化剂作用，使烟气中二氧化硫与氧化合产生三氧化硫。这个过程叫二氧化硫转化。

二氧化硫转化的反应式为：

$$SO_2 + \frac{1}{2}O_2 \rightleftharpoons SO_3 + 热量$$

这是一个可逆放热反应，因此降低反应温度和提高反应压力有利于反应的进行。

(1) 二氧化硫转化反应的催化剂

经过前人试验，目前已知能加速二氧化硫转化反应的物质很多。图 10-15 表示了铂及某些金属氧化物对二氧化硫转化反应的接触活性。从图中可以看出铂的接触活性最高，但由于铂催化剂价格昂贵，而且容易被毒害，一般均不使用，其他金属氧化物也都有一定的接触活性，但由于使用温度受到限制，因此只有五氧化二钒（钒催化剂）在最低温度下（500～550℃）活性最高，且价格便宜，又不易中毒，是比较理想的催化剂，目前世界各国在硫酸生产中都采用钒催化剂。

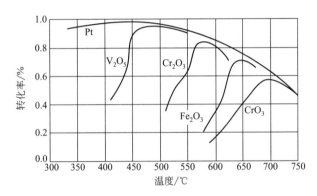

图 10-15　几种催化剂的接触活性

钒催化剂是以 V_2O_5 为主体（占 6%～12%）并采用 K_2O 和 Na_2O 为助催化剂，以 SiO_2 为载体的催化物。加入助催化剂是为进一步提高催化剂的活性。

我国使用的钒催化剂有三种。

① V_1 型催化剂：是中温催化剂，起燃温度为 410～420℃，操作温度为 425～600℃。其外形为圆柱形状颗粒，深黄或棕黄色，直径 5mm 左右，长约 5～15mm，堆积密度为 0.6～0.65kg/L，比表面积 3～6m²/g，孔隙率约 50%。

② V_2 型催化剂：其起燃温度、催化活性、操作温度与 V_1 型相似，但它的外形是外径为 5mm，内径为 2mm，长约 5～15mm 的环柱体，堆积密度约 0.55～0.6kg/L。由于其内表面的利用率较大，通气阻力较小，故多用于转化器的前几段上。

③ V_{3-2} 型催化剂：是低温催化剂，起燃温度为 380～395℃，操作温度为 400～500℃，其形状与 V_1 型相似，堆积密度、比表面积也相同于 V_1 型，孔隙率约 48%，它一般用于转化器第一段上部和最末段。其低温活性比较明显，一段和最末段催化剂层进气温度可降到 405℃左右。

钒催化剂对砷化物，氟化物比较敏感，常常因此而引起所谓"催化剂中毒"。

砷对钒催化剂的毒害机理，说法不一，大体有以下几点：

a. 温度低于550℃时砷能和催化剂的活性组分——V_2O_5 或 K_2O 起化学作用，破坏活性物质的原来状态和性质，从而降低了催化活性。

b. 温度高于550℃，砷和 V_2O_5 作用，生成一种可挥发的 V_2O_5 和 As_2O_5 的化合物，随着五氧化二钒的挥发，其含量减少，催化剂便逐渐失去了活性。

c. 砷被催化剂大量吸附，覆盖于活性表面，最终堵塞其孔隙结构。

氟的毒害，据研究主要有：

氟化氢或四氟化硅能与载体二氧化硅作用生成氟硅氧化物，引起粉化；

氟化物与载体作用后，会析出二氧化硅，覆盖于活性表面，致使气体不能与活性物质充分接触。

除了砷、氟之外，还有其他一些杂质或有害气体能使催化剂中毒，因此应特别注意加强净化。

（2）钒催化剂催化作用的机理

人们虽然对于钒催化剂的催化机理进行了大量研究，但因其较为复杂，至今其说法不一。概括起来可以认为：若使二氧化硫氧化，其关键在于必须设法使氧化剂——氧分子中两个原子之间的键断裂，这就需要耗费很大的能量。当有钒催化剂存在时，催化剂吸附了氧原子，且催化剂与氧原子结合的牢固程度，远低于氧分子中原子间的结合，因此，就降低了二氧化硫氧化反应的活化能，此时的活化能约为 $92\sim96kJ/mol$，这比在无催化剂存在时二氧化硫被氧化的活化能（约 $2090kJ/mol$）要小得多。

二氧化硫在钒催化剂作用下的氧化过程通过如下四个阶段进行：

① 氧分子被催化剂表面吸附，氧分子中原子间的键被破坏，使氧原子获得了与二氧化硫化合的可能性；

② 催化剂表面从气体中吸附二氧化硫分子；

③ 催化剂表面的二氧化硫分子与氧原子之间进行电子的重新排列而生成三氧化硫，即：催化剂 $SO_2 \cdot O \longrightarrow$ 催化剂 $\cdot SO_3$；

④ 生成的三氧化硫离开催化剂表面而进入气相之中。

以上四个阶段中最慢的一个阶段，就是第一阶段即为全过程中的控制阶段。

10.7.3 二氧化硫催化转化流程和设备

（1）转化流程

二氧化硫的转化反应为放热反应，为了使反应能在最适宜的温度下进行，必须将反应热从系统中不断导出，这样才能使反应既进行得快，最终又能得到高的转化率，工程上采用了变温操作。在反应初期，反应体系状态离平衡状态远，宜采用较高的温度使反应快速进行。而在反应后期，反应体系已接近平衡状态，故要降低温度使反应向深度发展，以获得高的转化率。当然反应温度的选择不能超过所用催化剂的活性温度范围。钒催化剂的活性温度通常为 $400\sim600$℃，这也是实际生产的操作温度范围，见图 10-16，这就要求实际生产中转化反应必须分段进行。在每段中，反应是在绝热条件下进行的，反应后的气体温度必然升高，因此要将气体冷却（即除去反应热）至一定温度后，再进入下一段进行绝热反应，然后再将反应热移去，如此使转化反应和换热两个过程依次交替进行，直到达到要求的最终转化率为止。

根据过程中换热或降温方法不同，可将转化流程分为两类。

第一类，利用转化后的热气体与较冷的炉气进行热交换，达到既能冷却转化气体又能加热炉气的目的。这类流程统称为间接换热式。其中将转化反应与换热过程同时进行的称为内部换热式，图 10-16 所示为四段转化器内换热式转化流程。而转化反应与换热分为两组设备进行时，称为中间换热式。图 10-17 为三段转化器外换热式流程。图 10-16 所示的流程的主

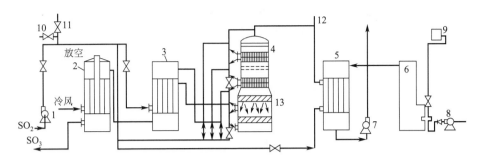

图 10-16　四段转化器内换热式转化流程

1—主鼓风机；2—三氧化硫冷却器；3—外部换热器；4—转化器；5—预热器；6—加热炉；7—排烟机；

8—开工小风机；9—高位油槽；10—回流阀；11—排空阀；12—预热器排空阀；13—螺旋换热器

要特点是，转化器共分四段，而只有最后一段转化后的气体换热器设在转化器外，其余各段的换热器都在器内，与转化器为一整体。其流程是：经过干燥的烟气由鼓风机 1 送入外部换热器 3 的管间。被管内热的转化气初步加热后，依次进入转化器 4 的中部和上部换热器管内，继续被管内热转化气加热到 440℃ 左右，加热后的烟气由顶部进入转化器，再依次通过第一段催化剂层→上部换热管内→第二段催化剂层→中部换热管内→第三段催化剂层→下部螺旋换热器管内，再经过三氧化硫冷却器 2 的管内，冷却后送入 SO₃ 吸收塔。

　　为了不使第一段催化剂层入口处温度过高，一部分冷烟气可以不进入外热交换器，而由副线直接导入转化器前的热烟气中进行调节。为了保持第二、第三段催化剂层处气体的一定入口温度，可以利用副线阀门控制进入上、下部换热器的冷烟气量来加以调节。为了降低第三和第四段转化后的气体温度，利用一部分不经过外热交换器的冷烟气送到下部换热器进行冷却。

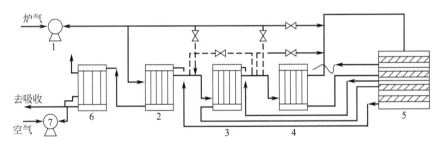

图 10-17　三段转化器外换热式流程

1—主鼓风机；2—第一热交换器；3—第二热交换器；4—第三热交换器；

5—转化器；6—三氧化硫冷却器；7—空气鼓风机

　　图 10-17 为三段转化、器外换热式流程，干燥烟气由鼓风机 1 送出，依次进入第一、二、三热交换器（2、3、4 也叫冷热、中热、热热交换器）的管群间，分别与来自转化器 5，经过三、二、一段转化后的烟气进行热交换，被预热到 440℃ 左右由顶部进入转化器，然后依次通过第一段催化剂层、第三热交换器 4 的管内→第二段催化剂层、第二热交换器 3 的管内→第三催化剂层、第一热交换器 2 的管内，转化后烟气最后进入三氧化硫冷却器 6，被冷却后送往吸收塔。图中虚线所示的管道和阀门，是将烟气部分超过第一、二、三热交换器，以调节烟气预热温度和各段转化后气体冷却温度的。

　　第二类，是利用冷炉气或冷干燥空气直接加入转化气降温的，统称为直接降温式或冷激式。这种类型的流程，只有当炉气中的二氧化硫浓度高于 7% 时才可采用，一般使用较少。

　　(2) 转化设备

　　转化过程设备主要有四大件，即转化器、热交换器、鼓风机、加热炉。

作为转化反应的主体设备——转化炉，无论何种形式，都必须遵循以下原则：

① 应使转化过程尽可能接近最适宜温度条件下进行；

② 转化器套数应尽可能少，便于操作管理，减少占地面积；

③ 阻力降要尽可能小，以减少动力消耗；

④ 应能保证自然平衡，无需补充外热源。

习　　题

10.1　催化法用于气体污染物的治理过程与吸收、吸附法相比有何优点，在操作机理方面有何不同？

10.2　什么是催化剂的活性、选择性和稳定性？催化剂的活性一般如何表示？

10.3　何谓催化剂的主活性物、载体、助剂？其各自的作用是什么？举例说明。

10.4　何谓失活？如何防止？

10.5　催化剂是通过什么途径加速反应的？为什么说它不能改变化学平衡的终点？

10.6　在多孔催化剂上进行催化反应过程，一般分为几个步骤？

11 吸附法净化气态污染物

11.1 概 述

有害气体的吸附净化操作是利用某些具有从气体混合物中有选择地吸着某些组分的能力（有时还兼有催化作用）的多孔性固体来脱除气态污染物中的水分、有机溶剂蒸气、恶臭和其他有害气相物质的。

在相界面上物质浓度自动富集的过程叫做吸附。这种现象是由于表面能力图减少的原因所引起的。固体表面上的分子力处于不平衡状态，表面具有过剩的力，根据热力学第二定律，凡是能够降低界面能的过程都可以自动进行，因此物体表面这种过剩的力可以使周围的物质滞留下来，在其表面富集。被吸附在物体表面的物质称为吸附相或吸附质；而吸附吸附质的物质（或物体）称为吸附剂。在大气污染控制工程中的吸附方法就是利用多孔性的固体吸附剂处理气体混合物，使其中一种或数种组分被吸附在固体表面加以分离，从而达到净化气体的目的。

11.1.1 吸附类型

根据固体表面吸附力的不同，吸附主要可分为物理吸附和化学吸附。

物理吸附是由于分子间的引力引起的，通常称为"范德华力"，它是定向力、诱导力和逸散力的总称。这一类吸附的特征是吸附质与吸附剂不发生化学作用，是一种可逆过程。

化学吸附是由于固体表面与被吸附物质间的化学键力起作用的结果。这一类型的吸附需要一定的活化能，故又称活化吸附。

物理吸附与化学吸附有以下区别。

（1）吸附热

化学吸附的吸附热与化学反应热相近，而物理吸附的吸附热与气体的液化热相近。一般化学吸附热很大，大于 $42kJ/mol$，物理吸附热则较小，仅几百焦耳每摩左右，最多不超过几千焦耳每摩。吸附热是区别物理吸附和化学吸附的重要标志之一。

（2）选择性

化学吸附具有较高的选择性。例如，钨和镍可以化学吸附氢，而氢则不能被铝或铜化学吸附。物理吸附则没有多大选择性，其吸附量的多少取决于气体的物理性能及吸附剂的特性。

（3）温度的影响

化学吸附可以看成是一个表面过程，这类吸附往往需要一定的活化能，它的吸附与脱附速度都较小（当然也有少数需要很少，甚至不需要活化能的化学吸附，其吸附和解吸速度也很快）。温度升高时，化学吸附速率和脱附速率都显著增加。而物理吸附不是一个活化过程，不需要活化能（即使需要也很少）。此类吸附的吸附速率和脱附速率都很快，一般不受温度的影响。它的吸附量随温度升高而下降。

（4）吸附层厚度

化学吸附总是单分子层或单原子层的，且不易解吸。物理吸附可以是单分子层，也可以是多分子层的，解吸也容易；低压时，一般为单分子层的，随着吸附压强增大，吸附层往往变成多分子层。

总之，化学吸附实质上是一种表面化学反应，吸附作用力为化学键力；而物理吸附实质是一种物理作用，吸附作用力为范德华力，在吸附过程中没有电子转移，没有化学键的生成与破坏，没有原子重新排列等。

物理吸附和化学吸附并不是各自孤立的，往往相伴发生，对于同一物质而言，在低温下，可能进行物理吸附，而在较高的温度下，就可能产生化学吸附，而在大气污染控制工程中大部分吸附过程常常是两种吸附综合作用的结果。只是在某种特定条件下，以某一种吸附为主罢了，例如在催化反应中化学吸附具有特殊的重要意义。

11.1.2 吸附剂

广义而言，所有固体表面对流体都有吸附作用，但在实际上合乎工业需要的吸附剂，则必须具有巨大的内表面的多孔性物质，其外表面只占总表面的极小部分。像活性炭、硅胶、分子筛等都是多孔的，具有极大比表面积，都是比较理想的吸附剂。

工业吸附剂要求对不同的气体分子应具有强的选择性吸附。例如：木炭吸附 SO_2 和 NH_3 的能力要比吸附空气为强。当气体混合物与木炭接触时，被吸附的只是 SO_2 和 NH_3。

一般地说，吸附剂对于各种吸附组分的吸附能力随吸附组分沸点的升高而加大，即在与吸附剂相接触的气体混合物中，首先是高沸点的组分被吸附，而且一般被吸附组分的沸点与不被吸附组分的沸点相差很大，因而惰性组分的存在，基本上不会影响吸附操作的进行。例如用木炭从苯蒸气分压为 p 的空气混合物中吸附苯时，与吸附具有相同压力的纯苯蒸气时并无两样。

工业用的吸附剂种类很多，包括各种活性土、活性炭、活性氧化铝、硅胶等，它们大多具备上述两方面的性质，因而常用于气体净化和回收。

几种常用吸附剂的性能如下：

（1）活性炭

活性炭是由各种含碳物质，例如骨头、煤、椰壳、木材、渣油、石油焦，甚至其他工业废物等炭化后，再用蒸汽或药品进行活化处理而得。活化过程是将孔隙及表面上的炭化产物赶走，扩大原有的孔隙并形成新的孔隙，获得"活性"。活性炭的质量取决于原料性质和活化条件。

活性炭是常用的吸附剂，具有性能稳定、抗腐蚀等优点。由于它的疏水性，它常常被用来吸附回收空气中的有机溶剂、恶臭物质等。吸附法脱除尾气中 NO_x、SO_2，以及在废水净化中也常用到活性炭。活性炭的缺点是它的可燃性，因此，使用温度一般不能超过 $200℃$，个别情况下，有惰性气流掩护时，操作温度可达 $500℃$。

活性炭按其形状可分为粉末状活性炭和颗粒状活性炭。按原料不同，又可分为果实壳（椰子壳、核桃壳等）系，木材系、泥炭褐煤系、烟煤系和石油系等。孔径分布一般为：碳分子筛在 $10×10^{-10}$ m 以下，活性焦炭在 $20×10^{-10}$ m 以下，活性炭在 $50×10^{-10}$ m 以下。碳分子筛是新近发展的一种孔径均一的分子筛型新品种，具有良好的选择吸附能力。

（2）硅胶

硅胶是粒状无晶形氧化硅，可由硫酸、盐酸或酸性盐溶液与硅酸钠溶液作用而制得，用水洗涤后，在 $115\sim130℃$ 下干燥脱水至含湿量为 $5\%\sim7\%$ 时制成硅胶。

亲水性是硅胶的特性，它从气体中吸附的水分可达硅胶自身质量的 50%，而难于吸附非极性物质。因此，常用它处理含湿量高的气体。

硅胶吸附水分后，吸附其他有害气体或蒸气的能力就大为下降。因此，在某些场合，硅胶的亲水性妨碍了它的应用。例如，被吸附上的有机蒸气又会被空气中的水分所置换，因而用硅胶来脱除尾气中的 NO_x 时，需先将尾气中的水分除掉。否则，被水饱和的硅胶无催化性能。

（3）分子筛

分子筛是一种人工合成沸石，为微孔型、具有立方晶体的硅酸盐。通式为：

$$Me_{x/n}(Al_2O_3)_x(SiO_2)_y \cdot mH_2O$$

式中　x/n——价数为 n 的金属阳离子 Me（Na^+、K^+、Ca^{2+} 等）的数目；

　　　m——结晶水的分子数。

分子筛内具有孔径均一的微孔，因而具有筛分性能。由于孔径大小不同，以及 SiO_2 与 Al_2O_3 分子比不同，分子筛可分为若干不同的品种规格。

70 年代末，国外出现了一类新型的分子筛——硅沸石（Silicalite）。它是一种憎水、亲有机物的全硅分子筛。目前正被广泛研究应用，在处理硫氧化物废气和稀的有机废液方面将会大有用处。

一般分子筛与其他吸附剂比较，其优点在于：

① 具有高的吸附选择性。分子筛的孔径大小整齐均匀，能选择性地吸附直径小于某个尺寸的分子。而硅胶、活性炭等，其孔径大小都极不一致（见图 11-1），因而没有明显的选择性。分子筛又是一种离子型吸附剂，对极性分子，特别是对水具有较强的亲和力，分子筛对不饱和有机物也具有选择性吸附能力。因此，使得分子筛具有高的吸附选择性。

② 分子筛具有较强的吸附能力。分子筛的空腔多，孔道小，比表面积大，由于空腔周围叠加力场的作用，使得它的吸附能力很强，即使在气体组分含量很低时，也仍然具有较强

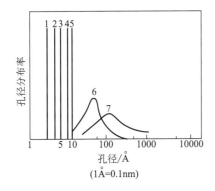

图 11-1　分子筛和一般吸附剂的孔径分布

1—3Å 分子筛；2—4Å 分子筛；
3—5Å 分子筛；4—10X 分子筛；
5—13X 分子筛；6—硅胶；7—活性炭

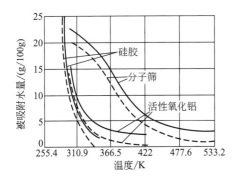

图 11-3　温度对不同吸附剂吸附水
的吸附能力的影响

（虚线表示吸附开始时吸附剂含有 2% 的水分）

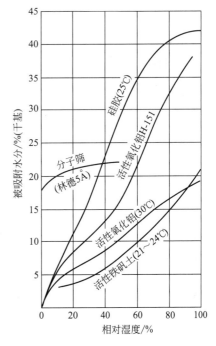

图 11-2　不同吸附剂吸附容量与
相对湿度的关系

的吸附能力。由图 11-2 可见,气体的相对湿度较高时,硅胶和活性氧化铝对水分均有较大的吸附容量,甚至比分子筛还要高,但当气体中水分含量较低时,这两种吸附剂对水分的吸附能力急剧下降,而分子筛却保持着很高的吸附能力。在较高温度下分子筛也仍然保持着较高的吸附能力,这可从图 11-3 中看出。

(4) 吸附树脂

最初的吸附树脂是酚、醛类缩合高聚物,以后出现了一系列的交联共聚物,如聚苯乙烯、聚丙烯酯和聚丙烯酰胺类的高聚物。这些大孔吸附树脂,有带功能团的,也有不带功能团的;有非极性的,也有强极性的很多种类。大孔吸附树脂除了目前价格较贵外,比起活性炭来它的物理化学性能较稳定,品种较多,能用于废水处理、维生素的分离及过氧化氢的精制等。

工业上使用的吸附剂还有白土、活性氧化铝等。近年来,还发展了一种纤维状的吸附剂,如碳纤维、玻璃纤维和氧化铝纤维等。据日本资料报道,一种活性炭纤维,其孔容积 $>$ 0.3cm³/g(分子中孔容积指小于或等于 100×10^{-10} m 的孔的容积),体积比例(孔容积/总孔容积)$>70\%$。将这种活性炭纤维置于一直径为 1.6cm 玻璃管中,填充厚度为 5mm,用于脱除 H_2S,如果 H_2S 含量为 25cm³/m³,以 10cm/s 流速通过该管,则将近 100% 的 H_2S 被脱除。

11.1.3 吸附法净化气态污染物的适用范围

吸附法主要适用于以下几个方面:

① 对于低浓度气体,吸附法的净化效率要比吸收法高,吸附法常用于浓度低,毒性大的有害气体,但吸附法处理的气体量不宜过大。

② 用吸附法净化有机溶剂蒸气,具有较高的效率。

③ 当处理的气量较小时,用吸附法灵活方便,例如防毒面具就是一个小型的吸附器。

吸附法应用于净化烟气方面,国外早在第二次世界大战前就开始了。目前像采用氧化铝吸附净化含氟烟气,采用活性炭吸附烟气中的 SO_2 用以制酸,用分子筛、活性炭吸附烟气中的氮氧化物以净化烟气回收有用物质等,已在许多国家广泛应用。

吸附法目前在我国主要用来回收有机溶剂,同时净化废气。例如北京新华印刷厂采用活性炭吸附回收甲苯蒸气;上海燎原化工厂用活性炭吸附氯乙烯;常州热工仪表厂使用了经过氯和碘处理过的活性炭吸附净化含汞蒸气的气体;湖北省松木坪电厂用太原新华化工厂生产的含碘活性炭吸附净化含 SO_2 气体等,都收到了较好的效果。

11.2 吸附理论

对于一运转的吸附设备来说,可达到的最大吸附分离效果取决于两方面的因素,由吸附剂与吸附质本身物化性质所决定的吸附平衡因素和由物质传递所决定的吸附动力学因素;即吸附平衡和吸附速率两方面。

吸附平衡是理想状态,是吸附剂与吸附质长期接触后达到的状态,而吸附速率则体现了吸附过程与时间的关系,它反映了吸附过程的操作条件(温度、浓度、压力等),以及床层中流动情况等因素对吸附容量的影响。要设计一吸附设备或欲强化一吸附过程,必须从这两方面着手。

11.2.1 吸附平衡及吸附等温线

(1) 吸附平衡

就固相吸附剂对气相组分吸附而言,如果吸附过程是可逆的,当混合气体与吸附剂充分接触后，一方面吸附质被吸附剂吸附，另一方面，又有一部分已被吸附的吸附质，由于热运动的结果，能够脱离吸附剂的表面，又回到混合气体中去。前者称为吸附过程，后者称为解吸过程。在一定温度下，当吸附速度和解吸速度相等时，即单位时间内吸附的数量等于解吸的数量时，则吸附质在吸附剂表面的浓度以及其气相中的浓度（或压力）不再改变，达到了所谓"吸附平衡"，此时吸附质在气相中的浓度（或压力）叫平衡浓度（或平衡压力）。

当吸附达到平衡时，被吸附组分在固相中的浓度及其与吸附剂相接触的气相中的浓度之间具有一定的函数关系，即

$$X = f(Y)$$

式中　X——被吸附组分在固相中的浓度，即单位质量的吸附剂所吸附的组分量，kg/kg 吸附剂；

　　　Y——平衡时被吸附组分在气相中的浓度，kg/kg 惰性组分。

把在一定温度下，达到吸附平衡时，吸附量（X）随平衡浓度（或压力）而变化的曲线称为吸附等温线，而把描述吸附等温线的方程式称为吸附等温式。

（2）吸附等温线

一定量的吸附剂所吸附气体的多少，要看此气体的种类和吸附作用进行的条件如何而定，实验证明：最主要的条件是该气体的压强及温度，当其他条件相同时，气体的压强对吸附的影响可由图 11-4 表示，图中的各类曲线称为吸附等温线。这是在不同温度下木炭吸附氨的情况。升高气体的压力可以增加吸附量。但是在吸附等温线的不同部分，压力的影响也是不同的。一般说，在低压部分，压力的影响非常显著，此时气体被吸附的量与压力成正比（线段Ⅰ）；当气体压力继续升高时，被吸附气体的量虽在增加，但增加的程度已经逐渐变小了（线段Ⅱ）。最后，压力再继续提高，吸附量基本上不再变化，相当于吸附饱和。

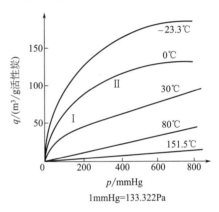

图 11-4　NH_3 在活性炭上的吸附等温线

为了说明吸附的性质和过程，许多学者在大量实验的基础上，提出了各种吸附理论，但一般都只能解释一种或几种吸附现象。现仅对几个公认成熟或应用比较广泛的理论及相应图形和数学表达式加以介绍。

① 弗罗因德利希（Freundlich）公式

$$q = \frac{x}{m} = ap^{1/n} \tag{11-1}$$

式中　q——单位吸附剂在吸附平衡时的饱和吸附量，m^3/kg 或 kg/kg；

　　　x——被吸附组分的量，m^3 或 kg；

　　　m——吸附剂的量，kg；

　　　p——被吸附组分的浓度或分压；

　a，n——经验常数；对于一定的吸附物质，仅与平衡时的分压和温度有关，其值需由实验确定，而 $n \geqslant 1$。

此式并不能表示出上面所说过的吸附等温线在低压部分和在高压部分时的特点，但是在广泛的中压部分，此式却能很好地符合实验数据。

在实际应用时通常取它的对数形式，即

$$\lg q = \lg \frac{x}{m} = \lg a + \frac{1}{n} \lg p \tag{11-2}$$

将此式在直角坐标系中作图，得一条直线。直线的斜率是 $\frac{1}{n}$，截距为 $\lg a$。

弗罗因德利希等温式常常用于低浓度气体的吸附，例如用活性炭脱除低浓度的醋酸蒸气时常用此方程。另外，也常用于未知组成物质的吸附，如有机物或矿物油的脱色。此时，可通过实验确定常数 a 与 n 值。CO 在活性炭上的吸附也能较好地符合弗罗因德利希等温式。但在压力很低或较高时，就会产生较大的偏差。此外常数 a 和 n 的意义没有得到解释。

② 朗格谬尔（Langmuir）吸附理论　在理论推导之前假设：

a. 固体表面的吸附能力只能进行单分子层吸附，即当吸附质碰到固体空余表面便被吸附，此时该处的不饱和力场得到饱和，以后其他吸附质分子再次碰到已被吸附的分子上，就做完全弹性碰撞而离去，被吸附的分子之间互不影响。

b. 固体表面各处的不饱和力相等，表面均匀，即各处的吸附热相等。

根据上面两条假设，可以作如下推导。令 θ 代表任一瞬间已吸附的固体表面积与固体总面积之比，或代表已被吸附分子数和固体表面全部吸附时的分子总数的比值，即

$$\theta = \frac{\text{已覆盖的面积}}{\text{固体总面积}} = \frac{q}{q_{max}} \tag{11-3}$$

式中　q——已被吸附的量，m^3/kg；

q_{max}——饱和吸附量，m^3/kg。

则 $(1-\theta)$ 为剩余吸附面积占总面积的分数，可以看作是吸附过程的推动力。

于是
$$\text{吸附速度} = k_2 p \cdot (1-\theta) \tag{11-4}$$
$$\text{解吸速度} = k_1 \theta \tag{11-5}$$

式中，k_1 和 k_2 分别表示在一定温度下解吸速度常数和吸附速度常数。

当吸附达到平衡时，吸附和解吸速度相等。

即
$$k_1 \theta = k_2 \cdot p(1-\theta)$$

因此
$$\theta = \frac{k_2 p}{k_1 + k_2 p} \tag{11-6}$$

此式即为朗格谬尔吸附等温式。为了分析和使用方便起见，令 $\frac{k_2}{k_1} = k$（吸附系数），代入式(11-3)，将上式变换之后有

$$q = \theta q_{max} = q_{max} \frac{kp}{1+kp} \tag{11-7}$$

当压力 p 很小时，$kp \ll 1$，则 $q = q_{max} kp$

当压力 p 很大时，$kp \gg 1$，则 $q = q_{max} p^0$

即此时吸附量与气体压力无关，吸附达到饱和。

当压力 p 为中等时，$q = q_{max} \cdot p^{1/n}$，此与弗罗因德利希吸附式相同。

有时将朗格谬尔公式改写成倒数形式，即

$$\frac{1}{q} = \frac{1}{q_{max}} + \frac{1}{q_{max} k} \cdot \frac{1}{p} \tag{11-8}$$

此式又为一直线方程式，截距为 $\frac{1}{q_{max}}$，斜率为 $\frac{1}{q_{max} k}$。

到目前为止，气体在固体上的吸附，已经观察到的有 5 种类型的吸附等温线如图 11-5 所示。

朗格谬尔公式所代表的是单分子层化学吸附，与第一种类型曲线相吻合，而物理吸附则有可能出现上述 5 种类型之一。

由朗格谬尔等温式得到的结果与许多实验现象相符合，能够解释许多实验结果，因此，朗格谬尔等温式目前仍是常用的基本的等温式。

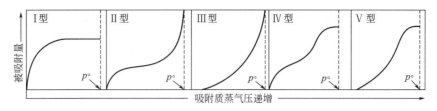

图 11-5 吸附等温线类型

③ B.E.T（Brunauer，Emmett，Teller）多分子层吸附理论　B.E.T 理论是在朗格谬尔理论的基础上加以发展的。它除了接受朗格谬尔理论的几条假设，即吸附与脱附在吸附剂表面达到动态平衡，固体表面是均匀的，被吸附分子不受其他分子影响等以外，还认为在吸附剂表面吸附了一层分子以后，由于范德华力的作用还可以吸附多层分子。当然，第一层的吸附与以后各层的吸附有本质的不同。前者是气体分子与固体表面直接发生联系，而第二层以后各层则是相同分子之间的相互作用；第一层的吸附热也与以后各层不尽相同，而第二层以后各层的吸附热都相同，接近于气体的凝聚热。在吸附过程中，不等上一层饱和就可以进行下一层吸附，各吸附层之间存在着动态平衡。

当吸附达平衡后，气体的吸附量 V 等于各层吸附量的总和。可以证明，在等温时有如下关系。

$$\frac{p}{V(p^0-p)}=\frac{1}{V_mC}+\frac{C-1}{V_mC}\frac{p}{p^0}\tag{11-9}$$

式中　V——在压力为 p，温度为 T 的条件下吸附的气体体积（换算为标准状态下）；

p^0——温度为 T 时，吸附质的饱和蒸汽压；

V_m——假定表面填满一层分子时所吸附的气体体积（需换算为标准状态下）；

C——给定温度下的常数。

式(11-9) 也是一个点斜式直线方程。

推导 B.E.T 方程时，也作了一系列的假定，因此和其他吸附等温式一样，在使用上也有一定的局限性。例如推导此方程式时，曾假设所有的毛细管直径的尺寸都是一样的，有了这样的假定 B.E.T 学说就不能很好地适用于活性炭的吸附，因为活性炭的孔隙大小非常不均匀，但确能很吻合地适用于硅胶吸附剂的吸附。

值得注意的是：若以 $\frac{p}{V(p^0-p)}$ 对 $\frac{p}{p^0}$ 作直角坐标图，在 $\frac{p}{p^0}=0.05\sim0.35$ 的范围内，可得一直线，由直线的斜率 $\frac{C-1}{V_mC}$ 和截距 $\frac{1}{V_mC}$ 可计算出 C 和 V_m。而从 V、T、p，可计算出一个单分子层的分子数目，以单个分子截面积乘这个数，即得到固体表面的吸附面积。这是测定固体吸附表面的有效方法。也常用此法来测定催化剂的吸附面积。

还应该指出的是，吸附等温线的形状与吸附剂及吸附质的性质有关，即使同一化学组分的吸附剂，由于制造方法或条件不同，造成吸附剂的性能有所不同，因此吸附平衡数据亦不完全相同，必须针对每个具体情况进行测定。

11.2.2　吸附速率

吸附剂对吸附质的吸附效果，除了用吸附（容）量表示之外，还必须以吸附速率来衡量。所谓吸附速率是指单位质量的吸附剂（或单位体积的吸附层）在单位时间内所吸附的物质量。吸附速率决定了需净化的混合气体和吸附剂的接触时间，吸附速率快，所需的接触时间就短，需要的吸附设备的容积就越小。

吸附速率的变化范围很大，可以从百分之几秒到几十小时，吸附速率决定于吸附剂对吸附质的吸附过程。气体吸附过程是由以下几个步骤完成的。

① 气膜扩散 吸附物通过表面气膜到达吸附剂外表面，因为是在吸附剂外表面处进行，又称外扩散。

② 微孔扩散 吸附物在吸附剂微孔中扩散，直至扩散到微孔深处的吸附剂表面，又称内扩散。

③ 在吸附剂表面上吸附 到达微孔表面的分子被吸附到吸附剂上，并逐渐达到吸附与脱附的动态平衡。如系化学吸附时，则会形成表面化合物。

在整个吸附过程中，如果其中一个步骤较其他步骤慢得多，则整个过程就取决于这一步骤即控制步骤。物理吸附本身的速率是极快的，因而吸附速率将由扩散速率决定，因而在吸附系统中，提供足够的湍流运动，使吸附质和吸附剂能充分接触，促进气流扩散可增大传质速率，可得到较好的吸附效果。

对于化学吸附，其速度控制步骤可以是表面反应动力学控制，也可以是外扩散控制或内扩散控制。一般来说，外扩散控制的情况较少。

由很多实验证明，吸附剂内部的扩散阻力很小，一般可以忽略不计，因而吸附速率可用下式表示。

$$\frac{\mathrm{d}x}{\mathrm{d}t}=K_V(y-y_e) \tag{11-10}$$

式中 x——被吸附剂所吸附的组分量，kg/m^3；

　　t——吸附时间，s；

　　y——被吸附组分在气体混合物中的浓度，kg/m^3；

　　y_e——与单位体积吸附剂所吸附的组分量成平衡时，组分在气体混合物中的浓度，kg/m^3；

　　K_V——体积传质系数，$\left[\dfrac{kg}{m^3 \cdot s \cdot kg/m^3}\right]$ 或 $\left(\dfrac{1}{s}\right)$。

对于一般粒度的活性炭吸附有机蒸气的过程，总传质系数 K_V 之值可由下式计算。

$$K_V=1.6\frac{D \cdot \omega^{0.54}}{\nu^{0.54} \cdot d^{1.46}} \tag{11-11}$$

式中 D——扩散系数，m^2/s；

　　ω——气体混合物流速，m/s；

　　ν——运动黏度，m^2/s；

　　d——吸附剂颗粒的直径，m。

上式是根据在雷诺数 $Re<40$ 下，用活性炭吸附乙醚蒸气的实验数据归纳整理的经验式。

因为吸附机理涉及多个步骤，机理复杂，传质系数之值目前从理论上推导还有一定困难，故常用经验公式计算。

一般的吸附过程，在开始时往往极快，以后变慢，在工业上所需的吸附速率数据，往往无法获得，而由公式计算来的数据往往又与实际情况相差较大，因此吸附器设计中多凭经验或进行模拟试验来取得数据。

11.2.3 吸附剂的再生

吸附饱和的吸附剂，经再生后，可以重复使用。所谓再生，就是在吸附剂本身结构不发生或极少发生变化的情况下，用各种方法将被吸附剂吸附的物质，从吸附剂的细孔中除去，使吸附剂的吸附能力得以恢复。

用吸附剂净化气体，精制气体混合物或取得纯态的组分，也都需要使吸附剂再生，即在吸附操作之后，继之以吸附剂的解析操作。

由于影响吸附作用的因素主要是温度、压强、被吸附组分的性质、被吸附相的组成以及吸附剂的化学组成和物理结构等。因此吸附剂解吸的规律和操作方法也必须从这些因素中去寻找。

再生的方法一般有下面几种。

① 加热解吸再生　利用吸附剂容量在等压下随温度升高而降低的特点，在低温或常温下吸附，然后提高温度，在加热下吹扫脱附。这样的循环方法又称作变温吸附。

② 降压或真空解吸　利用吸附容量在恒温下随压力的下降而降低的特点，加压下进行吸附，减压或真空下解吸，这种循环方法又称作变压吸附。

③ 溶剂置换再生　某些热敏性物质，如不饱和烯烃类物质，在较高温度下易聚合，可以采用亲和力较强的溶剂进行置换再生的方法。用解吸剂置换，使吸附质脱附出来，然后加热床层，脱附解吸剂，再进行干燥，使吸附剂再生。此法又称变浓度吸附。脱附出来的吸附质与解吸剂，可用蒸馏的方法分离，因而解吸剂的选择，应使它与吸附质组分间沸点差较大，便于蒸馏分离。

11.3　吸附反应设备的计算

在烟气治理工程中，吸附反应设备的计算包括气体穿床速度的确定、床层高度的确定、吸附反应过程持续时间的计算及反应床流体阻力计算等。通过这些基本计算以确定设备主要尺寸，技术操作条件和动力消耗。

11.3.1　气体的穿床速度和床型的确定

通常把气体通过床层的速度称为穿床速度。穿床速度是划分反应床类型的主要依据。当穿床速度低于吸附剂的悬浮速度时，颗粒处于基本静止状态，此属于固定床范围；当气体穿床速度大致等于颗粒的悬浮速度时，吸附剂颗粒处于激烈地上下翻腾状态，并在一定空间内运动，此属于流化床范围；当气体流速远远超过悬浮速度时，固体颗粒浮起后不再返回原来的位置而被输送走，此属于输送床范围。因此为了确定床层类型，首先要计算颗粒的悬浮速度。对于粉状物料有

$$V_{悬} = \frac{d_{粒}(\nu_{粒} - \nu_{气})}{18\mu} \tag{11-12}$$

对于粒状物料有

$$V_{悬} = \sqrt{\frac{3g(\nu_{粒} - \nu_{气})d_{粒}}{\nu_{气}}} \tag{11-13}$$

式中　$V_{悬}$——吸附剂颗粒的悬浮速度，m/s；

$d_{粒}$——吸附剂颗粒的平均直径，m；

$\nu_{粒}$——吸附剂的容重，kg/m³；

$\nu_{气}$——气体的平均容重，kg/m³；

μ——气体的黏滞系数，kg·s/m²。

尽管通过计算可以求出吸附剂的悬浮速度，但是由于颗粒大小不均，形状不一，计算结果与实际情况往往有出入，因此悬浮速度常由试验求得。用计算方法或实验方法求得的悬浮速度都是属于垂直管道的情况，并不完全适用于水平管道。在水平管道中，纯粹水平的气流不可能将对称的球形颗粒举起或使其保持悬浮状态，只有在气流速度脉动而产生垂直方向的分速度时，才能使颗粒升起。实际上水平管道中所有颗粒处于悬浮状态并被带走的悬浮速度，应为同样颗粒在垂直管中速度的几倍或十几倍，一般输送床水平管中的气体速度应是竖管中悬浮速度的10～20倍。

11.3.2 固定床吸附器

工业上的吸附过程，按操作的连续与否可分为间歇吸附过程和连续吸附过程；按吸附剂的移动方式和操作方式可分为固定床吸附、移动床吸附（超吸附）、流化床吸附和多床串联（包括模拟移动床）吸附等；按照吸附床再生的办法又可分为升温解吸循环再生（变温吸附）、减压循环再生（变压吸附）、溶剂置换再生等。下面着重介绍工业上用得最多的固定床吸附器。

固定床吸附器，多为圆柱形立式设备，内部有格板或孔板，其上放置吸附剂颗粒。废气流过吸附剂颗粒间的间隙，进行吸附分离，净化后的气体由吸附塔顶排出。一般是定期通入需净制的气体，定期再生，用两台或多台固定床轮换进行吸附与再生操作。图 11-6 为用活性炭回收溶剂苯的装置流程。图中吸附器（Ⅰ）正在吸附溶剂。

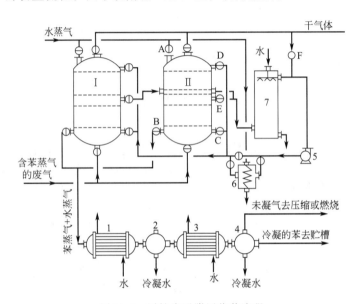

图 11-6　活性炭吸附回收苯流程

Ⅰ,Ⅱ—吸附器；1,3—间接冷凝器；2,4—气水分离器；5—风机；

6—预热器；7—直接冷凝器；A，B，C，D，E，F—阀门

含有苯蒸气的空气从下方进入吸附器（Ⅰ）进行吸附，净制后的气体从顶部出口排出。此时在吸附器（Ⅱ）的系统中，用作解吸剂的水蒸气从顶部经阀 A 进入吸附器（Ⅱ），脱附后的苯蒸气与水蒸气的混合物从吸附器（Ⅱ）底部经阀 B 出来，进入冷凝器 1，大部分水蒸气冷凝，经分离器 2 排出，然后在冷凝器 3 中继续将苯及剩余的少量水蒸气冷凝下来。冷凝下来的苯引入贮罐，未冷凝的气体去压缩或燃烧。解吸完毕后，关闭 A、B 阀，打开 C、D、E、F 阀，启动风机 5，同时往预热器 6 内送蒸气，干气体经阀 F 在预热器 6 内被加热后，经阀 C、D 进入吸附器（Ⅱ）。夹带着水蒸气的气体由阀 E 流出吸附器（Ⅱ），进入冷凝器 7，冷凝后再由风机抽出。这样，经过一段时间，当吸附器（Ⅱ）中残余水蒸气排出干净后，关阀 F，让气体在 5、6、（Ⅱ）、7 间循环，水蒸气继续在 7 中冷凝。然后，不加热干气体，而将冷的干气体直接送入吸附器（Ⅱ），对（Ⅱ）进行冷却循环。冷却终了，停风机 5，再生完毕。

当吸附器（Ⅰ）失效后，启动相应阀门，用吸附器（Ⅱ）吸附，吸附器（Ⅰ）进行再生，如此轮换操作。

固定床吸附操作的优点是设备结构简单，吸附剂磨损小，缺点是间隙操作，操作必须周期性地变换，因而操作复杂，设备庞大，劳动强度高。

固定床吸附过程还常采用三床或多床操作，目的是为了适应工业生产的连续性或提高收率（如变压吸附）。

在各种形式的吸附器中，以固定床变温吸附历史最长，迄今为止，它仍是用得最多的床层型。

11.3.3 固定床吸附过程的计算

有机溶剂回收、混合气体分离和空气净化吸附系统，可采用固定床吸附、移动床吸附、流化床吸附。由于固定床吸附器的结构简单、操作方便，因此被广泛采用。一个固定床吸附系统，一般需采用两台以上的吸附器交换进行吸附和再生的操作。其操作方法是间歇的，其操作过程是不稳定的，床层中各处的浓度分布随时间变化，因此在进行固定床吸附过程的计算之前，需要了解吸附过程中床层浓度和流出气体浓度在整个操作过程中的变化。

（1）吸附负荷曲线和透过曲线

① 吸附剂的活性　吸附剂的活性是以被吸附物质的质量对吸附剂的质量或体积分数表示。它是吸附剂吸附能力的标志。吸附的活性分为静活性和动活性。

静活性是指在一定温度下，与气相中被吸附物质的初始浓度平衡时的最大吸附量。即在该条件下，吸附达到饱和时的吸附量。

动活性是考虑到气体通过吸附层时，随着床层吸附剂的逐渐接近饱和，被吸附物质最终不能全部被吸附，当流出吸附层的气体中刚刚出现被吸附物质时即认为此吸附剂层已失效。此时计算出的单位吸附剂所吸附的物质量称为吸附剂的动活性。

② 吸附负荷曲线　在流动状态下，气相中的吸附质沿床层不同高度的浓度变化曲线，或在一定温度下吸附剂中所吸附的吸附质沿床层不同高度的浓度变化曲线称为吸附负荷曲线。

由图 11-7，分析一下床层内吸附质浓度在整个操作过程的变化。

吸附剂是高度活化的，即原始床层中吸附质浓度 x_0 是最低的，如图 11-7(a)，开始吸附时间以 τ_0 表示，进入吸附器的气体以质量流速 G ［kg 惰性气体/($m^2 \cdot h$)］均匀地进入吸附剂床层，气体中的吸附质不断为吸附剂所吸附，流动是在稳定状态下进行的。经过一定时间 τ 后，从床层中均匀取出样品分析，可得到图 11-7(b) 所示的吸附负荷曲线，再继续经过 $\Delta\tau$ 时间后，床层中出现如图 11-7(c) 所示的情况，在床层的进气端吸附质负荷为 x_e，相当于进气中吸附质浓度的平衡负荷。吸附负荷为 x_e 的部分床层，其吸附能力为零，即吸附已达饱和，称为"平衡区"或"饱和区"。靠出口一端，床层内吸附负荷仍为 x_0，与床层初始浓度一样，仍具备其全部的吸附能力，这一部分床层称为"未用区"。介于平衡区与未用区

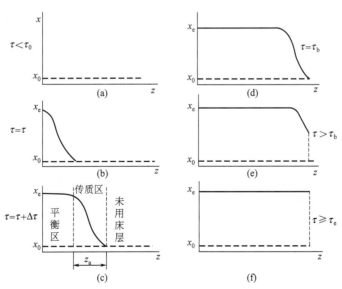

图 11-7　吸附剂吸附过程分析图

之间的那一部分床层其吸附负荷由饱和的 x_e 变化到起始的吸附质负荷 x_0，形成一个 S 形曲线。只是在这一段床层里进行着吸附过程，故 S 形波所占的这一部分床层又称为"传质区"或"吸附带"，而 S 形曲线称为"吸附波"或"传质波"，又称"传质前沿"。

当进气是以稳定态连续进入床层，则吸附波以等速向下移动，其曲线形状是基本不变的，如图 11-7(d)。当吸附波前沿刚刚到达吸附层下端口时就产生所谓的"穿透现象"或称"透过现象"，即吸附波再稍微向下移动一点就跑出床层以外了，如图 11-7(d) 所示。这时在分析流出气体中，会发现有吸附质的漏出，称此点为"破点"（τ_b），到达破点所需的时间为"透过时间 τ_b"。当吸附流动继续进行，则逐渐地使吸附波的顶端也到达床层的出口，这时所需的时间为"平衡时间 τ_e"[如图 11-7(f)]。此时床层中全部吸附剂达到吸附饱和，即达到全床的吸附平衡，吸附容量已全部用完，整个床层失去了吸附能力。

③ 透过曲线　上述负荷曲线显示了床层中浓度的分布情况，有一定的直观性，但是从床层中各部分采样进行负荷分析是比较困难的。此外，在取样时也会破坏床层的稳定。因此常在同样吸附情况下改用在一定时间间隔内，分析流出气体中吸附质的浓度变化。我们以流出气体中吸附质浓度 y 为纵坐标，以吸附时间 τ 为横坐标，则随吸附时间的推移可得到如图 11-8 的图形。

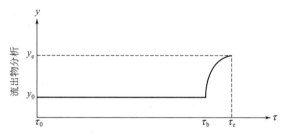

图 11-8　吸附透过曲线

开始时，流出气体中的吸附质浓度为 y_0，它是与吸附剂中 x_0 浓度相平衡的气相浓度。从 τ_0 到 τ_b（破点），流出气体中的浓度始终应为 y_0，再继续吸附时，吸附波前端已超出床层，流出气体中吸附质的浓度突然上升，直到 τ_e 时升到 y_e，在 y-τ 图上也形成一个 S 形曲线，这条曲线称为"透过曲线"。它与负荷曲线中的"吸附波"极相似，只是方向与之相反，形似镜面对称。

由于透过曲线易于测定和描绘，因此用它来反映床层内吸附负荷曲线并较确切地求出"破点"是可行的。如果透过曲线比较陡，说明吸附过程速度快，反之亦反。如果透过曲线是一条竖直的直线，说明吸附过程是飞快的。

（2）固定床吸附器的计算

固定床吸附器的操作是非稳定的，其影响因素很多，通常对固定床吸附器进行设计计算时均采用简化的近似方法。常用的有希洛夫近似计算法与透过曲线计算法，下面分别加以介绍。

① 希洛夫公式　假设吸附速率为无穷大，则进入吸附剂床层的吸附质立即被吸附，传质就不是在一个区而是在一个面上进行，传质前沿为一垂直于 z 轴的直线，传质区高度 z_0 为无穷小。又假设穿透点定的很低，且达到穿透时间时，吸附剂床层全部达到饱和，则其动活性 x_s 等于静活性 x_T，饱和度 $\beta=1$。

根据上述两个假设，则穿透时间内气流带入床层的吸附质的质量应等于该时间内床层所吸附的吸附质的质量，即物料衡算式应为：

$$G_s \tau'_B A y_e = z A \rho_b x_T \tag{11-14}$$

式中　G_s——载气通过床层的速率，kg/(m²·s)；

　　τ'_B——穿透时间，s；

　　A——吸附剂床层截面积，m²；

　　y_e——气流中吸附质初始浓度，kg 吸附质/kg 载气；

　　z——吸附剂床层沿气流方向长度，m；

　　ρ_b——吸附剂堆积密度，kg/m³；

　　x_T——与 y_e 达吸附平衡时吸附剂的平衡吸附量，即静活性，kg 吸附质/kg 吸附剂。

对一定的吸附系统和操作条件，$x_T\rho_b/(G_s y_e)$ 为常数，并用 K 表示，则由式(11-14)得吸附床的穿透时间

$$\tau'_B = \frac{x_T\rho_b}{G_s y_e}z = Kz \tag{11-15}$$

上式表明，对一定的吸附系统和操作条件，吸附床的穿透时间与沿气流方向的长度（高度）成直线关系，每一床层长度（高度）对应于一个穿透时间。因而，只要测得 K 值，即可由床层高度计算出其穿透时间，或由需要的穿透时间计算出所需的床层高度。

实际上，吸附速率不是无穷大，因而存在着一个传质区而不是传质面。穿透时传质区中部分吸附剂尚未达到饱和，即动活性 x_s 小于静活性 x_T。也就是说，在实际吸附装置中，实际的穿透时间要小于上述假设的理想穿透时间，即 $\tau_B < Kz$，所以在实际设计中应将式(11-15)修正为：

$$\tau_B = Kz - \tau_0 \tag{11-16}$$

或

$$\tau_B = K(z - z_0) \tag{11-16a}$$

上两式称为希洛夫公式。τ_0 称为吸附操作的时间损失，z_0 称为吸附床层的长度损失，τ_0 和 z_0 值均可由实验确定。

② 用希洛夫公式进行近似计算的设计程序

a. 选定吸附剂和操作条件，如温度、压力、气体流速等。对于气体净化，空床流速一般取 0.1～0.6m/s，可根据已给处理气量选定。

b. 根据净化要求，定出穿透点浓度，在载气速率 G_s 一定的情况下，选取不同的吸附剂床层高度 z_1、z_2、…、z_n，可根据已给处理气量选定。

c. 以 z 为横坐标，τ_B 为纵坐标，标出各测定值，可得一直线（见图 11-9），则其斜率为 K，截距为 τ_0。

d. 根据生产中计划采取的脱附方法和脱附再生时间、能耗等因素确定操作周期，从而确定所要求的穿透时间 τ_B。

e. 用希洛夫公式(11-14)计算所需吸附剂床层高度 z。若求出 z 太高，可分为 n 层布置或分为 n 个串联吸附床布置。为便于制造和操作，通常取各床层高度相等，串联床数 $n \leqslant 3$。

f. 由气体质量流量 G(kg/s) 与气流速率 G_s 求床层截面积 A(m²)

$$A = \frac{G}{G_s} \quad (m^2) \tag{11-17}$$

若 A 太大，可分为 n 个并联的小床，则每个小床的截面积

$$A' = \frac{A}{n} \quad (m^2) \tag{11-18}$$

由床层截面积 A 或 A' 可求出床层直径 D（圆柱形床）或边长 B（正方形床）。

g. 求所需吸附剂质量。每次吸附剂装填总质量 m 可由下式算出：

$$m = Az\rho_b = nA'z\rho_b \quad (kg) \tag{11-19}$$

其中每个小床或每层吸附剂的质量

$$m' = A'z\rho_b \quad (\text{kg}) \tag{11-20}$$

考虑到装填损失，每次新装吸附剂时需用吸附剂量为 $(1.05 \sim 1.2)m$。

h. 核算压降 Δp。若 Δp 值超过允许范围，可采取增大 A 或减小 z 的办法使 Δp 值降低。Δp 值可用下式估算：

$$\frac{\Delta p}{z} \cdot \frac{\varepsilon^3 d_p \rho_G}{(1-\varepsilon) G_s^2} = \frac{150 (1-\varepsilon)}{Re_p} + 1.75 \tag{11-21}$$

式中　Δp——气流通过床层的压降，Pa；

　　　ε——床层空隙率；

　　　d_p——吸附剂颗粒平均直径，m；

　　　ρ_G——气体密度，kg/m^3；

　　　Re_p——气体围绕吸附剂颗粒流动的雷诺数，$Re_p = d_p G_s / \mu_G$；

　　　μ_G——气体黏度，Pa·s。

i. 设计吸附剂的支承与固定装置、气流分布装置、吸附器壳体，各连接管口及进行脱附所需的附件等。

【例 11-1】某厂产生含四氯化碳废气，气量 $Q=1000m^3/h$，浓度为 $4 \sim 5g/m^3$，一般均为白天操作，每天最多工作 8h。拟采用吸附法净化，并回收四氯化碳，试设计需用的立式固定床吸附器。

解：① 四氯化碳为有机溶剂，沸点为 76.8℃，微溶于水，可选用活性炭作吸附剂进行吸附，采用水蒸气置换脱附，脱附气冷凝后沉降分离回收四氯化碳。根据市场供应情况，选用粒状活性炭作吸附剂，其直径为 3mm，堆积密度 300~600g/L，空隙率 0.33~0.43。

② 选定在常温常压下进行吸附，维持进入吸附床的气体在 20℃以下，压力为 1atm。根据经验选取空床流速为 20m/min。

③ 将穿透点浓度定为 $50mg/m^3$。

以含四氯化碳 $5g/m^3$ 的气流在①②③所指出的条件下进行动态吸附实验，测定不同床层高度下的穿透时间，得到以下实验数据：

床层高度 z/m	0.1	0.15	0.2	0.25	0.3	0.35
穿透时间 τ_B/min	109	231	310	462	550	651

④ 以 z 为横坐标，τ_B 为纵坐标将实验数据标出，联结各点得一直线（图 11-9）。直线的斜率为 K，在纵轴上的截距为 τ_0。

由图 11-9 图解得到

$$K = \frac{650-200}{0.35-0.14} = 2143 \text{min/m}$$

$$\tau_0 = 95\text{min （查图）}$$

⑤ 据该厂生产情况，考虑每周脱附一次，床层每周吸附 6 天，每天按 8h 计，累计吸附时间为 48h。由式（11-16），得到床层高度。

$$z = \frac{\tau_B + \tau_0}{K} = \frac{48 \times 60 + 95}{2143} = 1.388(\text{m})$$

取 $z=1.4m$。

⑥ 采用立式圆柱床进行吸附，其直径为

$$D = \sqrt{\frac{4Q}{\pi v}} = \sqrt{\frac{4 \times 1000}{\pi \times 20 \times 60}} = 1.03(\text{m})$$

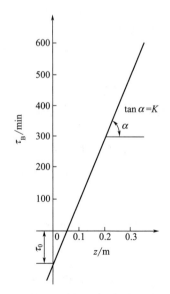

图 11-9　例题中所得到的希洛夫曲线

取 $D=1.0\text{m}$。

⑦ 所需吸附剂质量

$$m = Az\rho_b = \frac{\pi}{4} \times 1.0^2 \times 1.4 \times \frac{300+600}{2} = 494.8(\text{kg})$$

$$m_{max} = \frac{\pi}{4} \times 1.0^2 \times 1.4 \times 600 = 659.7(\text{kg})$$

考虑到装填损失，取损失率为 10%，则每次新装吸附剂时需准备活性炭 545～726kg。

⑧ 按式(11-21)核算压降。已知 $z=1.4\text{m}$；空隙率 ε 取平均值，为 0.38；$d_p=3\text{mm}=0.003\text{m}$；查得 20℃、101.325kPa 下空气的密度为 1.2kg/m³，则

$$G_s = \frac{1000}{3600} \times 1.2 \div \left(\frac{\pi}{4} \times 1^2\right) = 0.424[\text{kg/(m}^2 \cdot \text{s})]$$

查得 20℃时空气的黏度

$\mu_G = 1.81 \times 10^{-5}\text{Pa} \cdot \text{s}$，则

$$Re_p = \frac{d_p G_s}{\mu_G} = \frac{0.003 \times 0.424}{1.81 \times 10^{-5}} = 70.3$$

由式(11-21)得

$$\begin{aligned}
\Delta p &= \left[\frac{150(1-\varepsilon)}{Re_p} + 1.75\right] \times \frac{(1-\varepsilon)}{\varepsilon^3 d_p \rho_G} G_s^2 z \\
&= \left[\frac{150(1-0.38)}{70.3} + 1.75\right] \times \frac{(1-0.38) \times 0.424^2}{0.38^3 \times 0.003 \times 1.2} \times 1.4 \\
&= 2427(\text{Pa})
\end{aligned}$$

此压降可以接受，不必再对吸附器床厚度作调整。

⑨ 设计吸附器壳

（3）穿透曲线法

其假设条件为：等温吸附，等温吸附线为线性；低浓度污染物的吸附；传质区高度比床层高度小。

在下面进行的计算中，考虑到吸附及不可吸附气体（载气）在吸附过程中不变化，所以气体中吸附质浓度和吸附剂上吸附质浓度用无溶质基来表示。气体中吸附质的无溶质基浓度用 y（即吸附质/载气）表示，吸附剂上吸附质的无溶质基浓度用 x（即吸附质/吸附剂）表示。

① 传质区高度的确定　如图 11-10 为一吸附穿透曲线。下标"b"表示穿透点时的参数；下标"e"表示饱和时的参数，y_0 为气体中吸附质初始质量分数，即 m 吸附质/m 载气；W 表示一段时间后流出物质量，单位：kg/m²，则

$$W_a = W_e - W_b \tag{11-22}$$

在吸附区内，从穿透点到吸附剂基本失去吸附能力，吸附剂所吸附污染物的量 U 为

$$U = \int_{W_b}^{W_e} (y_0 - y)\text{d}W \tag{11-23}$$

若吸附区内所有的吸附剂均达到饱和，所能吸附污染物的量为 $y_0 W_a$。定义 f 为吸附区内吸附剂具有的吸附能力，可表示为

$$f = \frac{U}{y_0 W_a} \tag{11-24}$$

$1-f$ 为吸附区吸附剂的饱和度。f 愈大，吸附饱和的程度愈低，传质区形成所需的时间愈短。设吸附床的高度为 z，则

传质区高度

$$z_a = \frac{W_a z}{W_e - (1-f)W_a} \tag{11-25}$$

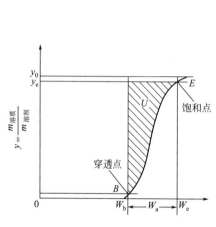

图 11-10 吸附穿透曲线

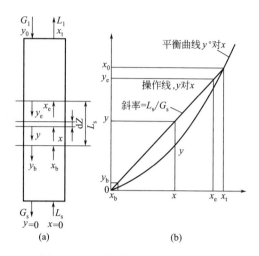

图 11-11 固定床吸附的物料平衡图

由上可见，由穿透曲线确定了 W_a、W_e 和 f，即可由上式确定传质区高度。

② 穿透曲线的绘制 如图 11-11(a) 所示是对整个吸附床层作物料平衡，则

$$G_s(y_0-0)=L_s(x_T-0) \quad 或 \quad y_0=L_s x_T/G \tag{11-26}$$

该式便是图 11-11(b) 中通过原点的操作线，其斜率为 L_s/G_s。因此，在床层的任一截面上，吸附质在气体中的浓度 y 与吸附质在固体上的浓度 x 之间的关系显然为

$$G_s y=L_s x \tag{11-27}$$

在床层内任取一微分高度 dz，在单位时间单位面积的 dz 高度内，流体相中吸附质的减少量应等于固体相中吸附剂吸附的量，即

$$G_s dy=K_y \cdot a_p(y-y^*)dz \tag{11-28}$$

式中　K_y——流体相的总传质系数，$kg/(m^2 \cdot h)$；

　　　a_p——单位容积吸附床层内吸附剂颗粒的表面积，m^2/m^3；

　　　y^*——与 x 成平衡的气相浓度，即吸附质/载气，无量纲。

传质区内气相传质单元数为：

$$N_{OG}=\int_{y_b}^{y_e}\frac{dy}{y-y^*}=\frac{z_a}{G_s/(K_y a_p)}=\frac{z_a}{H_{OG}} \tag{11-29}$$

式中　N_{OG}——传质单元数；

　　　H_{OG}——传质单元高度，m。

假定在 z_a 范围内 H_{OG} 为一常数，则对于任何一个小于 z_a 的 z 值有：

$$\frac{z}{z_a}=\frac{W-W_b}{W_a}=\frac{\int_{y_b}^{y}\dfrac{dy}{y-y^*}}{\int_{y_b}^{y_e}\dfrac{dy}{y-y^*}} \tag{11-30}$$

根据上式可通过图解积分绘制透过曲线。

11.4　混合蒸气的吸附

实际工业生产中常常遇到混合蒸气的吸附，但研究的不多。一般地说，在同样分压下，对混合物中各物质的吸附比单独吸附时要差些。前述保护时间的近似计算也可用于混合蒸气

的吸附计算。

设被吸附得较少的物质称为吸附质 A，被吸附得较多的物质称为吸附质 B，则 C_A 表示空气中吸附质 A 的含量，C_B 表示空气中吸附质 B 的含量。含有 A、B 两种吸附质的气流通过吸附层。

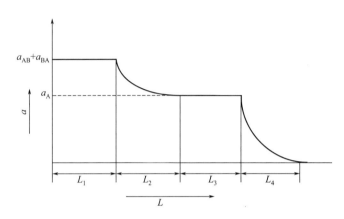

图 11-12　吸附量沿吸附层高度分布示意图

图 11-12 表示当吸附质 A 透过吸附层时，在全长为 L 的吸附剂层中吸附质沿吸附剂层长度的分布状况。从图中可以看出全长 L 为各层长度之和，其中：

　L_1——为两种物质完全饱和的吸附层，其中物质 A 的含量为 a_{AB}，物质 B 的含量为 a_{BA}；

　a_{AB}——与物质 A 浓度为 C_A，而物质 B 浓度为 C_B 的气流成平衡的物质 A 的吸附量；

　a_{BA}——与物质 B 含量为 C_B，而物质 A 含量为 C_A 的气流成平衡时物质 B 的吸附量；

　L_2——为物质 A 所饱和，尚能吸附物质 B 的吸附剂层；

　L_3——为物质 A 所饱和的吸附层，其中物质 A 的含量为 a_A；

　L_4——能吸附物质 A 的工作层。

由于物质 B 的存在，物质 A 的吸附量减少，所以 a_A 大于 a_{AB}。

当吸附物质 B 的工作层继续向前推进时，那里原来已饱和的物质 A 有一部分被取代出来，因此在 L_3 层这一段的 C'_A 表示的气流中，物质 A 的含量高于原来的含量 C_A。对此有下列经验公式：

$$C'_A = C_A + C_B \alpha \tag{11-31}$$

式中　C'_A——在 L_3 段内由于重新吸附 B 而取代一部分 a_A 之后气流中实际 A 浓度；

　　　α——取代系数；

　　　C_A——尚未取代前的浓度。

取代系数应按下式求出：

$$\alpha = \frac{a_A - a_{AB}}{a_{BA}} \tag{11-32}$$

由于缺乏 a_{AB} 和 a_{BA}，因此作为近似计算时可以假定取代系数 $\alpha = 1$，这样：

$$C'_A = C_A + C_B \tag{11-33}$$

按此假定，则可以进行混合物（气体）吸收的近似计算。仅从组分 A 的吸附等温线找出与气流浓度为 C'_A 成平衡的吸附量，即对应 C'_A 的静平衡活度值。然后按吸附质 A 计算保护作用时间。在多数场合下，实际需要的保护作用时间只是按吸附得较少的组分所需要的时间计算。

吸附质 A 的保护作用系数：

$$K_A = \frac{a_A \gamma}{v C_A'} \tag{11-34}$$

吸附质 B 的保护作用系数：

$$K_B = \frac{a_{AB} \gamma}{v C_B} \tag{11-35}$$

【例题 11-2】 混合蒸气组成：乙醚 80%，乙醇 20%，进入吸附器的混合气体初始浓度为 $C_0 = 30 \text{g/m}^3$，气速为 $v = 10 \text{m/min}$，炭层厚度 $L = 0.6 \text{m}$，活性炭的松密度为 $\gamma = 500 \text{kg/m}^3$，炭对乙醚的静活度值 $a_A = 0.24$，炭对乙醇的静活度值 $a_B = 0.4\%$，设保护作用时间损失相当于死层，为 0.2m，求保护作用系数和时间的近似值：

解： 由于乙醚较乙醇的沸点低，所以乙醚较乙醇难以吸附，因此应以乙醚按公式 (11-33) 计算：

$$C_A' = C_A + C_B'$$

按题意 $C_A' = C_0 = 30 \text{g/m}^3$，代入式 (11-34)

则

$$K_A = \frac{a_A \gamma}{v C_A'} = \frac{0.24 \times 500}{10 \times 30/1000} = 400 (\text{min/m})$$

再按式 (11-16a) 求实际保护作用时间：

$$\tau = K(z - z_0) = 400 \times (0.6 - 0.2) = 160 (\text{min})$$

11.5 含氯乙烯废气的吸附净化法

有机化合物指碳氢化合物及其衍生物。碳氢化合物是有机化合物中的基本化合物，其他有机化合物，如醇、醛、酮、醚、酸、酯、腈、胺、酚等，可以看作相应的原子或原子团取代碳氢化合物中的氢原子后的产物，为碳氢化合物的衍生物。有机化合物有很多种，目前估计在 100 万种以上，而且还在迅速增加。

由于煤、石油、天然气是有机化合物的三大重要来源，因而工业上含有机化合物的废气大多数来自以煤、石油、天然气为燃料或原料，或者与它们有关的化工企业。

随着工业的发展，排入大气中的有机污染物迅速增加，一个重要的危害是形成光化学烟雾。

很多有机污染物对人体健康有害。大多数的中毒症状表现为呼吸道疾病，多为积累性。在高浓度污染物突然作用下，有时可造成急性中毒，甚至死亡。一些有机污染物接触皮肤，可引起皮肤疾病。有些有机污染物具有致癌性能，如氯乙烯、聚氯乙烯。

含卤代烃废气若采用燃烧法处理，会生成相应的氢卤酸（有时还有相应的卤素），需用吸收法进一步除去氢卤酸等污染物，否则会造成二次污染。因而，这类废气多采用溶剂吸收或吸附法处理。

氯乙烯是聚氯乙烯的单体。聚氯乙烯是我国发展较早的一种塑料品种。目前，我国有聚氯乙烯工厂一百余家，聚氯乙烯树脂的产量占全国塑料产量的 60% 以上，聚氯乙烯及其共聚物，已广泛用于国民经济各个部门。

人们对氯乙烯及聚氯乙烯的毒性，是在 20 世纪 70 年代以后才逐步发现和认识的。70 年代，出现了有关氯乙烯致癌性的报道。由于氯乙烯产量很大，报道引起了人们的严重不安与高度重视。通过对接触氯乙烯和聚氯乙烯的工人流行病调查发现，氯乙烯可引起骨骼、皮肤、神经系统、胃肠道、肝、肺、末梢循环和内分泌系统的病变，临床症状有肝脾肿大，肝功能异常，肢端熔骨症，末梢血管痉挛，皮肤硬化等，统称"氯乙烯病"。上述症状为慢性症状。氯乙烯还会引起以精神病变为主的急性症状。此外，氯乙烯还有强烈的麻醉作用。

由于氯乙烯致癌病例的大量报道，环境标准和排放标准不断提高，世界上主要工业国家对聚氯乙烯树脂和聚乙烯的生产技术进行了改革，在控制氯乙烯对环境的污染方面取得了很大进展，其排放量一般先进水平已达产量的 1.0% 以下，在美国，先进水平已达0.1% 以下。操作环境已由百分之几下降到 $5\sim10\mathrm{cm^3/m^3}$，在美国一般能达到 $1\mathrm{cm^3/m^3}$ 的水平。

常采用活性炭吸附-加热真空解吸法回收分馏尾气中的氯乙烯，某厂工艺流程如图11-13所示。

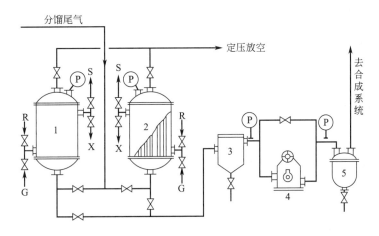

图 11-13 活性炭吸附法回收氯乙烯流程
1—吸附床Ⅰ，列管式；2—吸附床Ⅱ，（同吸附床Ⅰ）；3—过滤器；
4—真空泵，1401 型；5—油分离器

来自分馏岗位的尾气由底部进入活性炭吸附床 1、2，尾气中的氯乙烯为床内列管中的活性炭所吸附，残余气体由吸附床顶部定压放空。吸附饱和后，切换吸附床，转入解吸。氯乙烯的解吸是在列管外加热的情况下抽真空进行的。脱附气体经过滤器 3、真空泵 4、油分离器 5 送入压缩机前合成系统，回收利用。

活性炭吸附氯乙烯时，在吸附床列管间通 8℃ 水冷却，控制吸附温度为 4~8℃，系统压力 $5.884\times10^5\mathrm{Pa}$。解吸时列管改通转化器余热热水，控制解吸温度 98℃ 左右，真空度 ≥740mmHg（1mmHg=133.322Pa），时间 1h。

在吸附器空塔线速度为 0.2m/s 时，实测吸附前尾气含氯乙烯 5%~15%，吸附后下降到 0~0.05%，效率高于 95%，真空解吸氯乙烯纯度 ≥95%，含氧小于 1%，勿需再处理可直接返回生产利用。另一厂家的操作数据为：在进口废气中氯乙烯浓度为 6%~10%，平均7.9%；经吸附处理后，出口净化气中氯乙烯浓度可下降到 2%~0.01%，平均 0.98%；氯乙烯的回收率为 88.5%。虽然该厂的效果要差些，但仍不失为良好水平。

可见，吸附法治理含氯乙烯废气具有工艺简单、回收效果好、安全可靠等特点。但是，由于活性炭对乙炔的吸附性能差，使吸附后尾气中乙炔含量仍然很高（4%~5%），这是该法的一个不足之处。其次，与溶剂法相比，该法操作比较烦琐，切换频繁。溶剂法的优点则是流程简单、操作方便。但由于吸附液需要再生，在解吸、再生过程中，往往同时伴有溶剂的挥发损失，造成二次污染。

习　　题

11.1　已知在 293K 下，用活性炭吸附苯蒸气所得到的平衡数据如下：

压强/Pa	0.267×10^3	0.400×10^3	0.533×10^3	1.333×10^3	2.66×10^3	4.00×10^3	5.332
吸附容量/(g 苯/g 炭)	0.176	0.205	0.225	0.265	0.285	0.290	0.300

试绘制吸附等温线。若该吸附等温线遵从朗格谬尔方程式时，试求式中 A、B 值。

11.2　用比表面积测定仪测定某一固体吸附剂的比表面积。实验用的吸附剂试料量为 0.9578g，实验温度为 300K，在该温度下 N_2 的饱和蒸气压 p_0 为 119057Pa，实验测得吸附平衡时氮气分压与吸附剂吸附量的关系为：

p/Pa	9051.805	11533.04	18656.197	26347.3	29728.49
V/mL	0.8984	0.9228	1.0760	1.166	1.258

试用 BET 方程计算该吸附剂的比表面积。

11.3　以焦炭吸附氨，在 78.3℃ 时获得如下实验数据：

$p \times 10^3$/atm	7.13	12.9	17.0	28.6	38.8	74.3	99.7
x/m/(L/kg)	10.2	14.7	17.3	23.7	28.4	41.9	50.1

注：1atm=101325Pa。

应用上列平衡数据求出对应的 $\lg p$ 及 $\lg \dfrac{x}{m}$，并作 $\lg \dfrac{x}{m}$-$\lg p$ 图，从图求出弗罗因德利希等温吸附式中的常数 a 和 n 值。

11.4　设一固定床活性炭吸附器的活性炭装填厚度为 0.6m，活性炭对苯吸附的平衡静活性值为 25%，其堆积密度为 425kg/m³，并假定其"死层"厚度为 0.15m，气体通过吸附器床层的速度为 0.3m/s，废气含苯浓度为 2000mg/m³，求该吸附器的活性炭床层对含苯废气的保护作用时间。

11.5　由试验测得，含 CCl_4 蒸气 15g/m³ 的空气混合物，以 5m/min 的速度通过粒径为 3mm 的活性炭层，得数据如下：

吸附长度/m	0.1	0.2	0.35
保护作用时间/min	220	520	850

活性炭层的堆积密度为 500kg/m³。

试求：（1）希洛夫公式中的常数 K 和 τ_0 值；

（2）浓度分布曲线在吸附层中前进的线速度；

（3）在此操作条件下活性炭吸附 CCl_4 的吸附量。

12 净化系统中管道设计计算

在大气污染控制和净化工程中，由通风管道将各装置（如排气罩、热交换器、净化装置、风机等）连接在一起组成了一个系统。在这个系统中，管道的合理计算，风机的合理选择，是系统发挥最佳效能的关键。

12.1 流动气体能量方程

气体在管道中流动时，由于其流速远低于音速，同时气体的压力和温度变化又较小，所以可认为管道内气体的密度变化不大。故气体在管道中流动时的能量变化，可以用伯努利方程来表示。设气体管路如图 12-1 所示，对于 1-1 和 2-2 两个断面，伯努利方程的表达式为

$$z_1 + \frac{p_1'}{\gamma} + \frac{v_1^2}{2g} = z_2 + \frac{p_2'}{\gamma} + \frac{v_2^2}{2g} + h_w \tag{12-1}$$

式中　p_1'，p_2'——1-1 和 2-2 断面单位质量气体的绝对压强，Pa；

　　　v_1，v_2——1-1 和 2-2 断面气体的平均流速，m/s；

　　　z_1，z_2——1-1 和 2-2 断面相对于基准面的高度，m；

　　　h_w——1-1 与 2-2 断面之间单位质量气体损失的机械能，m；

　　　γ——气体的容重，N/m³；

　　　g——重力加速度，m/s²。

在气体管路计算中，常将式(12-1) 中的各项均表示为压强的形式，即：

$$p_1' + \gamma \frac{v_1^2}{2g} + \gamma(z_1 - z_2) = p_2' + \gamma \frac{v_2^2}{2g} + \Delta p \tag{12-2}$$

式中　Δp——1-1 与 2-2 断面之间单位质量气体损失的压强，$\Delta p = \gamma h_w$，Pa。

如果用相对压强 p_1 和 p_2 来表示 1-1 和 2-2 断面处的压强值，则有

$$p_1' = p_1 + p_a \tag{12-3}$$

$$p_2' = p_2 + p_a - \gamma_a(z_2 - z_1) \tag{12-4}$$

式中　p_a——1-1 断面处的大气压强，Pa；

　　　γ_a——外界空气的容重，N/m³。

将式(12-3) 和式(12-4) 代入式(12-2)，整理后得

$$p_1 + \gamma \frac{v_1^2}{2g} + (\gamma_a - \gamma)(z_2 - z_1) = p_2 + \gamma \frac{v_2^2}{2g} + \Delta p \tag{12-5}$$

如果计算断面的高程差 $(z_2 - z_1)$ 很小，或管道内外的气体容重差 $(\gamma_a - \gamma)$ 可以忽略，则上式可简化为

$$p_1 + \gamma \frac{v_1^2}{2g} = p_2 + \gamma \frac{v_2^2}{2g} + \Delta p \tag{12-6}$$

在大气污染控制和净化工程中，习惯于将 p 称为静

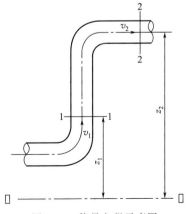

图 12-1　能量方程示意图

压，将 $\gamma v^2/2g$ 称为动压，而静压与动压之和 $p+\gamma v^2/2g$ 称为流动气体的全压。

工程中所说的全压和静压常以相对压力表示，当其大于大气压力时称为正压，小于大气压力时称为负压。

12.2 气体流动压力损失

管道内气体流动的压力损失分为两类：一类是气体在直管中流动时，因其具有黏滞性而产生摩擦阻力，为了克服这种阻力单位重量气体所消耗的机械能，称为沿程压力损失；另一类是气体的边界在管路系统的局部发生剧烈改变时，由于流速大小和方向的改变形成涡流而产生的压力损失，称为局部压力损失。

12.2.1 沿程压力损失

根据流体力学的原理，均匀流气体产生的沿程压力损失可按下式计算。

$$\Delta p_1 = l \cdot \frac{\lambda}{4R} \cdot \frac{\rho v^2}{2} = l \cdot R_L \tag{12-7}$$

其中

$$R_L = \frac{\lambda}{4R} \cdot \frac{\rho v^2}{2} \tag{12-8}$$

式中　R_L——单位长度管道的沿程压力损失，简称比压损，Pa/m；

　　　l——管道的长度，m；

　　　λ——摩擦压损系数；

　　　v——管道内气体的平均流速，m/s；

　　　ρ——管道内气体的密度，kg/m^3；

　　　R——管道的水力半径，m。

水力半径是指流体流经管道的截面积 A 与管道湿周 χ 之比，即

$$R = \frac{A}{\chi} \tag{12-9}$$

(1) 对于直径为 d 的圆形管道，其水力半径为

$$R = \frac{\frac{\pi d^2}{4}}{\pi d} = \frac{d}{4} \tag{12-10}$$

代入式(12-8) 得

$$R_L = \frac{\lambda}{d} \cdot \frac{\rho v^2}{2} \tag{12-11}$$

(2) 对于边长为 a 的正方形管道，其水力半径为

$$R = \frac{a^2}{4a} = \frac{a}{4} \tag{12-12}$$

代入式(12-8) 得

$$R_L = \frac{\lambda}{a} \cdot \frac{\rho v^2}{2} \tag{12-13}$$

(3) 对于边长分别为 a 和 b 的矩形管道，其水力半径为

$$R = \frac{ab}{2(a+b)} \tag{12-14}$$

代入式(12-8) 得

$$R_L = \frac{\lambda}{\frac{2ab}{a+b}} \cdot \frac{\rho v^2}{2} \tag{12-15}$$

由式(12-8)可知，λ 值的确定是计算 R_L 值的关键。大量的实验和研究表明，λ 值与气体在管道中的流动状态及管道相对粗糙度有关。在大气污染控制和净化工程中，薄钢板风管的空气流动状态大多属于紊流光滑区到粗糙区之间的紊流过渡区。对于该区 λ 值的计算公式，目前常用的是克里布洛克（Colebrook）公式。

$$\frac{1}{\sqrt{\lambda}} = -2\lg\left(\frac{K}{3.7D} + \frac{2.51}{Re\sqrt{\lambda}}\right) \qquad (12\text{-}16)$$

式中　K——管道内壁的绝对粗糙度，mm；

　　　D——管道的直径，m。

对于层流：

$$\lambda = \frac{64}{Re} \qquad (12\text{-}17)$$

对于紊流水力光滑区：

$$\lambda = \frac{0.3164}{Re^{0.25}} \qquad (12\text{-}18)$$

对于紊流粗糙区：

$$\lambda = 0.11\left(\frac{K}{D}\right)^{0.25} \qquad (12\text{-}19)$$

K 的具体数值见表 12-1。

表 12-1　各种材料风道的绝对粗糙度 K 值

风管材料	粗糙度/mm	风管材料	粗糙度/mm
薄钢板或镀锌薄钢板	0.05～0.18	胶合板	1.0
塑料板	0.01～0.05	混凝土	1～3
矿渣石膏板	1.0	砖砌体	3～6
矿渣混凝土板	1.5	木板	0.2～1.0

流体力学中讨论的管道，大多针对圆管而言，一些计算图表也都是按圆管编制的。因此，有必要将非圆风道折合成圆形风道进行计算。对于矩形管道，常采用流速当量直径计算法。首先是假设矩形管道和圆形管道的摩擦压损系数相等，同时矩形管道的风速与圆形管道的风速也相等。当圆形管道的比压损与矩形管道的比压损相等时，则该圆形管道的直径就称为此矩形管道的流速当量直径，以 d_v 表示。

由上述的定义，根据式(12-11) 和式(12-15)，可以得到边长分别为 a 和 b 的矩形管道的流速当量直径为：

$$d_v = \frac{2ab}{a+b} \qquad (12\text{-}20)$$

由 d_v 和矩形管道内的实际流速，就可以通过计算或查圆形管道的比压损计算表，得到矩形管道的 R_L 值。

12.2.2　局部压力损失

局部压力损失发生在气体流经管道系统中的异型管件处，这种损失一般用动压头的倍数表示，即

$$\Delta p_w = \xi\frac{\rho v_2^2}{2} \qquad (12\text{-}21)$$

式中　ξ——局部压损系数；

　　　v——异型管件处断面的平均流速，m/s。

各种管件的局部压损系数可以在有关的设计手册中查到。必要时可以通过实验确定，先测出管件前后的全压差，再除以相应的动压 $\rho v_2^2/2$，即可得到 ξ 值。

12.2.3 空气流动总阻力

风道内空气流动的总阻力，等于沿程阻力和局部阻力的总和，即：

$$\Delta p = \sum (\Delta p_l + \Delta p_w) \tag{12-22}$$

12.2.4 流动气体的压力变化

气体在管道中流动时，由于流速的改变和压力的损失，使得气体在流动的过程中，不同断面的压力发生变化。这种变化，可以用图直观表示。图 12-2 绘制了风机的吸入段和压出段气体压力的分布图，直线 0-0 为基准线，基准线上方表示正压，基准线下方表示负压。

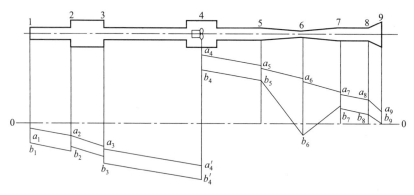

图 12-2　管道系统压力分布图

图中实线 $a_1 \sim a_9$ 表示气体全压 $p + \gamma v^2/2g$，实线 $b_1 \sim b_9$ 表示静压 p，两线间的距离即为动压 $\gamma v^2/2g$。由图中可以得出以下几点结论：

① 管道系统的总压力损失等于各串联部分压力损失之和。

② 风机的全压等于管道系统的总压力损失（包括出口处的动压）。

③ 风机吸入段的全压和静压均为负值。若吸入段管道发生损坏，会使管道外的气体渗入管道内。

④ 风机压出段的全压和静压一般均为正值。若压出段管道发生损坏，会使管道内的气体逸出。图中断面 6 出现负压是一个特例，在工程中如果没有特殊需要，应尽量加以避免。

⑤ 当管道的断面增大时，气体的流速会减小，这时气体的动压会转换为静压，反之亦然。

在管道系统的设计和运行时，可以通过管道内压力分布图，来分析设计是否合理以及运行中存在的问题，并据此提出改进的措施和方案。

12.3　局部排气罩的设计

排气罩是净化系统污染源的收集装置，它可将粉尘及气态污染源导入净化系统，同时防止其向生产车间及大气扩散，造成污染。

12.3.1 局部排气罩的基本形式

局部集气罩的基本形式分为：密闭罩、排气柜、外部排气罩、接受式排气罩和吹吸式排气罩等几种。

（1）密闭罩

密闭罩是将污染物发生源的局部或整体密闭起来，在罩内保持一定负压，可防止污染物的任意扩散。其特点是，与其他类型排气罩相比，所需排气量最小，控制效果最好，且不受室内气流干扰，所以设计中应优先选用。按密闭罩的结构特点，分为以下三种类型。

① 局部密闭罩　是一种将局部产尘地点密闭起来的密闭罩，特点是体积小，材料消耗少，工艺设备暴露在罩外，便于操作和检修。一般适用于产尘点固定、产尘气流速度较小且连续产尘的地点。图 12-3 为皮带运输机转运点处的局部密闭罩。

② 整体密闭罩　是一种将产尘设备或产尘点大部分或全部密闭起来，只将需要经常维护和观察的部分留在罩外的密闭罩。它的特点是容积大，密闭性好，一般适用于多点尘源、携气流速大或有振动的产尘装置上。图 12-4 为轮碾机的整体密闭罩。

③ 大容积密闭罩　是一种将产生污染的设备和所有发生源都密闭起来的密闭罩。它的特点是容积大，可以缓冲产尘气流，减少局部正压，设备检修可以在罩内进行。它适用于多点源、阵发性、气流速度大的设备和污染源。图 12-5 为振动筛的大容积密闭罩。

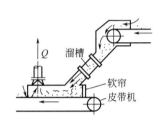 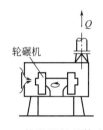 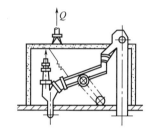

图 12-3　皮带运输机局部密闭罩　　图 12-4　轮碾机的整体密闭罩　　图 12-5　振动筛的大容积密闭罩

（2）排气柜

排气柜可使产生有害烟尘的操作在柜内进行。由于工艺操作的需要，开有较大的操作口，由于排气作用，在柜内形成一定的负压，操作口处具有一定的进气流速，可有效防止有害烟气的外逸。图 12-6 为排气柜气流示意图。

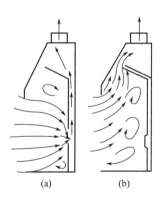

图 12-6　排气柜气流示意图

（3）外部排气罩

由于工艺条件的限制，无法对污染源进行密闭时，只能在污染源附近设置排气罩，依靠排气罩的吸入气流，将污染物收集。这类排气罩称为外部排气罩，它的特点是排气量大但易受室内横向气流干扰。常见的有顶吸罩、侧面吸罩、底吸罩和槽边吸气罩等，图 12-7 为外部排气罩工作示意图。

（4）接受式排气罩

接受式排气罩是接受由生产过程中产生或诱导出来的污染气流的一种排气罩。其作用原理和外部排气罩不同，罩口外的气流运动不是由于罩子的抽吸作用造成的，而是由生产过程本身造成的。图 12-8 为接受式排气罩工作示意图。

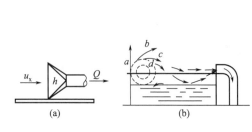
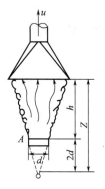

图 12-7　外部排气罩工作示意图　　　　图 12-8　接受式排气罩工作示意图

（5）吹吸式排气罩

当外部排气罩至污染源距离较大时，可以在外部排气罩的对面设置一吹气口，从而形成一层空气幕，阻止污染物的逸散，同时也诱导污染气流一起向排气罩流动。图 12-9 为吹吸式排气罩工作示意图。

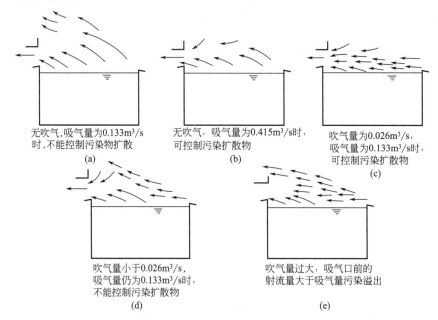

图 12-9　吹吸式排气罩工作示意图

12.3.2　局部排气罩的排气量和压力损失

局部排气罩的排气量和压力损失是排气罩设计与选择的两个重要参数，从排气罩中排出的气量，不但与罩子的结构、罩内气流情况有关，而且与工艺设备的种类、操作情况等因素有关。故排气量的理论计算较为困难，在实际工作中，多以经验数据决定或参考有关设计手册。

在设计中，有时排气量也可以按连接排气罩的直管中的平均流速 v（m/s）和断面面积 A（m²）来确定，即

$$Q=Av \quad （\text{m}^3/\text{s}） \tag{12-23}$$

排气罩的压力损失 Δp_w 一般表示为局部压损系数 ξ 与直管中的动压 $\dfrac{\rho v^2}{2}$ 之乘积的形式，即

$$\Delta p_{\mathrm{w}} = \xi \frac{\rho v_2^2}{2} \quad (\mathrm{Pa}) \tag{12-24}$$

12.3.3 局部排气罩的设计要点

局部排气罩的合理设计对系统的技术经济效果有很大影响。在设计局部排气罩时，应注意以下几点：

① 排气罩应尽可能将污染源包围起来，使污染的扩散限制在最小的范围内。

② 防止横向气流的干扰，减少排气量。

③ 排气罩的吸气方向尽可能与污染气流的流动方向一致，充分利用污染气流的动能。

④ 在保证控制污染的前提下，尽量减小排气罩的开口面积。

⑤ 排气罩的吸气流不允许先经过人的呼吸区，再进入罩内。

⑥ 排气罩的结构不应妨碍设备的操作和检修。

排气罩的设计方法一般是：首先确定排气罩的形式、结构尺寸和安装位置，然后再确定排气量，最后计算压力损失。所有这些可根据经验数据或参考有关的设计手册。

表 12-2 给出了吸捕速度的选择范围，表 12-3 给出了几种常见罩型的吸风量计算公式。

表 12-2 吸捕速度选择表

粉尘或污染物散发条件	举　例	吸捕速度/(m/s)
以极小速度进入静止的空气中	一些槽子的液面蒸发，气体或烟气从敞开容器中外逸	0.25~0.50
低速进入较稳定的空气流中	低速运输转动如检选皮带，间断的粉料装袋、装罐、喷气箱或电镀槽	0.5~1.0
以较高速度进入不稳定的空气流中	压砖机压砖，快速粉料自重装桶，粉料装车，翻砂脱模	1.0~2.5
以高速发射到极不稳定的空气中	砂轮机，喷砂	2.5~10

表 12-3 各种罩口形式及吸风量

名　称	罩口尺寸比 B/L	吸风量公式/(m³/s)	罩形示意图
无边条缝罩	<0.2	$Q = 3.7uLx$	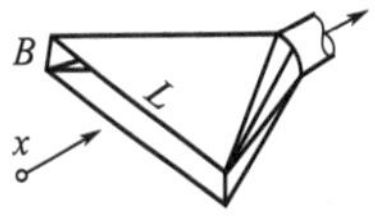
有边条缝罩或台上条缝罩	<0.2	$Q = 2.8uLx$	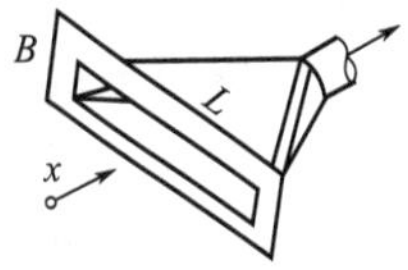
平口罩或底吸罩	>0.2 或圆口	$Q = u(10x^2 + A)$	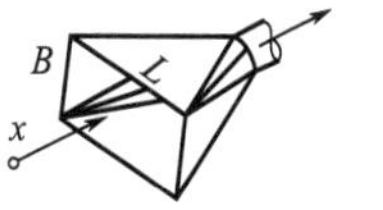
有边平口罩、台上罩、落地罩或侧吸平口罩	>0.2 或圆口	$Q = 0.75u(10x^2 + A)$	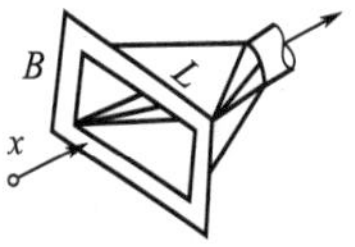
箱式罩或台面底吸罩	按操作要求	$Q = uA = uLH$	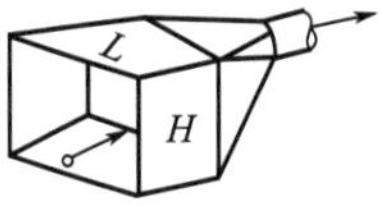

名　称	罩口尺寸比 B/L	吸风量公式/(m^3/s)	罩形示意图
伞形吊罩	按操作要求	$Q=1.4uPH$ P——工作台周长,m	
台上有边条缝罩或 槽边有边条缝罩	S 按 $u=10m/s$ 确定	$Q=WLC$ C——风量系数 经常取 $0.75\sim1.25m/s$	

【例 12-1】 有一圆形外部侧吸罩，罩口直径 $d=250mm$，若在罩子中心线上距离为 $0.2m$ 处造成 $0.5m/s$ 的排气速度，计算该排气罩的排气量。

解：如采用无边平口圆形侧吸罩，由表 12-3 中的公式求出排气量。

$$Q=\left[10\times(0.2)^2+\frac{\pi}{4}\times(0.25)^2\right]\times0.5=0.225\ (m^3/s)$$

如采用有边平口圆形侧吸罩,则排气量

$$Q=0.75\times\left[10\times(0.2)^2+\frac{\pi}{4}\times(0.25)^2\right]\times0.5=0.169\ (m^3/s)$$

从上例中可以看出，罩子四周加边后，由于减少了无效气流，排气量可以节省 25%。因此在设计时，应优先选用有边的排气罩。

12.4　气体管道的设计计算

管道设计计算的目的有两个：一是确定管道的断面尺寸；二是计算管道系统的总压力损失，并根据系统的总风量选择适当的风机。

12.4.1　管道系统设计要点

（1）除尘系统的形式

除尘系统的形式可分为：就地式、分散式和集中式三种。

① 就地式除尘系统是将除尘器直接安装在产尘设备上。就地收集和回收粉尘。此种形式布置紧凑，维护管理方便，但由于受生产工艺条件的限制应用面较窄。

② 分散式除尘系统是将同一工艺流程中的一个或几个产尘点的抽风合并为一个系统。除尘器和通风机安装在产尘设备附近，此种形式管路短，布置简单，风量容易平衡，调节方便，但对粉尘的回收较麻烦。

③ 集中式除尘系统是将多个产尘点的抽风全部集中为一个除尘系统，可以设置专门的除尘室。此种系统的特点是风量大，管道长而复杂，粉尘回收容易，但系统的压力损失不易平衡，容易堵塞，在运转中很难调节。

（2）除尘系统的管道布置

管道布置应服从系统总体布局，并兼顾其他管线，统一规划，力求简单、紧凑，减少占地和空间，节省投资，方便安装和检修。

① 系统划分　同时运行并产生同种粉尘的设备，可以采用同一个净化系统。在这种净化系统中，可以采用干管配管或环状配管方式。

若可能发生下列情况之一者，不可采用同一净化系统：a. 污染物混合后有可能引起燃烧或爆炸危险；b. 不同温度和湿度的气体，混合后可能在管道内结露；c. 因粉尘或气体性质不同，共用一个系统会影响回收或净化效率。

② 管道敷设　管道敷设应尽量明装。必须暗装时，应设置专门的管沟并对管道进行防腐处理。管道敷设应尽量集中成列、平行布置，尽量减少转弯，弯管的曲率半径应大于管径。管道与管道或管道与构筑物之间应留有足够距离，以满足施工、检修和管道形变的要求。水平敷设的管道应有一定的坡度，并保证足够的流速以防止积尘。对易产生积尘的管道，必须设置清灰孔。

③ 为减轻风机磨损，应尽量采用吸入式布置方式。

④ 除尘系统的排出口一般应高出屋脊 1.0～1.5m。

⑤ 管道支架　管道和管件应放置在单独的支架或吊架上，保温管的支架上应设置管托，管道的焊缝不得位于支架处。

⑥ 管道连接　管道的连接主要以焊接、法兰连接和螺纹连接为主。为检修方便，以焊接为主要连接方式的管道系统，应设置足够数量的法兰；以螺纹连接为主的管道系统，应设置足够数量的活接头。

分支管与水平管或倾斜主干管连接时，应从上部或侧面接入。

（3）管道材料

管道材料一般有砖、混凝土、石膏板、钢板、木制板或硬聚氯乙烯板等。钢板制作的管道具有坚固耐用，易于加工安装等优点；硬聚氯乙烯管道具有较强的耐腐蚀性能；木制板具有一定的保温和消声效果。

（4）管道断面形状

管道断面形状有圆形和矩形两种。在相同截面积时，圆形管道的压力损失较小，材料较省，但管件的加工较困难；矩形管道的有效通风面积较小，而且其四角的涡流是造成压力损失加大、噪声和管道振动的原因。

（5）管道的保温

为减少气体输送过程中的热量损耗，或防止烟气结露而影响系统的正常运行，需要对管道进行保温处理。常用的保温材料有石棉、蛭石板、玻璃棉、聚苯乙烯泡沫塑料和聚氨酯泡沫塑料等。

（6）管道的防爆

当管道输送含可燃气体或易燃易爆粉末时，必须考虑必要的防爆措施，必要时还应设置自动监测和报警系统。

12.4.2　管道系统计算方法

管道计算的具体步骤如下。

① 绘制管道系统平面及高程布置图，有必要时还需绘制管道系统轴侧图。

② 选择最不利管路进行管段编号，确定长度及各管段的风量。

③ 确定管道内气体的流速。合理地确定气体的流速是管道系统设计的关键，当气体流量一定时，若流速较大，则管道断面尺寸会相应减小，这样一次性投资虽然会减少，但系统的压力损失增加，噪声增大，动力消耗大，运转费用增加；反之，若流速减小，管道断面尺寸会相应加大，噪声和运转费用虽降低，但一次性投资增加。因此，要使管道系统的设计经济合理，必须适当选择气体的流速，使投资和运行费用的总和最小。管道内各种气体的流速范围可参考表 12-4。

④ 根据各管段的风量和选择的流速确定各管段的断面尺寸。对于圆形管道可按下式计算管道内径。

表 12-4　管道内各种气体的流速范围

流体种类		管道材料	流速/(m/s)	流体种类		管道材料	流速/(m/s)
含尘气体	重矿物粉尘	钢板	14～16	锅炉烟气	自然通风	砖、混凝土	3～5
	轻矿物粉尘	钢板	12～14			钢板	8～10
	干型砂	钢板	11～13		机械通风	砖、混凝土	6～8
	煤灰	钢板	10～12			钢板	10～15
	棉絮	钢板	8～10	压缩空气	$p_0=10～20atm$	钢管	8～12
	水泥粉尘	钢板	12～22		$p_0=20～30atm$	钢管	3～6
	灰土沙尘	钢板	16～18	饱和蒸汽	$DN<100$	钢管	15～30
	干微尘	钢板	8～10		$DN=100～200$	钢管	25～35
	染料粉尘	钢板	14～18		$DN>200$	钢管	30～40

注：1. 垂直管道可取流速范围的下限，水平管道可取上限。

2. 1atm=101325Pa。

$$d=18.8\sqrt{\frac{Q}{v}} \quad 或 \quad d=18.8\sqrt{\frac{W}{\rho v}} \quad （mm） \tag{12-25}$$

式中　Q——体积流量，m^3/h；

W——质量流量，kg/h；

v——管道内气体的平均流速，m/s；

ρ——管道内气体的密度，kg/m^3。

⑤ 管道断面尺寸确定后，按管道内实际流速计算最不利管路的压力损失。若气体中的含尘浓度大于 $30g/m^3$ 时，计算的压力损失应乘以修正系数 K_0。

$$K_0=\frac{1.2+C}{1.2} \tag{12-26}$$

式中　K_0——气体含尘浓度的修正系数；

C——气体含尘浓度，kg/m^3。

⑥ 对于并联管路，各分支管道的压力损失应尽量相等。若两分支管段的压力损失 $\frac{\Delta p_1-\Delta p_2}{\Delta p_1}>10\%$，应按下式调整管段直径，以满足压力平衡要求。

$$d_2=d_1\left(\frac{\Delta p_1}{\Delta p_2}\right)^{0.225} \tag{12-27}$$

式中　d_2——调整后管径，mm；

d_1——调整前管径，mm；

Δp_1——管径调整前压力损失，Pa；

Δp_2——压力平衡值，Pa。

⑦ 根据总风量和总压力损失选择合适的风机。在选择风机时，其风量应按下式计算。

$$Q_0=(1+K_1)Q \quad （m^3/h） \tag{12-28}$$

式中　Q——管道系统的总风量，m^3/h；

K_1——考虑系统漏风所附加的安全系数。一般管道取 $0～0.1$，除尘管道取 $0.1～0.15$。

风机的风压可按下式计算。

$$\Delta p_0=(1+K_2)\cdot\Delta p\frac{\rho_0}{\rho}=(1+K_2)\cdot\Delta p\frac{Tp_0}{T_0 p} \tag{12-29}$$

式中　Δp——管道系统的总压力损失，Pa；

K_2——考虑管道系统计算误差及系统漏风等因素所采用的安全系数；一般管道取 $0～0.1$，除尘管道取 $0.1～0.15$；

ρ_0,p_0,T_0——通风机性能表中给出的空气密度、压力、温度；

ρ,p,T——运行工况下进入风机时气体密度、压力、温度。

⑧ 所需电机功率可按下式计算。

$$N_e = K_3 \frac{Q_0 \Delta p_0}{3600 \times 1000 \eta_1 \eta_2 \eta_3} \tag{12-30}$$

式中 K_3——电动机备用系数，其值可查有关的设计手册；

Q_0——通风机的风量，m^3/h；

Δp_0——通风机的风压，Pa；

η_1——通风机全压效率，其值可查风机样本；

η_2——机械转动效率，其值可查有关手册；

η_3——电动机效率，一般取 0.9。

计算出 Q_0 和 Δp_0 后，即可根据风机样本中的性能曲线选择所需风机的型号规格。

【例 12-2】 某冶金车间除尘管道系统如图 12-10 所示。系统内气体的平均温度为 20℃，气体含尘浓度为 $10g/m^3$。除尘管道选用圆形截面并用钢板制成，粗糙度 $K = 0.15mm$。除尘器阻力损失为 1470Pa。排气罩 1 和 8 的局部阻力损失系数分别为 $\xi_1 = 0.12$，$\xi_8 = 0.19$，排气罩排风量分别为 $Q_1 = 4950m^3/h$，$Q_8 = 3120m^3/h$，系统中空气的平均温度也为 20℃。确定系统的管道直径和阻力损失，并选择风机。

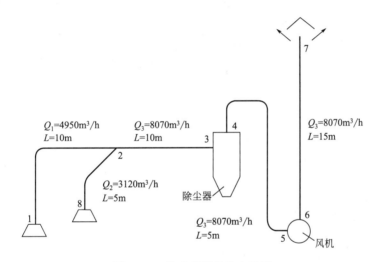

图 12-10 除尘管道系统布置图

解：(1) 管道编号并注明各管段的长度和流量。

(2) 选择计算路径，由排气罩 1 开始。

(3) 计算管径和通风阻力。

冶金车间粉尘为重矿粉尘及灰土，按表 12-4 选取管内流速为 $v = 16m/s$。

管段 1-2：

由 $Q_1 = 4950m^3/h$，$v = 16m/s$，根据式(12-23)算得：$D_{1-2} = 330.7mm$；取 $D_{1-2} = 350mm$

管中实际流速 $v_{1-2} = 14.3m/s$

由 $K = 0.15$，$\lambda_{1-2} = 0.0161$，算得

$$\Delta p_{l1-2} = L_{1-2} \frac{\lambda_{1-2}}{D_{1-2}} \frac{\rho v_{1-2}^2}{2} = 10 \times \frac{0.0161}{0.35} \times \frac{1.2 \times 14.3^2}{2} = 56.4 \ (Pa)$$

管段 2-3：

由 $Q_3 = Q_1 + Q_2 = 8070m^3/h$，$v = 16m/s$，根据式(12-23)算得：$D_{2-3} = 422.2mm$；取 $D_{1-2} = 400mm$

管中实际流速 $v_{2\text{-}3}=17.8\text{m/s}$

由 $K=0.15$，$\lambda_{2\text{-}3}=0.0156$，算得

$$\Delta p_{l2\text{-}3}=L_{2\text{-}3}\frac{\lambda_{2\text{-}3}}{D_{2\text{-}3}}\frac{\rho v_{2\text{-}3}^2}{2}=10\times\frac{0.0156}{0.40}\times\frac{1.2\times17.8^2}{2}=71.4 \text{（Pa）}$$

管段 4-5：

由 $Q_{4\text{-}5}=Q_3$，可得 $D_{4\text{-}5}=400\text{mm}$，管中实际流速 $v_{4\text{-}5}=17.8\text{m/s}$

由 $K=0.15$，$\lambda_{4\text{-}5}=0.0156$，算得

$$\Delta p_{l4\text{-}5}=L_{4\text{-}5}\frac{\lambda_{4\text{-}5}}{D_{4\text{-}5}}\frac{\rho v_{4\text{-}5}^2}{2}=5\times\frac{0.0156}{0.4}\times\frac{1.2\times17.8^2}{2}=37.1 \text{（Pa）}$$

管段 6-7：

由 $Q_{6\text{-}7}=Q_3$，可得 $D_{6\text{-}7}=400\text{mm}$，管中实际流速 $v_{6\text{-}7}=17.8\text{m/s}$

由 $K=0.15$，$\lambda_{4\text{-}5}=0.0156$，算得

$$\Delta p_{l6\text{-}7}=L_{6\text{-}7}\frac{\lambda_{6\text{-}7}}{D_{6\text{-}7}}\frac{\rho v_{6\text{-}7}^2}{2}=15\times\frac{0.0156}{0.4}\times\frac{1.2\times17.8^2}{2}=111.2 \text{（Pa）}$$

管段 8-2：

由 $Q_2=3120\text{m}^3/\text{h}$，$v=16\text{m/s}$，根据式（12-23）算得：$D_{8\text{-}2}=262.5\text{mm}$；取 $D_{8\text{-}2}=250\text{mm}$

管中实际流速 $v_{8\text{-}2}=17.7\text{m/s}$

由，$K=0.15$，$\lambda_{8\text{-}2}=0.0174$，算得

$$\Delta p_{l8\text{-}2}=L_{8\text{-}2}\frac{\lambda_{8\text{-}2}}{D_{8\text{-}2}}\frac{\rho v_{8\text{-}2}^2}{2}=5\times\frac{0.0174}{0.25}\times\frac{1.2\times17.7^2}{2}=65.4 \text{（Pa）}$$

（4）计算局部阻力损失。

管段 1-2：

集气罩 $\xi_1=0.12$，弯头 $\xi_2=0.18$，直流三通 $\xi_3=0.59$，则

$$\Delta p_{w1\text{-}2}=\sum\xi\frac{\rho v_{1\text{-}2}^2}{2}=(0.12+0.18+0.59)\times\frac{1.2\times14.3^2}{2}=109.2 \text{（Pa）}$$

管段 2-3：

除尘器阻力损失 1470Pa。

管段 4-5：

弯头 2 个（$\alpha=90°$），$\xi_4=\xi_5=0.18$，则

$$\Delta p_{w4\text{-}5}=\sum\xi\frac{\rho v_{4\text{-}5}^2}{2}=2\times0.18\times\frac{1.2\times17.8^2}{2}=68.4 \text{（Pa）}$$

管段 6-7：

风帽选 $h/D_0=0.5$ 查表得 $\xi_6=1.30$，则

$$\Delta p_{w6\text{-}7}=\xi_6\frac{\rho v_{6\text{-}7}^2}{2}=1.30\times\frac{1.2\times17.8^2}{2}=247.1 \text{（Pa）}$$

管段 8-2：

排气罩 $\xi_7=0.19$，弯头 $\xi_8=0.18$，直流三通 $\xi_9=0.18$，则

$$\Delta p_{w8\text{-}2}=\sum\xi\frac{\rho v_{8\text{-}2}^2}{2}=(0.19+0.18+0.18)\times\frac{1.2\times17.7^2}{2}=103.4 \text{（Pa）}$$

（5）并联管路阻力平衡。

$$\Delta p_{1\text{-}2}=\Delta p_{l1\text{-}2}+\Delta p_{w1\text{-}2}=56.4+109.2=165.6 \text{（Pa）}$$
$$\Delta p_{8\text{-}2}=\Delta p_{l8\text{-}2}+\Delta p_{w8\text{-}2}=65.4+103.4=168.8 \text{（Pa）}$$
$$\left|\frac{\Delta p_{1\text{-}2}-\Delta p_{8\text{-}2}}{\Delta p_{1\text{-}2}}\right|=\left|\frac{165.6-168.8}{165.6}\right|=2\%<10\%$$

节点压力平衡，管径选择合理。

（6）系统阻力损失。

$$\Delta p = \Delta p_1 + \Delta p_w$$
$$= 56.4 + 71.4 + 37.1 + 111.2 + 109.2 + 1470 + 68.4 + 247.1$$
$$= 2170.8 \ (Pa)$$

将上述结果填入表 12-5 中。

表 12-5 管道计算表

管段编号	流量 Q /(m³/h)	管长 L /m	管径 D /mm	流速 v /(m/s)	λ	沿程阻力损失 Δp_1 /Pa	局部阻力损失 Δp_w /Pa	管段阻力损失 Δp /Pa	总阻力损失 $\sum \Delta p$ /Pa
1-2	4950	10	350	14.3	0.0161	56.4	109.2	165.6	165.6
2-3	8070	10	400	17.8	0.0156	71.4		71.4	237.0
4-5	8070	5	400	17.8	0.0156	37.1	68.4	105.5	342.5
除尘器	8070						1470	1470	1812.5
6-7	8070	15	400	17.8	0.0156	111.2	247.1	358.3	2170.8
8-2	3120	5	250	17.7	0.0174	65.4	103.4	168.8	

（7）选择风机和电动机。

通风机风量

$$Q_0 = (1 + K_1)Q = 1.1 \times 8070 = 8877 \ (m^3/h)$$

通风机风压

$$\Delta p_0 = (1 + K_2)\Delta p = 1.2 \times 2170.82 = 2605 \ (Pa)$$

按照通风机样本，选择的风机型号为 7-40-11N06C，当转速 $n = 200r/min$，$Q = 10000m^3/h$，$p = 2694.45Pa$。配套电机为 JQ72-4，$N = 20kW$。

复核电动机功率为

$$N_e = K_3 \frac{Q_0 \Delta p_0}{3600 \times 1000 \eta_1 \eta_2 \eta_3}$$
$$= 1.3 \times \frac{8877 \times 2605}{3600 \times 1000 \times 0.5 \times 0.95 \times 0.9}$$
$$= 19.5(kW)$$

配套电机满足要求。

12.5 高温烟气管道的设计计算

高温烟气主要是由各种工业窑炉排出的，它的特点是烟气温度高，粉尘含量较大。

12.5.1 高温烟气管道的布置

高温烟气管道的布置，除应考虑一般含尘管道布置的某些要求外，还应注意以下原则：

① 管道的布置应力求平直畅通、管道短、附件少且管道的气密性要好。

② 高温烟气的热量应尽量充分利用。

③ 经余热利用后的烟气温度一般仍较高，这时还应对管道进行保温处理，使管壁的温度应高于管内气体露点温度的 $10 \sim 20℃$，以防止管内壁的结露。在有人工作的地方保温层外表面温度不得大于 $60℃$，以避免烫伤。

④ 高温烟气管道必须考虑热膨胀补偿问题。

⑤ 水平烟道烟气流向应和水平烟道的坡度相反，接近烟囱的水平烟道的坡度一般不小于 3%。

⑥ 管道尽量采用地上敷设，当必须采用地下敷设时，管道底部应高于地下水位，并应考虑清灰、防水和排水措施。

⑦ 在可能出现凝结水的管段及湿式除尘器后的管段和风机下方，应安装排水装置。

⑧ 管道系统中必须采取防爆措施。如设置重力防爆门或板式防爆门。

12.5.2 高温烟气管道的计算

高温管道一般采用串联系统，不设分支管路。

（1）烟气流速

工业锅炉高温烟气管道中的流速，可按表 12-6 选用。对于较长的水平管道，为避免烟道积灰，烟气流速不宜低于 7～8m/s；为防止烟道磨损，烟气流速也不宜大于 12～15m/s。

表 12-6　烟气管道流速/（m/s）

管道材料	风　　道	烟　　道	
		自然通风	机械通风
砖或混凝土制管	4～8	3～5	6～8
金属管	10～15	8～10	10～15

（2）管道断面积

高温烟气管道断面积可按下式计算。

$$A = \frac{Q}{3600v} \quad （m^2）\qquad(12-31)$$

式中　Q——烟气流量，m^3/h；

　　　v——烟气流速，m/s。

对于圆形管道，其直径可由式(12-25)确定。

（3）压力损失

高温烟气管道的压力损失可按下式计算。

$$\Delta p = \Delta p_f + \Delta p_l + \Delta p_w + \Delta p_e - \Delta p_r \quad （Pa）\qquad(12-32)$$

式中　Δp_f——炉膛或罩子的负压值，Pa；

　　　Δp_l——管道的沿程阻力损失，Pa；

　　　Δp_w——管道的局部阻力损失，Pa；

　　　Δp_e——管道系统中各种设备（冷却设备、净化设备等）压力损失之和，Pa；

　　　Δp_r——烟气的自生力，Pa。

① 工业锅炉炉膛负压值一般取 40～80Pa；各种排气罩的负压值按有关手册选取。

② 沿程阻力损失 Δp_l 可按式(12-7)计算。

摩擦压损系数 λ 可按下列规定选取。

砖砌、混凝土管道　　　　$\lambda = 0.050$

轻微氧化的金属管道　　　$\lambda = 0.045$

金属管道　　　　　　　　$\lambda = 0.025 \sim 0.030$

烟气密度 ρ_s 可按下式换算。

$$\rho_s = \frac{273}{273 + t_s} \cdot \rho_{ns} \quad （kg/m^3）\qquad(12-33)$$

式中　ρ_{ns}——标准状态下的干烟气密度，m^3/h（对于锅炉烟气，$\rho_{ns} = 1.34kg/m^3$）；

　　　t_s——烟气的平均温度，℃。

③ 局部阻力损失 Δp_w 可按式(12-21)计算。

④ 垂直管道中高温烟气的自生力　在垂直管道中，高温烟气的密度小于外界空气的密度，在这种密度差的作用下，产生了烟气的自生力。其值可按下式计算。

$$\Delta p_{\mathrm{r}} = \pm H \cdot (\rho_0 - \rho_{\mathrm{s}}) \times 9.81 \quad (\mathrm{Pa}) \tag{12-34}$$

式中 H——烟道初、终断面之间的垂直高度，m；

ρ_{s}——垂直烟道中烟气的平均密度，$\mathrm{kg/m^3}$；

ρ_0——空气在一个标准大气压下，温度为 20℃时的密度 $\rho_0 = 1.2\mathrm{kg/m^3}$。

在式(12-34)中，"＋"表示烟气向上流动；"－"表示烟气向下流动。

（4）引风机的选择

① 引风机的风量　引风机的风量可按下式计算：

$$Q_0 = 1.1Q \quad (\mathrm{m^3/h}) \tag{12-35}$$

式中 Q——进入引风机的气流量，$\mathrm{kg/m^3}$；

1.1——气流量备用系数。

② 引风机的风压　引风机的风压可按下式计算：

$$\Delta p_{\mathrm{g}} = 1.2\Delta p \frac{\rho_0}{\rho_{\mathrm{s}}} \quad (\mathrm{Pa}) \tag{12-36}$$

式中 Δp——烟道系统的压力损失，Pa；

ρ_0——引风机设计时的空气密度，$\mathrm{kg/m^3}$；

ρ_{s}——烟气的平均密度，$\mathrm{kg/m^3}$。

【例 12-3】 某窑炉烟气经过冷却设备后，烟气温度降为 250℃，烟气流量为 34000$\mathrm{m^3/h}$，除尘器的压力损失为 1470Pa，引风机进口烟气温度为 210℃，烟道为钢板制作。管道布置如图 12-11 所示。不考虑粉尘浓度的影响，计算管道直径及管道系统的总压力损失。

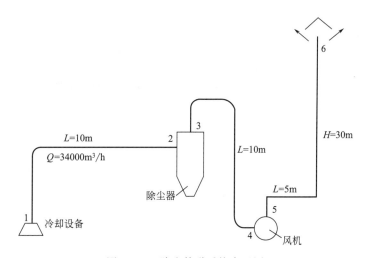

图 12-11　除尘管道系统布置图

解：（1）管道编号并注明各管段的长度和流量

（2）按表 12-4 选取管内流速为 $v = 12\mathrm{m/s}$

（3）计算管径

按式(12-25)可得 $d = 18.8\sqrt{\dfrac{Q}{v}} = 18.8\sqrt{\dfrac{34000}{12}} = 1000(\mathrm{mm})$

（4）计算压力损失

取引风机进口温度作为计算温度，按式(12-33)则烟气密度为

$$\rho_{\mathrm{s}} = \frac{273}{273 + t_{\mathrm{s}}} \cdot \rho_{\mathrm{ns}} = \frac{273}{273 + 210} \times 1.34 = 0.757(\mathrm{kg/m^3})$$

摩擦压损系数取 $\lambda = 0.045$，局部压损系数可由工业锅炉房设计手册查得：

弯头 $\xi_1=1.33$，引风机进口 $\xi_2=0.70$，烟囱进口 $\xi_3=1.40$，则

管道压力损失总和

$$\Delta p = \sum (\Delta p_l + \Delta p_w)$$
$$= \sum l \frac{\lambda}{d} \cdot \frac{\rho v^2}{2} + \sum \xi \cdot \frac{\rho v^2}{2}$$
$$= \left(55 \times \frac{0.045}{1.0} + 1.33 \times 2 + 0.70 + 1.40\right) \times \frac{0.757 \times 12^2}{2}$$
$$= 394 \text{(Pa)}$$

（5）自生通风力

烟囱的自生通风力可按式（12-34）计算。

$$\Delta p_r = H \cdot (\rho_0 - \rho_s) \times 9.81 = 30 \times (1.20 - 0.757) \times 9.81 = 130 \text{(Pa)}$$

（6）管道系统的总压力损失

$$\Delta p = \sum (\Delta p_l + \Delta p_w) + \Delta p_e = 394 + 1470 - 130 = 1734 \text{(Pa)}$$

习　题

12.1　某台上侧吸条缝罩，罩口尺寸 $B \times L = 150\text{mm} \times 800\text{mm}$，距罩口距离 $x=350\text{mm}$ 处吸捕速度为 0.26m/s，试求该罩吸风量。

12.2　某外部吸气罩，罩口尺寸 $B \times L = 400\text{mm} \times 500\text{mm}$，排风量为 $0.86\text{m}^3/\text{s}$。计算在下述条件下，在罩口中心线上距罩口 0.3m 处的吸入速度。

（1）四周无边吸气罩；

（2）四周有边吸气罩。

12.3　如图 11-10 所示除尘系统，若系统内空气平均温度为 25℃，钢板管道的粗糙度 $K=0.15\text{mm}$，气体含尘浓度为 12g/m^3，选用旋风除尘器的阻力损失为 1680Pa，排气罩 1 和 8 的局部阻力系数分别为 0.18 和 0.11，排气罩的排风量分别为 $Q_1=2950\text{m}^3/\text{h}$ 和 $Q_1=5400\text{m}^3/\text{h}$，进行该除尘系统的管道设计，并选择排风机。

13 大气污染控制系统分析

20世纪以来，随着现代工业和城市交通的迅速发展，工业区和城市的空气污染日益严重。作为整体环境质量重要组成部分的大气质量，也越来越受到人们的重视。区域性大气污染是由多种因素和多种污染源造成的，在解决区域性大气环境污染问题时，必须从当地大气污染的现状出发，根据环境质量总体目标，采取综合防治措施。

随着城市的发展，控制大气污染、保护大气环境已成为城市规划必须考虑的问题。大气污染控制系统分析，就是将大气污染控制问题看成是一个多变量、多目标及多层次的复杂系统，根据大气环境质量的变化规律、污染物对人体和生态的影响、环境容量、大气污染控制技术和费用效益分析，综合运用现代数学方法和计算机技术，对大气系统进行定量研究，找出最佳的综合治理方案，力求取得最大的环境效益、经济效益和社会效益。

13.1 系统分析研究的任务和内容

13.1.1 系统分析的研究任务

大气污染控制系统是由多个既相互区别又相互联系的大气污染及其控制过程，按照一定的方式所组成，并处于一定的外界环境约束中，为达到总体污染控制目标而存在的有机整体。

大气污染控制系统分析的任务，就是从系统论的观点出发，对大气污染及其控制问题，寻求总目标的最优化控制。在优化的过程中，系统的整体效应是最重要的。系统内各组成过程及它们之间的相互联系、相互制约都要服从系统整体的目标和要求。

13.1.2 系统分析的研究内容

大气污染控制系统分析主要是研究大气污染和控制过程的数学模型及模型的优化。

（1）建立系统的数学模型

在建立系统的数学模型的过程中，首先应分清系统的主要方面和主要问题，并在对整个系统的各部分、各要素认识的基础上，合理简化，并通过抽象和分析建立起系统的模型。这种模型既要反映系统的本质和特性，又不要使可调因素或约束条件过多，数学运算过于复杂。

（2）数学模型的模拟与优化

对所建立的大气污染控制系统模型进行数学运算，寻求系统整体的最优化方案，是系统分析的核心。常用的分析方法有：线性规划法、非线性规划法、动态规划、整数规划、多目标规划和图论等。控制论和信息论的应用，对于解决复杂性、多层次性和带有许多不确定性的环境问题，提供了新的工具。

凡是控制系统的目标函数和约束条件能用数学方程加以描述的，均可用数学方法求其最优解。若上述问题不能用数学方程描述或解析解很复杂时，可以用模拟法求出其最优解。

13.2 大气环境质量识别

13.2.1 大气环境质量的监测

（1）污染源的调查

大气质量的常规、例行监测的主要目的是为了正确掌握大气环境质量的现状，并希望从长期积累的监测资料中，考察出大气质量的历史变化规律。在污染源的调查中一般选择总悬浮颗粒、飘尘、二氧化硫、氮氧化物、一氧化碳和光化学氧化剂为监测对象。

（2）建立气象观测网

由于大气环境污染物的时空变化受气象条件的影响很大，因此必须同步进行气象参数的观测。通常一个观测点的气象资料不能全面表明城市及附近区域气象参数的时空变化时，还需建立适当数量的气象观测点。

（3）确定监测点位

大气污染物在空间上的分布是十分复杂的，要受气象条件、地形地物、人口密度和工业布局的影响。对于高架点源的监测，其监测范围的半径可定为用大气扩散模式估算的最大落地浓度距离的 1~2 倍。表 13-1 给出了几种常用布点类型及适用范围。

表 13-1 布点类型及适用范围

布点方法	布 设 要 点	适 用 范 围
扇形布点	以污染源为中心,沿烟羽走向呈 45°~90°扇形内布设	模式验证,测定扩散参数,在某风频率较高时的浓度分布
网络布点	在监测范围内分成若干等面积方形网格,在网格内布设监测点	多个分散污染源,所引起的大气污染
功能布点	将监测范围按工业区、生活区等分成若干功能区域,在各功能区内布设监测点	适用于某些特定区域污染影响
放射形布点	以污染源为中心画若干同心圆,再以圆心向各方位以 22.5°画射线,射线与不同圆周的交点可选为监测点	适用于监测各风向方位的污染状况

（4）确定监测周期

选择监测周期的目的是为了掌握环境质量在时间域上的变化规律，一般可根据系统分析的目的和要求的精度来确定。

13.2.2 城市大气污染特征

（1）热岛效应

由于燃料的大量消耗（特别是冬季），地面建筑的吸热，使得城市气温高于周边地区，形成"城市热岛"。在无风条件下，这种现象更加明显。

（2）多源体系

城市中几乎包含了各种类型的污染源，有比较大的高架连续点源，也有数量很多的无组织排放的面源和无数的线源。

（3）城市下垫面更粗糙

由于城市地面的粗糙度，使得空气流经城市表面时，会产生更多的湍流。同时流场的动力效应也会发生变化，风速随高度的变化也有明显的影响。

总之，城市边界层的风、温场的分布和变化规律，都比开阔平坦的农村复杂，不同的城市也有明显差异。总的表现是风速减小，湍流增强，温度层结构不稳定，扩散稀释速率明显增大。

13.2.3 大气环境质量模型

大气环境污染的形成过程，首先是由于污染源排放污染物质，这些物质进入大气环境后，在大气的动力和热力作用下向外扩散，当大气中的污染物积累到一定程度之后，就改变了大气的化学组成和物理性状，构成了对人类生产、生活甚至健康的威胁。

常用的大气环境质量模型有许多种类型，而且还在不断发展。根据城市大气污染的特点，常用的数学模型有：烟流模式、烟团模式、箱模式、高斯模式、城市与工业区大气污染控制系统规划模型、废气净化装置的经济模型、大气环境经济数学模型及大气质量评价模型等。

13.3　大气污染控制系统分类

13.3.1　大气污染控制系统

根据节省能源和减轻大气污染的原则，综合考虑环境效益、经济效益和能源利用效率，形成能源结构—经济活动—生活消费—大气污染控制系统。在这一系统的规划中，以能源为经济活动的支柱，在能源与大气污染的关系中，既要考虑能源利用的积极作用，又要使能源的利用与环境协调发展，寻求多种能源形式及利用的合理化。在规划过程中，以保护大气环境质量作为约束条件，寻求既能满足经济发展和居民生活对能源的需求，又能保证能源的消费对环境影响最小这样一个最佳目标。

大气污染控制系统的组成可以用图13-1表示。

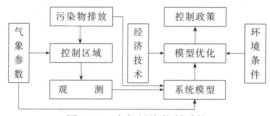

图 13-1　大气污染控制系统

由图中可以看出，人类活动所排放的污染物以"负效果"进入系统，引起大气状态的变化；将观测的气象参数代入系统的模型，预测未来的状态；再将这种预测结果与经济技术结合，来规定合乎环境标准的最优控制政策，以指导人类的活动。

13.3.2　污染源控制系统

污染源控制系统是整个大气环境质量控制系统的一个子系统。由于城市大气污染源的种类多、分布不规则、高度差别大以及源强随时间变化，所以这种污染源控制系统的模拟与规划，应根据当地污染物排放总量控制的目标值，评价各种防治措施对减少大气污染的实际效果，预测防治方案实施后，大气的状况能否满足环境质量标准，并且治理费用最小。

13.3.3　废气净化系统

废气净化系统是污染源控制系统的一个子系统。它的规划包括两个方面的任务：一是在一定的源强下，从不同的净化方法中找出总费用最小的最优工艺流程；二是寻求该废气净化系统的最优设计，并确定净化系统中各单元操作设备的基本参数。

13.4　大气污染控制系统经济评价

大气污染控制系统经济评价，在很大程度上是一个环境经济的损益分析和优化问题。在投资与收益的相互比较中评价人类活动与大气环境质量之间的关系，即以最小的经济投入获得最大的环境效益。

大气环境质量经济评价，其基本出发点是基于大气环境质量在人类活动中所具有的经济价值。例如：大气的污染将引起人类呼吸道疾病发病率和死亡率的增加，因而对人的劳动生产率产生不利影响，这包括：医疗费用的增加、过早死亡或病休期间所造成的收入损失或预期收入的减少；而大气环境质量的改善，使劳动生产率增加的价值就可以代表治理大气污染的经济效益。

13.5 大气污染控制系统规划

13.5.1 基本模型

大气污染控制规划的基本模型主要有以下几种。

（1）总量消减模型

大气污染物排放总量控制是城市大气环境管理的有效手段。假设一系统的某类污染物的排放总量为 Q^0，为使大气环境质量达到大气环境规划所规定的目的，系统的污染物排放总量必须消减 Q。如何在不影响系统的生产能力的情况下，以最小的费用达到总量控制的目标，是总量消减模型要解决的问题。

（2）综合控制模型

大气污染综合控制系统，是将城市大气环境视为一个系统。构成该系统的子系统有：大气环境过程系统、大气污染物排放系统、大气污染控制系统和以人为主体的城市生态系统。

大气环境过程决定了污染物在大气中输送和稀释扩散能力，从而对大气环境质量产生影响。以人为主体的城市生态系统，是大气环境保护的对象。因此，大气污染综合控制模型，是通过协调城市大气环境系统中各子系统的关系，寻求以最小的投资费用，利用大气污染综合治理技术对污染源进行控制，使大气环境质量满足以人为主体的城市生态系统的需要。

表 13-2 常用的数学规划方法

规划方法		模型的标准形式	说　　明
线性规划		$\text{Min}z = Cx$ $\begin{cases} Ax = b \\ x \geqslant 0 \end{cases}$ z — 目标函数； A — 约束条件的系数矩阵； C — 价值向量； x — 决策向量变量； b — 资源向量	线性规划的目标函数和约束都是线性的，决策变量 x 可以取大于零的任何数
整数规划	纯整数规划	$\text{Min}z = Cx$ $\begin{cases} Ax = b \\ x \geqslant 0 \quad x\text{ 为整数} \end{cases}$ （所有参数定义同上）	线性规划的最优解可能是分数或小数，但对于某些具体问题，常要求其解必须是整数，这时可用纯整数规划
	混合整数规划	$\text{Min}z = Cx$ $\begin{cases} Ax = b \\ x \geqslant 0 \quad x\text{ 部分为整数} \end{cases}$ （所有参数定义同上）	适用于要求决策变量的一部分为整数，一部分为分数的问题
	0-1整数规划	$\text{Min}z = Cx$ $\begin{cases} Ax = b \\ x\text{ 为 0 或 1} \end{cases}$ （所有参数定义同上）	它是整数规划中的一种特殊形式，决策变量仅能取 0 或 1 两个值
非线性规划		$\text{Min}f(x)$ $\begin{cases} H_i(x) = 0 \quad i = 1,2,\cdots,m \\ G_j(x) \geqslant 0 \quad j = 1,2,\cdots,l \end{cases}$ $f(x)$ — 目标函数； $H_i(x) = 0$ 和 $G_j(x) \geqslant 0$ 是约束条件	目标函数或约束条件中包含非线性函数方程

（3）宏观调控模型

为使大气环境保护与城市经济发展相协调，将大气污染的控制与城市产业结构、产品结构的调整相联系，在反映社会经济生产活动的投入产出模型中加入有关大气污染及其控制的内容，以预测和提出由于社会经济发展将带来的大气环境问题和控制对策。

13.5.2 系统规划的优化方法

常用的数学规划方法见表 13-2。

13.6 集中供热大气污染控制系统规划

13.6.1 基本模型

采用总量消减模型对集中供热系统进行规划，在选择最优的大气污染控制技术时，为使问题简化，模型涉及的相关参数均取其平均值，不考虑它的具体变化。在燃料类型的选择上，由于受到城市能源供应政策的限制，仅考虑以一种类型的燃料替代另一种的情况。选用 0-1 整数规划方法对相关的污染物消减量技术进行优化。

0-1 规划的总量消减模型包括：

（1）目标函数

优化的目的是使系统的年费用最小。

（2）约束条件

① 通过浓度控制进行约束　控制污染源排放口的污染物的浓度，使其满足锅炉烟气排放标准。

② 通过总量控制进行约束　将控制区视为一个完整的系统，在使其达到环境质量目标的条件下，计算出允许的排放总量。再将这个总量优化分配到每一个污染源，确定其允许排放量。然后通过控制这些量，来达到区域大气环境质量目标。

（3）决策变量

表示是否选取某项措施，仅取 0 或 1。模型的基本形式为

$$\text{Min}\Psi = \sum_{i=1}^{n} x_i \cdot \varphi_i \tag{13-1}$$

$$\begin{cases} C(\text{s})\{1-f(\text{s})\} < C(\text{s})^0 \\ Q_{\text{t}}(\text{s})\{1-f(\text{s})\} < Q_{\text{pt}}(\text{s}) \\ x_i \in (0,1) \quad i=1 \sim n \end{cases} \tag{13-2}$$

式中　Ψ——系统年总费用，万元；

φ_i——i 措施的经济费用函数；

$C(\text{s})$——污染物 s 的排放浓度，mg/m^3 标准状态；

$C(\text{s})^0$——污染物 s 的排放浓度限值，mg/m^3 标准状态；

$f(\text{s})$——污染物 s 的消减率，%；

$Q_{\text{t}}(\text{s})$——污染物 s 的年排放总量，t/a；

$Q_{\text{pt}}(\text{s})$——污染物 s 的年排放总量限值，t/a；

x_i——自变量，值为 0 或 1，1 表示选用某技术，0 表示不选用。

13.6.2 费用函数的确定

费用函数采用年费用法，它包括清洁煤技术的年成本和燃料的年费用。清洁煤技术的成本主要包括基建投资折现费用和运行费用。

（1）基建投资折现费用

基建投资折现费用为基建投资与投资折现系数之乘积。

基建投资费用（P）包括土建费用、设备购置费用、设备安装费用和其他费用。其他费用包括建设期间的利税支出、调试费用和不可预见费用等。

投资折现系数 k_0 体现了资金的时间价值，其大小与贴现率和设备经济寿命有关，计算公式为：

$$k_0 = \frac{i}{1-(1+i)^{-T_p}}$$ (13-3)

式中　k_0——投资折现系数，无量纲；

　　　i——贴现率，%；

　　　T_p——设备经济寿命，a。

（2）运行费用

运行费用（D）由不变成本和可变成本组成。不变成本包括人工费用、维修费用和管理费用。可变成本包括原材料费用和水电等公用物品消耗：

① 燃料的费用函数（φ_a）

$$\varphi_a = 10^{-4} \times stB$$ (13-4)

式中　φ_a——燃料的年费用，万元/a；

　　　s——燃料的单价，元/t；

　　　t——年运行时间，h；

　　　B——锅炉的耗煤量，t/a。

② 除尘器的费用函数（φ_b）

$$\varphi_b = k_0 P_b + D_b$$ (13-5)

式中　P_b——除尘器的基建投资，万元；

　　　D_b——除尘器的年运行费用，万元/a；

　　　k_0——投资折现系数，无量纲。

③ 烟气脱硫装置的费用函数（φ_c）

$$\varphi_c = k_0 P_c + D_c$$ (13-6)

式中　P_c——烟气脱硫装置的基建投资，万元；

　　　D_c——烟气脱硫装置的年运行费用，万元/a；

　　　k_0——投资折现系数，无量纲。

13.6.3　约束条件的确定

在确定污染源的最大允许排放量时，常采用 A-P 值模型。即首先利用箱模式扩散模型（A 值法）测算各总量控制区污染物的允许排放量，再利用 P 值法将区域的允许排放量分配到源上。

（1）区域允许排放量的计算方法

大气污染物（如二氧化硫）的区域允许排放量的计算方法，常利用大气污染物扩散稀释的箱模式，通常称为 A 值法：

$$Q_{at} = \frac{C_t A S_t}{\sqrt{S}}$$ (13-7)

式中　Q_{at}——t 区域的气态污染物允许排放量，10^4 t/a；

　　　C_t——气态污染物的环境目标值，mg/m³；

　　　A——城市的总量控制系数，无量纲；

　　　S_t——给定总控制分区 t 的面积，km²；

　　　S——给定总控制区的面积，km²。

（2）单源允许排放量的计算方法

单源允许排放量常用 P 值法确定，但所有点源的允许排放量不能超过区域允许排放量的现值，称为 A-P 值法。

$$Q_{pt} = 10^{-6} \times \beta_t \beta P C_t H_e^2 \tag{13-8}$$

式中　Q_{pt}——单源的污染物允许排放量，$10^4 t/a$；

　　　β_t——总控分区内中高架点源的调整系数，无量纲；

　　　β——全总控区内点源的调整系数，无量纲；

　　　P——地理区域性点源控制系数，$t/(h \cdot m^2)$；

　　　C_t——环境目标值，mg/m^3；

　　　H_e——点源的有效高度，m。

将上述所有费用函数代入模型式(13-1)，则可得到具体的优化模型。

13.6.4　模型的求解

由于本模型是 0-1 整数规划，模型的求解采用完全枚举法，将所有可能解 $(x_1, x_2, \cdots, x_n)$ 均罗列出来代入模型以寻求最优解。具体步骤如下：

（1）选择运算参数

① p 表示费用函数值；

② $x[i] = (x_1, x_2, \cdots, x_n)$ 表示一组决策变量，这组变量的值代表一个具体方案。

（2）给参数赋初值

$p = \max$，$x[i] = 0$。

（3）连续进行 n 次迭代

每次迭代时，首先计算出相应的目标函数值，然后检验是否满足所有的迭代条件。如果满足约束，则将目标函数值赋给 p，否则继续进行迭代。

（4）迭代完成后，检验 p 是否小于 max。如果 p 小于 max，则输出最优解 p，$x[i]$；否则输出无可行解。

图 13-2 给出了完全枚举法程序框图。

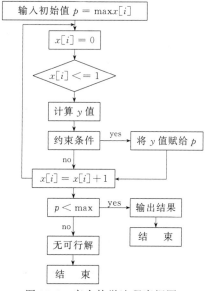

图 13-2　完全枚举法程序框图

附　　录

附录1　空气的物理参数（压力为101.325kPa）

空气温度/℃	1m³ 干空气			饱和水蒸气压力/kPa	饱和时水蒸气的含量/g		
	质量/kg	自0℃换算成 t℃时的体积值$(1+at)$/m³	自 t℃换算成0℃时的体积值$\left(\dfrac{1}{1+at}\right)$/m³		在1m³ 湿空气中	在1kg湿空气中	在1kg干空气中
−20	1.396	0.927	1.079	0.1236	1.1	0.8	0.8
−19	1.390	0.930	1.075	0.1353	1.2	0.8	0.8
−18	1.385	0.934	1.071	0.1488	1.3	0.9	0.9
−17	1.379	0.938	1.066	0.1609	1.4	1.0	1.0
−16	1.374	0.941	1.062	0.1744	1.5	1.1	1.1
−15	1.368	0.945	1.058	0.1867	1.6	1.2	1.2
−14	1.363	0.949	1.054	0.2065	1.7	1.3	1.3
−13	1.358	0.952	1.050	0.2240	1.9	1.4	1.4
−12	1.353	0.956	1.046	0.2441	2.0	1.5	1.5
−11	1.348	0.959	1.042	0.2642	2.2	1.6	1.6
−10	1.342	0.963	1.038	0.2790	2.3	1.7	1.7
−9	1.337	0.967	1.031	0.3022	2.5	1.9	1.9
−8	1.332	0.971	1.030	0.3273	2.7	2.0	2.0
−7	1.327	0.974	1.026	0.3544	2.9	2.2	2.2
−6	1.322	0.978	1.023	0.3834	3.1	2.4	2.4
−5	1.317	0.982	1.019	0.4150	3.4	2.6	2.60
−4	1.312	0.985	1.015	0.4490	3.6	2.8	2.80
−3	1.308	0.989	1.011	0.4858	3.9	3.0	3.00
−2	1.303	0.993	1.007	0.5254	4.2	3.2	3.20
−1	1.298	0.996	1.004	0.5684	4.5	3.5	3.50
−0	1.293	1.000	1.000	0.6133	4.9	3.8	3.80
1	1.288	1.001	0.996	0.6586	5.2	4.1	4.10
2	1.284	1.007	0.993	0.7069	5.6	4.3	4.30
3	1.279	1.011	0.989	0.7582	6.0	4.7	4.70
4	1.275	1.015	0.986	0.8129	6.4	5.0	5.00
5	1.270	1.018	0.982	0.8711	6.8	5.4	5.40
6	1.265	1.022	0.979	0.9330	7.3	5.7	5.82
7	1.261	1.026	0.975	0.9989	7.7	6.1	6.17
8	1.256	1.029	0.972	1.0688	8.3	6.6	6.69
9	1.252	1.033	0.968	1.1431	8.8	7.0	7.12
10	1.248	1.037	0.965	1.2219	9.4	7.5	7.64
11	1.243	1.040	0.961	1.3015	9.9	8.0	8.07
12	1.239	1.044	0.958	1.3942	10.6	8.6	8.69
13	1.235	1.048	0.955	1.4882	11.3	9.2	9.30
14	1.230	1.051	0.951	1.5876	12.0	9.8	9.91
15	1.226	1.055	0.948	1.6931	12.8	10.5	10.62
16	1.222	1.059	0.945	1.8047	13.6	11.2	11.33
17	1.217	1.062	0.941	1.9227	14.4	11.9	12.10
18	1.213	1.066	0.938	2.0475	15.3	12.7	12.93
19	1.209	1.070	0.935	2.1817	16.2	13.5	13.75

续表

空气温度 /℃	1m³ 干空气			饱和水蒸气压力/kPa	饱和时水蒸气的含量/g		
	质量 /kg	自0℃换算成 t℃时的体积值$(1+at)$/m³	自 t℃换算成0℃时的体积值$\left(\dfrac{1}{1+at}\right)$/m³		在1m³湿空气中	在1kg湿空气中	在1kg干空气中
20	1.205	1.073	0.932	2.3186	17.2	14.4	14.61
21	1.201	1.077	0.929	2.4658	18.2	15.3	15.60
22	1.197	1.081	0.925	2.6210	19.3	16.3	16.60
23	1.193	1.084	0.922	2.7849	20.4	17.3	17.68
24	1.189	1.088	0.919	2.9577	21.6	18.4	18.81
25	1.185	1.092	0.916	3.1398	22.9	19.5	19.95
26	1.181	1.095	0.913	3.3315	24.2	20.7	21.20
27	1.177	1.099	0.910	3.5337	25.6	22.0	22.55
28	1.173	1.103	0.907	3.7465	27.0	23.1	21.00
29	1.169	1.106	0.904	3.9706	28.5	24.8	25.47
30	1.165	1.110	0.901	4.2061	30.1	26.3	27.03
31	1.161	1.111	0.898	4.4538	31.8	27.8	28.65
32	1.157	1.117	0.895	4.7142	33.5	29.5	30.41
33	1.154	1.121	0.892	4.9878	35.4	31.2	32.29
34	1.150	1.125	0.889	5.2750	37.3	33.1	34.23
35	1.146	1.128	0.886	5.5765	39.3	35.0	36.37
36	1.142	1.132	0.884	5.8930	41.4	37.0	38.58
37	1.139	1.136	0.881	6.2250	43.6	39.2	40.9
38	1.135	1.139	0.878	6.5731	45.9	41.1	43.35
39	1.132	1.113	0.875	6.9380	48.3	43.8	45.93
40	1.128	1.117	0.872	7.3203	50.8	46.3	48.64
41	1.124	1.150	0.869	7.7208	53.4	48.9	51.20
42	1.121	1.154	0.867	8.1401	56.1	51.6	54.25
43	1.117	1.158	0.864	8.5788	58.9	54.5	57.56
44	1.114	1.161	0.861	9.0380	61.9	57.5	61.04
45	1.110	1.165	0.858	9.5181	65.0	60.7	64.80
46	1.107	1.169	0.856	10.0203	68.2	64.0	68.61
47	1.103	1.172	0.853	10.5450	71.5	67.5	72.66
48	1.100	1.176	0.850	11.0931	75.0	71.1	76.90
49	1.096	1.180	0.848	11.6657	78.6	75.0	81.45
50	1.093	1.183	0.845	12.2634	82.3	79.0	86.11
51	1.090	1.187	0.843	12.8872	86.3	83.2	91.30
52	1.086	1.191	0.840	13.5369	90.4	87.7	96.62
53	1.083	1.194	0.837	14.2171	94.6	92.3	102.29
54	1.080	1.198	0.835	14.9249	99.1	97.2	108.22
55	1.076	1.202	0.832	15.6626	103.6	102.3	114.43
56	1.073	1.205	0.830	16.4313	108.4	107.3	121.06
57	1.070	1.209	0.827	17.2322	133.3	113.2	127.98
58	1.067	1.213	0.825	18.0660	118.5	119.1	135.13
59	1.063	1.216	0.822	18.9340	123.8	125.2	142.88
60	1.060	1.220	0.820	19.8374	129.3	131.7	152.45
65	1.044	1.238	0.808	24.9242	160.6	168.9	203.50
70	1.029	1.257	0.796	31.0768	196.6	216.1	275.00
75	1.014	1.275	0.784	38.4661	239.9	276.0	381.00
80	1.000	1.293	0.773	47.2823	290.7	352.8	544.00
85	0.986	1.312	0.763	57.7346	350.0	452.1	824.00
90	0.973	1.330	0.752	70.0472	418.8	582.5	1395.00
95	0.959	1.348	0.742	84.4862	498.3	757.6	3110.00
100	0.947	1.367	0.732	101.326	589.5	1000.0	∞

附录 2　水的物理参数

温度 /℃	压力 p /atm	密度 ρ /(kg/m³)	热焓 H /(kJ/kg)	比热容 c_p /[kJ/(kg·℃)]	热导率 λ /[W/(m·℃)]	导温系数 α /(10⁻⁴ m/h)	黏滞系数 μ /(10⁻⁵ Pa·s)	运动黏滞系数 ν/(10⁻⁶ m²/s)
0	0.968	999.8	0	4.208	0.558	4.8	182.5	1.790
10	0.968	999.7	42.04	4.191	0.563	4.9	133.0	1.300
20	0.968	998.2	83.87	4.183	0.593	5.1	102.0	1.000
30	0.968	995.7	125.61	4.179	0.611	5.3	81.7	0.805
40	0.968	992.2	167.40	4.179	0.627	5.4	66.6	0.659
50	0.968	988.1	209.14	4.183	0.643	5.6	56.0	0.556
60	0.968	983.2	250.97	4.183	0.657	5.7	48.0	0.479
70	0.968	977.8	292.80	4.191	0.668	5.9	41.4	0.415
80	0.968	971.8	334.75	4.195	0.676	6.0	36.3	0.366
90	0.968	965.3	376.75	4.208	0.680	6.1	32.1	0.326
100	0.997	958.4	418.87	4.216	0.683	6.1	28.8	0.295
110	1.41	951.0	461.07	4.229	0.685	6.1	26.0	0.268
120	1.96	943.1	503.70	4.246	0.686	6.2	23.5	0.244
130	2.66	934.8	545.98	4.267	0.686	6.2	21.6	0.226
140	3.56	926.1	587.85	4.292	0.685	6.2	20.0	0.212
150	4.69	916.9	631.82	4.321	0.684	6.2	18.9	0.202
160	6.10	907.4	657.36	4.354	0.683	6.2	17.5	0.190
170	7.82	897.3	718.91	4.388	0.679	6.2	16.6	0.181
180	9.90	886.9	762.87	4.426	0.675	6.2	15.6	0.173
190	12.39	876.0	807.25	4.463	0.670	6.2	14.8	0.166
200	15.35	864.7	852.05	4.514	0.663	6.1	14.1	0.160
210	18.83	852.8	897.27	4.606	0.655	6.0	13.4	0.154
220	23.00	840.3	943.33	4.648	0.645	6.0	12.8	0.149
230	27.61	827.3	989.81	4.689	0.637	6.0	12.2	0.145
240	33.04	813.6	1037.12	4.731	0.628	5.9	11.7	0.141

注：1atm＝101325Pa。

附录 3　中华人民共和国国家标准

环境空气质量标准　GB 3095—1996
Ambient air quality standard

前　言

根据《中华人民共和国环境保护法》和《中华人民共和国大气污染防治法》，为改善环境空气质量，防止生态破坏，创造清洁适宜的环境，保护人体健康，特制订本标准。

本标准从 1996 年 10 月 1 日起实施，同时代替 GB 3095—82。

本标准在下列内容和章节有改变：

——标准名称；

——3.1～3.14（增加了 14 种术语的定义）；

——4.1～4.2（调整了分区和分级的有关内容）；

——5（补充和调整了污染物项目、取值时间和浓度限值）；

——7（增加了数据统计的有效性规定）。

本标准由国家环境保护局科技标准司提出。

本标准由国家环境保护局负责解释。

1　主题内容与适用范围

本标准规定了环境空气质量功能区划分、标准分级、污染物项目、取值时间及浓度限值，采样与分析方法及数据统计的有效性规定。

本标准适用于全国范围的环境空气质量评价。

2 引用标准

GB/T 15262 空气质量 二氧化硫的测定——甲醛吸收副玫瑰苯胺分光光度法

GB 8970 空气质量 二氧化硫的测定——四氯汞盐副玫瑰苯胺分光光度法

GB/T 15432 环境空气 总悬浮颗粒物测定——重量法

GB 6921 空气质量 大气飘尘浓度测定方法

GB/T 15436 环境空气 氮氧化物的测定——Saltzman 法

GB/T 15435 环境空气 二氧化氮的测定——Saltzman 法

GB/T 15437 环境空气 臭氧的测定——靛蓝二磺酸钠分光光度法

GB/T 15438 环境空气 臭氧的测定——紫外光度法

GB 9801 空气质量 一氧化碳的测定——非分散红外法

GB 8971 空气质量 苯并［a］芘的测定——乙酰化滤纸层析荧光分光光度法

GB/T 15439 环境空气 苯并［a］芘的测定——高效液相色谱法

GB/T 15264 空气质量 铅的测定——火焰原子吸收分光光度法

GB/T 15434 环境空气 氟化物的测定——滤膜氟离子选择电极法

GB/T 15433 环境空气 氟化物的测定——石灰滤纸氟离子选择电极法

3 定义

3.1 总悬浮颗粒物（TSP）：指能悬浮在空气中，空气动力学当量直径≤100μm 的颗粒物。

3.2 可吸入颗粒物（PM_{10}）：指悬浮在空气中，空气动力学当量直径≤10μm 的颗粒物。

3.3 氮氧化物（以 NO_2 计）：指空气中主要以一氧化氮和二氧化氮形式存在的氮的氧化物。

3.4 铅（Pb）：指存在于总悬浮颗粒物中的铅及其化合物。

3.5 苯并［a］芘（B［a］P）：指存在于可吸入颗粒物中的苯并［a］芘。

3.6 氟化物（以 F 计）：以气态及颗粒态形式存在的无机氟化物。

3.7 年平均：指任何一年的日平均浓度的算术均值。

3.8 季平均：指任何一季的日平均浓度的算术均值。

3.9 月平均：指任何一月的日平均浓度的算术均值。

3.10 日平均：指任何一日的平均浓度。

3.11 一小时平均：指任何一小时的平均浓度。

3.12 植物生长季平均：指任何一个植物生长季月平均浓度的算术均值。

3.13 环境空气：指人群、植物、动物和建筑物所暴露的室外空气。

3.14 标准状态：指温度为 273K，压力为 101.325kPa 时的状态。

4 环境空气质量功能区的分类和标准分级

4.1 环境空气质量功能区分类

一类区为自然保护区、风景名胜区和其他需要特殊保护的地区。

二类区为城镇规划中确定的居住区、商业交通居民混合区、文化区、一般工业区和农村地区。

三类区为特定工业区。

4.2 环境空气质量标准分级

环境空气质量标准分为三级。

一类区执行一级标准

二类区执行二级标准

三类区执行三级标准

5 浓度限值

本标准规定了各项污染物不允许超过的浓度限值，见表 1。

6 监测

6.1 采样

环境空气监测中的采样点、采样环境、采样高度及采样频率的要求，按《环境监测技术规范》（大气部分）执行。

6.2 分析方法

各项污染物分析方法，见表 2。

表 1　各项污染物的浓度限值

污染物名称	取值时间	浓 度 限 值			浓度单位
		一级标准	二级标准	三级标准	
二氧化硫 SO_2	年平均	0.02	0.06	0.10	mg/m³ （标准状态）
	日平均	0.05	0.15	0.25	
	1 小时平均	0.15	0.50	0.70	
总悬浮颗粒物 TSP	年平均	0.08	0.20	0.30	
	日平均	0.12	0.30	0.50	
可吸入颗粒物 PM_{10}	年平均	0.04	0.10	0.15	
	日平均	0.05	0.15	0.25	
氮氧化物 NO_x	年平均	0.05	0.05	0.10	
	日平均	0.10	0.10	0.15	
	1 小时平均	0.15	0.15	0.30	
二氧化氮 NO_2	年平均	0.04	0.04	0.08	
	日平均	0.08	0.08	0.12	
	1 小时平均	0.12	0.12	0.24	
一氧化碳 CO	日平均	4.00	4.00	6.00	
	1 小时平均	10.00	10.00	20.00	
臭氧 O_3	1 小时平均	0.12	0.16	0.20	
铅 Pb	季平均	1.50			μg/m³ （标准状态）
	年平均	1.00			
苯并[a]芘 B[a]P	日平均	0.01			
氟化物 F	日平均	7[1]			
	1 小时平均	20[1]			
	月平均	1.8[2]	3.0[3]		μg/(dm²·d)
	植物生长季平均	1.2[2]	2.0[3]		

① 适用于城市地区；

② 适用于牧业区和以牧业为主的半农半牧区，蚕桑区；

③ 适用于农业和林业区。

表 2　各项污染物分析方法

污染物名称	分析方法	来　源
二氧化硫	(1)甲醛吸收副玫瑰苯胺分光光度法 (2)四氯汞盐副玫瑰苯胺分光光度法 (3)紫外荧光法①	GB/T 15262—94 GB 8970—88
总悬浮颗粒物	重量法	GB/T 15432—95
可吸入颗粒物	重量法	GB 6921—86
氮氧化物 （以 NO_2 计）	(1)Saltzman 法 (2)化学发光法②	GB/T 15436—95
二氧化氮	(1)Saltzman 法 (2)化学发光法②	GB/T 15435—95
臭　氧	(1)靛蓝二磺酸钠分光光度法 (2)紫外光度法 (3)化学发光法③	GB/T 15437—95 GB/T 15438—95
一氧化碳	非分散红外法	GB 9801—88
苯并[a]芘	(1)乙酰化滤纸层析——荧光分光光度法 (2)高效液相色谱法	GB 8971—88 GB/T 15439—95
铅	火焰原子吸收分光光度法	GB/T 15264—94
氟化物 （以 F 计）	(1)滤膜氟离子选择电极法④ (2)石灰滤纸氟离子选择电极法⑤	GB/T 15434—95 GB/T 15433—95

①②③ 分别暂用国际标准 ISO/CD 10498、ISO 7996，ISO 10313，待国家标准发布后，执行国家标准；

④ 用于日平均和 1 小时平均标准；

⑤ 用于月平均和植物生长季平均标准。

7 数据统计的有效性规定

各项污染物数据统计的有效性规定，见表 3。

表 3 各项污染物数据统计的有效性规定

污染物	取值时间	数据有效性规定
SO_2，NO_x，NO_2	年平均	每年至少有分布均匀的 144 个日均值，每月至少有分布均匀的 12 个日均值
TSP，PM_{10}，Pb	年平均	每年至少有分布均匀的 60 个日均值，每月至少有分布均匀的 5 个日均值
SO_2，NO_x，NO_2，CO	日平均	每日至少有 18h 的采样时间
TSP，PM_{10}，B$[a]$P，Pb	日平均	每日至少有 12h 的采样时间
SO_2，NO_x，NO_2，CO，O_3	1 小时平均	每小时至少有 45min 的采样时间
Pb	季平均	每季至少有分布均匀的 15 个日均值，每月至少有分布均匀的 5 个日均值
F	月平均	每月至少采样 15d 以上
	植物生长季平均	每一个生长季至少有 70% 个月平均值
	日平均	每日至少有 12h 的采样时间
	1 小时平均	每小时至少有 45min 的采样时间

8 标准的实施

8.1 本标准由各级环境保护行政主管部门负责监督实施。

8.2 本标准规定了小时、日、月、季和年平均浓度限值，在标准实施中各级环境保护行政主管部门应根据不同目的监督其实施。

8.3 环境空气质量功能区由地级市以上（含地级市）环境保护行政主管部门划分，报同级人民政府批准实施。

附录 4 工作场所空气中有毒物质容许浓度（摘自 GB Z2—2002）

序号	中文名 CAS 号	英文名	最高容许浓度 /(mg/m³)	时间加权平均容许浓度 /(mg/m³)	* 短时间接触容许浓度 /(mg/m³)
1	安妥(86-88-4)	Antu	—	0.3	0.9*
2	氨(7664-41-7)	Ammonia	—	20	30
3	2-氨基吡啶(皮)504-29-0	2-Aminopyridine(skin)	—	2	5*
4	氨基磺酸铵 7773-06-0	Ammonium sulfamate	—	6	15*
5	氨基氰 420-04-2	Cyanamide	—	2	5*
6	奥克托今 2691-41-0	Octogen	—	2	4
7	巴豆醛 4170-30-3	Crotonaldehyde	12	—	—
8	百菌清 1897-45-6	Chlorothalonile	1	—	—
9	倍硫磷(皮)55-38-9	Fenthion(skin)	—	0.2	0.3
10	苯(皮)71-43-2	Benzene(skin)	—	6	10
11	苯胺(皮)62-53-3	Aniline(skin)	—	3	7.5*
12	苯基醚(二苯醚)101-84-8	Phenyl ether	—	7	14
13	苯硫磷(皮)2104-64-5	EPN(skin)	—	0.5	1.5*
14	苯乙烯(皮)100-42-5	Styene(skin)	—	50	100
15	吡啶 110-86-1	Pyridine	—	4	10*
16	苄基氯 100-44-7	Benzyl chloride	5	—	—
17	丙醇 71-23-8	Propyl alcohol	—	200	300
18	丙酸 79-09-4	Propionic acid	—	30	60*
19	丙酮 67-64-1	Acetone	—	300	450
20	丙酮氰醇(按 CN 计)(皮)75-86-5	Acetone cyanohydrin(skin) as CN	3	—	—
21	丙烯醇(皮)107-18-6	Allyl alcohol(skin)	—	2	3
22	丙烯腈(皮)107-13-1	Acrylonitrile(skin)	—	1	2
23	丙烯醛 107-02-8	Acrolein	0.3	—	—

续表

序号	中文名 CAS 号	英文名	最高容许浓度 /(mg/m³)	时间加权平均容许浓度 /(mg/m³)	* 短时间接触容许浓度 /(mg/m³)
24	丙烯酸(皮)79-10-7	Acrylic acid(skin)	—	6	15*
25	丙烯酸甲酯(皮)96-33-3	Methyl acrylate(skin)	—	20	40*
26	丙烯酸正丁酯 141-32-2	n-Butyl acrylate	—	25	50*
27	丙烯酰胺(皮)79-06-1	Acrylamide(skin)	—	0.3	0.9*
28	草酸 144-62-7	Oxalic acid	—	1	2
29	抽余油 60～220℃	Raffinate(60～220℃)	—	300	450*
30	臭氧 10028-15-6	Ozone	0.3	—	—
31	滴滴涕(DDT)50-29-3	Dichlorodiphenyltrichloroethane (DDT)	—	0.2	0.6*
32	敌百虫 52-68-6	Trichlorfon	—	0.5	1
33	敌草隆 330-54-1	Diuron	—	10	25*
34	碲化铋(按 Bi₂Te₃计)1304-82-1	Bismuth telluride, as Bi$_2$Te$_3$	—	5	12.5*
35	碘 7553-56-2	Iodine	1	—	—
36	碘仿 75-47-8	Iodoform	—	10	25*
37	碘甲烷(皮)74-88-4	Methyl iodide(skin)	—	10	25*
38	叠氮酸和叠氮化钠 7782-79-8；26628-22-8 叠氮酸蒸气 叠氮化钠	Hydrazoic acid and sodium azide Hydrazoic acid vapor sodium azide	0.2 0.3	—	—
39	丁醇 71-36-3	Butyl alcohol	—	100	200*
40	1,3-丁二烯 106-99-0	1,3-Butadiene	—	5	12.5*
41	丁醛 123-72-8	Butyladehyde	—	5	10
42	丁酮 78-93-3	Methyl ethyl ketone	—	300	600
43	丁烯 25167-67-3	Butylene	—	100	200*
44	对苯二甲酸 100-21-0	Terephthalic acid	—	8	15
45	对硫磷(皮)56-38-2	Parathion(skin)	—	0.05	0.1
46	对特丁基甲苯 98-51-1	p-Tert-butyltoluene	—	6	15*
47	对硝基苯胺(皮)100-01-6	p-Nitroaniline(skin)	—	3	7.5*
48	对硝基氯苯/二硝基氯苯(皮) 100-00-5/25567-67-3	p-Nitrochlorobenzene/Dinitrochlorobenzene(skin)	—	0.6	1.8*
49	多次甲基多苯基多异氰酸酯 57029-46-6	Polymethylene polyphenyl isocyanate (PMPPI)	—	0.3	0.5
50	二苯胺 122-39-4	Diphenylamine	—	10	25*
51	二苯基甲烷二异氰酸酯 101-68-8	Diphenylmethane diisocyanate	—	0.05	0.1
52	二丙二醇甲醚(皮)34590-94-8	Dipropylene glycolmethyl ether(skin)	—	600	900
53	2-N-二丁氨基乙醇(皮)102-81-8	2-N-Dibutylaminoethanol(skin)	—	4	10*
54	二噁烷(皮)123-91-1	1,1,4-Dioxane(skin)	—	70	140*
55	二氟氯甲烷 75-45-6	Chlorodifluoromethane	—	3500	5250*
56	二甲胺 124-40-3	Dimethylamine	—	5	10
57	二甲苯(全部异构体) 1330-20-7；95-47-6；108-38-3	Xylene(all isomers)	—	50	100
58	二甲苯胺(皮)121-69-7	Dimethylanilne(skin)	—	5	10
59	1,3-二甲基丁基醋酸酯(仲-乙酸己酯)108-84-9	1,3-Dimethylbutyl acetate(sec-hexylacetate)	—	300	450*
60	二甲基二氯硅烷 75-78-5	Dimethyl dichlorosilane	2	—	—
61	二甲基甲酰胺(皮)68-12-2	Dimethylformamide(DMF)(skin)	—	20	40*
62	3,3-二甲基联苯胺(皮)119-93-7	3,3-Dimethylbenzidine(skin)	0.02	—	—
63	二甲基乙酰胺(皮)127-19-5	Dimethyl acetamide(skin)	—	20	40*
64	二聚环戊二烯 77-73-6	Dicyclopentadiene	—	25	50*
65	二硫化碳(皮)75-15-0	Carbon disulfide(skin)	—	5	10
66	1,1-二氯-1-硝基乙烷 594-72-9	1,1-Dichloro-1-nitroethane	—	12	24*
67	二氯苯 对二氯苯(106-46-7) 邻二氯苯(95-50-1)	Dichlorobenzene p-Dichlorobenzene o-Dichlorobenzene	— —	30 50	60 100

续表

序号	中文名 CAS 号	英文名	最高容许浓度 /（mg/m³）	时间加权平均容许浓度 /（mg/m³）	* 短时间接触容许浓度 /（mg/m³）
68	1,3-二氯丙醇（皮）96-23-1	1,3-Dichloropropanol（skin）	—	5	12.5*
69	1,2-二氯丙烷 78-87-5	1,2-Dichloropropane	—	350	500
70	1,3-二氯丙烯（皮）542-75-6	1,3-Dichloropropene（skin）	—	4	10*
71	二氯代乙炔 7572-29-4	Dichloroacetylene	0.4	—	—
72	二氯二氟甲烷 75-71-8	Dichlorodifluoromethane	—	5000	7500*
73	二氯甲烷 75-09-2	Dichloromethane	—	200	300*
74	1,2-二氯乙烷 107-06-2	1,2-Dichloroethane	—	7	15
75	1,2-二氯乙烯 540-59-0	1,2-Dichloroethylene	—	800	1200*
76	二缩水甘油醚 2238-07-5	Diglycidyl ether	—	0.5	1.5*
77	二硝基苯（全部异构体）（皮） 582-29-0；99-65-0；100-25-4	Dinitrobenzene（all isomers）（skin）	—	1	2.5*
78	二硝基甲苯（皮）25321-14-6	Dinitrotoluene（skin）	—	0.2	0.6*
79	4,6-二硝基邻苯甲酚（皮）534-52-1	4,6-Dinitro-o-cresol（skin）	—	0.2	0.6*
80	二氧化氮 10102-44-0	Nitrogen dioxide	—	5	10
81	二氧化硫 7446-09-5	Sulfur dioxide	—	5	10
82	二氧化氯 10049-04-4	Chlorine dioxide	—	0.3	0.8
83	二氧化碳 124-38-9	Carbon dioxide	—	9000	18000
84	二氧化锡（按 Sn 计）1332-29-2	Tin dioxdie，as Sn	—	2	5*
85	2-二乙氨基乙醇（皮）100-37-8	2-Diethylaminoethanol（skin）	—	50	100*
86	二亚乙基三胺（皮）111-40-0	Diethylene triamine（skin）	—	4	10*
87	二乙基甲酮 96-22-0	Diethyl ketone	—	700	900
88	二乙烯基苯 1321-74-0	Divinyl benzene	—	50	100*
89	二异丁基甲酮 108-83-8	Diisobutyl ketone	—	145	218*
90	二异氰酸甲苯酯（TDI）584-84-9	Toluene-2,4-diisocyanate（TDI）	—	0.1	0.2
91	二月桂酸二丁基锡（皮）77-58-7	Dibutyltin dilaurate（skin）	—	0.1	0.2
92	钒及其化合物（按 V 计）7440-62-6 五氧化二钒烟尘 钒铁合金尘	Vanadium and compounds，as V Vanadium pentoxide fume，dust Ferrovanadium alloy dust	—	0.05 1	0.15* 2.5*
93	呋喃 110-00-9	Furan	—	0.5	1.5*
94	氟化氢（按 F 计）7664-39-3	Hydrogen fluoride，as F	2	—	—
95	氟化物（不含氟化氢）（按 F 计）	Fluorides（except HF），as F	—	2	5*
96	锆及其化合物（按 Zr 计）7440-67-7	Zirconium and compounds，as Zr	—	5	10
97	镉及其化合物（按 Cd 计）7440-43-9	Cadmium and compounds，as Cd	—	0.01	0.02
98	汞（7439-97-6） 金属汞（蒸气） 有机汞化合物（皮）（按 Hg 计）	Mercury Element mercury（vapor） Mercury organic compounds（skin） as Hg	—	0.02 0.01	0.04 0.03
99	钴及其氧化物（按 Co 计）7440-48-4	Cobalt and oxides，as Co	—	0.05	0.1
100	光气 75-44-5	Phosgene	0.5	—	—
101	癸硼烷（皮）17702-41-9	Decaborane（skin）	—	0.25	0.75
102	过氧化苯甲酰 94-36-0	Benzoyl peroxide	—	5	12.5*
103	过氧化氢 7722-84-1	Hydrogen peroxide	—	1.5	3.75*
104	环己胺 108-91-8	Cyclohexylamine	—	10	20
105	环己醇（皮）108-93-0	Cyclohexanol（skin）	—	100	200*
106	环己酮（皮）108-94-1	Cyclohexanone（skin）	—	50	100*
107	环己烷 110-82-7	Cyclohexane	—	250	375*
108	环氧丙烷 75-56-9	Propylene Oxide	—	5	12.5*
109	环氧氯丙烷（皮）106-89-8	Epichlorohydrin（skin）	—	1	2
110	环氧乙烷 75-21-8	Ethylene oxide	—	2	5*
111	黄磷 7723-14-0	Yellow phosphorus	—	0.05	0.1
112	茴香胺（皮） 邻茴香胺（皮）（90-04-0） 对茴香胺（皮）（104-94-9）	Anisidine（skin） o-Anisidine（skin） p-Anisidine（skin）	—	0.5 0.5	1.5* 1.5*

续表

序号	中文名 CAS 号	英文名	最高容许浓度 /(mg/m³)	时间加权平均容许浓度 /(mg/m³)	* 短时间接触容许浓度 /(mg/m³)
113	己二醇 107-41-5	Hexylene glycol	100	—	—
114	1,6-己二异氰酸酯 822-06-0	Hexamethylene diisocyanate	—	0.03	0.15*
115	己内酰胺 105-60-2	Caprolactam	—	5	12.5*
116	2-己酮(皮)591-78-6	2-Hexanone(skin)	—	20	40
117	甲醇(皮)67-56-1	Methanol(skin)	—	25	50
118	甲拌磷(皮)298-02-2	Thimet(skin)	0.01	—	—
119	甲苯(皮)108-88-3	Toluene(skin)	—	50	100
120	N-甲苯胺(皮)100-61-8	N-Methyl aniline(skin)	—	2	5*
121	甲酚(皮)1319-77-3	Cresol(skin)	—	10	25*
122	甲基丙烯腈(皮)126-98-7	Methylacrylonitrile(skin)	—	3	7.5*
123	甲基丙烯酸 79-41-4	Methacrylic acid	—	70	140*
124	甲基丙烯酸甲酯 80-62-6	Methyl methacrylate	—	100	200*
125	甲基丙烯酸缩水甘油酯 106-91-2	Glycidyl methacrylate	5	—	—
126	甲基肼(皮)60-34-4	Methyl hydrazine(skin)	0.08	—	—
127	甲基内吸磷(皮)8022-00-2	Methyl demeton(skin)	—	0.2	0.6*
128	18-甲基炔诺酮(炔诺孕酮)6533-00-2	18-Methyl norgestrel	—	0.5	2
129	甲硫醇 74-93-1	Methyl mercaptan	—	1	2.5*
130	甲醛 50-00-0	Formaldehyde	0.5	—	—
131	甲酸 64-18-6	Formic acid	—	10	20
132	甲氧基乙醇(皮)109-86-4	2-Methoxyethanol(skin)	—	15	30*
133	甲氧氯 72-43-5	Methoxychlor	—	10	25*
134	间苯二酚 108-46-3	Resorcinol	—	20	40*
135	焦炉逸散物(按苯溶物计)	Coke oven emissions,as benzene solube matter	—	0.1	0.3*
136	肼(皮)302-01-2	Hydrazine(skin)	—	0.06	0.13
137	久效磷(皮)6923-32-4	Monocrotophos(skin)	—	0.1	0.3*
138	糠醇 98-00-0	Furfuryl alcohol	—	40	60
139	糠醛(皮)98-01-1	Furfural(skin)	—	5	12.5*
140	考的松 53-06-5	Cortisone	—	1	2.5*
141	苛性碱 氢氧化钠 1310-73-2 氢氧化钾 1310-58-3	Caustic alkali Sodium hydroxide Potassium hydroxide	2 2	—	—
142	枯草杆菌蛋白酶	Subtilisins	—	15ng/m³	30ng/m³
143	苦味酸 88-89-1	Picric acid	—	0.1	0.3*
144	乐果(皮)60-51-5	Rogor(skin)	—	1	2.5*
145	联苯 92-52-4	Biphenyl	—	1.5	3.75*
146	邻苯二甲酸二丁酯 84-74-2	Dibutyl phthalate	—	2.5	6.25*
147	邻苯二甲酸酐 85-44-9	Phthalic anhydride	1	—	—
148	邻氯苯乙烯 2038-87-47	o-Chlorostyrene	—	250	400
149	邻氯亚苄基丙二腈(皮)2698-41-1	o-Chlorobenzylidene malononitrile (skin)	0.4	—	—
150	邻仲丁基苯酚(皮)89-72-5	o-sec-Butylphenol(skin)	—	30	60*
151	磷胺(皮)13171-21-6	Phosphamidon(skin)	—	0.02	0.06*
152	磷化氢 7803-51-2	Phosphine	0.3	—	—
153	磷酸 7664-38-2	Phosphoric acid	—	1	3
154	磷酸二丁基苯酯(皮)2528-36-1	Dibutyl phenyl phosphate(skin)	—	3.5	8.75*
155	硫化氢 7783-06-4	Hydrogen sulfide	10	—	—
156	硫酸钡(按 Ba 计)7727-06-0	Barium sulfate,as Ba	—	10	25*
157	硫酸二甲酯(皮)77-78-1	Dimethyl sulfate(skin)	—	0.5	1.5*
158	硫酸及三氧化硫 7664-93-9	Sulfuric acid and sulfur trioxide	—	1	2
159	硫酰氟 2699-79-8	Sulfuryl fluoride	—	20	40
160	六氟丙酮(皮)684-16-2	Hexafluoroacetone(skin)	—	0.5	1.5*
161	六氟丙烯 116-15-4	Hexafluoropropylene	—	4	10*
162	六氟化硫 2551-62-4	Sulfur hexafluoride	—	6000	9000*

续表

序号	中文名 CAS 号	英文名	最高容许浓度 /(mg/m³)	时间加权平均容许浓度 /(mg/m³)	* 短时间接触容许浓度 /(mg/m³)
163	六六六 608-73-1	Hexachlorocyclohexane	—	0.3	0.5
164	γ-六六六 58-89-9	γ-Hexachlorocyclohexane	—	0.05	0.1
165	六氯丁二烯(皮)87-68-3	Hexachlorobutadine(skin)	—	0.2	0.6*
166	六氯环戊二烯 77-47-4	Hexachlorocyclopentadiene	—	0.1	0.3*
167	六氯萘(皮)1335-87-1	Hexachloronaphthalene(skin)	—	0.2	0.6*
168	六氯乙烷(皮)67-72-1	Hexachloroethane(skin)	—	10	25*
169	氯 7782-50-5	Chlorine	1	—	—
170	氯苯 108-90-7	Chlorobenzene	—	50	100*
171	氯丙酮(皮)78-95-5	Chloroacetone(skin)	4	—	—
172	氯丙烯 107-05-1	Allyl chloride	—	2	4
173	氯丁二烯(皮)126-99-8	Chloroprene(skin)	—	4	10*
174	氯化铵烟 12125-02-9	Ammonium chloride fume	—	10	20
175	氯化苦 76-06-2	Chloropicrin	1	—	—
176	氯化氢及盐酸 7647-01-0	Hydrogen chloride and chlorhydric acid	7.5	—	—
177	氯化氰 506-77-4	Cyanogen chloride	0.75	—	—
178	氯化锌烟 7646-85-7	Zinc chloride fume	—	1	2
179	氯甲甲醚 107-30-2	Chloromethyl methyl ether	0.005	—	—
180	氯甲烷 74-87-3	Methyl chloride	—	60	120
181	氯联苯(54%氯)(皮)11097-69-1	Chlorodiphenyl (54%Cl)(skin)	—	0.5	1.5*
182	氯萘(皮)90-13-1	Chloronaphthalene(skin)	—	0.5	1.5*
183	氯乙醇(皮)107-07-3	Ethylene chlorohydrin(skin)	2	—	—
184	氯乙醛 107-20-0	Chloroacetaldehyde	3	—	—
185	氯乙烯 75-01-4	Vinyl chloride	—	10	25*
186	α-氯乙酰苯 532-27-4	α-Chloroacetophenone	—	0.3	0.9*
187	氯乙酰氯(皮)79-04-9	Chloroacetyl chloride(skin)	—	0.2	—
188	马拉硫磷(皮)121-75-5	Malathion(skin)	—	2	—
189	马来酸酐 108-31-6	Maleic anhydride	—	1	—
190	吗啉(皮)110-91-8	Morpholine(skin)	—	60	—
191	煤焦油沥青挥发物(按苯溶物计) 65996-93-2	Coal tar pitch volatiles, as Benzene soluble matters	—	0.2	—
192	锰及其无机化合物(按 MnO₂ 计) 7439-96-5	Manganese and inorganic compounds, as MnO₂	—	0.15	—
193	钼及其化合物(Mo 计)7439-98-7 钼,不溶性化合物 可溶性化合物	Molybdeum and compounds, as Mo Molybdeum and insoluble compounds Soluble compounds	—	6 4	15* 10
194	内吸磷(皮)8065-48-3	Demeton(skin)	—	0.05	0.15*
195	萘 91-20-3	Naphthalene	—	50	75
196	2-萘酚 2814-77-9	2-Naphthol	—	0.25	0.5
197	萘烷 91-17-8	Decalin	—	60	120*
198	尿素 57-13-6	Urea	—	5	10
199	镍及其无机化合物（按 Ni 计）7440-02-0 金属镍与难溶性镍化合物 可溶性镍化合物	Nickel and inorganic compounds, as Ni Nickel and isoluble compounds Soluble compounds	—	1 0.5	2.5* 1.5*
200	铍及其化合物(按 Be 计)7440-41-7	Beryllium and compounds, as Be	—	0.0005	0.001
201	偏二甲基肼(皮)57-14-7	Unsymmetric dimethylhydrazine(skin)	—	0.5	1.5*
202	铅及无机化合物(按 Pb 计)7439-92-1 铅尘 铅烟	Lead and inorganic Compounds, as Pb Lead dust Lead fume	—	0.05 0.03	0.15* 0.09*
203	氢化锂 7580-67-8	Lithium hydride	—	0.025	0.05
204	氢醌 123-31-9	Hydroquinone	—	1	2
205	氢氧化铯 21351-79-1	Cesium hydroxide	—	2	5*
206	氰氨化钙 156-62-7	Calcium cyanamide	—	1	3
207	氰化氢(按 CN 计)(皮)74-90-8	Hydrogen cyanide, as CN(skin)	1	—	—

续表

序号	中文名 CAS 号	英文名	最高容许浓度/(mg/m³)	时间加权平均容许浓度/(mg/m³)	* 短时间接触容许浓度/(mg/m³)
208	氰化物(按 CN 计)(皮)460-19-5	Cyanides, as CN(skin)	1		
209	氰戊菊酯(皮)51630-58-1	Fenvalerate(skin)	—	0.05	0.15*
210	全氟异丁烯 382-21-8	Perfluoroisobutylene	0.08	—	
211	壬烷 1-84-2	Nonane	—	500	750*
212	溶剂汽油	Solvent gasolines	—	300	450*
213	n-乳酸正丁酯 138-22-7	n-Butyl lactate	—	25	50*
214	三次甲基三硝基胺(黑索令)121-82-4	Cyclonite(RDX)	—	1.5	3.75*
215	三氟化氯 7790-91-2	Chlorine trifluoride	0.4	—	
216	三氟化硼 7637-07-2	Boron trifluoride	3		
217	三氟甲基次氟酸酯	Trifluoromethyl hypofluorite	0.2		
218	三甲苯磷酸酯(皮)1330-78-5	Tricresyl phosphate(skin)	—	0.3	0.9*
219	1,2,3-三氯丙烷(皮)96-18-4	1,2,3-Trichloropropane(skin)		60	120*
220	三氯化磷 7719-12-2	Phosphorus trichloride	1		2
221	三氯甲烷 67-66-3	Trichloromethane		20	40*
222	三氯硫磷 3982-91-0	Phosphorous thiochloride	0.5	—	
223	三氯氢硅 10025-28-2	Trichlorosilane	3		
224	三氯氧磷 10025-87-3	Phosphorus oxychloride	—	0.3	0.6
225	三氯乙醛 75-87-6	Trichloroacetaldehyde	3	—	
226	1,1,1-三氯乙烷 71-55-6	1,1,1-trichloroethane	—	900	1350*
227	三氯乙烯 79-01-6	Trichloroethylene	—	30	60*
228	三硝基甲苯(皮)118-96-7	Trinitrotoluene(skin)		0.2	0.5
229	三氧化铬、铬酸盐、重铬酸盐(按 Cr 计)7440-47-3—1	Chromium trioxide、hromate、ichromate, as Cr		0.05	0.15*
230	三乙基氯化锡(皮)994-31-0	Triethyltin chloride(skin)		0.05	0.1*
231	杀螟松(皮)122-14-5	Sumithion(skin)		1	2
232	砷化氢(胂)7784-42-1	Arsine	0.03	—	
233	砷及其无机化合物(按 As 计)7440-38-2	Arsenic and inoganic compounds, as As	—	0.01	0.02
234	升汞(氯化汞)7487-94-7	Mercuric chloride		0.025	0.075*
235	石蜡烟 8002-74-2	Paraffin wax fume	—	2	4
236	石油沥青烟(按苯溶物计)8052-42-4	Asphalt (petroleum) fume, as benzene soluble matter	—	5	12.5*
237	双(巯基乙酸)二辛基锡 26401-97-8	Bis(marcaptoacetate)dioctyltin		0.1	0.2
238	双丙酮醇 123-42-2	Diacetone alcohol		240	360*
239	双硫醒 97-77-8	Disulfiram		2	5*
240	双氯甲醚 542-88-1	Bis(chloromethyl)ether	0.005	—	
241	四氯化碳(皮)56-23-5	Carbon tetrachloride(skin)		15	25
242	四氯乙烯 127-18-4	Tetrachloroethylene		200	300*
243	四氢呋喃 109-99-9	Tetrahydrofuran		300	450*
244	四氢化锗 7782-65-2	Germanium tetrahydride		0.6	
245	四溴化碳 558-13-4	Carbon tetrabromide		1.5	
246	四乙基铅(按 Pb 计)(皮)78-00-2	Tetraethyl lead, as Pb(skin)		0.02	
247	松节油 8006-64-2	Turpentine	V	300	
248	铊及其可溶性化合物(按 TI 计)(皮)7440-28-0	Thalium and soluble compounds, as-TI(skin) --		0.05	
249	钽及其氧化物(按 Ta 计)7440-25-7	Tantalum and oxide, as Ta		5	
250	碳酸钠(纯碱)3313-92-6	Sodium carbonate		3	
251	羰基氟 353-50-4	Carbonyl fluoride		5	
252	羰基镍(按 Ni 计)13463-39-3	Nickel carbonyl, as Ni	0.002	—	
253	锑及其化合物(按 Sb 计)7440-36-0	Antimony and compounds, as Sb		0.5	
254	铜(按 Cu 计)(7440-50-8) 铜尘 铜烟	Copper, as Cu Copper dust Copper fume	— —	 1 0.2	 2.5* 0.6*

续表

序号	中文名 CAS 号	英文名	最高容许浓度/(mg/m³)	时间加权平均容许浓度/(mg/m³)	*短时间接触容许浓度/(mg/m³)
255	钨及其不溶性化合物（按 W 计）(7440-33-7)	Tungsten and insoluble compounds, as W	—	5	10
256	五氟氯乙烷 76-15-3	Chloropentafluoroethane	—	5000	7500*
257	五硫化二磷 1314-80-3	Phosphorus pentasulfide	—	1	3
258	五氯酚及其钠盐（皮）87-86-5	Pentachlorophenol and sodium salts (skin)	—	0.3	0.9*
259	五羰基铁（按 Fe 计）13463-40-6	Iron pentacarbonyl, as Fe	—	0.25	0.5
260	五氧化二磷 1314-56-3	Phosphorus pentoxide	1	—	—
261	戊醇 71-41-0	Amyl alcohol	—	100	200*
262	戊烷 109-66-0	Pentane	—	500	1000
263	硒化氢（按 Se 计）7783-07-5	Hydrogen selenide, as Se	—	0.15	0.3
264	硒及其化合物（按 Se 计）（除外六氟化硒、硒化氢）(7782-49-2)	Selenium and compounds, as Se(except hexafluoride, hydrogen selenide)	—	0.1	0.3*
265	纤维素 9004-34-6	Cellulose	—	10	25*
266	硝化甘油（皮）55-63-0	Nitroglycerine(skin)	1	—	—
267	硝基苯（皮）98-95-3	Nitrobenzene(skin)	—	2	5*
268	1-硝基丙烷 2-108-03-2	1-Nitropropane	—	90	180*
269	2-硝基丙烷 79-46-9	2-Nitropropane	—	30	60*
270	硝基甲苯（全部异构体）（皮）88-72-2;99-08-1;99-99-0	Nitrotoluene, (all isomers)(skin)	—	10	25*
271	硝基甲烷 75-52-5	Nitromethane	—	50	100*
272	硝基乙烷 79-24-3	Nitroethane	—	300	450*
273	辛烷 111-65-9	Octane	—	500	750*
274	溴 7726-95-6	Bromine	—	0.6	2
275	溴化氢 10035-10-6	Hydrogen bromide	10	—	—
276	溴甲烷（皮）74-83-9	Methyl bromide(skin)	—	2	5*
277	溴氰菊酯 52918-63-5	Deltamethrin	—	0.03	0.09*
278	氧化钙 1305-78-8	Calcium oxide	—	2	5*
279	氧化乐果（皮）1113-02-6	Omethoate(skin)	—	0.15	0.45*
280	氧化镁烟 1309-48-4	Magnesium oxide fume	—	10	25*
281	氧化锌 1314-13-2	Zinc oxide	—	3	5
282	液化石油气 68476-85-7	Liqufied petroleum(L. P. G.)	—	1000	1500
283	一甲胺（甲胺）74-89-5	Monomethylamine	—	5	10
284	一氧化氮 10102-43-9	Nitricoxide(Nitrogen monooxide)	—	15	30*
285	一氧化碳（630-08-0） 非高原 高原 　海拔 2000m～ 　海拔＞3000m	Carbon monoxide not in high altitude area in high altitude area 　2000m～ 　＞3000m	 20 15	20 — —	30 — —
286	乙胺 75-04-7	Ethylamine	—	9	18
287	乙苯 100-41-4	Ethyl benzene	—	100	150
288	乙醇胺 141-43-5	Ethanolamine	—	8	15
289	乙二胺（皮）107-15-3	Ethylenediamine(skin)	—	4	10
290	乙二醇 107-21-1	Ethylene glycol	—	20	40
291	乙二醇二硝酸酯（皮）628-96-6	Ethylene glycol dinitrate(skin)	—	0.3	0.9*
292	乙酐 108-24-7	Acetic anhydride	—	16	32*
293	N-乙基吗啉（皮）100-74-3	N-Ethylmorpholine(skin)	—	25	50*
294	乙基戊基甲酮 541-85-5	Ethyl amyl ketone	—	130	195*
295	乙腈 75-05-8	Acetonitrile	—	10	25*
296	乙硫醇 75-08-1	Ethyl mercaptan	—	1	2.5*
297	乙醚 60-29-7	Ethyl ether	—	300	500
298	乙硼烷 19287-45-7	Diborane	—	0.1	0.3*
299	乙醛 75-07-0	Acetaldehyde	45	—	—
300	乙酸乙酯（2-甲氧基乙基酯）64-19-7	Acetic acid	—	10	20

续表

序号	中文名 CAS 号	英文名	最高容许浓度/(mg/m³)	时间加权平均容许浓度/(mg/m³)	* 短时间接触容许浓度/(mg/m³)
301	乙酸乙酯(2-甲氧基乙基酯)(皮) 110-49-6	2-Methoxyethyl acetate(skin)	—	20	40*
302	乙酸丙酯 109-60-4	Propyl acetate	—	200	300
303	乙酸丁酯 123-86-4	Butyl acetate	—	200	300
304	乙酸甲酯 79-20-9	Methyl acetate	—	100	200
305	乙酸戊酯(全部异构体)628-63-7	Amyl acetate(all isomers)	—	100	200
306	乙酸乙烯酯 108-05-4	Vinyl acetate	—	10	15
307	乙酸乙酯 141-78-6	Ethyl acetate	—	200	300
308	乙烯酮 463-51-4	Ketene	—	0.8	2.5
309	乙酰甲胺磷(皮)30560-19-1	Acephate(skin)	—	0.3	0.9*
310	乙酰水杨酸(阿司匹林)50-78-2	Acetylsalicylic acid(aspirin)	—	5	12.5*
311	2-乙氧基乙醇(皮)4-110-80-5	2-Ethoxyethanol(skin)	—	18	36
312	2-乙氧基乙基乙酸酯(皮)111-15-9	2-Ethoxyethyl acetate(skin)	—	30	60*
313	钇及其化合物(按 Y 计)7440-65-5	Yttrium and compounds(as Y)	—	1	2.5*
314	异丙铵 75-31-0	Isopropylamine	—	12	24
315	异丙醇 67-63-0	Isopropyl alcohol(IPA)	—	350	700
316	N-异丙基苯胺(皮)768-52-5	N-Isopropylaniline(skin)	—	10	25*
317	异稻瘟净(皮)26087-47-8	Kitazine o-p(skin)	—	2	5
318	异佛尔酮 78-59-1	Isophorone	30	—	—
319	异佛尔酮二异氰酸酯 4098-71-9	Isophorone diisocyante(IPDI)	—	0.05	0.1
320	异氰酸甲酯(皮)624-83-9	Methyl isocyanate(skin)	—	0.05	0.08
321	异亚丙基丙酮 141-79-7	Mesityl oxide	—	60	100
322	铟及其化合物(按 In 计)7440-74-6	Indium and compounds,as In	—	0.1	0.3
323	茚 95-13-6	Indene	—	50	100*
324	正丁胺(皮)109-73-9	n-butylamine	15	—	—
325	正丁基硫醇 109-79-5	n-butyl mercaptan	—	2	5*
326	正丁基缩水甘油醚 2426-08-6	n-butyl glycidyl ether	—	60	120*
327	正庚烷 142-82-5	n-Heptane	—	500	1000
328	正己烷(皮)110-54-3	n-Hexane(skin)	—	100	180
329	重氮甲烷 334-88-3	Diazomethane	—	0.35	0.7
330	酚(皮)108-95-2	Phenol(skin)	—	10	25*

注:"*"指该粉尘时间加权平均容许浓度的接触上限值。

附录 5　工作场所空气中粉尘容许浓度（摘自 GB Z2—2002）

序号	中文名 CAS 号	英文名	TWA	
1	白云石粉尘 　总尘 　呼尘	Dolomite dust 　Total dust 　Respirable dust	8 4	10 8
2	玻璃钢粉尘(总尘)	Fiberglass reinforced plastic dust(total)	3	6
3	茶尘(总尘)	Tea dust(total)	2	3
4	沉淀 SiO₂(白炭黑)(112926-00-8)(总尘)	Precipitated silica dust(total)	5	10
5	大理石粉尘(1317-65-3) 　总尘 　呼尘	Marble dust 　Total dust 　Respirable dust	8 4	10 8
6	电焊烟尘(总尘)	Welding fume(total)	4	
7	二氧化钛粉尘(13463-67-7)(总尘)	Titanium dioxide dust(total)	8	
8	沸石粉尘(总尘)	Zeolite dust(total)	5	
9	酚醛树脂粉尘(总尘)	Phenolic aldehyde resin dust(total)	6	
10	谷物粉尘(游离 SiO₂ 含量＜10%)(总尘)	Grain dust(free SiO₂＜10%)(total)	4	
11	硅灰石粉尘(13983-17-0)(总尘)	Wollastonite dust(total)	5	
12	硅藻土粉尘 61790-53-2 　游离 SiO₂ 含量＜10%(总尘)	Diatomite dust 　free SiO₂＜10%(total)	6	

续表

序号	中文名 CAS 号	英文名	TWA	
13	滑石粉尘(游离 SiO₂含量<10%)14807-96-6 总尘 呼尘	Talc dust(free SiO₂<10%) Total dust Respirable dust	 3 1	
14	活性炭粉尘(64365-11-3)(总尘)	Active carbon dust(total)	5	
15	聚丙烯粉尘(总尘)	Polypropylene dust(total)	5	
16	聚丙烯腈纤维粉尘(总尘)	Polyacryonitrile fiber dust(total)	2	
17	聚氯乙烯粉尘(9002-86-2)(总尘)	Polyvinyl chloride(PVC)dust(total)	5	
18	聚乙烯粉尘(9002-88-4)(总尘)	Polyethylene dust(total)	5	
19	铝、氧化铝、铝合金粉尘 7429-90-5 铝、铝合金(总尘) 氧化铝(总尘)	Dust of aluminium，aluminium oxide and aluminium alloys Aluminium，aluminium alloys(total) Aluminium oxide(total)	 3 4	
20	麻尘(亚麻、黄麻和苎麻)(游离 SiO₂含量<10%)(总尘) 亚麻 黄麻 苎麻	Flax，jute and remine dusts（free SiO₂<10%)(total) Flax Jute Ramie	 1.5 2 3	
21	煤尘(游离 SiO₂含量<10%) 总尘 呼尘	Coal dust(free SiO₂<10%) Total dust Respirable dust	 4 2.5	
22	棉尘(总尘)	Cotton dust(total)	1	
23	木粉尘(总尘)	Wood dust(total)	3	
24	凝聚 SiO₂ 粉尘 总尘 呼尘	Condensed silica dust Total dust Respirable dust	 1.5 0.5	
25	膨润土粉尘(1302-78-9)(总尘)	Bentonite dust(total)	6	
26	皮毛粉尘(总尘)	Fur dust(total)	8	
27	人造玻璃质纤维 玻璃棉棉粉尘(总尘) 矿渣棉粉尘(总尘) 岩棉粉法(总尘)	Man-made vitrious fiber Fibrous glass dust(total) Slag wool dust(total) Rock wool dust(total)	 3 3 3	
28	桑蚕丝尘(总尘)	Mulberry silk dust(total)	8	
29	砂轮磨尘(总尘)	Grinding wheel dust(total)	8	
30	石膏粉尘(10101-41-4) 总尘 呼尘	Gypsum dust Total dust Respirable dust	 8 4	
31	石灰石粉尘(1317-65-3) 总尘 呼尘	Limestone dust Total dust Respirable dust	 8 4	
32	石棉纤维及含有 10% 以上石棉的粉尘(1332-21-4) 总尘 纤维	Asbestos fibre and dusts containing>10% asbestos Total dust Asbestos fibre	 0.8 0.8f/ml	
33	石墨粉尘(7782-42-5) 总尘 呼尘	Graphite dust Total dust Respirable dust	 4 2	
34	水泥粉尘(游离 SiO₂含量<10%) 总尘 呼尘	Cement dust(free SiO₂<10%) Total dust Respirable dust	 4 1.5	
35	炭黑粉尘(1333-86-4)(总尘)	Carbon black dust(total)	4	
36	碳化硅粉尘(409-21-2) 总尘 呼尘	Silicon carbide dust Total dust Respirable dust	 8 4	
37	碳纤维粉尘(总尘)	Carbon fiber dust(total)	3	

续表

序号	中文名 CAS 号	英文名	TWA
38	硅尘(14808-60-7) 　总尘 　　含 10%～50%游离 SiO₂ 的粉尘 　　含 10%～80%游离 SiO₂ 粉尘 　　含 80%以上游离 SiO₂ 粉尘 　呼尘 　　含 10%～50%游离 SiO₂ 　　含 50%～80%游离 SiO₂ 　　含 80%以上游离 SiO₂	Silica dust 　Total dust 　　Containing 10%～50% free SiO₂ 　　Containing 50%～80% free SiO₂ 　　Containing ＞80% free SiO₂ 　Respirable dust 　　Containing 10%～50% free SiO₂ 　　Containing 50%～80% free SiO₂ 　　Containing ＞80% free SiO₂	 1 0.7 0.5 0.7 0.3 0.2
39	稀土粉尘(游离 SiO₂含量 ＜10%)(总尘)	Rare-earth dust (free SiO₂＜10%)(total)	2.5
40	洗衣粉混合尘	Detergent mixed dust	1
41	烟草尘(总尘)	Tobacco dust (total)	2
42	萤石混合性粉尘(总尘)	Fluorspar mixed dust (total)	1
43	云母粉尘(12001-26-2) 　总尘 　呼尘	Mica dust 　Total dust 　Respirable dust	 2 1.5
44	珍珠岩粉尘(93763-70-3) 　总尘 　呼尘	Perlite dust 　Total dust 　Respirable dust	 8 4
45	蛭石粉尘(总尘)	Vermiculite dust(total)	3
46	重晶石粉尘(7727-43-7)(总尘)	Barite dust (total)	5
47	＊＊其他粉尘	Particles not otherwise regulated	8

注：1. ＊＊ "其他粉尘" 指不含有石棉且游离 SiO₂ 含量低于 10%，不含有毒物质，尚未制订专项卫生标准的粉尘。

2. 总粉尘（total dust）简称 "总尘"，指用直径为 40mm 滤膜，按标准粉尘测定方法采样所得到的粉尘。

3. 呼吸性粉尘（respirable dust）简称 "呼尘"。指按呼吸性粉尘标准测定方法所采集的可进入肺泡的粉尘粒子，其空气动力学直径均在 7.07μm 以下，空气动力直径 5μm 粉尘粒子的采样效率为 50%。

附录 6　锅炉烟尘排放标准（GB 13271—2001 摘要）

表 1　锅炉烟尘最高允许排放浓度和烟气黑度限值

锅炉类别		适用区域	烟尘排放浓度/(mg/m³)		烟气黑度 （林格曼黑度，级）
			Ⅰ 时段	Ⅱ 时段	
燃煤锅炉	自然通风锅炉 (＜0.7MW(1t/h))	一类区	100	80	1
		二、三类区	150	120	
	其他锅炉	一类区	100	80	1
		二类区	250	200	
		三类区	350	250	
燃油锅炉	轻柴油、煤油	一类区	80	80	1
		二、三类区	100	100	
	其他燃料油	一类区	100	80①	
		二、三类区	200	150	
燃气锅炉		全部区域	50	50	1

① 一类区禁止新建以重油、渣油为燃料的锅炉。

表 2　锅炉二氧化硫和氮氧化物最高允许排放浓度

锅炉类别		适用区域	SO₂ 排放浓度/(mg/m³)		NOₓ 排放浓度/(mg/m³)	
			Ⅰ 时段	Ⅱ 时段	Ⅰ 时段	Ⅱ 时段
燃煤锅炉		全部区域	1200	900	—	—
燃油锅炉	轻柴油、煤油	全部区域	700	500	—	400
	其他燃料油	全部区域	1200	900①	—	400①
燃气锅炉		全部区域	100	100	—	400

① 一类区禁止新建以重油、渣油为燃料的锅炉。

表 3　燃煤锅炉烟尘初始排放浓度和烟气黑度限值

锅炉类别		燃煤收到基灰分/%	烟尘初始排放浓度/(mg/m³)		烟气黑度（林格曼黑度，级）
			Ⅰ时段	Ⅱ时段	
层燃锅炉	自然通风锅炉（<0.7MW〈1t/h〉）	—	150	120	1
	其他锅炉（≤2.8MW〈4t/h〉）	Aar≤25%	1800	1600	1
		Aar>25%	2000	1800	
	其他锅炉（>2.8MW〈4t/h〉）	Aar≤25%	2000	1800	1
		Aar>25%	2200	2000	
沸腾锅炉	循环流化床锅炉	—	15000	15000	1
	其他沸腾锅炉	—	20000	18000	
	抛煤机锅炉	—	5000	5000	1

表 4　燃煤、燃油（燃轻柴油、煤油除外）锅炉房烟囱最低允许高度

锅炉房装机总容量	MW	<0.7	0.7~<1.4	1.4~<2.8	2.8~<7	7~<14	14~<28
	t/h	<1	1~<2	2~<4	4~<10	10~<20	20~≤40
烟囱最低允许高度	m	20	25	30	35	40	45

附录 7　现有污染源大气污染物排放限值（摘自 GB 16297—1996）

序号	污染物	最高允许排放浓度/(mg/m³)	最高允许排放速率/(kg/h)				无组织排放监控浓度限值	
			排气筒高度/m	一级	二级	三级	监控点	浓度/(mg/m³)
1	二氧化硫	1200（硫、二氧化硫、硫酸和其他含硫化合物生产）	15	1.6	3.0	4.1	无组织排放源上风向设参照点，下风向设监控点①	0.50（监控点与参照点浓度差值）
			20	2.6	5.1	7.7		
			30	8.8	17	26		
			40	15	30	45		
			50	23	45	69		
		700（硫、二氧化硫、硫酸和其他含硫化合物使用）	60	33	64	98		
			70	47	91	140		
			80	63	120	190		
			90	82	160	240		
			100	100	200	310		
2	氮氧化物	1700（硝酸、氮肥和火炸药生产）	15	0.47	0.91	1.4	无组织排放源上风向设参照点，下风向设监控点	0.15（监控点与参照浓度差值）
			20	0.77	1.5	2.3		
			30	2.6	5.1	7.7		
			40	4.6	8.9	14		
			50	7.0	14	21		
			60	9.9	19	29		
		420（硝酸使用和其他）	70	14	27	41		
			80	19	37	56		
			90	24	47	72		
			100	31	61	92		
3	颗粒物	22（炭黑尘、染料尘）	15	禁排	0.60	0.87	周界外浓度最高点②	肉眼不可见
			20		1.0	1.5		
			30		4.0	5.9		
			40		6.8	10		
		80③（玻璃棉尘、石英粉尘、矿渣棉尘）	15	禁排	2.2	3.1	无组织排放源上风向设参照点，下风向设监控点	2.0（监控点与参照点浓度差值）
			20		3.7	5.3		
			30		14	21		
			40		25	37		

续表

序号	污染物	最高允许排放浓度/(mg/m³)	最高允许排放速率/(kg/h)				无组织排放监控浓度限值	
			排气筒高度/m	一级	二级	三级	监控点	浓度/(mg/m³)
3	颗粒物	150（其他）	15 20 30 40 50 60	2.1 3.5 14 24 36 51	4.1 6.9 27 46 70 100	5.9 10 40 69 110 150	无组织排放源上风向设参照点，下风向设监控点	5.0（监控点与参照点浓度差值）
4	氯化氢	150	15 20 30 40 50 60 70 80	禁 排	0.30 0.51 1.7 3.0 4.5 6.4 9.1 12	0.46 0.77 2.6 4.5 6.9 9.8 14 19	周界外浓度最高点	0.25
5	铬酸雾	0.080	15 20 30 40 50 60	禁 排	0.009 0.015 0.051 0.089 0.14 0.19	0.014 0.023 0.078 0.13 0.21 0.29	周界外浓度最高点	0.0075
6	硫酸雾	1000（火炸药厂） 70（其他）	15 20 30 40 50 60 70 80	禁 排	1.8 3.1 10 18 27 39 55 74	2.8 4.6 16 27 41 59 83 110	周界外浓度最高点	1.5
7	氟化物	100（普钙工业） 11（其他）	15 20 30 40 50 60 70 80	禁 排	0.12 0.20 0.69 1.2 1.8 2.6 3.6 4.9	0.18 0.31 1.0 1.8 2.7 3.9 5.5 7.5	无组织排放源上风向设参照点，下风向设监控点	20μg/m³（监控点与参照点浓度差值）
8	氯气④	85	25 30 40 50 60 70 80	禁 排	0.60 1.0 3.4 5.9 9.1 13 18	0.90 1.5 5.2 9.0 14 20 28	周界外浓度最高点	0.50
9	铅及其化合物	0.90	15 20 30 40 50 60 70 80 90 100	禁 排	0.005 0.007 0.031 0.055 0.085 0.12 0.17 0.23 0.31 0.39	0.007 0.011 0.048 0.083 0.13 0.18 0.26 0.35 0.47 0.60	周界外浓度最高点	0.0075

续表

序号	污染物	最高允许排放浓度/(mg/m³)	排气筒高度/m	最高允许排放速率/(kg/h)			无组织排放监控浓度限值	
				一级	二级	三级	监控点	浓度/(mg/m³)
10	汞及其化合物	0.015	15	禁排	1.8×10^{-3}	2.8×10^{-3}	周界外浓度最高点	0.0015
			20		3.1×10^{-3}	4.6×10^{-3}		
			30		10×10^{-3}	16×10^{-3}		
			40		18×10^{-3}	27×10^{-3}		
			50		27×10^{-3}	41×10^{-3}		
			60		39×10^{-3}	59×10^{-3}		
11	镉及其化合物	1.0	15	禁排	0.060	0.090	周界外浓度最高点	0.050
			20		0.10	0.15		
			30		0.34	0.52		
			40		0.59	0.90		
			50		0.91	1.4		
			60		1.3	2.0		
			70		1.8	2.8		
			80		2.5	3.7		
12	铍及其化合物	0.015	15	禁排	1.3×10^{-3}	2.0×10^{-3}	周界外浓度最高点	0.0010
			20		2.2×10^{-3}	3.3×10^{-3}		
			30		7.3×10^{-3}	11×10^{-3}		
			40		13×10^{-3}	19×10^{-3}		
			50		19×10^{-3}	29×10^{-3}		
			60		27×10^{-3}	41×10^{-3}		
			70		39×10^{-3}	58×10^{-3}		
			80		52×10^{-3}	79×10^{-3}		
13	镍及其化合物	5.0	15	禁排	0.18	0.28	周界外浓度最高点	0.050
			20		0.31	0.46		
			30		1.0	1.6		
			40		1.8	2.7		
			50		2.7	4.1		
			60		3.9	5.9		
			70		5.5	8.2		
			80		7.4	11		
14	锡及其化合物	10	15	禁排	0.36	0.55	周界外浓度最高点	0.30
			20		0.61	0.93		
			30		2.1	3.1		
			40		3.5	5.4		
			50		5.4	8.2		
			60		7.7	12		
			70		11	17		
			80		15	22		
15	苯	17	15	禁排	0.60	0.90	周界外浓度最高点	0.50
			20		1.0	1.5		
			30		3.3	5.2		
			40		6.0	9.0		
16	甲苯	60	15	禁排	3.6	5.5	周界外浓度最高点	3.0
			20		6.1	9.3		
			30		21	31		
			40		36	54		
17	二甲苯	90	15	禁排	1.2	1.8	周界外浓度最高点	1.5
			20		2.0	3.1		
			30		6.9	10		
			40		12	18		

续表

序号	污染物	最高允许排放浓度/(mg/m³)	最高允许排放速率/(kg/h)				无组织排放监控浓度限值	
			排气筒高度/m	一级	二级	三级	监控点	浓度/(mg/m³)
18	酚类	115	15	禁排	0.12	0.18	周界外浓度最高点	0.10
			20		0.20	0.31		
			30		0.68	1.0		
			40		1.2	1.8		
			50		1.8	2.7		
			60		2.6	3.9		
19	甲醛	30	15	禁排	0.30	0.46	周界外浓度最高点	0.25
			20		0.51	0.77		
			30		1.7	2.6		
			40		3.0	4.5		
			50		4.5	6.9		
			60		6.4	9.8		
20	乙醛	150	15	禁排	0.060	0.090	周界外浓度最高点	0.050
			20		0.10	0.15		
			30		0.34	0.52		
			40		0.59	0.90		
			50		0.91	1.4		
			60		1.3	2.0		
21	丙烯腈	26	15	禁排	0.91	1.4	周界外浓度最高点	0.75
			20		1.5	2.3		
			30		5.1	7.8		
			40		8.9	13		
			50		14	21		
			60		19	29		
22	丙烯醛	20	15	禁排	0.61	0.92	周界外浓度最高点	0.50
			20		1.0	1.5		
			30		3.4	5.2		
			40		5.9	9.0		
			50		9.1	14		
			60		13	20		
23	氰化氢⑤	2.3	25	禁排	0.18	0.28	周界外浓度最高点	0.030
			30		0.31	0.46		
			40		1.0	1.6		
			50		1.8	2.7		
			60		2.7	4.1		
			70		3.9	5.9		
			80		5.5	8.3		
24	甲醇	220	15	禁排	6.1	9.2	周界外浓度最高点	15
			20		10	15		
			30		34	52		
			40		59	90		
			50		91	140		
			60		130	200		
25	苯胺类	25	15	禁排	0.61	0.92	周界外浓度最高点	0.50
			20		1.0	1.5		
			30		3.4	5.2		
			40		5.9	9.0		
			50		9.1	14		
			60		13	20		

续表

序号	污染物	最高允许排放浓度/(mg/m³)	排气筒高度/m	一级	二级	三级	监控点	浓度/(mg/m³)
					最高允许排放速率/(kg/h)		无组织排放监控浓度限值	
26	氯苯类	85	15	禁排	0.67	0.92	周界外浓度最高点	0.50
			20		1.0	1.5		
			30		2.9	4.4		
			40		5.0	7.6		
			50		7.7	12		
			60		11	17		
			70		15	23		
			80		21	32		
			90		27	41		
			100		34	52		
27	硝基苯类	20	15	禁排	0.060	0.090	周界外浓度最高点	0.050
			20		0.10	0.15		
			30		0.34	0.52		
			40		0.59	0.90		
			50		0.91	1.4		
			60		1.3	2.0		
28	氯乙烯	65	15	禁排	0.91	1.4	周界外浓度最高点	0.75
			20		1.5	2.3		
			30		5.0	7.8		
			40		8.9	13		
			50		14	21		
			60		19	29		
29	苯并[a]芘	0.50×10^{-3}（沥青、碳素制品生产和加工）	15	禁排	0.06×10^{-3}	0.09×10^{-3}	周界外浓度最高点	0.10 μg/m³
			20		0.10×10^{-3}	0.15×10^{-3}		
			30		0.34×10^{-3}	0.51×10^{-3}		
			40		0.59×10^{-3}	0.89×10^{-3}		
			50		0.90×10^{-3}	1.4×10^{-3}		
			60		1.3×10^{-3}	2.0×10^{-3}		
30	光气[6]	5.0	25	禁排	0.12	0.18	周界外浓度最高点	0.10
			30		0.20	0.31		
			40		0.69	1.0		
			50		1.2	1.8		
31	沥青烟	280（吹制沥青）／80（熔炼、浸涂）／150（建筑搅拌）	15	0.11	0.22	0.34	生产设备不得有明显无组织排放存在	
			20	0.19	0.36	0.55		
			30	0.82	1.6	2.4		
			40	1.4	2.8	4.2		
			50	2.2	4.3	6.6		
			60	3.0	5.9	9.0		
			70	4.5	8.7	13		
			80	6.2	12	18		
32	石棉尘	2根(纤维)/cm³或20mg/m³	15	禁排	0.65	0.98	生产设备不得有明显无组织排放存在	
			20		1.1	1.7		
			30		4.2	6.4		
			40		7.2	11		
			50		11	17		

续表

序号	污染物	最高允许排放浓度/(mg/m³)	最高允许排放速率/(kg/h)				无组织排放监控浓度限值	
			排气筒高度/m	一级	二级	三级	监控点	浓度/(mg/m³)
33	非甲烷总烃	150（使用溶剂汽油或其他混合烃类物质）	15	6.3	12	18	周界外浓度最高点	5.0
			20	10	20	30		
			30	35	63	100		
			40	61	120	170		

① 一般应于无组织排放源上风向2～50m范围内设参考点，排放源下风向2～50m范围内设监控点，详见本标准附录C。下同。

② 周界外浓度最高点一般应设于排放源下风向的单位周界外10m范围内。如预计无组织排放的最大落地浓度点越出10m范围，可将监控点移至该预计浓度最高点，详见附录C。下同。

③ 均指含游离二氧化硅10%以上的各种尘。

④ 排放氯气的排气筒不得低于25m。

⑤ 排放氰化氢的排气筒不得低于25m。

⑥ 排放光气的排气筒不得低于25m。

附录8　几种气体或蒸气的爆炸特性

气体		最低着火温度/℃		爆炸极限(容积/%)			
				与氧混合		与空气混合	
名称	分子式	与空气混合	与氧混合	下限	上限	下限	上限
一氧化碳	CO	610	590	13	96	12.5	75
氢	H_2	530	450	4.5	95	4.15	75
甲烷	CH_4	645	645	5	60	4.9	15.4
乙烷	C_2H_6	530	500	3.9	50.5	2.5	15.0
丙烷	C_3H_8	510	490			2.2	7.3
乙炔	C_2H_2	335	295	2.8	93	1.5	80.5
乙烯	C_2H_4	540	485	3.0	80	3.2	34.0
丙烯	C_3H_6	420	455			2.2	9.7
硫化氢	H_2S	290	220			4.3	46.0
氰	HCN					6.6	42.6

附录9　几种粉尘的爆炸特性

粉尘种类	浮游粉尘的发火点/℃	最小点火能/mJ	爆炸下限/(g/m³)	最大爆炸压力/atm	压力上升速度/(atm/s)		临界氧气浓度/%	容许最大氧气浓度/%
					平均	最大		
镁	520	20	20	4.8	298	322	a	—
铝	645	20	35	6.0	146	386	a	—
硅	775	900	160	4.2	31	81	15	—
铁	316	<100	120	2.4	15	29	10	—
聚乙烯	450	80	25	5.6	28	84	15	8
乙烯	550	160	40	3.3	15	33	—	11
尿素	450	80	75	4.3	48	122	17	9
棉绒	470	25	50	4.8	59	202	—	—
玉米粉	470	40	45	4.8	72	146	—	—
大豆	560	100	40	4.5	54	166	17	—
小麦	470	160	60	4.0	—	—	—	—
砂糖	410	—	19	3.8	—	—	—	—
硬质橡胶	350	50	25	3.9	58	227	15	—
肥皂	430	60	45	4.1	45	88	—	—
硫磺	190	15	35	2.8	47	133	11	—
沥青煤	610	40	35	3.1	24	54	16	—
焦油沥青	—	80	80	3.3	24	44	15	—

注：a表示在纯二氧化碳中能发火。

附录 10　局部阻力系数

序号	名称	图形和断面	局部阻力系数 ζ（ζ值以图内所示的速度 v 计算）

序号 1　带有倒锥体的伞形风帽

	h/D_0										
	0.1	0.2	0.3	0.4	0.5	0.6	0.7	0.8	0.9	1.0	∞
进风	2.9	1.9	1.59	1.41	1.33	1.25	1.15	1.10	1.07	1.06	1.06
排风	—	2.9	1.9	1.50	1.30	1.20	—	1.10	—	1.00	—

序号 2　伞形罩

$\alpha/(°)$	10	20	30	40	90	120	150
圆形	0.14	0.07	0.04	0.05	0.11	0.20	0.30
矩形	0.25	0.13	0.10	0.12	0.19	0.27	0.37

序号 3　渐扩管

$\dfrac{F_1}{F_0}$	$\alpha/(°)$				
	10	15	20	25	30
1.25	0.02	0.03	0.05	0.06	0.07
1.50	0.03	0.06	0.10	0.12	0.13
1.75	0.05	0.09	0.14	0.17	0.19
2.00	0.06	0.13	0.20	0.23	0.26
2.25	0.08	0.16	0.26	0.38	0.33
3.50	0.09	0.19	0.30	0.36	0.39

序号 4　渐缩管

当 $\alpha \leqslant 45°$ 时　$\zeta = 0.10$

序号 5　90°圆形弯头（及非90°弯头）

$\alpha=90°$				
R/D	二中节二端节	三中节二端节	五中节二端节	八中节二端节
1.0	0.29	0.28	0.24	0.24
1.5	0.25	0.23	0.21	0.21

非90°弯头的阻力系数修正值

$\zeta_a = C_a \zeta_{90°}$	α	60°	45°	30°
	C_a	0.8	0.6	0.4

序号 6　90°矩形弯头

$\alpha=90°(R/b=1.0)$

h/b	0.32	0.40	0.50	0.63	0.80	1.00	1.20	1.60	2.00	2.50	3.20
ζ	0.34	0.32	0.31	0.30	0.29	0.28	0.28	0.27	0.26	0.24	0.20

续表

序号	名称	图形和断面	局部阻力系数 ζ（ζ 值以图内所示的速度 v 计算）							

序号 7 圆形弯头

$\dfrac{R}{\alpha}$	D	$1.5D$	$2.0D$	$2.5D$	$3D$	$6D$	$10D$
7.5	0.028	0.021	0.018	0.016	0.014	0.010	0.008
15	0.058	0.044	0.037	0.033	0.029	0.021	0.016
30	0.11	0.081	0.069	0.061	0.054	0.038	0.030
60	0.18	0.41	0.12	0.10	0.091	0.064	0.051
90	0.23	0.18	0.15	0.13	0.12	0.083	0.066
120	0.27	0.20	0.17	0.15	0.13	0.10	0.076
150	0.30	0.22	0.19	0.17	0.15	0.11	0.084
180	0.33	0.25	0.21	0.18	0.16	0.12	0.092

$$\zeta=0.008\,\frac{a^{0.75}}{n^{0.6}}$$

式中 $n=\dfrac{R}{D}$

序号	名称	图形和断面	局部阻力系数 $\zeta\left(\begin{smallmatrix}\zeta_1\\\zeta_2\end{smallmatrix}\right.$ 值以图内所示的速度 $\left.\begin{smallmatrix}v_1\\v_2\end{smallmatrix}\right)$ 计算

序号 8 合流三通 （$v_1F_1 \to \alpha \to v_3F_3$, v_2F_2, $F_1+F_2=F_3$, $\alpha=30°$）

L_2/L_3

$\dfrac{F_2}{F_3}$	0	0.03	0.05	0.1	0.2	0.3	0.4	0.5	0.6	0.7	0.8	1.0

ζ_2

0.06	−1.13	−0.07	−0.30	+1.82	10.1	23.3	41.5	65.2	—	—	—	—
0.10	−1.22	−1.00	−0.76	+0.02	2.88	7.34	13.4	21.1	29.4	—	—	—
0.20	−1.50	−1.35	−1.22	−0.84	+0.05	+1.4	2.70	4.46	6.48	8.70	11.4	17.3
0.33	−2.00	−1.80	−1.70	−1.40	−0.72	−0.12	+0.52	1.20	1.89	2.56	3.30	4.80
0.50	−3.00	−2.80	−2.60	−2.24	−1.44	−0.91	−0.36	0.14	0.56	0.84	1.18	1.53

ζ_1

0.01	0	0.06	+0.04	−0.10	−0.81	−2.10	−4.07	−6.60	—	—	—	—
0.10	0.01	0.10	0.08	+0.04	−0.33	−1.05	−2.14	−3.60	5.40	—	—	—
0.20	0.06	0.10	0.13	0.16	+0.06	−0.24	−0.73	−1.40	−2.30	−3.34	−3.59	−8.64
0.33	0.42	0.45	0.48	0.51	0.52	+0.32	+0.07	−0.32	−0.83	−1.47	−2.19	−4.00
0.50	1.40	1.40	1.40	1.36	1.26	1.09	+0.86	+0.53	+0.15	−0.52	−0.82	−2.07

序号 9 合流三通（分支管） （$v_1F_1 \to \alpha \to v_3F_3$, v_2F_2, $F_1+F_2>F_3$, $F_1=F_2$, $\alpha=30°$）

F_2/F_3

$\dfrac{L_2}{L_3}$	0.1	0.2	0.3	0.4	0.6	0.8	1.0

ζ_2

0	−1.00	−1.00	−1.00	−1.00	−1.00	−1.00	−1.00
0.1	+0.21	−0.46	−0.57	−0.60	−0.62	−0.63	−0.63
0.2	3.1	+0.37	−0.06	−0.20	−0.28	−0.30	−0.35
0.3	7.6	1.5	+0.50	+0.20	+0.05	−0.08	−0.10
0.4	13.50	2.95	1.15	0.59	0.26	+0.18	+0.16
0.5	21.2	4.58	1.78	0.97	0.44	0.35	0.27
0.6	30.4	6.42	2.60	1.37	0.64	0.46	0.31
0.7	41.3	8.5	3.40	1.77	0.76	0.56	0.40
0.8	53.8	11.5	4.22	2.14	0.85	0.53	0.45
0.9	58.0	14.2	5.30	2.58	0.89	0.52	0.40
1.0	83.7	17.3	6.33	2.92	0.89	0.39	0.27

序号	名称	图形和断面	局部阻力系数 $\zeta\left(\begin{matrix}\zeta_1\\\zeta_2\end{matrix}\text{值以图内所示的速度}\begin{matrix}v_1\\v_2\end{matrix}\text{计算}\right)$						
10	合流三通（直管）	v_1F_1 α v_3F_3 v_2F_2 $F_1+F_2>F_3$ $F_1=F_2$ $\alpha=30°$	$\dfrac{L_2}{L_3}$	F_2/F_3					
				0.1	0.2	0.3	0.4	0.6	0.8	1.0
				ζ_1						
			0	0.00	0	0	0	0	0	0
			0.1	0.02	0.11	0.13	0.15	0.16	0.17	0.17
			0.2	−0.33	0.01	0.13	0.18	0.20	0.24	0.29
			0.3	−1.10	−0.25	−0.01	+0.10	0.22	0.30	0.35
			0.4	−2.15	−0.75	−0.30	−0.05	0.17	0.26	0.36
			0.5	−3.60	−1.43	−0.70	−0.35	0.00	0.21	0.32
			0.6	−5.40	−2.35	−1.25	−0.70	−0.20	+0.06	0.25
			0.7	−7.60	−3.40	−1.95	−1.2	−0.50	−0.15	+0.10
			0.8	−10.1	−4.61	−2.74	−1.82	−0.90	−0.43	−0.15
			0.9	−13.0	−6.02	−3.70	−2.55	−1.40	−0.80	−0.45
			1.0	−16.30	−7.70	−4.75	−3.35	−1.90	−1.17	−0.75

参 考 文 献

[1] 中华人民共和国环境保护法（试行），1979.
[2] 中华人民共和国大气污染防治法，1987.
[3] 国家环境保护局. 环境空气质量标准（GB 3095—1996）. 北京：中国环境科学出版社，1996.
[4] 国家环境保护局科技标准司. 大气污染物综合排放标准（GB 16297—1996）. 北京：中国环境科学出版社，1997.
[5] 中华人民共和国卫生部主编. 工业企业设计卫生标准（GBZ 1—2002）.
[6] 中华人民共和国国家标准. 工业"三废"排放试行标准（GBJ 4—73）.
[7] 中华人民共和国国家标准. 制订地方大气污染物排放标准的技术原则和方法（GB 3840—83）.
[8] 李宗恺等. 空气污染气象学原理及应用. 北京：气象出版社，1985.
[9] 郝吉明等. 大气污染控制工程. 北京：高等教育出版社，1989.
[10] 马广大等. 大气污染控制工程. 北京：中国环境科学出版社，2003.
[11] 宋文彪主编. 空气污染控制工程. 北京：冶金工业出版社，1985.
[12] 林肇信主编. 大气污染控制工程. 北京：高等教育出版社，1991.
[13] 林肇信主编. 大气污染控制工程例题与习题. 北京：高等教育出版社，1994.
[14] 蒲恩奇主编. 大气污染治理工程. 北京：高等教育出版社，1999.
[15] 《环境科学大辞典》编委会. 环境科学大辞典. 北京：中国环境科学出版社，1991.
[16] Я·M·格鲁什科. 大气中工业排放有害有机化合物手册. 北京：中国环境科学出版社，1990.
[17] 国家环保局. 空气和废气监测分析方法. 北京：中国环境科学出版社，1990.
[18] 谭天佑，梁凤珍. 工业通风除尘技术. 北京：中国建筑工业出版社，1984.
[19] 周谟仁主编. 流体力学泵与风机. 北京：中国建筑工业出版社，1979.
[20] 魏润柏. 通风工程空气流动理论. 北京：中国建筑工业出版社，1981.
[21] 苏汝维主编. 工业通风与防潮工程学. 北京：北京经济学院出版社，1990.
[22] 全国环境保护科技长远规划组. 大气污染防治技术与能源环保对策. 北京：海洋出版社，1984.
[23] 沈铎等. 空气污染与控制. 北京：中国环境科学出版社，1985.
[24] D. B. 特纳尔著. 大气扩散估算手册. 中国科学院大气物理研究所四室译. 北京：科学技术文献出版社，1978.
[25] 横山长之等著. 大气环境评价方法. 于春普译. 北京：中国建筑工业出版社，1982.
[26] P. N. 切雷米西诺夫，R. A. 扬格主编. 大气污染控制设计手册（上、下）. 胡文龙，李大志译. 北京：化学工业出版社，1985.
[27] H. 布拉沃尔，Y. B. G. 瓦尔玛著. 空气污染控制设备. 赵汝林等译. 北京：机械工业出版社，1985.
[28] 唐永銮编著. 大气污染及其防治. 北京：科学出版社，1980.
[29] 童志权等编著. 工业废气污染控制与利用. 北京：化学工业出版社，1989.
[30] ［日］大野长太郎著. 除尘、收尘理论与实践. 单文昌译. 北京：科学技术文献出版社，1982.
[31] 季学李编著. 大气污染控制工程. 上海：同济大学出版社，1992.
[32] ［美］A. J. 博尼科，L. 西奥多著. 气态污染物工业控制设备. 北京：化学工业出版社，1975.
[33] 刘爱芳编著. 粉尘分离与过滤. 北京：冶金工业出版社，1998.
[34] 台炳华编著. 工业烟气净化. 北京：冶金工业出版社，1999.
[35] ［英］马丁·克劳福德著. 空气污染控制理论. 梁宁元等译. 北京：冶金工业出版社，1985.
[36] 王晶等编译. 工厂消烟除尘手册. 北京：科学普及出版社，1992.
[37] USEPA. New source performance standard. Code of Federal Regulations，1994.
[38] K. Wark. Air pollution, its origin and control. New York，1981.
[39] Frank L. Slejko. Adsorption Technology: A step by step approach to process evaluation and application. New York: Marcel Dekker, Inc，1985.
[40] Arthur L. Kohl、Fred C. Riesenfeld. Gas Purification. Gulf Publishing Company，1985.

[41] Michael J. Matteson、Clyde Orr. Filtration：Principles and Practices. New York：Marcel Dekker Inc. ，1987.

[42] F. Pasquill. Atmospheric Diffusion . Second Edition. Ellis Horwood Publisher，1974.

[43] R. M. Bethea. Air Pollution Control Technology. Reinhold，1978.

[44] L. Williamlicht. Air Pollution Control Engineering. New York：Dekker，1980.

[45] A. C. Stern. Air Pollution，Part I～V. New York：Academic Press，1977.

[46] 林明清 等 . 通风除尘 . 北京：化学工业出版社，1982.

[47] P. A. 维西林德 . 环境工程学 . 北京：世界图书出版公司，1992.

[48] 朱联锡主编 . 空气污染控制原理 . 成都：成都科技大学出版社，1990.

[49] 国家环境保护局 . 城市大气污染总量控制方法手册 . 北京：中国环境科学出版社，1991.

[50] 彭定一 等 . 大气污染及其控制 . 北京：中国环境科学出版社，1990.

[51] 李定凯 等 . 城市能源利用与大气污染控制的优化规划 . 中国能源，1995，2：29～32.

[52] 王小明 等 . 国外烟气脱硫技术的发展与现状 . 电力环境保护，2000，16（1）：32～34.

[53] 王汉臣 . 大气保护与能源利用 . 北京：中国环境科学出版社，1992.

[54] 程声通 . 环境系统工程 . 北京：高等教育出版社，1990.

[55] 吴迪胜 等 . 化工基础 . 北京：高等教育出版社，1989.

[56] 上海化工学院 等 . 化学工程（第二册）. 北京：化学工业出版社，1980.

[57] 华东化工学院 等 . 化工过程及设备（下册）. 北京：中国工业出版社，1961.

[58] 肖成基 等 . 化学工程手册 . 第 13 篇 . 气液传质设备 . 北京：化学工业出版社，1979.

[59] Coulson J M，Richardson J F. Chemical Engineering. Vol. II . 3rd ed. Pergamon Press，1978.

[60] Mc Cabe W L，J C Smith. Unite Operation of Chemical Engineering. 3rd ed. McGraw-Hill，1976.

[61] Sherwood T K，et al. Mass Transfer. McGraw-Hill，1975.

[62] Perry J H. Chemical Engineers' Handbook. 4th ed. McGraw-Hill，1963.

[63] A C Stern. Air Pollution. Vol. IV. Engineering Control of Air Pollution. Academic Pr. ，1976.

[64] M Crawford. Air Pollution Control Theory. McGraw-Hill，Inc. ，1976.

[65] H Brauer，Y B G Varma. Air Pollution Control Equipment. Springer-Verlag，1981.

[66] W Licht. Air Pollution Control Engineering-Basic Calculations for Particulate Collection. MARCEL DEKKER，Inc. ，1980.

[67] K Wark，C F Warner. Air Pollution：Its Origin and Control. Second Edition. New York：Harper & Row，Publishers，1981.

[68] L Theodore，A J Bonicore. Air Pollution Control Equipment-Seletion，Design，Operation and Maintence. Prentice-Hall，Inc. ，1982.

[69] W C Hinds. Aerosol Technology：Properties，Behavior and Measurement of Airborne Particles. John Wiley & Sons，Inc. ，1982.

[70] N Chigier. Energy，Combustion and Environment. McGraw-Hill，Inc. ，1981.

[71] A J Bunicore，L Theodore. Industrial Control Equipment for Gaseous Pollutiants. CRC press，Inc. ，1975.